재미있는 식품공학의 세계

INTRODUCTION TO
FOOD
SCIENCE & TECHNOLOGY
재미있는 식품공학의 세계
박양균 · 김상오 · 김수린 · 김지현 · 문광덕
박윤제 · 서동호 · 어중혁 · 은종방 · 이광근
이승욱 · 이혜성 · 이혜영 · 천지연
전국식품공학교수협의회
수학사

머리말

식품산업의 발달로 편리하고 다양한 식품이 제공되어 우리 식생활은 크게 향상되었다. 다른 공산품 제조 공장과 다르게 식품공장은 사람의 입에 들어가는 제품을 만들기 때문에 안전과 위생을 고려한 「식품위생법」에 적합한 깨끗하고 위생적인 특수한 시설을 사용한다. 식품위생의 범위는 식품의 원료인 농수축산물의 생산에서부터 제조·가공, 수입, 유통, 판매, 사람에게 섭취되기까지의 모든 과정이 포함되며, 전체 단계의 위생관리를 법률로 정하고 있다.

국가기관은 안전한 식품 관리의 지침을 수립하고 철저한 식품위생과 품질 관리의 규정을 마련하여 관련업체에 사전 홍보와 적극적인 참여를 유도하고 있다. 또한, 소비자 단체를 포함해 소비자에게도 이와 같은 규정에 근거한 구체적인 실천 방안을 적극적으로 홍보하여 소비자도 안심하고 식품을 다룰 수 있도록 하고 있다. 즉, 식품의 보관(실온, 냉장, 냉동) 상태에서의 변질이나 오염 가능성 등을 이해하고 소비자 스스로 기본적인 위생 안전수칙을 지킬 수 있도록 하고 있다.

현재 식품산업은 생명공학과 식품가공 기술 등이 융합되어 과학 기술 기반의 식품산업으로 발전하고 있다. 또한 정보화와 인공 지능이 결합된 유통 혁신이 식품산업의 발전을 이끌고 있다. 이러한 산업체와 학계의 분위기 속에, 식품공학 교육의 내실화와 학문의 위상 제고를 위해 활동하는 사단법인 전국식품공학교수협의회 주관으로 14명의 교수님이 참여하여 이 책을 집필하게 되었다.

이 책은 고도의 과학 기술 사회인 현대 사회에서 산업화된 식품의 생산과 소비, 그리고 위생적인 관리 시스템이 구축되어 인류가 풍족한 식품 소비와 건강하고 행복한 삶을 영위하고 있음을 독자가 쉽게 이해할 수 있도록 서술하였다. 세부적인 내용으로 국내외 식품산업 현황과 식품 전문가 양성, 다양한 식재료의 특징을 설명하였고, 식품의 대량 생산 시설과 식품의 제조 방법, 유통과 소비, 그리고 식품을 관리하는 국가기관과 법률에 대해 자세히 다루었다.

이 책을 집필하면서 저자들은 최근 동향에 맞춰 식품산업 관련 정보를 충실하게 제공하고자 하였으며, 사진과 도표를 풍부하게 제시하여 관련 내용을 이해하는 데 도움이 되도록 하였다.

이번에 출간하는 『재미있는 식품공학의 세계』가 식품공학과는 물론 식품영양학과와 조리과학과의 식품가공학 교재로도 널리 활용되기를 바라며, 나아가 관련 분야의 독자들에게 많은 도움이 되기를 기대한다. 책을 이용하시는 독자 여러분의 많은 조언을 부탁드리며, 부족한 부분은 차후 개정을 통하여 더욱 유익한 내용으로 보완해 나가도록 하겠다.

끝으로 책의 출간을 위해 제품 사진을 사용할 수 있도록 협조해 준 한국식품산업협회와 회원사 식품회사에 깊은 감사를 드리며, 이 책이 출판되기까지 애써주신 수학사에도 감사의 뜻을 전한다.

저자 일동

차례

CHAPTER 3 식품의 성분과 재료

CHAPTER 4 식품의 대량 생산 시설

CHAPTER 1

식품과 식품산업

1. 식품의 의미
2. 식품산업의 발달
3. 식품산업 현황과 전망

식품은 사람의 생존에 필수적인 영양소를 제공하므로 인류가 존재할 때부터 시작하여 다양한 형태로 발전되어 왔다. 식품산업은 농업에서 출발하여 과학·기술·공학의 발전과 사회 환경의 변화에 따라 새로운 산업 형태로 변화해 왔다. 인구가 증가하고 경제적 개념이 도입되면서 식품산업화가 시작되었으며, 식품산업은 원료 농·축·수산물을 이용한 식품의 가공, 제조, 보관, 운반, 유통, 조리, 소비 단계에서 이루어지는 모든 경제활동을 포함한다.

세계의 식품산업은 꾸준히 성장하고 있으며, 우리나라도 세계적인 식품산업으로 발돋움하고 있다. 세계 식품 시장 규모는 자동차, IT, 철강보다 크고 성장성도 매우 높다. 식품산업은 단순 가공 기술의 혁신뿐만 아니라 다양한 기술과의 융합을 통해 새로운 성장 동력을 확보하고 있다. 생명공학과 식품가공 기술 등이 융합되어 새로운 식품 원료를 생산하며, 대체육, 배양육 등 과학 기술 기반의 식품산업으로 발전하고 있다. 또한 정보화와 인공 지능이 결합된 유통 혁신이 식품산업의 발전을 이끌고 있다.

1. 식품의 의미

식품은 인간에게 필요한 에너지와 영양소를 공급하여 건강을 유지하고 성장과 발달이 이루어지도록 한다. 식품산업은 사람이 먹거나 마시는 상품을 다루는 산업이며, 크게는 농·축·수산물 원료 생산의 1차 산업, 식품가공의 2차 산업, 그리고 외식산업과 식품 유통업의 3차 산업이 있다. 식품을 단지 먹는 것으로만 생각할 수도 있지만 전 세계와 연결된 산업적 역할이 매우 크며, 기반 기술이 되는 식품공학에 의해 발전되므로 식품과 식품산업, 그리고 식품공학을 함께 이해해야 할 필요가 있다.

1) 식품

식품은 사람의 생존에 가장 필요한 것이다. 사람이 일상적으로 섭취하는 음식물을 식품이라고 하며, 학문적으로는 영양소를 함유하고 유해물질을 함유하지 않은 천연물이나 가공품을 의미한다. 「식품위생법」에서는 식품을 의약으로 섭취하는 것을 제외하고 인간이 먹을 수 있는 모든 음식물이라고 정의한다.

식품은 신체에 필요한 에너지와 영양소를 공급하여 건강을 유지하고 성장과 발달이 이루어지도록 한다. 식품에는 탄수화물, 단백질, 지방, 비타민, 무기질 등의 영양 성분이 들어 있고, 그 외에도 색, 향, 맛을 내는 다양한 기호 성분 등 수많은 미량 물질이 있다.

이러한 복합 성분으로 구성된 식품의 기능은 첫째, 인간이 살아가는 데 필요한 영양소를 공급하고, 둘째, 맛과 포만감, 기호성을 충족시켜 먹는 즐거움을 제공하며, 셋째, 기능 성분과 생리 활성 성분으로 질병을 예방하고 건강을 유지하도록 한다. 따라서 식품의 영양소를 골고루 섭취할 수 있도록 푸드 피라미드(Food Pyramid)나 마이 플레이트(My Plate) 개념이 도입되었다(제3장 참조).

표 1-1 식품의 기능

기능	역할
1차 기능	인체에 필요한 영양소 공급
2차 기능	맛과 기호성으로 즐거움 제공
3차 기능	생리 활성 성분으로 질병 예방과 건강 유지

식품에 포함된 영양소를 골고루 섭취하는 것과 더불어 중요한 것은 안전하고 품질 좋은 식품을 섭취하는 것이다. 식품의 섭취는 사람에게 직접적인 영향을 주므로 식품의 안전성을 확보하고 유해하지 않은 성분만 함유되도록 해야 한다. 이를 위해서는 안전한 식재료와 위생적인 생산 시설이 요구되고, 소비자가 소비할 때까지 식품의 생산·가공·유통의 전 과정을 안전하게 관리하는 시스템이 필요하므로 우리나라에서는 「식품위생법」에 이 모든 것을 규정하여 관리하고 있다.

2) 식품산업

식품산업은 원료 농·축·수산물을 이용한 식품의 가공, 제조, 보관, 운반, 유통, 조리, 소비 단계에서 이루어지는 모든 경제 활동이다. 식품산업은 사람이 먹거나 마시는 상품을 다루는 산업이며, 크게는 2차 산업인 식품 제조업과 3차 산업인 외식산업 및 식품 유통업으로 구분할 수 있다.

좁은 의미에서 식품산업은 식품가공 또는 식품 제조업을 의미하며, 이는 식품 원재료를 화학적, 물리적, 미생물학적으로 처리하여 맛과 영양을 변화시키거나 보존성을 높여 유통의 편의성을 부여한 상품을 제조하고 유통·판매하는 모든 과정이다. 그러나 넓은 의미에서 식품산업은 식품가공이나 제조업뿐만 아니라 농·축·수산물을 수집 중개하는 식재료업, 운송 보관업, 식품 기계 및 용기 제조업, 식품 포장 제조업, 식품 도·소매업 및 외식산업을 포함한다.

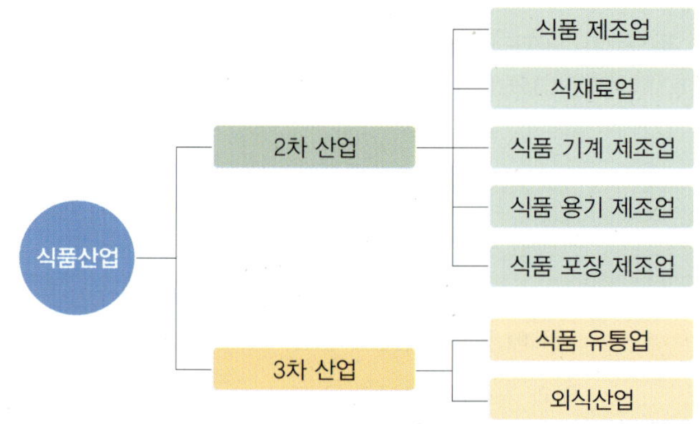

그림 1-1 식품산업의 종류와 분야

3) 식품공학과 산업

식품산업에는 다양한 식품공학 기술이 필요하며, 식품공학은 식품산업과 관련된 모든 기술적 학문을 총칭한다. 식품영양학이 식품의 섭취와 인체 내에서 식품 성분의 영향 및 대사에 관련된 학문이라면, 식품공학은 식품을 섭취할 수 있도록 가공품을 제조하는 모든 기술적 학문이라고 할 수 있다. 따라서 식품공학은 식품 원료의 확보에서부터 가공 단계를 거쳐 최종 소비자에게 전달되는 유통 단계에 적용되는 모든 기술이 포함되며, 특히 대량 생산 유통 체계에 있어서 산업적 생산을 위한 식품기업의 기반 학문이다.

식품공학은 식품 성분의 특성을 탐구하는 식품화학, 식품의 제조·가공·생산 기술을 탐구하는 식품가공, 식품의 기능 성분의 분리와 추출, 제조 가공 기술을 탐구하는 기능성 분야, 식품의 미생물이나 위해 요소를 제어하는 위생 안전 분야, 제조된 식품의 보관과 저장을 담당하는 저장·포장 분야, 식품 생산에 관련된 기계의 제조와 공학적 관리를 하는 식품공학 분야 등 그 범위가 매우 다양하다.

그리고 이를 학습하기 위해서는 다양한 기초 지식이 필요한데 크게 식품화학이나 기능성 분야 등을 위한 화학적 기초와 미생물의 생물공학적 활용이나 식품안전을 위한 생명과학적 기초가 필요하며, 식품공학이나 가공학을 위해서는 물리학적 기초도 필요하다. 특히, 화학이나 물리학적 지식을 적용하기 위해서는 수학적 기초 학습 능력도 중요하다. 일부에서는 식품공학이 매우 쉽고 단순한 학문이라고 오해하기도 하지만 식품공학은 수학을 기반으로 한 화학, 생명과학, 물리학이 종합적으로 적용되어 완성되는 응용 학문이다.

2. 식품산업의 발달

식품은 인류가 존재할 때부터 시작하여 다양한 형태로 발달해 왔다. 전쟁 등으로 대량의 식량 공급이 필요해지고, 식품의 저장에 과학 기술이 적용되고 경제적 개념이 도입되면서 식품은 산업화되기 시작하였으며, 다양한 기술 개발과 더불어 대량 생산과 유통 시스템이 확립되었다.

1) 세계 식품산업의 발달

선사 시대 사냥과 수렵에서 시작한 식품은 농경을 거쳐 건조, 저장, 발효 기술의 발견으로 다양한 식품으로 발전하였다. 미생물의 발견과 식품가공 기계의 개발은 안전한 식품을 대량 생산할 수 있게 하였고, 최근의 정보화, 지능화 기술의 접목으로 새로운 푸드테크 산업이 활성화되고 있다.

Tip 푸드테크

식품(food)과 기술(technology)을 합성한 신조어로, 식품 등의 기존 산업에 4차 산업 혁명 기술을 적용하여 새로운 형태의 산업과 부가 가치를 창출하는 기술이다. IT 기술을 접목한 유통 기술이나 신가공 기술이 접목된 대체육 등이 해당된다.

(1) 선사 시대

식품은 인류가 생명을 유지하는 데 필수적인 요소이며, 이런 흔적은 여러 유적에서도 발견되었다. 초기 선사 시대의 식품 확보 방법은 사냥과 수렵이었고 이후 농경을 통해 안정적인 식품을 확보하기 시작하였다. 불의 발견으로 야생 동물과 추위로부터 신체를 보호할 수 있게 되었고, 식품의 발전에도 획기적인 변화를 가져왔다. 음식을 익힘으로써 섭취하기 쉽게 바뀌었을 뿐 아니라 식품 보존도 가능해졌다. 이러한 과정에서 음식을 굽거나 보존하기 위한 석쇠나 항아리가 만들어졌다.

BC 18000년 이후에는 개나 양 같은 동물을 사육하기 시작하였고, BC 8000년 이후에 농경이 시작되어 집단생활과 문명화가 시작되었다. BC 6000년경에는 훈연과 건조 기술이 사용되었고, BC 4000년경에는 이집트에서 포도 재배와 함께 포도주를 제조하게 되었으며, 중동에서 낙농업이 중요한 상업으로 발전하면서 수메르인은 우유로 버터를 만들었다.

(2) 고대 시대

BC 3000년경에 이집트인들이 관개 농업을 하였으며, BC 2000년경에는 이집트인과 수메르인이 발효로 빵과 치즈를 제조하였고, BC 500년경에는 지중해 연안에서 절임 기술이 사용되었다. 소금의 유용성이 알려지면서 국제 무역의 중요한 상품으로 등장하였고, 지중해에서 유럽으로 염장 기술이 전파되었다.

(3) 중세 시대

1276년 영국 아일랜드에 최초의 위스키 공장이 설립되었고, 1400년경에는 유럽에서 과실을 설탕에 담가 만든 캔디가 생산되었다. 1500년경에는 사우어크라우트(sauerkraut)나 요구르트 같은 발효식품이 만들어졌다.

(4) 근대 시대

근대 이후로 다양한 식품가공 기술이 개발되면서 산업화가 시작되었고, 이와 더불어 식품의 위생과 보존을 위한 식품미생물학이 비약적으로 발전하였다. 1776년 영국에서 증기 제분기가 개발되어 제분산업이 발전하였으며, 1785년 최초의 탄산음료 공장이 설립되었다. 1810년에는 듀란드(Durand)가 통조림 제조 기계를 개발하였고, 1830년에 브랜디와 위스키를 생산할 수 있는 현대식 증류주 제조 공장이 설립되었다. 1857년에 파스퇴르(Pasteur)가 미생물이 식품 부패의 원인임을 밝혀냈으며, 1864년에는 미생물을 죽이는 저온 살균법이 개발되었다. 1913년에는 미국에서 가정용 냉장고가 개발되었고, 1920년에 찰스 버드세이(Charles Birdsey)가 냉동 기술을 개발하였으며, 1937년에는 인스턴트커피가, 1940년에는 전자레인지(microwave) 기술이 개발되었다.

(5) 현대

현대의 식품은 근대에 개발된 기술을 기반으로 훨씬 다양한 가공, 저장, 보존 기술이 개발되어 적용되기 시작하였고, 유전공학 및 생명공학 기술의 발전으로 유전자 조작 식품이나 새로운 첨가물 등이 개발되기 시작하였다. 1985년에 인공감미료인 아스파탐이 미국에서 승인되었고, 1986년에 살균을 위해 방사선을 조사한 식품이 승인되었다. 1990년에 영국에서 생물공학 기술이 적용된 효모로 발효한 식품이 승인되었고, 1994년에는 유전자 조작으로 생산된 토마토가 판매되기 시작하였다.

2000년대 이후에는 새로운 추출 기술, 건조 기술이 지속적으로 개발되어 산업화에 활용되기 시작하였고, 미생물을 제어하기 위한 다양한 제어 기술과 장비도 활용되기 시작하였다. 또한 기능성 성분의 분리 및 분석 기술과 식품 포장 기술이 크게 발전하였으며, 최근에는 HMR(home meal replacement, 가정간편식) 제조 기술과 밀키트(meal kit) 제조 기술이 산업적으로 적용되고 있다. 이 외에도 미래식품으로 대체육, 배양육, 곤충식품, 고령친화식품 등이 지속적으로 개발되고 있으며, 사회 환경 변화에 따라 정보화, 지능화 기술이 접목된 푸드테크 기술도 실용화되고 있다.

Tip 유전자 조작 토마토

미국 생명공학 기업 칼젠(Calgene)사가 세계 최초로 GMO(genetically modified organism, 유전자 변형 작물) 승인을 받은 농산물로 상품명은 플레이버 세이버(Flavr Savr)이다. 세포벽 분해 효소를 조작해 무르지 않는 토마토를 개발하여 출시 초기 큰 인기를 끌었으나 유전자 조작에 대한 안전성 논란을 유발하였다. 최근에는 안전성이 인정된 유전자 가위 기술로 만든 갈변 방지 양송이, 사과 등이 개발되어 실용화되고 있다.

표 1-2 세계 식품산업의 발달

구분	특징
선사 시대	사냥, 수렵, 불을 이용한 조리, 보존 BC 18000 동물 사육 BC 8000 농경 BC 6000 훈연, 건조 BC 4000 이집트 포도주 제조, 중동 우유로 버터 제조
고대 시대	BC 2000 이집트, 수메르인 빵과 치즈 제조 BC 500 절임 기술, 염장 기술
중세 시대	1276 영국 아일랜드 위스키 공장 설립 1400년경 캔디 제조 1500년경 사우어크라우트, 요구르트 발효식품
근대 시대	1776 영국 증기 제분기 개발 1785 탄산음료 공장 설립 1810 통조림 기계 개발 1830 브랜디, 위스키 제조 공장 설립 1857 식품 부패의 원인 발견 1864 저온 살균법 개발 1913 가정용 냉장고 개발 1937 인스턴트커피 개발 1940 전자레인지 개발
현대	1985 미국 아스파탐 승인 1986 방사선 조사 식품 승인 1994 유전자 조작 식품 판매 승인
최근	HMR 기술, 밀키트 기술, 미래식품(대체육 등), 푸드테크

2) 국내 식품산업의 발달

국내 식품산업은 1920년대 이후에 발전하기 시작하였다. 해방 이후 전쟁을 겪으면서 무너졌던 산업 기반이 1970년대의 산업화를 거치면서 다시 성장하였고, 최근에는 대체육 등 신가공 기술과 첨단 기술을 결합한 푸드테크 산업으로 발전하고 있다.

(1) 발아기(1920년경～1945년 해방 전후)

한국 최초의 현대식 식품공장은 1892년 전라남도 완도에 설립된 통조림 공장으로 알려져 있으며, 본격적인 식품산업의 발달은 일제 강점기 이후에 이루어졌다. 1910년 이후 가공식품이 도입되고 식품 제조업체들이 많이 생겼는데 주로 곡물 도정, 제분, 양조,

제과, 통조림이 많았으며, 제빙, 제당, 제염업도 일부 있었다.

1919년 사리원에 당면 공장이 생겼고 1920년에는 면실유와 설탕 공장이 설립되었으며, 1920년경에 축산식품인 우유 생산과 햄, 소시지 제조가 시작되었다. 1937년에는 서울우유협동조합이 낙농식품을 생산하였다. 이 시기에는 식품공장이 영세한 가내 수공업 형태로 운영되었으며, 사탕, 캐러멜을 생산하는 제과 공장과 청량음료 공장이 설립되었다.

(2) 태동기(1945년 해방 후~1960년대)

해방 이후 한국전쟁을 겪으면서 식품산업 기반이 파괴되는 어려움을 겪었지만 이후 미군의 주둔으로 서구식 식생활이 급속하게 국내에 도입되기 시작하였고, 해외 원조 사업에 의한 인적 물적 교류가 확대되어 식품산업도 근대적 산업 형태를 갖추기 시작하였다.

1950년대에는 제분산업이 급속도로 발전되어 16개 업체가 경쟁 체제를 이루었고, 제당산업도 1953년 제일제당공업주식회사(현 CJ제일제당)가 설립된 이후 7개사로 확장되었으나 1972년에 3개사로 축소되었다. 이 시기에는 제분과 제당 등 식품 소재 산업을 발판으로 제과, 제빵, 제면, 청량음료 산업 등이 활발히 성장하였다. 이 외에도 1956년 미원식품(현 대상)에서 전분당, 감미료, 조미료 생산을 시작하였고, 1958년 삼강산업(현 롯데제과)에서 빙과와 유지 생산을 시작하였다.

1960년대는 정부의 경제개발계획의 성공으로 산업화가 빠르게 진행되었고, 국민 소득 수준의 향상과 서구식 식품 소비 패턴도 확대되었다. 가공식품의 내수 시장 규모가 확장되어 많은 식품 회사가 설립되었고 식품산업도 크게 발전하였다. 제과 분야는 제품의 다양화와 대량 생산 체제가 구축되었다. 1963년에 삼양식품이 라면을 처음 출시하였고, 1965년 롯데공업(현 농심)이 경쟁적으로 생산을 시작하면서 시장이 급속도로 성장하였다. 1960년대 말에는 정부의 축산진흥정책으로 유가공 산업도 크게 발전하였다.

(3) 성장기(1970~1980년대)

이 시기에는 경제가 지속적으로 고도성장하면서 식품 수요도 양적, 질적으로 성장하였다. 소득 수준의 향상으로 내수 시장의 팽창과 더불어 가공식품의 수출도 확대되었다. 또 원료 농산물의 수입이 편리해짐에 따라 가공식품의 품질도 향상되었다.

1970년대에는 고급화, 다양화를 추구하는 소비자의 기호 변화로 치즈, 마가린, 소시지, 햄, 통조림 등 육류가공품 및 유지류가 본격적으로 시장에 공급되었고, 청량음료와 우유, 아이스크림 등 유가공품 소비량이 급증하였다. 1970년대 후반에는 외국인 투자와 기술 도입 증가로 식품산업이 발전하면서 업체 간 경쟁이 치열해졌으며, 대기업의 독과점이 형성되기도 하였다.

1980년대에는 국민 소득 수준이 비약적으로 향상되고, 산업화 및 도시화가 심화됨에 따라 가공식품의 내수 시장이 급속도로 팽창하였다. 고급화, 다양화, 편의성, 안전성에 대한 소비자 관심이 증가하면서 고부가 가치 가공식품의 시장이 성장하였다. 제과업 중 스낵이 큰 인기를 끌었으며, 라면 등 인스턴트식품이 고속 성장하였고, 레토르트 식품이 출시되어 큰 호응을 얻었다.

(4) 성숙기(1990~2000년대)

1990년대에는 경제 성장의 둔화, 국제 수지 악화, 외환 위기 등의 어려움을 겪으면서 식품업계도 매출 감소와 함께 기업의 구조 조정이 진행되었다. 국민의 식생활에도 변화가 나타나 식품의 양적인 섭취보다 건강 또는 안전을 고려한 질적인 측면에 더 많은 관심을 가지면서 고품질 농산물 가공품과 건강보조식품 시장이 급속히 성장하였다. 다이어트와 환자식 등 특수영양식품이 출시되었으며, 식품 및 식품원료의 건강 관련 기능이 추구되면서 다양한 건강기능식품이 개발되기 시작하였고, 2002년 「건강기능식품법」이 제정되어 관리되기 시작하였다.

레토르트 식품의 형태가 카레, 짜장, 죽 등으로 다양화되었고, 동결 건조 기술에 의한 새로운 식품군이 창출되었으며, 밥과 국 등도 즉석식품의 형태로 개발되기 시작하였다. 전통식품에서도 장류의 기술 개발과 시설 현대화, 공장 대형화가 이루어졌으며, 김치나 젓갈의 산업적 생산이 촉진되었다.

2000년대에는 본격적인 시장 개방과 함께 농산물과 가공식품의 수입이 확대되기 시작하였다. 수입 식품 확대가 급속히 진행되면서 국내 식품과 수입 식품과의 경쟁이 커졌으며, 대형마트 중심의 유통 체계가 확립되면서 식품 소비 여건이 크게 변화하였다. 이 시기에는 건강 지향, 편의 지향, 품질 지향 식품에 대한 관심이 커져 소비가 급증하였다.

또한 외식업이 대형화되면서 단순화, 전문화, 표준화 단계를 넘어 다양화, 개성화, 차별화 개념의 패스트푸드 프랜차이즈가 시작되었으며, 한식 등 전통 음식의 프랜차이즈도 시작되었다. 특히, 맞벌이 가정의 보편화와 1인 가구의 증가로 간단히 데우거나 가열 처리만으로 먹을 수 있는 가정간편식 시장이 확대되기 시작하였다.

(5) 진흥기(2010년 이후)

2007년 12월에 「식품산업진흥법」이 제정되면서 농림축산식품부를 중심으로 식품산업 진흥 정책이 체계적으로 추진되고 있다. 또한 2013년에는 식품의약품안전처가 승격되어 농축수산물과 가공식품 등 모든 식품의 안전 관리 체계를 생산부터 소비까지 통합 관리하게 되었다. 국가적으로 식품산업 진흥을 위해 국가식품클러스터진흥원이 설립되었고, 전라북도 익산에 국가식품클러스터도 설치되었다.

이 시기에는 소비 형태도 급변하여 다품종 대량 구매와 근거리 쇼핑에 대한 소비자 선호가 증가하여 편의점과 인터넷 쇼핑에 의한 식품 구매가 급증하고, 모바일 유통 시장도 크게 성장하였다. 특히 외식산업이 크게 성장하였고, 가정간편식이나 밀키트, 1인용 소량 식품이 크게 발전하였다.

(6) 현대 사회 환경의 변화

국민 소득의 증가에 따라 생활 수준이 향상되고, 주 5일 근무에 따른 여가 시간의 확대와 여성의 사회 진출 확대, 1인 가구의 증가로 대중 소비 사회에서 라이프스타일, 가치관, 소비 의식이 변화되어 외식 수요가 증가하였다. 또한 간편식의 수요 증대와 함께 식생활 패턴이 현대화, 서구화되었다. 정보화 산업의 발달로 외식이나 간편식, 새로운 식품에 대한 정보 입수가 쉬워지고, 해외 브랜드와 대기업의 식품 시장 진출로 기업형 프랜차이즈의 성장이 외식산업의 성장에 큰 영향을 주었다.

식품산업은 단순 가공 기술의 혁신뿐만 아니라 다양한 기술과의 융합을 통해 새로운 성장 동력을 확보하고 있다. 생명공학과 식품가공 기술 등이 융합되어 새로운 특성의 식품 원료를 생산할 뿐 아니라 대체육, 배양육 등 과학 기술 기반의 식품산업이 발전하고 있다. 또한 정보화와 인공 지능화가 결합된 유통 혁신으로 모바일과 결합된 푸드테크 신기술이 식품산업을 선도하고 있다.

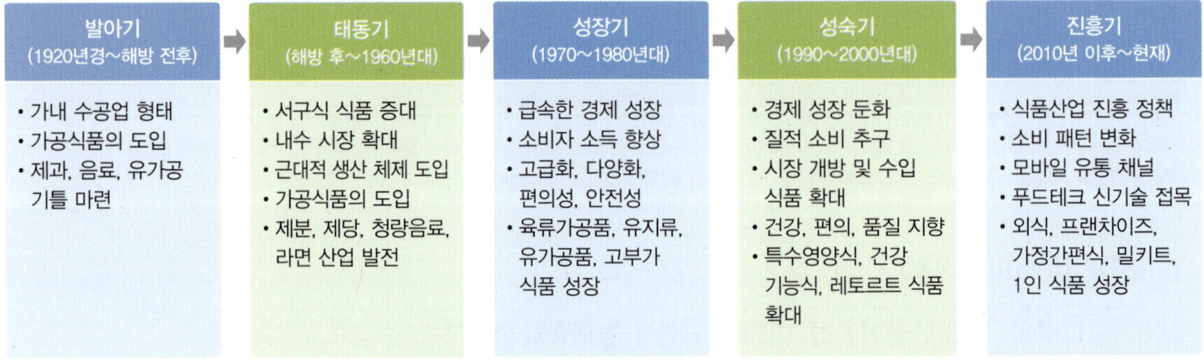

그림 1-2 국내 식품산업의 발달

3. 식품산업 현황과 전망

세계 식품 시장 규모는 자동차, IT, 철강보다 크고 성장성도 매우 높다. 현재 아시아·태평양 지역이 가장 큰 시장이며 한국이 중심적 역할을 하고 있다. 선진국이 식품 클러스터를 통해 글로벌 식품 시장을 선도하는 것처럼 우리 정부도 「식품산업진흥법」에 따라 한국식품산업클러스터진흥원이 국가식품클러스터의 육성 및 관리와 참여 기업 및 기관들의 활동을 지원하도록 하여 식품산업을 수출산업으로 육성하고 있다.

1) 해외 식품산업

세계 식품 시장 규모는 2019년에 7.8조 달러로서 세계 자동차 시장(1.6조 달러), IT 시장(1.9조 달러), 철강 시장(1.1조 달러)의 규모보다 각각 4.9배, 4.1배, 7.1배 큰 거대한 시장이다(그림 1-3). 향후 식품산업은 지속적인 성장을 거듭하여 2024년에는 9.2조 달러로 타 산업과의 격차가 더 커질 것으로 예상된다. 식품산업 분류별로는 식료품이 4.0조 달러로 51%, 음료가 3.0조 달러로 약 38%, 담배가 11% 규모이다.

현재 세계 식품 시장을 주도하고 있는 지역은 대한민국을 포함한 아시아·태평양 지역으로 2019년에 3.1조 달러로 전 세계 식품 시장의 40%를 차지하고 있다. 아시아·태평양 지역의 식품 시장 규모는 향후 지속적으로 증가할 것으로 예상되나 유럽과 북미의 식품산업 시장 규모는 각각 2.1조 달러와 1.3조 달러로 전체 식품 시장에서 차지하는 비중은 27.3%와 17.0%이며, 이는 점차 더 감소할 것으로 예상된다(그림 1-4).

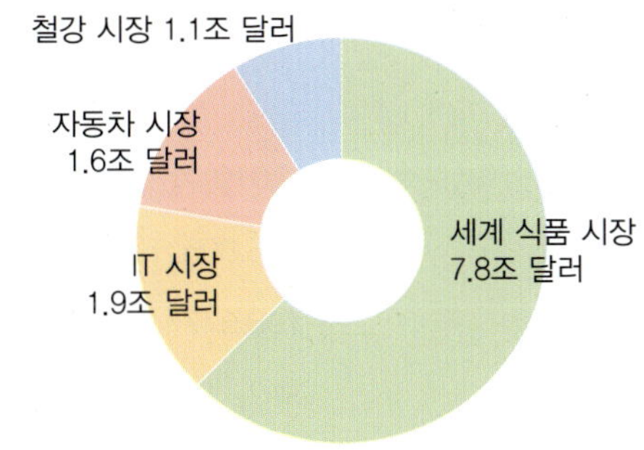

그림 1-3 **세계 식품 시장 규모와 타산업의 비교(2019)**

자료 : 한국농수산식품유통공사, 2021년 식품외식산업 주요통계, 2021

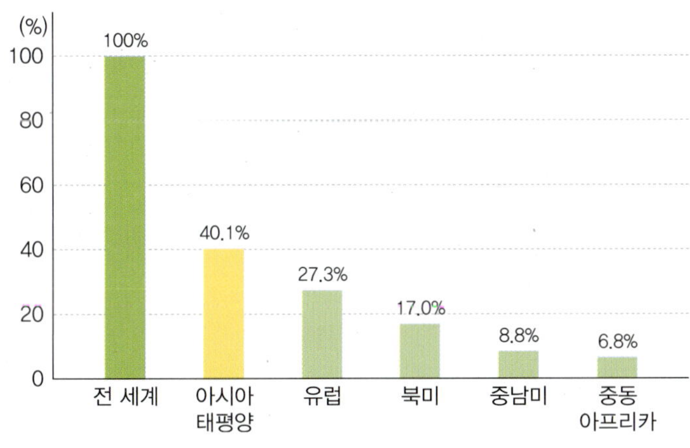

그림 1-4 **세계 식품 시장 규모(2019)**

자료 : 한국농수산식품유통공사, 2021년 식품외식산업 주요통계, 2021

국가별 식품 시장 규모는 중국이 1.8조 달러로 세계 식품 시장에서 가장 크며, 다음으로는 미국, 일본, 독일, 브라질 순서이다. 우리나라는 1,112억 달러 규모로 세계 14위의 시장 규모이다(표 1-3).

포브(Forbe)지는 매년 매출액, 영업이익, 시장가치 등을 고려한 자체 평가 기준으로 글로벌 기업의 순위를 선정하여 발표한다. 글로벌 식품기업 1위는 스위스에 본사를 두고 있는 매출액 910억 달러의 네슬레가 선정되었으며, 그 뒤로 크래프트 하인즈, 다농, 켈로그 등이 뒤따르고 있다(그림 1-5). 우리나라 대표 식품기업인 CJ 제일제당은 34위로 선정되었고, 세계 1위 기업인 네슬레와 CJ제일제당의 매출을 비교하면 6배 차이가 있다. 네슬레를 포함한 10대 글로벌 식품기업의 최근 매출액이 대부분 감소하는 경향인 것은

표 1-3 국가별 식품 시장 규모 순위

(단위 : 백만 달러)

순위	국가명	규모	
		2019	2020
1	중국	1,806,805	1,814,776
2	미국	1,198,577	1,193,442
3	일본	392,110	385,526
4	독일	309,463	299,717
5	브라질	249,132	236,268
6	프랑스	239,209	229,538
7	영국	231,671	213,924
8	이탈리아	220,597	213,630
9	러시아	205,728	194,666
10	인도	195,792	194,485
11	멕시코	158,953	157,271
12	스페인	158,539	151,132
13	캐나다	130,498	130,406
14	대한민국	111,296	108,130
15	호주	106,748	100,282

자료 : 한국농수산식품유통공사, 2021년 식품외식산업 주요통계, 2021

앞서 설명한 대륙별 식품산업 규모에서 유럽과 북미 지역이 지속적으로 감소하는 것과 연관성이 있다.

2) 해외 식품 클러스터

선진국들은 식품산업을 단순히 농수축산물을 가공해서 판매하는 산업이 아닌 새로운 고부가 가치를 창출하는 산업으로 인식하고, 내수 시장을 넘어 해외 수출을 주도하고 ICT, 문화 등과의 융합을 통해 경제를 이끄는 핵심 산업으로 육성하고 있다. 과거부터 국가 정책으로 식품산업 육성을 위해 세계적인 식품 클러스터를 조성하여 글로벌 식품 시장을 공략하고 있다.

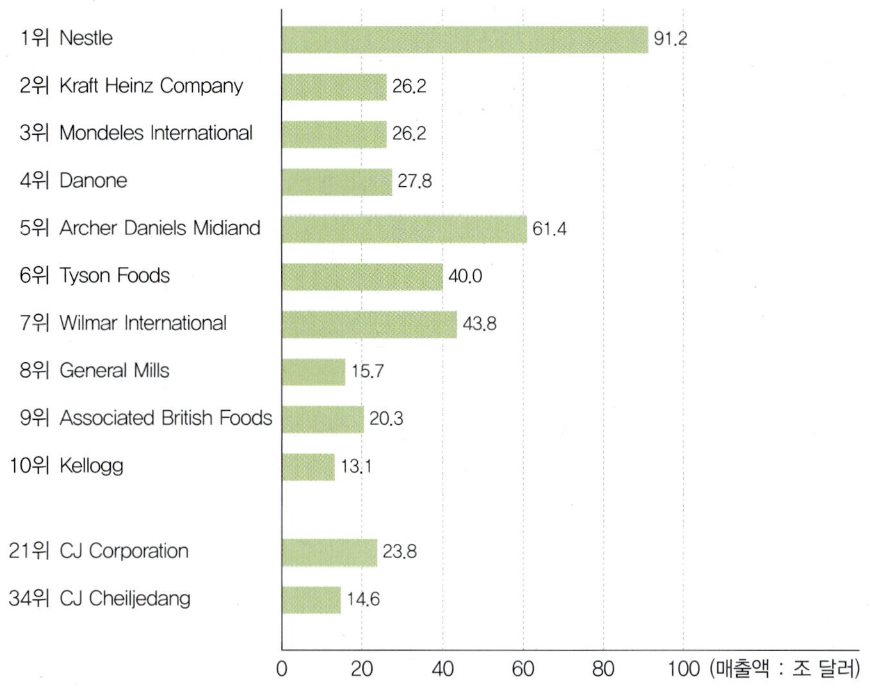

그림 1-5 글로벌 식품기업 순위

자료 : Forbes, The Global 2000; The World's Biggest Public Companies, 2018

대표적인 글로벌 선도 식품 클러스터는 네덜란드의 푸드밸리, 스웨덴의 스코네푸드혁신네트워크, 이탈리아의 에밀리아-로마냐, 미국의 나파밸리 등이 있다(표 1-4).

푸드밸리(Food Valley)는 네덜란드 동부의 와게닝겐(Wageningen) 일대에 위치한 클러스터로 식품과 건강 산업 분야의 세계적인 경쟁력을 갖추고 있으며, 농식품산업 분야의 다양한 기업과 연구 기관들이 집적하고 있다. 푸드밸리는 산학관 주체들의 유기적 관계를 통해 혁신이 일어난다는 트리플헬릭스(Triple Helix)의 성공적 모델이다. 산학관 주체별 활성화와 그것을 기반으로 하는 상호 유기적 협력이 푸드밸리가 세계적인 클러스터로 성장하는 힘이 되었다.

스코네 식품 클러스터(Skåne Food Cluster)는 스웨덴 남부의 스코네(Skåne) 지역을 중심으로 형성된 식품 클러스터로서 낙농업으로 유명한 지역의 농민들과 식품업체들이 집결하여 시작되었다. 1995년 스웨덴이 유럽연합(EU)에 가입하면서 자국 식품산업의 국제 경쟁력 약화를 우려한 정부와 영세기업, 룬드대학교(Lund University)를 대표로 한 스

연구비 지원, '푸드밸리재단' 설립을 통해 홍보, 커뮤니티 운영, 산학연 연계 활성화 등 수행

와게닝겐대학교(WU)와 전문 연구소(DLO)를 통합한 와게닝겐대학연구소(WUR)를 구축하여 교육과 연구, R&D의 실용화 수행

푸드밸리 소사이어티 등 산학연 커뮤니티의 적극적 참여, R&D 수요 창출 등

푸드밸리 산학관 주체별 활동

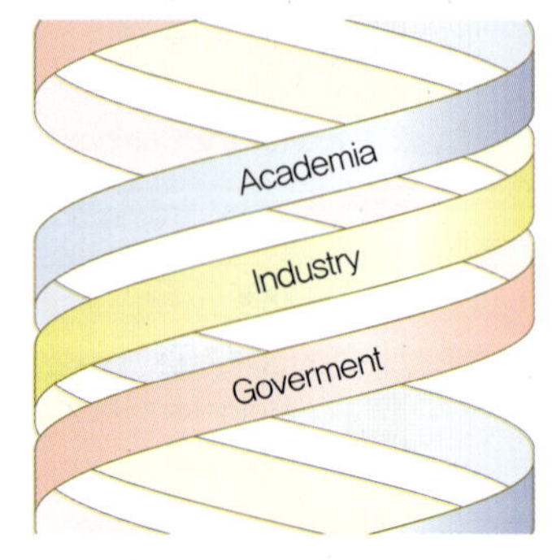

트리플헬릭스 모형

그림 1-6 푸드밸리의 산학연 네트워크 모델

코네 지역 대학들의 네트워크가 형성되면서 활성화되었다.

에밀리아-로마냐 식품 클러스터(Emilia-Romagna Food Cluster)는 이탈리아 북동부 지역에 있는 농업적 발달을 배경으로 자생적으로 형성된 오랜 역사의 산업단지이다. 1974년 지역 내 산학관 네트워킹을 통한 지역산업의 발전을 촉진하기 위해 지역개발기구(ERVET SpA)를 설립하여 본격적인 클러스터로 발전하기 시작하였다. 육류, 유제품 및 관련 가공식품이 발달해 있으며, 생산자협동조합을 기반으로 발전된 클러스터로 1차 농산물에의 의존도가 높다.

나파밸리는 미국 캘리포니아 와인 클러스터로 1850년대 농장 주도하에 생성되었으며 630여 개의 와이너리와 UC 데이비스대학교의 산학 연계가 활발하다. 양질의 포도와 와인 생산으로 지역의 특성을 반영한 상품 생산과 관광이 접목된 비즈니스 모델을 운영하여 수익을 창출한다.

3) 국내 식품산업

국내 식품산업 현황을 알기 위해서는 우선 가계 식품 지출 현황 파악이 필요하다. 통계청의 가계동향조사에 따르면 2020년 전국 가구당 소비 지출액은 240만 원으로 이 중 식료품 지출액이 70만 원이며, 외식비에 31만 원(44%), 가공식품 구입에 21만 원(30%), 신선식품 구입에 18만 원(26%)이 지출되었다. 2010년부터 2020년까지 식료품 지출액은 연평균 가공식품이 4.1%, 외식 2.2%, 신선식품은 2.3%로 지속적으로 증가하고 있다. 외

표 1-4 세계 주요 식품 클러스터

국가	주요 클러스터	역할 및 시사점	
네덜란드	• 명칭 : 푸드밸리(Food Vally) • 범위 : 네덜란드 와게닝겐 일대 • 면적 : 약 55,000 ㎡ • 참여기관 : (산) Heinz, Unilever, Heineken 등 1,500여 개 기업 (학) 와게닝겐대학연구센터(WUR) (관) 동네덜란드 개발청(Oost), 바이오파트너센터	역할	• (산) 소사이어티 구성을 통해 동종업계 지식 공유 • (학) WUR을 구축하여 기업에 필요한 연구 지원 • (관) 푸드밸리재단 설립하여 코디네이션 기능 수행
		시사점	• 정부와 대학 중심으로 발전한 클러스터 • 참여 주체들의 활성화를 기반으로 하는 상호 유기적 협력이 네트워크 성공 요인
스웨덴/ 덴마크	• 명칭 : 외레순 식품 클러스터 • 범위 : 스웨덴 스코네 지역과 덴마크 코펜하겐 · 설란 지역 • 면적 : 약 21,200 ㎡ • 참여기관 : (산) Danisco, Nestle, Unilever 등 1,000여 개 기업 (학) 룬트대학, 덴마크 기술대학 등 (관) 3개 지방정부 및 기타 행정, 공공기관	역할	• (산) 구성원 간 네트워킹, 기술 및 정보 확산 활발 • (학) 룬트대학 중심으로 연구 성과물의 산업화 촉진 • (관) 스코네푸드혁신네트워크를 설립, 학계와 식품산업의 R&D 교류 촉진
		시사점	• 개방형 혁신(open innovation)을 기본으로 하는 연구 중심의 산학관 네트워크 활발
이탈리아	• 명칭 : 에밀리아-로마냐 식품 클러스터 • 범위 : 이탈리아 북동부 포강 유역 • 면적 : 약 22,124 ㎡ • 참여기관 : (산) 8만여 개 제조업체, 13만 영세업체, 3천 개 대기업 등 (학) 지역 대학 등 300여 개 연구소 (관) ERVET SpA, ASTER 등	역할	• (산) 생산 및 판매 지원 사업(공동 마케팅 등) 활발 • (학) 기술 이전 및 인큐베이터 사업 활발 • (관) ERVET 산학관 네트워크 통한 지역산업 촉진 ASTER 7개 연구 분야 500여 개 기업과 연구소 네트워크 통해 산업 기술 이전 촉진
		시사점	• 토착기업과 관 주도 형태의 네트워크 공간 • 지방 정부가 클러스터 촉진자 역할을 담당하고 적극적 지원
미국	• 명칭 : 캘리포니아 와인 클러스터 • 범위 : 캘리포니아주 나파카운티 등 • 면적 : 약 1,930 ㎢ • 참여기관 : (산) Robert Mondavi, Charles Krug 등 630여 개 와이너리 (학) UC 데이비스대학교 등 (관) 미 연방정부, 캘리포니아 주정부	역할	• (산) 협회 결성하여 정부 로비, 공동 마케팅 등 공동 대처 • (학) UC 데이비스대학교가 클러스터 내의 R&D 센터 역할 담당 • (관) 미국 특성상 관의 역할이 상대적으로 미흡
		시사점	• 산업체(협회) 중심의 활발한 정보 교류와 협력을 통한 긴밀한 산학 네트워크 구성

식비는 2019년을 정점으로 하락하고 가공식품과 신선식품의 비중은 증가 추세를 보였는데, 이는 코로나 이후 언택트 사회 경향이 강해지면서 외식보다는 집밥을 선호하는 방향으로 변화되었기 때문이다.

가계 식품 지출 현황에서 식품 수요가 꾸준히 증가함에 따라 국내 식품산업도 지속

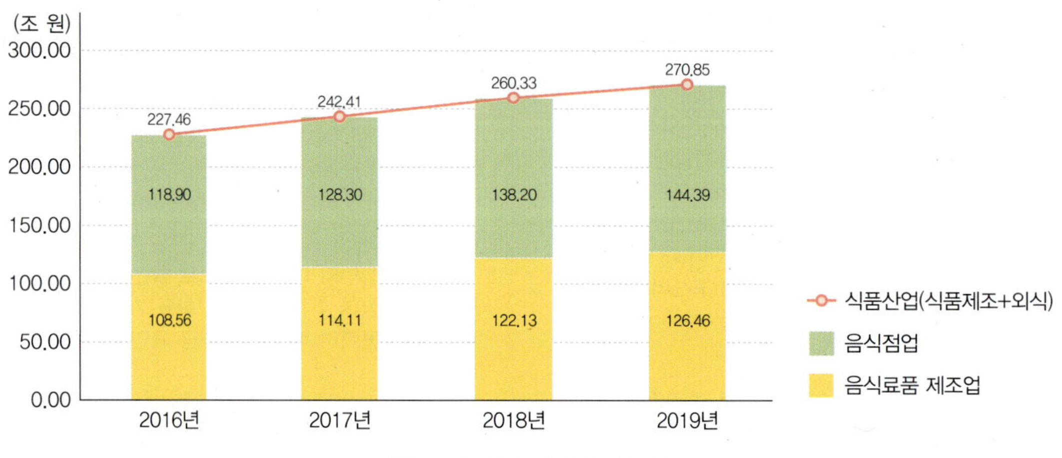

그림 1-7 국내 식품산업 규모

자료 : 통계청, 전국사업체조사 결과, 2020

적으로 성장하고 있다. 국내 식품 제조업과 외식업을 포함한 식품산업의 규모는 2019년에 270.9조 원이며, 2016년에서 2019년까지 평균 6.0%씩 증가하였다. 2019년 음식료품 제조업은 126.5조 원, 음식점업은 144.4조 원 규모이다(그림 1-7).

식품산업은 인구 구조 및 소비 패턴 변화 등에 따라 세부 품목 간 변동성은 존재하더라도 경기 변동에 큰 영향을 받지 않는 산업, 즉 경기 방어적 산업으로 다른 산업에 비하여 경기 변동에도 안정적이다. 통계청의 국내산업의 연도별 매출액 증가율을 비교해 보면 이런 현상이 뚜렷하다. 2016년에서 2019년 동안 식료품 제조업의 매출 증가율은 3.3～5.5%이었으나 전 산업과 제조업에서는 2017년 이후 급격한 하락세를 보였다(그림 1-8). 이는 식품산업이 장기적인 글로벌 경기 침체와 코로나 19에 의한 팬데믹 현상 등 경기 변동에서 다른 산업에 비해 영향을 적게 받는 것을 시사한다.

식품산업 종사자 수는 257만 명(2019년)으로 전 산업 종사자 수 2,272만 명 중 11.3%이며, 음식료품 제조업은 38만 명, 음식점업은 219만 명이다.

2019년 기준 식품산업 사업체 수는 식품 제조업이 6.2만 개(10인 이상 9.6%), 외식산업은 72.7만 개(5인 미만 84.6%)로 조사되었다. 지역별 식품기업 현황은 음식료품 제조업 및 음식점 사업체는 대부분 경기 지역에 집중되어 있으며, 음식료품 제조업은 경북, 전남, 경남 순으로, 음식점업은 서울, 경남, 부산 순으로 많다.

과거 국내 식품산업은 철저히 내수 시장의 관점에서 다루어져 왔고, 식품산업의 역할

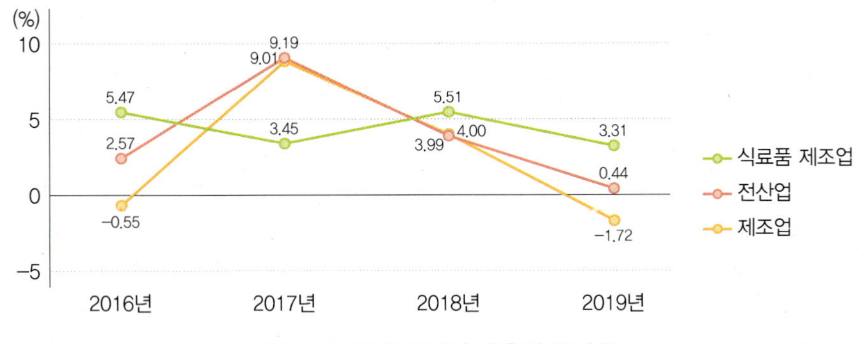

그림 1-8 국내 산업별 매출액 증가율

자료 : 통계청, 전국사업체조사 결과, 2020

은 국민을 위해 안전하고 질 좋은 음식을 공급하는 데 국한되어 온 측면이 있다. 그러나 현재의 식품산업은 큰 변화의 전환점을 맞고 있다. 세계가 한국식품에 뜨거운 관심을 보이고 해외 수출이 지속적으로 증가하고 있는데 이는 한국식품산업의 성장 가능성과 잠재력을 인정한 것이다.

이를 증명하듯이 한국식품 수출이 글로벌 경제 침체 상황 속에서 역대 최대치를 갱신하고 있다. 2020년 기준으로 한국의 식품 수출은 전년 대비 14.6% 증가한 43억 달러를 기록하였다(그림 1-9). 코로나 전후 수출 추이를 살펴보면 식품의 수출 추이가 총 제품 수출보다 더 높았다. 성장 요인은 코로나 19로 인한 이동 제한과 자택 격리 상황에서 보관과 조리가 쉬운 가정간편식의 수요가 증가하였기 때문이다. 한국의 대표적인 수출 품목인 라면은 전년 대비 29.2% 증가한 6억 달러를 돌파하여 역대 최고액을 달성하

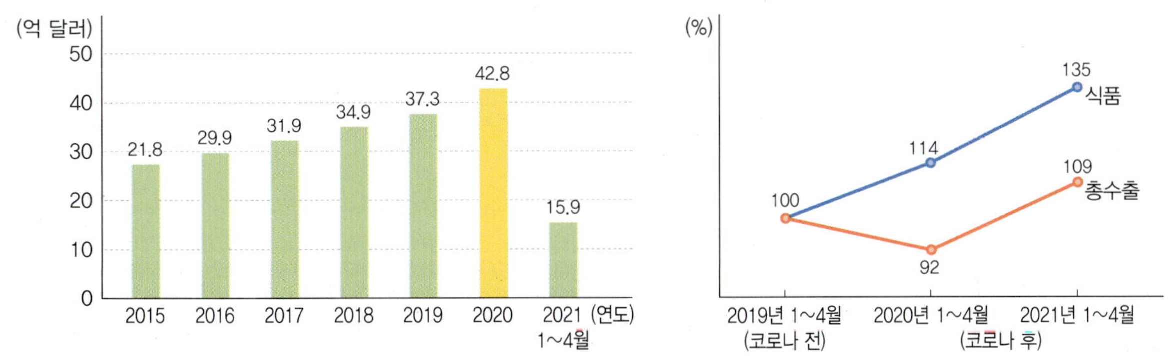

그림 1-9 식품 수출액과 증가율

자료 : 관세청 보도자료, 2021.05.27.

였고, CJ제일제당의 비비고를 대표로 하는 포장만두(전년 대비 46.2% 증가), 즉석밥(전년 대비 53.3% 증가) 수출도 크게 늘었다(표 1-5). 이에 더해 소셜 미디어 등을 통한 온라인 문화 콘텐츠 소비가 확대되면서 인기 있는 한국 문화 콘텐츠(케이팝, 먹방)와 결합하여 한국식품이 문화 상품으로 그 가치가 높아진 것이 수출을 견인한 큰 요인이 되었다.

또한 코로나 장기화로 세계 인구가 건강에 대한 관심이 높아지면서 면역 강화를 위한 전통 발효식품의 수출도 증가하였다. 대표 발표식품인 김치의 수출이 전년 대비 37.6% 증가한 역대 최고치를 기록하였고, 고추장, 된장, 간장 등도 수출 성장세를 보였다. 한국 식품의 최대 수출국은 미국이고 다음은 일본, 중국, 베트남, 대만 순이다.

표 1-5 연도별 주요 식품 수출액 및 증감률

(단위 : 백만 달러, %)

품목명	2018년	증감률	2019년	증감률	2020년	증감률	2021년 1~4월	증감률
라면	413	8.4	467	13.0	604	29.2	215	10.5
포장만두	31	25.8	35	11.1	51	46.2	22	27.3
즉석밥	17	36.5	24	41.3	37	53.3	14	11.1
떡볶이	25	53.0	34	39.9	54	56.7	21	50.5
소스류	110	4.2	125	14.3	167	33.6	69	40.6

자료 : 식품의약품안전처 보도자료, 2021.07.29.

국내 10대 식품기업의 순위는 CJ제일제당이 1위로 독보적인 매출을 보이며, 다음은 롯데칠성음료, 대상, 오뚜기 순이다(그림 1-10). 10대 식품기업의 연도별 매출액은 다소 변동이 있더라도 기업별 지속적인 성장세는 뚜렷하다. 이는 아시아 태평양 권역의 식품 시장이 세계 시장에서 성장하는 것과 같은 추세이며, 글로벌 시장에서 국내 식품산업의 성장 가능성을 보여 주는 것이다.

선진국의 전체 제조업에서 식품산업이 차지하는 비율은 미국이 13%, 유럽이 12.4%이었으나 우리나라는 2019년에 6.4%이었다. 즉, 선진국의 식품산업 비중이 우리나라의 거의 2배 이상이다. 이는 선진국의 경우 식품산업을 단순히 농수산물을 가공해서 판매하는 산업이 아닌 새로운 고부가 가치를 창출하는 산업으로 인식하고 내수 시장을 넘어 해외 수출을 주도하고, ICT, 문화 등과의 융합을 통해 경제를 이끄는 핵심 산업으로 육

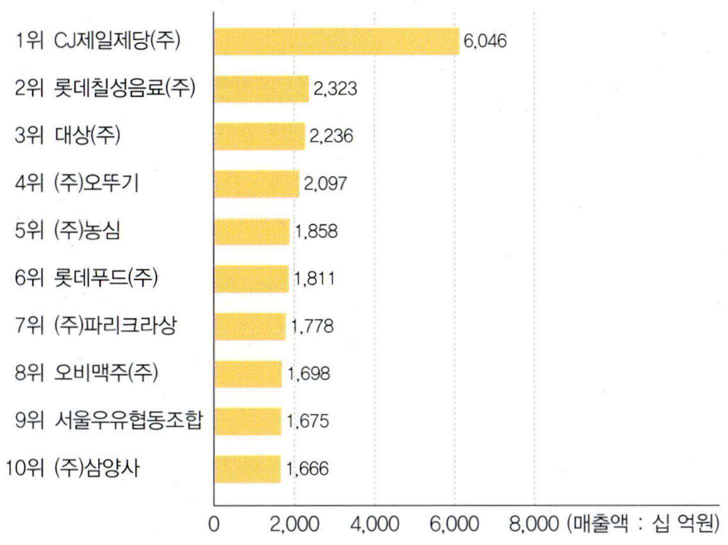

그림 1-10 국내 Top 10 식품기업 순위

자료 : 한국농수산식품유통공사, 2021년 식품외식산업 주요통계, 2021

성하고 있기 때문이다. 과거부터 정책적으로 식품산업 육성을 위해 선진국은 세계적인 식품 클러스터를 조성하여 글로벌 식품 시장을 공략하고 있다.

4) 국내 식품산업 정책과 식품 클러스터

식품산업은 성장성과 일자리 창출 효과가 크므로 농업·물류·외식 등 전후방 연관 산업으로의 파급 효과가 큰 산업이다. 국내 식품산업의 성장을 가속화하기 위해 정부는 다양한 정책을 추진하고 있다. 2019년 5대 유망식품 육성을 통한 식품산업 활력 제고 대책을 발표하고, 성장 가능성이 높은 유망식품을 집중 육성하여 식품산업의 성장을 견인하고 있다. 5대 유망식품은 ① 맞춤형·특수 식품〔메디푸드(medi-food), 고령친화식품, 대체식품, 펫푸드〕 ② 기능성 식품 ③ 간편 식품, ④ 친환경 식품, ⑤ 수출 식품이며, 이를 위해 제도 정비 및 규제 개선, 연구 개발 지원 등의 대책을 마련하고 전문 인력 양성과 민간 투자 확대 등 인프라 구축 방안을 수립하여 추진하고 있다.

특히, 특수의료용도식품은 독립된 식품군으로 상향하여 표준형, 맞춤형 식품으로 개편하고 질환별 식단 제공이 가능하도록 식사관리용 식단 제품 유형을 신설하였다. 고령친화식품은 인증제(KS) 도입 및 우수식품지정을 통해 초창기 시장의 활성화를 견인하고 있다. 기능성 식품은 일반식품에서 과학적으로 기능성이 증명되면 기능성 표시를 허용하도록 하였고, 개인별 맞춤형 제품 제공이 가능하도록 건강기능식품의 소분·혼합 포장을 허용하여 시장의 활성화를 유도하였다. 또한 소비자가 직접 조리한 후 섭취하는 밀키트 특성을 반영한 식품 유형을 신설하고 경쟁력 있는 즉석밥과 조리김 같은 간편식 식품의 국제규격(Codex 기준)을 마련하였다.

정부가 추진하는 대표적인 식품산업 육성 정책 중 하나는 한국형 식품 클러스터 조성이다. 국가식품클러스터(FOODPOLIS)는 식품산업이 농업의 전방산업으로 농업 성장을 견인하고 영세한 식품기업의 역량 강화를 통해 글로벌 경쟁력을 높이기 위해 정부가 주도적으로 조성하고 있는 식품전문산업단지이다(그림 1-11). 이는 「식품산업진흥법」에 따라 추진되는 것이며, 한국식품산업클러스터진흥원이 국가식품클러스터의 육성 및 관리와 참여 기업 및 기관들의 활동을 지원하고 있다.

푸드밸리, 외레순 클러스터, 에밀리아-로마냐, 나파밸리 등의 세계적인 선도 식품 클러스터가 자생적으로 생성된 것과는 차별화된다. 국가식품클러스터는 전라북도 익산에 조성되었으며, 규모는 232만 m^2이다. 식음료 제조업, 식품과 연관된 포장재, 물류, 연구 기업들이 입주해 있다. 현재 150여 개의 식품기업이 입주하여 가동하고 있다. 국가식품클러스터가 다른 국내 산업단지와 차별화되는 점은 입주한 기업을 지원하기 위한 12개의 기업지원 시설을 운영하고 있다는 것이다. 즉, 기술지원, 생산지원, 원료중개 및 비즈니스 지원을 위한 식품기업을 위한 One-Stop 지원 체계를 갖추고 있다.

전라북도 익산은 예로부터 교통이 편리하고 곡창지대로 농산물의 공급이 매우 용이

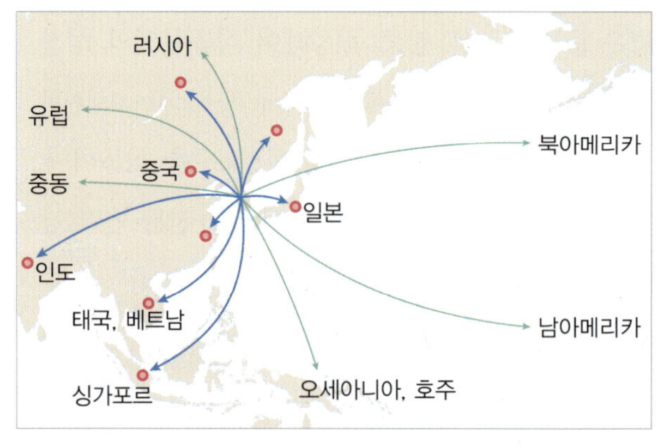

그림 1-11 국가식품클러스터의 동북아 식품 R&D와 고부가 생산의 허브 역할

한 지역으로 잘 알려져 있다. 김제 민간육종연구단지를 중심으로 '종자산업 클러스터'와 근거리에 있는 농업진흥청과 한국식품연구원, 첨단방사선연구소, 한국생명공학연구원 등 국책 연구 기관과 네트워크를 구축하여 생산-연구-가공으로 이어지는 거대한 클러스터 '농생명·식품의 허브'로 성장해 가고 있다.

단원정리

- 식품은 의약으로 섭취하는 것을 제외한 사람이 섭취할 수 있는 모든 음식물을 말한다.
- 식품에는 영양소 공급의 1차 기능, 맛과 기호를 제공하는 2차 기능, 생리 활성을 제공하는 3차 기능이 있다.
- 식품산업은 농·축·수산물을 원료로 하여 식품의 가공, 제조, 보관, 운반, 유통, 조리, 소비 단계에서 이루어지는 모든 경제 활동이다.
- 식품공학은 식품산업과 관련된 모든 기술적 학문을 총칭하며, 대량 생산 유통 체계에 있어서 식품의 산업적 생산을 위한 기반 학문이다.
- 식품은 선사 시대 이후 불을 이용한 조리, 건조, 발효, 저장 등의 기술로 꾸준히 발전되어 왔으며, 근대 이후 미생물 제어와 가공 기계 기술, 냉장 보존 기술 등의 발전으로 산업화가 촉진되었다.
- 국내 식품산업은 1920년대 이후에 산업화가 시작되어 해방 전후~1960년대의 태동기, 1970~1980년대의 성장기, 1990~2000년대의 성숙기를 거쳐 현재의 진흥기를 맞이하고 있다.
- 소득 증가에 따른 생활 수준 향상, 여가 시간 확대, 여성의 사회 진출 및 1인 가구의 증가 등 사회 환경의 변화에 따라 간편식 수요 증대, 외식산업의 성장이 일어나고, 새로운 신기술이 접목된 식품산업으로 변화하고 있다.
- 현대 식품산업은 4차 산업 혁명의 신기술이 접목된 미래식품, 정보화와 인공 지능화된 푸드테크 기술로 발전하고 있다.
- 세계 식품 시장 규모는 7.8조 달러로 한국을 포함한 아시아-태평양 지역이 세계 식품 시장을 주도하고 있다. 우리나라 식품산업은 세계 14위이며 국내 식품기업의 매출은 뚜렷한 성장세를 보이고 있다.
- 선진국들은 과거부터 세계 식품 시장의 가능성을 인지하고 네덜란드 푸드밸리 등 식품 클러스터 정책을 통해 해외 시장을 선점하고 있다.
- 최근 국내 식품 제조업의 매출 증가율은 전 산업과 제조업 전체보다 높은 수준이며, 해외 식품 수출이 글로벌 경제 침체 상황 속에서도 역대 최대치를 갱신하고 있다.
- 정부는 국내 식품산업을 육성하기 위해 다양한 지원을 하고 있으며, 대표적인 식품산업 진흥 정책으로 국가식품클러스터 사업(전라북도 익산)을 추진하고 있다.

연습문제

1. 식품의 기능이 아닌 것은?
   ① 영양 공급　② 맛 제공
   ③ 생리 활성　④ 질병 치료

2. 식품산업 중 3차 산업에 해당하는 것은?
   ① 식품제조업　② 외식산업
   ③ 식품기계제조업　④ 식재료업

3. 식품을 정의하시오.

4. 식품공학과 식품영양학의 차이를 설명하시오.

5. 세계의 식품산업 발달의 근대기에 일어난 일이 아닌 것은?
   ① 탄산음료 공장 설립　② 통조림 기계 개발
   ③ 가정용 냉장고 개발　④ 요구르트 발효식품 개발

6. 우리나라 식품산업의 발달 중 경제 성장이 둔화하면서 질적 소비를 추구하고 시장 개방에 따른 수입 식품이 확대되면서, 건강, 편의, 품질 지향적인 소비 경향이 나타나기 시작한 시기는 언제인가?
   ① 태동기　② 성장기
   ③ 성숙기　④ 진흥기

7. 현대 사회 환경의 변화와 그에 따른 식품산업의 변화를 설명하시오.

8. 세계 식품 시장 규모를 설명하시오.

9. 대표적인 해외 식품 클러스터 사례 4가지를 열거하시오.

10. 국내 식품산업 종사자 및 사업체 수는?

11. 국가식품클러스터 사업 추진 배경 및 개요를 설명하시오.

정답

1. ④ **2.** ② **3.** 의약품으로 섭취하는 것을 제외한 사람이 섭취할 수 있는 모든 음식물 **4.** 식품공학은 식품을 사람이 섭취할 수 있도록 가공품을 제조하는 모든 기술적 학문을 말하며, 식품영양학은 식품의 섭취와 인체 내에서 식품 성분의 영양과 대사에 관한 학문을 말한다. **5.** ④ **6.** ③ **7.** 소득증가에 따른 생활 수준 향상, 여가 시간 확대, 여성의 사회 진출, 1인 가구의 증가와 함께 4차 산업혁명에 따른 신기술과 정보화 및 인공 지능화가 일어나고 있다. 그에 따라 식생활 패턴의 현대화, 서구화로 간편식의 수요가 증대되고 기업형 프랜차이즈 등 외식산업이 성장하며 신기술이 접목된 미래식품, 푸드테크 등이 개발되고 있다. **8.** 세계 식품 시장 규모는 2019년 기준으로 7.8조 달러로, 세계 자동차 시장, 세계 IT 시장, 세계 철강 시장의 규모보다 각각 4～7배 큰 거대한 시장이다. **9.** 네덜란드 푸드밸리, 스웨덴·덴마크 외레순 클러스터, 이탈리아 에밀리아-로마냐, 미국 나파밸리 **10.** 식품산업 종사자 수는 257만 명으로 전 산업 종사자 수의 11.3%이며, 식품제조업 사업체 수는 6.2만 개이다. **11.** 국가식품클러스터는 농어업을 견인하고 식품기업 성장을 위해 추진되는 국가사업으로 식품기업 및 연관 기업이 참여하는 전라북도 익산에 소재한 식품전문산업단지(232만 m^2)이다.

참고문헌

고정삼, **현대 식품산업의 이해**, 유한문화사, 2011

김영수 외, 식품산업의 지역별 발전현황과 산업생태계 육성방안, 산업연구원, 2013

농림축산식품부 보도자료, 2021년 3분기 농식품 수출액, 2021

문정훈 외, 국가식품클러스터 산학연 네트워크연구, 서울대학교, 2012

박미성 외, 식품산업 변화에 대응한 식품통계의 효율적 구축 방안, 한국농촌경제연구원, 2020

송경빈 외, **생각이 필요한 식품학 개론**, 수학사, 2020

식품의약품안전처 보도자료, 2020년 식품산업 생산실적, 2021

식품저널, **2021 식품유통연감**, 2021

양성범 외, 국내외 클러스터 사례조사 및 시사점 연구, 단국대학교, 2018

윤계순 외, **알기 쉬운 식품학 개론**, 수학사, 2021

이용선 외, 2020년 식품산업정보분석 전문기관 사업보고서, 한국농촌경제연구원, 2020

전덕영 외, **재미있는 식품과 영양**, 수학사, 2020

통계청, 전국사업체조사 결과, 2020

한국농수산식품유통공사, 2021년 식품외식산업 주요통계, 2021

한국무역보험공사, 국내외 식품산업 동향 및 최신트랜드, 2018

한국식품산업연구원, **2021 한국식품산업연감**, 2021

HNCOM, **2020-2021 한국식품연감**, 2021

Forbes, The Global 2000; The World's Biggest Public Companies, 2018

CHAPTER 2

가공식품의 기획과 연구 개발

1. 가공식품의 기획과 연구 개발
2. 식품산업 전문가 양성

시대적 환경 변화에 따라 새로운 식품을 신속히 개발하기 위해서는 식품의 기획, 연구 개발, 제조·생산 및 유통 과정을 총체적으로 이해하고 활용하는 전문성이 중요하다.

글로벌 식품 시스템 커뮤니티를 연결하여 식품과학과 그 산업적 활용을 촉진하고 발전시키는 역할을 하는 국제학술협회 프로그램이 국내 식품산업 전문 인력 양성에 다양한 형태로 적용되고 있다. 대학의 교과과정은 식품 전문가의 요건을 갖추기 위한 기본적인 학습과 경험의 기회가 포함되어야 한다. 식품 R&D 전문 인력 양성을 위해 대학원 석사, 박사 과정 프로그램이 있으며, 대학의 실험실과 연구소에서 연구와 인력 양성이 병행적으로 진행되고 있다.

1. 가공식품의 기획과 연구 개발

4차 산업 혁명, 기후 변화, 노령화, 바이러스 질병 발생 등 급변하는 시대적 환경에 맞는 새로운 식품을 신속히 개발하기 위해서는 식품의 기획, 연구 개발, 제조·생산 및 유통 과정을 총체적으로 이해하고 활용하는 전문성이 중요하다.

1) 가공식품의 기획

일반적으로 식품회사의 기능적 업무 부서는 인사, 구매/조달, 기획/마케팅, 연구/개발, 생산, 유통/영업 등의 가치 사슬 형태로 나누어져 있다. 신제품 개발은 소비자 요구를 반영한 제품 개념이 기획되고, 개념을 실현할 수 있도록 기술적으로 연구 및 개발이 진행되며, 성공적으로 개발이 진행된 제품을 대량 생산하여 유통한다. 가공식품의 연구 개발 과정은 기획된 제품의 품질 수준을 유지하면서 생산과 유통이 될 수 있도록 생산 과정에서의 품질 안정성과 유통 안전성 연구를 포함한다.

전통적으로 소비자 요구를 만족하는 제품의 기획은 마케팅 역할이었고, 기술적으로

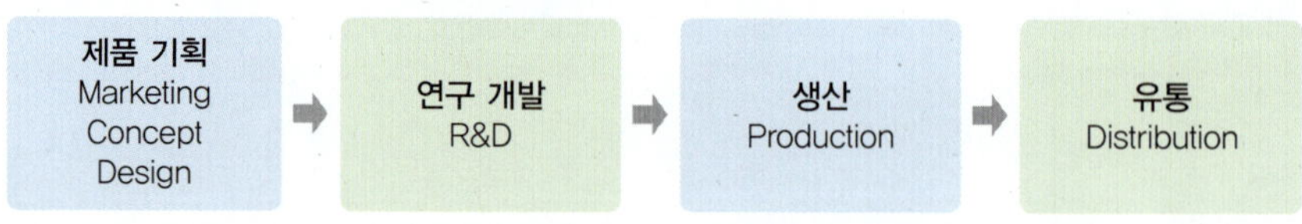

그림 2-1 가공식품 개발 과정

식품을 개발하고 생산하는 것은 식품과학자 또는 식품기술자의 역할이었다. 그러나 식품산업이 생산성 중심에서 소비자 가치 중심으로 변화하면서 마케팅 기능과 연구 개발 및 생산 기능의 협업이 매우 중요하게 되었다. 따라서 현대에는 대부분의 식품회사 연구소에서 식품 기획과 연구 개발 기능을 동시적으로 수행하고 있다.

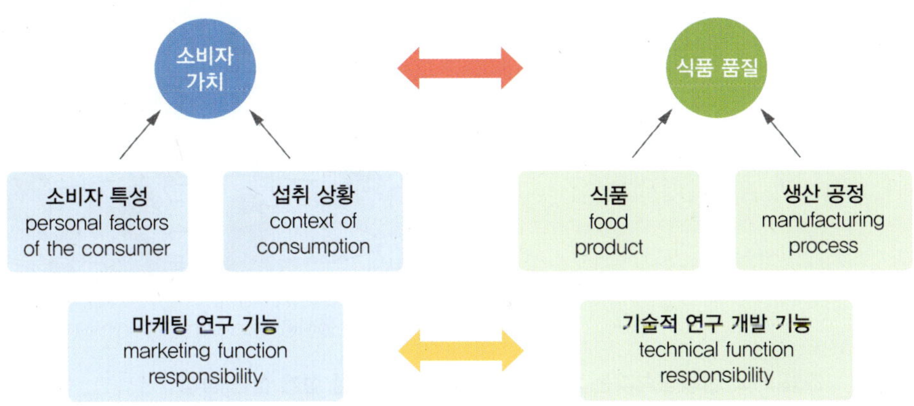

그림 2-2 식품에 대한 소비자 요구 만족, 제품 개발, 생산에서의 주된 책임

2) 가공식품의 연구 개발

동시공학(concurrent engineering)은 제품의 설계, 연구 개발, 제조 및 생산, 유통과 이와 관련된 지원 업무를 포함한 여러 과정을 동시적이며 병행적으로 진행하기 위한 시스템 관점의 접근 방법이다. 이 접근 방법의 목적은 개념 설정에서부터 폐기에 이르기까지 제품의 전체 수명 주기에 포함된 모든 요소(품질, 비용, 계획 및 사용자의 요구 조건)를 처음부터 고려하는 것이다. 즉, 동시공학은 시장의 소비자, 소비 형태와 기호를 분석하고, 설계하고 생산하며, 이를 유통하고 판매하는 모든 프로세스를 거의 동시에 진행하는 것이다.

이러한 동시공학 방법은 기존 순차공학(sequential engineering, 전통공학)의 문제점을 극복하는 방법으로 제시되었다. 소품종 대량 생산의 시대가 끝나고 고객의 특성에 따른 다품종 소량 생산의 시대가 시작되면서 고객의 필요에 맞추어 어떻게 적시에 제품을 시장에 내놓을 수 있을 것인가가 경쟁 우위의 열쇠가 되었다. 제품의 수명 주기가 점차 짧아지고 가격 경쟁도 심해지고 있다.

그림 2-3 전통공학과는 차별화된 동시공학의 제품 설계 접근 방법

이와 같은 변화에 대응하기 위한 동시공학을 구현하기 위해서는 기반 기술인 정보 기술을 적용하여야 한다. 정보 기술 면에서는 여러 업무 담당자들이 동시에 일을 처리하기 위해 공유하는 제품 정보를 저장, 관리할 통합 데이터베이스 시스템과 이를 각 업무 담당자와 연결해 줄 네트워크 시스템이 요구된다. 그리고 이러한 정보 공유를 위해서는 표준화된 정보의 저장과 소통이 필요하다.

조직 면에서는 여러 기능 업무를 수행할 팀을 구성하여 운영하는 팀 운영 방식이 필요하다. 제품 개발 업무의 경우는 이미지 정보, 문자 정보, 수치 정보 등의 여러 형태의 정보가 통합된 데이터베이스가 구축, 유지, 관리되어야 한다.

식품산업에서도 제품이 나오기까지 여러 단계를 거치게 되는데, 생산에 투입되는 총비용 중 제품 설계 단계의 비용은 매우 적지만 총비용에 미치는 영향은 매우 크다. 따라서 연구 개발 초기의 제품 설계 단계에 많은 노력을 기울이는 동시공학적 연구 개발 방법이 식품산업에도 활성화되고 있다.

새로운 식품을 효율적으로 연구 개발하기 위해서는 소비자 가치를 이해하고 소비자 요구가 제품에 어떻게 기술적으로 반영될 수 있는지 종합적으로 이해하고, 동시공학적 시스템에서 제품 기획과 연계되도록 연구 개발이 진행되어야 한다. 즉, 식품 마케팅 및 제조 과정을 총체적으로 이해하고, 물리·화학적, 미생물학적 식품 특성뿐만 아니라 식품 소비 행동을 이해하고 품질과 소비자 선택의 관계를 이해하여 새로운 식품의 연구 개발이 진행되도록 해야 한다.

2. 식품산업 전문가 양성

글로벌 식품 시스템 커뮤니티를 연결하여 식품과학과 그 산업적 활용을 촉진하고 발전시키는 역할을 하는 국제학술협회 프로그램이 국내 식품산업 전문 인력과 연구 인력 양성에 다양한 형태로 적용되고 있다. 대학의 교과과정 또한 식품 전문가의 요건을 갖추기 위해 기본적인 학습과 경험이 요구된다. 식품 R&D 전문 연구 인력 양성을 위해 대학원 석사, 박사과정 프로그램이 있으며, 대학의 실험실과 연구소에서 연구와 인력 양성이 진행되고 있다.

1) 미국 IFT 식품 전문가 양성 프로그램

미국 식품기술자협회(Institute of Food Technologists, IFT)는 글로벌 식품 시스템 커뮤니티를 연결하여 식품과학과 그 산업적 활용을 촉진하고 발전시키는 역할을 하는 국제학술협회이다. 미국 식품기술자협회는 식품산업 전문가 양성과 식품산업 발전에 기여하고자 다양한 학술 활동을 주최하고 있으며, 교육의 품질 관리를 위하여 대학 학부 교육 프로그램 인증제와 식품과학자 자격증 제도를 운영하고 있다.

(1) 식품과학 교육의 핵심 과학 분야

미국 식품기술자협회에서는 식품화학(food chemistry), 식품공학(food engineering), 식품미생물학(food microbiology), 그리고 감각·소비자과학(sensory and consumer science)을 식품과학 교육의 네 가지 핵심 과학 영역(Core Sciences)으로 정하였다.

표 2-1 미국 식품기술자협회의 핵심 과학 영역과 학습 내용

학문 분야	주요 학습 내용
식품화학	• 각각의 또는 식품 시스템에서의 식품화학 성분과 이들의 화학 반응 및 상호 작용에 대한 연구 및 분석 • 식품 내 화학 성분들이 처리, 포장, 저장 및 소화 과정을 거치면서 일으키는 반응과 상호 작용에 대한 연구 • 새로운 화학적 분석 기법의 탐색 • 생리 활성 연구
식품공학	• 식품가공 시스템의 측정, 모델링 및 제어와 관련한 연구 • 현재의 식품 생산 공정 문제에 대한 문제 해결 능력
식품미생물학	• 병원성 유기체의 검출 및 정량화 • 병원성 유기체가 식품 및 가공 환경에서 생존하는 방법 • 식품 및 가공 환경에서 출현하는 유기체를 특성화하는 방법 • 식품의 부패에 관여하는 미생물 • 발효와 같이 유익한 미생물이 기여하는 과정 • 건강 및 웰빙 식품과 관련된 미생물학 • 식품의 미생물학적 품질 관리 문제
감각 · 소비자과학	• 식품에 적용되는 감각과학 및 소비자 연구의 최신 동향 • 새로 개발된 감각평가 방법 • 식품 개발 과정에서 감각과학의 역할 • 식품 감각 특성 분석 정보와 시장조사 간의 관계 • 소비자 행동 이해

(2) 식품과학 교육 인증 프로그램

식품 전문가의 고품질 과학을 보장하기 위해 IFT 고등교육검토위원회(HERB)는 식품과학 관련 학위에 대한 수준 높은 학부교육표준을 충족하는 대학을 엄격하게 검토하여 승인하는 제도를 운용하고 있다.

표 2-2 IFT에서 권장하는 식품과학 교과목

기반 교과목	심화 교과목
일반화학(General chemistry) 유기화학(Organic chemistry) 생화학(Biochemistry) 일반생물학(General biology) 미생물학(Microbiology) 인체영양학(Human nutrition) 수학(Calculus) 일반물리학(General physics) 통계학(Statistics) 서면/구두 커뮤니케이션(Written/oral communications)	식품화학(Food chemistry) 식품미생물학(Food microbiology) 식품안전(Food safety) 식품공학 및 가공학(Food engineering and processing) 감각과학(Sensory science) 품질관리(Quality assurance) 식품법규(Food laws and regulations) 자료분석 및 통계분석(Data and statistical analysis) 비판적 사고와 문제 해결 능력(Critical thinking and problem-solving skills) 프로페셔널리즘과 리더십(Professionalism and leadership)

(3) 식품과학자 글로벌 인증제도

IFT에서 실시하는 식품과학자 글로벌 인증제도(Certified Food Scientist, CFS)는 식품과학자가 식품산업에서 자신의 전문성을 나타낼 수 있도록 자격을 부여하는 유일한 글로벌 인증제도이다. CFS는 또한 식품회사들에 최고의 인재를 식별, 육성 및 유지하는 방법을 제공하는 제도이다. CFS 취득을 위한 평가는 3시간의 120문제 선다형으로 이루어지며 평가 내용은 다음과 같다.

표 2-3 식품과학자 글로벌 인증제도 평가 내용

주제	배점
제품개발(Product Development)	34%
품질관리(Quality Assurance and Quality Control)	17%
식품화학 및 식품분석(Food Chemistry and Food Analysis)	10%
법규(Regulatory)	10%
식품미생물(Food Microbiology)	9%
식품안전(Food Safety)	9%
식품공학(Food Engineering)	6%
감각평가 및 소비자검사(Sensory Evaluation and Consumer Testing)	5%

(4) 식품과학자 진로

표 2-4 IFT에서 소개하는 식품산업에서 대표적인 식품과학자의 역할

 **제품개발(Product Development)** 식품개발자는 팀의 일원으로 일하면서 맛도 좋고 소비자에게 저렴한 고품질의 영양가 있는 제품을 만들기 위해 지속적으로 노력한다.	 **품질관리 및 미생물학(Food Quality & Microbiology)** 식품미생물학자는 식품을 안전하게 섭취할 수 있도록 하는 데 중요한 역할을 한다.
 **식품공정공학(Food Engineering)** 식품엔지니어는 식품을 가공, 저장, 포장 및 취급하기 위한 시스템을 설계하고 개발하는 역할을 한다.	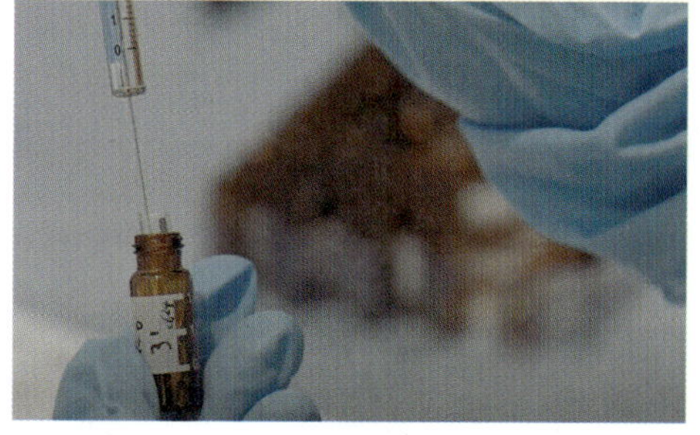 **식품화학(Food Chemistry)** 식품화학자는 식품 및 음료를 개발, 개선하고 조리, 통조림, 냉동 및 포장 방법을 분석하며, 가공이 식품에 미치는 영향을 연구한다.
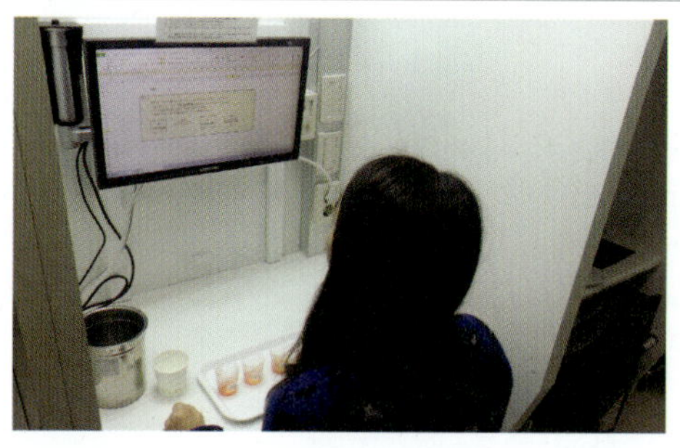 **감각과학(Sensory Science)** 감각과학자들은 식품의 특성과 소비자가 식품을 어떻게 인식하는지 이해하기 위해 노력하고, 우리가 먹는 식품이 안전하고 영양가가 있을 뿐만 아니라 매력적임을 보장한다.	 **식품마케팅과 영업(Food Marketing & Sales)** 식품마케팅 및 영업 전문가는 기술 프레젠테이션, 무역박람회, 인쇄 및 가상 미디어, 제품 개발자와의 대면 회의를 통해 의사소통하며, 식품 기획과 판매에 기여한다.

2) 국내 식품산업 전문가 양성 프로그램

글로벌 식품 시스템 커뮤니티 IFT의 핵심 식품과학 분야와 권장 분야를 참고하여 국내 대학교 교과과정을 편성하고, 식품산업 전문가 양성과 식품산업 발전에 기여하고자 다양한 프로그램을 운영하고 있다.

(1) 식품공학 관련 전공 현황

사단법인 전국식품공학교수협의회는 2007년 설립된 농림축산식품부 등록 비영리 법인체로 식품공학 학문의 위상 제고와 학생들의 교육과 사회 진출에 도움을 줄 수 있는 다양한 활동을 하고 있다. 학과의 대부분은 식품공학전공 또는 식품생명공학전공으로 운영되며 식품산업 전문가를 양성하고 있다.

표 2-5 식품공학 관련 전공 명칭과 운영 대학교

전공(학과) 명칭	대학명
식품공학	경상국립대학교, 고려대학교, 공주대학교, 단국대학교 천안캠퍼스, 대구대학교 경산캠퍼스, 대구가톨릭대학교 효성캠퍼스, 동의대학교 가야캠퍼스, 목포대학교, 부경대학교 대연캠퍼스 부산대학교 밀양캠퍼스, 서울과학기술대학교, 서울여자대학교 서울캠퍼스, 서원대학교, 선문대학교 아산캠퍼스, 순천대학교, 영남대학교, 인제대학교, 전남대학교, 전북대학교, 중앙대학교 충남대학교, 한국교통대학교, 호서대학교
식품생명공학	강원대학교, 경성대학교, 경희대학교, 고려대학교 세종캠퍼스, 동국대학교 바이오메디캠퍼스, 서울대학교, 성균관대학교 자연과학캠퍼스 세종대학교, 이화여자대학교, 안동대학교, 우석대학교, 원광대학교, 제주대학교, 차의과학대학교, 충북대학교, 한경대학교
식품생물공학	가천대학교, 경기대학교, 경북대학교
해양식품공학	강릉원주대학교
해양바이오식품학	전남대학교 여수캠퍼스
건강기능식품	광주대학교
바이오기능성식품	전주대학교
바이오식품공학	성신여자대학교
식품가공학	계명대학교
식품영양학	동서대학교
축산식품생명공학	건국대학교

(2) 국내 교육과정 운영 현황

식품공학 관련 51개교의 전공 교과목에는 IFT 권장 주요 심화 교과목인 식품화학, 식품미생물학, 식품안전, 식품공학 및 가공학, 감각과학, 품질관리, 식품법규, 자료분석 및 통계분석, 제품개발/캡스톤디자인 외에 기능성식품학과 식품생물공학이 추가로 포함되어 있다.

제품개발/캡스톤디자인 교과목을 운영하는 대학은 2021학년도에 80% 수준이며, 식품통계학은 53% 수준으로 운영되고 있다. 가장 개설되지 못한 교과목은 감각·소비자과학 분야로 25% 수준이다.

표 2-6 식품공학 관련 전공의 주요 교과목 개설 현황(2021)

교과 분야	개설 학교 수(곳)	전체 비율(%)
식품화학	51	100.00
식품미생물학	51	100.00
식품가공학	51	100.00
기능성식품학	50	98.04
식품안전	49	96.08
식품생물공학	49	96.08
식품공학	47	92.16
제품개발/캡스톤디자인	40	78.43
품질관리	34	66.67
식품법규	32	62.75
식품산업/마케팅	31	60.78
식품통계학	27	52.94
감각 · 소비자과학	13	25.49

자료 : 이혜성, Current status of a discipline of 'Food Science and Technology' in South Korea. In-depth discussion on the identity as a discipline of 'Food Science and Technology'. 한국식품과학회 제88차 학술대회 및 정기총회, 2021.7.8.

식품생명공학전공에서는 식품공학전공에 비해서 상대적으로 식품생물공학, 식품공학, 기능성식품학, 식품통계학과 같은 교과목을 다소 더 많이 교육하고 있으나 두 전공간에 교육과정은 큰 차이가 없다(2021학년도 기준).

(3) 캡스톤디자인

식품산업 인력 양성 프로그램에 정규 교과목 또는 비정규 교육과정으로 캡스톤디자인 교과목의 운영이 중요하다.

캡스톤이 피라미드의 최상층부에 마지막으로 올려놓는 돌을 의미하는 것처럼 캡스톤디자인은 전공 교육과정의 마지막 단계로써 대학에서 배운 내용을 현장에 적용할 수 있도록 최종 연습하는 교육과정이다. 이 용어가 우리나라 대학 교육에 사용된 것은 2002년 공학인증제도가 도입되면서 공학인증을 위한 필수 프로그램으로 설계(design) 교과목이 지정된 때부터이다. 설계 교과목은 기초설계, 요소설계, 종합설계로 나누어지는데 캡스톤디자인은 종합설계에 해당하는 것으로 '전공과 관련된 문제를 전공 지식을 활용하여 팀을 이루어 해결하는 교육과정'이다.

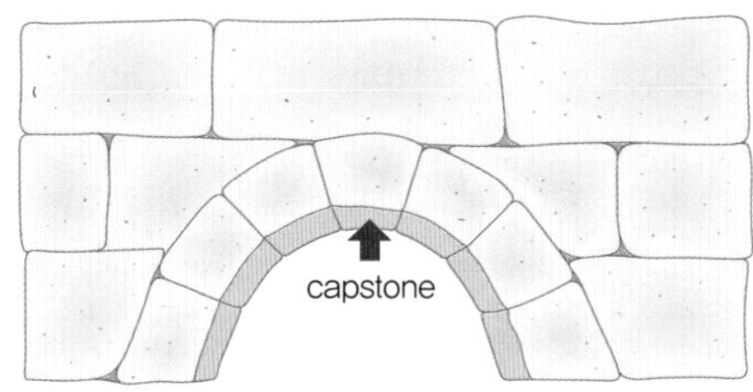

공학인증을 도입한 공과대학의 핵심 교과목으로 정착되어 교육적 성과가 우수한 교육과정으로 발전한 캡스톤디자인은 2012년 시작된 산학협력 선도대학 지원 사업(LINC 사업)을 계기로 공과대학 중심에서 모든 학문 분야로 확산하면서 LINC 사업에 참여하는 모든 학과의 교과과정에 편성되었다.

공과대학에 편성된 캡스톤디자인은 결과물이 제품이나 부품, 작품 등 유형의 것이 일반적이나 인문계열, 사회계열, 자연계열 등 비공학계열 학과에서 수행되는 결과물은 분석 결과, 제안 등 무형적인 것일 수도 있다.

식품산업 인력 양성을 위하여 수행되는 캡스톤디자인은 제품개발 교과목의 실험·실습 교육과정과 유사하나 이론이나 실습교육 없이 전적으로 학생들의 팀워크로 진행하는 열린 문제 해결형 설계 교과목이라는 점에서 다소 차이가 있다. 즉, 캡스톤디자인 교과목에서는 학생들이 정해진 대로 실험 기술을 익히는 것이 아니라 이미 학습한 지식과 기술을 융합하여 학생들이 창의적으로 개념설계와 종합설계의 과정을 거치며 제품 개발을 실현해 나가는 문제 해결 능력을 학습한다.

(4) 감각·소비자과학

소비자가 식품 혁신(product innovation)과 전략적 품질관리(strategic quality management) 프로세스의 중심이 되면서 식품산업에 적용되는 감각과학(sensory science)의 범위가 급격하게 확대되었다. 또한 진보적인 다학제적(multidisciplinary) 및 융합적 학문 연구의 발전에 힘입어 감각과학이나 감각평가(sensory evaluation)라고 불리던 학문 영역이 감각·소비자과학(sensory and consumer science)으로 국제적으로 변경되었다.

감각평가는 한국에서 관능검사라는 용어로 시작되었으며, IFT의 새로운 감각·소비자과학의 주요 분석 방법은 시각, 냄새, 촉감, 맛 및 청각의 감각을 통해 감지되는 제품에 대한 반응을 불러일으키고, 측정하고, 분석하고, 해석하는 데 사용되는 과학적 방법이다.

국제적으로 감각·소비자과학 분야의 특별한 전문성을 발전시키고 전문 인력을 양성하고자 대학과 관련 학회에서 다양한 다학제적 교육 및 연구 프로그램을 지속적으로 개발하며 발전시키고 있다. 국내에서도 한국식품과학회 관능검사(sensory evaluation, SE) 분과위원회는 점점 더 폭넓어지는 감각 전문가(sensory professional)의 역할 변화를 다루고, 학술 범위를 넓혀 전문화하기 위해서 2018년 4월 17일 분과위원회 명칭을 감각·소비자과학(sensory and consumer science, SCS) 분과로 변경하고 관련 분야 연구와 인력 양성에 힘쓰고 있다.

전통 식품공학 교과 분야가 아닌 새로운 학문 분야로서 아직까지 많은 식품 관련 대학에서 감각·소비자과학 교과목을 운영하지 못하고 있으나 앞으로 더욱 활발히 연구되고 교육되어 식품산업 발전에 기여할 분야임에 틀림이 없다.

표 2-7 감각 · 소비자과학 교과목 운영 사례

단과대학명	대학명	교과목명
공과대학	대구대학교 경산캠퍼스	식품관능평가
	이화여자대학교	식품감성공학, 식품감각평가 이론 및 실험, 식품소비자행동 및 감각마케팅
	제주대학교	식품관능검사학
농과대학	전남대학교 광주캠퍼스	식품관능검사학
	원광대학교	감각인지공학 및 평가
생명과학대학	성균관대학교 자연과학캠퍼스	식품감성학
	차의과학대학교	식품관능과학 및 실습
	영남대학교	식품관능평가론
	서울과학기술대학교	식품관능검사
	세종대학교	향미화학 및 관능평가
	순천대학교	식품관능 및 품질관리 실습
자연과학대학	단국대학교 천안캠퍼스	관능검사실험, 관능검사
보건과학대학	선문대학교 아산캠퍼스	식품관능검사

3) 대학의 연구 인력 양성과 연구 기능

국내외 대학에서는 대학원 석사/박사학위 프로그램, 교수 전공별 실험실, 대학 연구소와 사업단 등을 운영하면서 식품공학 분야의 전문 연구 인력을 양성하고 있다.

식품 관련 업무를 담당하는 정부 부처는 농림축산식품부, 해양수산부, 식품의약품안전처, 과학기술정보통신부 등이며, 연간 식품 R&D 예산은 2천억 원 이상이 집행되고 있다.

표 2-8 식품 관련 정부 부처와 업무

부처	주요 업무
농림축산식품부	식품산업 진흥 총괄/농식품 과학 기술 육성
농촌진흥청	농산 식품소재
산림청	임산 식품소재
해양수산부	수산식품 육성
식품의약품안전처	식품안전정책/건강기능식품 인증
과학기술정보통신부	그린바이오 과학 기술 육성

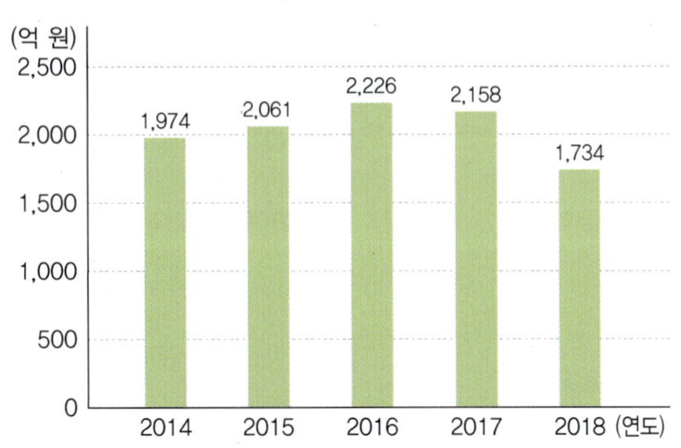

그림 2-5 정부 부처의 식품 분야 R&D 연구비 규모

자료 : 전지영 외, 식품과학과 산업, 53(2), 2020

대학의 연구소는 사회 환경 변화에 따른 대응을 위해 다양한 연구를 수행하며, 또한 명칭도 다양하여 식품생명공학연구소, 식품생물산업연구소, 바이오메디융합연구원, 식품바이오융합연구소, 식품산업융합기술연구소, 탄수화물소재연구소, 글로벌K-푸드연구소, 식품안전연구센터 등이 있다.

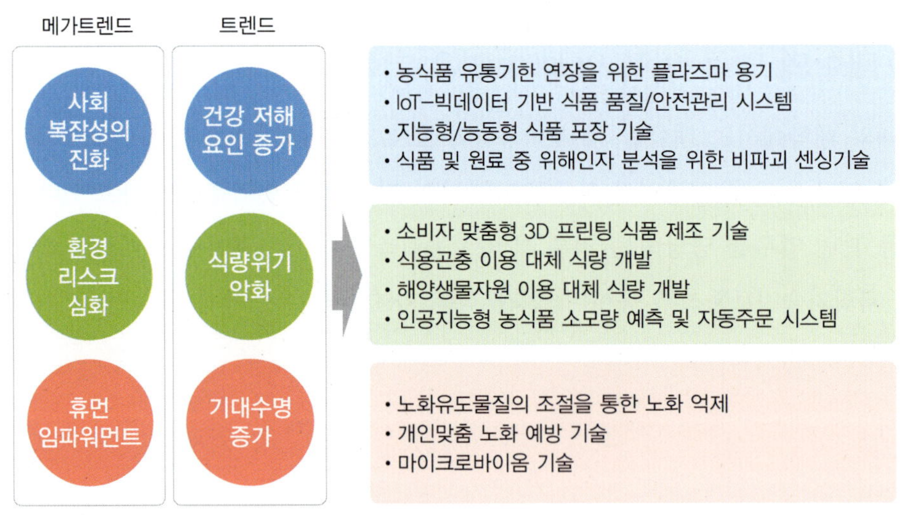

그림 2-6 메가트렌드 전망에 따른 미래 유망 기술

4) 식품 관련 정부 출연 연구 기관

정부 출연 연구 기관은 관련 법률에 따라 설립·운영하면서 고유의 식품 관련 연구 개발 외에도 식품산업 전문가를 양성하고 식품산업 발전에 기여하고자 다양한 프로그램을 운영하고 있다.

(1) 한국식품연구원

한국식품연구원은 1987년에 설립된 국내 유일의 식품 분야 정부 출연 연구 기관으로 전라북도 완주군에 있다. 연구원 역할과 책임은 창의적 식품 연구를 통해 새로운 가치를 창출하고 국가사회문제를 해결하여 국민의 건강과 삶의 질 향상에 공헌하고 식품산업의 혁신 성장 동력 확보에 기여하는 것이며, 이를 위해 다음과 같은 추진 전략을 가지고 운영되고 있다.

- 식품산업 경쟁력 강화를 위한 원천 기술 개발
  - 식품산업 난제 해결을 위한 기술 개발
  - 식품산업 기반 기술 고도화 연구
  - 신시장 창출을 위한 핵심 기술 개발
- 식품의 품질 및 소비·안전 관리 시스템 개발
  - 식품 위해 인자 관리 기술 개발
  - 식품 품질 속성 지능 정보 기반 유통 시스템 기술 개발
- 건강 수명 증진을 위한 식품 바이오 소재 및 영양 대사 조절 연구
  - 초고령 시대 대응 식품의 기능 연구
  - 맞춤형 식이 모델 및 장내 미생물 기반 헬스 케어 연구
  - 건강 개선 기능성 소재 개발

(2) 세계김치연구소

세계김치연구소는 2010년에 설립된 정부 출연 연구 기관으로 광주광역시 남구에 있다. 연구소는 김치 종주국의 위상 제고와 글로벌 김치 문화 창진(創進)을 위해 연구 개발을 종합적으로 수행하여 국가기술혁신을 주도하고 김치산업을 식품산업의 대표적인 성장 동력 산업으로 육성·발전함을 목적으로 하며, 다음과 같은 연구 기능을 위하여

운영되고 있다.

- 김치의 원료, 제조공정, 미생물 및 발효, 저장·유통·포장, 위생·안전성 등 고품질 상품 김치 생산 기술 개발
- 김치산업(김치제조업 및 연관 산업)의 발전을 위한 융합·혁신 기술 연구 개발
- 김치의 수출 촉진, 해외 현지화를 위한 전략 개발, 마케팅 지원 및 홍보
- 김치산업 현장 애로 기술 지원, 교육 훈련 등 중소기업 지원
- 김치 문화 창진을 위한 정보, 통계, 학술 및 문화 자원의 데이터베이스와 네트워크 구축·운영
- 김치 우수성의 과학적 구명 연구
- 정부, 민간, 법인, 단체 등과 연구 개발 협력 및 기술 용역 수탁·위탁
- 주요 임무 분야의 전문 인력 양성 및 관련 기술 정책 수립 지원
- 위 각호의 부대사업 및 시험평가 등 연구소의 목적 달성을 위하여 필요한 사업

(3) 농촌진흥청

농업은 첨단 과학 기술과 융·복합하여 식품, 의약, 생명, 신소재 등으로 영역을 넓혀 가고 있으며, 따라서 정부 조직인 농촌진흥청에서 농축산식품 연구가 활발히 진행되고 있다.

농촌진흥청은 농업 과학 기술의 연구 개발·보급·교육 훈련 및 국제 기술 협력, 국민 식량의 안정적 공급, 농식품 산업의 경쟁력 향상, 농업인 복지·농촌 활력 증진 등 농촌 진흥에 관한 사무를 관장하며, 다음의 다섯 기구를 두고 운영되고 있다.

- 국립농업과학원
- 국립식량과학원
- 농촌인적자원개발센터
- 국립원예특작과학원
- 국립축산과학원

5) 식품공학 관련 주요 학회

식품공학과 관련하여 과학 이론 및 기술 연구와 그 응용을 촉진 및 보급하고 다양한

학술 사업을 진행하는 주요 학회는 한국식품과학회, 한국식품영양과학회, 한국산업식품공학회, 한국식품저장유통학회 등이 있다. 이들 학회에서는 매년 국제 학술 대회를 개최하여 연구 교류와 교육의 기회를 제공하고 있다.

전공 학생들을 위해서는 학부생들이 참여하는 제품 개발 경진 대회 또는 신제품 아이디어 경진 대회를 개최하여 시상하고 있으며, 대학원생들을 위해서는 우수 논문 경진 대회를 통하여 석사, 박사과정 학생들의 우수 논문을 선발하여 시상하고 있다.

6) 국가직무능력표준

2015년 설립된 국가직무능력표준원은 한국산업인력공단 소속의 부설 기관으로 국가직무능력표준(National Competency Standards, NCS)을 개발하고 관리하는 역할을 담당한다. NCS는 산업 현장에서 직무를 수행하는 데 필요한 능력(지식, 기술, 태도)을 국가가 표준화한 것이다. 총 24개의 분류에서 식품 분야는 21. 식품가공으로 분류되어 있다. 특히 공무원이나 공공 기관 등 국가 기관으로의 취업을 준비하는 취준생들은 NCS 시험을 반드시 통과해야 한다. 기업은 NCS를 활용해서 조직 내 직무를 체계적으로 분석하고 이를 토대로 직무 중심의 인사 제도(채용, 배치, 승진, 교육, 임금 등)를 적용한다.

앞으로 기존 대규모 공채는 수시 채용으로 바뀔 가능성이 크며, 토익 등 어학 점수, 학점, 봉사 점수 등 스펙 중심에서 직무 능력 중심으로 빠르게 전환될 것이다. 자신의 스토리가 중요해질 것이며, 단순히 토익을 몇 점 받았는지가 아니라 토익을 공부하기 위해 어떤 노력을 했는지, 해외 연수나 인턴을 했다면 어떤 경험을 했고 어떤 어려움을 극복했는지 등이 중요하다. 실제로 일반 기업을 대상으로 한 조사에서 서류 전형에서 가장 중요한 요소는 인턴 등 실무 경험이며, 면접에서도 직무 수행 능력이 가장 중요하다고 한다.

7) 식품공학 기술 자격

식품 전문가 인증 자격시험에 자신의 학력과 실무 경력에 따라 해당 시험에 응시하여 자격증을 취득할 수 있다.

(1) 식품산업기사

① 수행 업무 : 식품 재료를 선택하고 선별, 분류하여 만들고자 하는 식품의 제조 공정에 따라 기계적, 물리화학적 처리를 하며, 작업 공정에 따라 처리 정도 및 숙성 정도를 관찰하고 적정한 상태로 만들어 나가기 위한 지도적 기능 업무 수행. 또한 작업을 원활히 수행하기 위하여 작업 공정을 조정하고 안전 상태를 점검하는 업무 수행

② 시험 과목(5과목)

- 필기 : 1. 식품위생학, 2. 식품화학, 3. 식품가공학, 4. 식품미생물학, 5. 식품제조공정
- 실기 : 식품품질관리 실무(작업형, 4시간 정도)

(2) 식품가공기능사

① 수행 업무 : 농·축·수산물을 원료로 가공 처리하고 물리적, 화학적, 생물학적 변화를 일으키게 하여 영양가 및 저장성을 높이거나 유용한 농·축·수산식품을 제조·가공하는 등의 직무를 수행

② 시험 과목(3과목)

- 필기 : 1. 식품화학, 2. 식품위생학, 3. 식품가공 및 기계
- 실기 : 식품가공 작업 실무(작업형, 4시간 정도)

(3) 식품(안전)기사

① 수행 업무 : 식품 기술 분야에 대한 기본적인 지식을 바탕으로 하여 식품 재료의 선택에서부터 새로운 식품의 기획, 개발, 분석, 검사 등의 업무를 담당하며, 식품 제조 및 가공 공정, 식품의 보존과 저장 공정에 대한 관리, 감독의 업무를 수행

② 시험 과목(5과목)

- 필기 : 1. 식품위생학, 2. 식품화학, 3. 식품가공학, 4. 식품미생물학, 5. 생화학 및 발효학
- 실기 : 식품생산관리 실무

(4) 식품기술사

① 수행 업무 : 식품 기술 분야에 관한 고도의 전문 지식과 실무 경험에 입각하여 식품 재료 및 제품에 대한 안전성, 영양, 맛 등을 분석, 연구, 시험, 평가하며, 식품 제조 및 가공 공정, 식품의 보존과 저장 기술을 개발하고 이에 관한 기술 자문과 지도 등의 기술 업무 수행

② 시험 과목

- 필기(단답형/주관식 논문형) : 식품의 생산 가공, 식품산업의 계획, 식품의 보존, 저장, 평가 및 검사 등에 관한 사항

단원정리

- 새로운 식품을 효율적으로 연구 개발하기 위해서는 소비자 가치를 이해하고 동시공학적 시스템에서 소비자 요구가 제품에 어떻게 기술적으로 반영될 수 있는지를 고려한 제품 기획과 연구 개발이 진행되어야 한다.
- 식품산업이 생산성 중심에서 소비자 가치 중심 산업으로 변화하면서 마케팅 기능과 연구 개발 및 생산 기능의 협업이 매우 중요하므로 대부분의 식품회사 연구소에서는 식품 기획과 연구 개발 기능을 동시적으로 수행하고 있다.
- 미국 식품기술자협회(IFT)의 식품과학 교육의 네 가지 핵심 영역은 식품화학, 식품공학, 식품미생물학, 그리고 감각·소비자과학이다.
- 미국 IFT에서는 고품질의 식품 전문가를 양성하기 위하여, 식품과학 학부 교육 인증 프로그램과 식품과학자 글로벌 인증제도(Certified Food Scientist, CFS)를 운영하고 있다.
- 미국 IFT의 식품산업에서의 대표적인 식품과학자 역할에는 제품개발, 품질관리 및 미생물학, 식품공정공학, 식품화학, 감각과학, 식품마케팅과 영업 분야가 있다.
- 국내 식품공학 분야 주요 교과과정은 식품화학, 식품미생물학, 식품안전, 식품공학 및 가공학, 감각과학, 품질관리, 식품법규, 자료분석 및 통계분석, 제품개발/캡스톤디자인, 기능성식품학과 식품생물공학 교과목 분야로 구성된다.
- 식품산업 인력 양성을 위한 캡스톤디자인 교과목은 이미 학습한 지식과 기술을 융합하여 학생들이 창의적으로 개념설계와 종합설계의 과정을 거치며 제품개발을 실현해 나가는 문제해결 능력을 학습한다.
- 감각·소비자과학은 기존에 '관능검사'라고 불리던 식품의 감각특성을 평가하고 정의하던 학문이 발전·확대된 학문 분야로 제품 개발과 품질 관리 기술과 밀접하게 관련된 과학 분야이다.
- 국내외 대학에서는 대학연구소와 대학원 석사/박사학위 프로그램을 운영하며 식품공학 분야 연구 인력을 양성하고 있다.
- 식품 관련 정부 출연 연구 기관에는 한국식품연구원, 세계김치연구소, 농촌진흥청 등이 있다.
- 식품공학/식품과학과 관련하여 과학 이론 및 기술 연구와 그 응용을 촉진 및 보급시키고 다양한 학술사업을 진행하는 국내 주요 학회는 한국식품과학회, 한국식품영양과학회, 한국산업식품공학회 등이 있다.
- 식품공학 관련 국내 기술자격시험에는 식품산업기사, 식품기사(식품안전기사), 식품기술사가 있다.

연습문제

1. 가공식품의 연구 개발 과정에 포함되는 단계가 아닌 것은?

① 제품 기획　② 제품 개발　③ 생산
④ 유통　⑤ 영업

2. 정부 출연 연구 기관 중 식품 연구와 관련성이 가장 적은 기관은?

① 한국식품연구원　② 세계김치연구소
③ 농촌진흥청 국립농업과학원　④ 보건복지부 질병관리청

3. 식품 관련 전문 분야 중 식품의 특성과 소비자가 식품을 어떻게 인식하는지 이해하기 위해 노력하며, 우리가 먹는 음식이 안전하고 영양가가 있을 뿐만 아니라 매력적임을 보장하는 역할을 하는 분야는?

① 식품미생물학자　② 식품엔지니어
③ 감각과학자　④ 식품화학자

정답

1. ⑤. ①~④의 모든 단계에서는 식품 전문가들의 연구 개발 과정이 요구됨. **2.** ④ 보건복지부는 의료·보건·복지 업무 **3.** ③

참고문헌

이혜성, Current status of a discipline of 'Food Science and Technology' in South Korea. In-depth discussion on the identity as a discipline of 'Food Science and Technology'. 한국식품과학회 제88차 학술대회 및 정기총회, 2021.7.8.

전지영·함상욱·박진성·박정민·홍석인, 2020 식품산업 현황과 R&D 미래 대응전략: 공공부문의 역할과 추진 방향을 중심으로, **식품과학과 산업**, 53(2), 235-247, 2020

농촌진흥청 (https://www.rda.go.kr/main/mainPage.do)

미국 IFT (https://www.ift.org/career-development/learn-about-food-science)

세계김치연구소 (https://www.wikim.re.kr/index.es?sid=a1)

한국산업인력공단 (http://www.q-net.or.kr/crf005.do?id=crf00505&gSite=Q&gId=&jmCd=1530&examInstiCd=1)

한국식품연구원 (https://www.kfri.re.kr)

NCS 국가직무능력표준 (https://www.ncs.go.kr/index.do)

CHAPTER 3

식품의 성분과 재료

1. 식품의 성분
2. 식품 재료

인간이 식품을 섭취하는 것은 생명 유지에 필요한 영양소와 건강 유지에 도움을 주는 건강 기능 성분의 공급, 그리고 포만감과 기호성 충족의 먹는 즐거움을 주기 때문이다. 어떤 식품을 얼마만큼 먹을 것인가를 영양학적 관점에서 도식화한 푸드 피라미드(Food Pyramid), 마이 플레이트(My Plate), 헬시 이팅 플레이트(Healthy Eating Plate) 등이 있으며, 헬시 이팅 플레이트는 채소와 과일 1/2, 곡물 1/4, 단백질 식품 1/4의 비율로 식품 섭취를 권장한다. 이것은 먹어야 할 식품의 종류를 말하고 있지만 그 의미는 인간이 섭취해야 하는 영양소인 식품의 성분을 의미한다. 따라서 식품을 섭취하거나 품질 좋은 식품으로 가공하기 위해서는 식품 성분과 식품 재료의 특성을 이해하여야 한다.

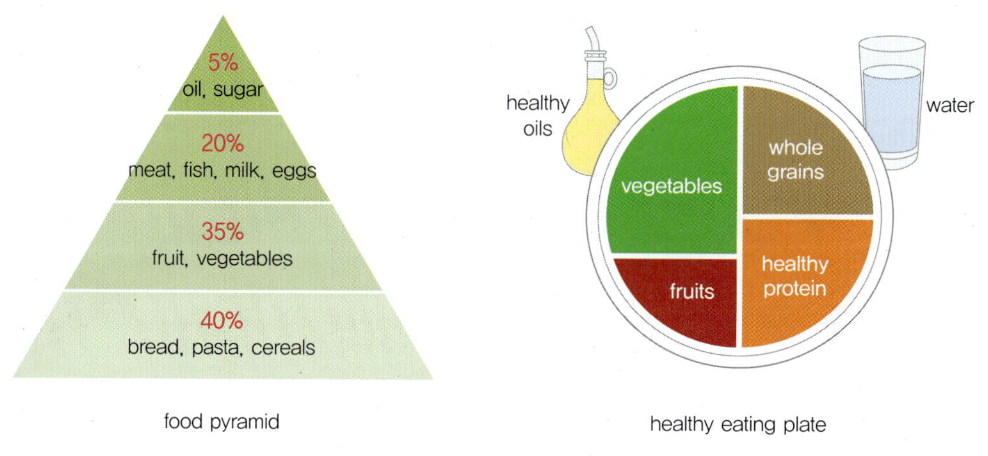

그림 3-1 식품 섭취 권장 사례

1. 식품의 성분

식품은 물리·화학적 측면에서 볼 때 구성 성분의 조성, 농도, 구조 등이 매우 불안정하고 복잡하다. 그러므로 식품을 가공하기 위해서는 원재료 성분의 특성을 알아야 한다.

일반적으로 식품은 수분과 고형분으로 나누고, 고형분은 유기물과 회분으로 구분된다. 유기물에는 탄수화물, 단백질, 지질의 3대 영양소가 있다. 식품별 영양 성분은 식품의약품안전처 '식품영양성분 데이터베이스'에서 찾아볼 수 있고, 식품별 성분은 농촌진흥청 국립농업과학원 '국가표준식품성분표' 검색에서 찾아볼 수 있다.

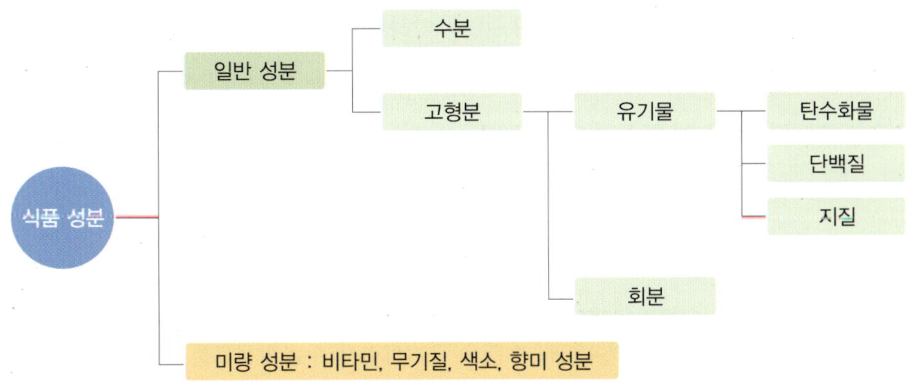

그림 3-2 식품의 구성 성분

1) 수분

식품에서 물은 수용성 물질을 녹이는 용매 기능뿐만 아니라 식품가공, 저장 및 유통 과정에서 일어나는 다양한 화학 반응과 미생물학적 변화에 영향을 미치며, 최종 제품의 형태 및 조직감 등 식품의 중요한 특성을 결정하는 인자이다.

식품에 있는 물은 자유수와 결합수의 형태로 존재한다. 자유수는 유리되어 이동이 자유로운 물로 수용성 성분을 용해하는 용매로 작용하며, 온도 변화에 따라 증발 및 동결 등이 일어나고 미생물 생장에 이용된다. 그러나 결합수는 탄수화물이나 단백질 등의 친수성 성분들과 강하게 결합하여 자유수와 같은 물의 특성을 나타내지 않는다.

식품의 저장 중 성분의 물리·화학적 변화와 미생물에 의한 변화는 수분의 영향을 크게 받는다. 즉, 수분 함량이 중요하나 더 정확하게는 식품 성분 변화에 관여할 수 있는 수분의 양이 얼마인지가 중요하며, 이를 수분활성도(water activity)로 표현한다. 수분활성도는 일정한 온도의 닫힌 공간에서 순수한 물이 나타내는 수증기압(P_0)을 동일한 조건에서 식품이 나타내는 수증기압(P)의 비율로 나타낸다.

$$a_w = \frac{P}{P_0}$$

수분활성도는 식품 성분의 화학 반응과 미생물 생육 등에 영향을 미치며, 일반적으로 수분활성도가 낮아지면 반응성이 낮아져서 식품 저장성은 향상된다. 그러나 예외적으로 유지의 산화는 매우 낮은 0.2 이하에서 다시 반응 속도가 증가한다. 미생물 생육은 세균 0.9 이하, 효모와 곰팡이는 0.8～0.9 이하에서 생장이 저해된다.

식품의 부패를 억제하고 저장성을 향상하기 위해 농축 또는 건조하거나 적절한 염류나 당류를 첨가하여 수분활성도를 낮춘다.

Tip 중간수분식품

식품을 건조하거나 수분과의 결합력이 우수한 설탕, 당알코올, 글리세롤 등을 첨가하여 수분 함량 15~30% 수준을 유지하면서 수분활성도를 0.6~0.8로 낮춤으로써 미생물 성장을 억제하여 저장성을 높인 식품이다. 상온에서 저장 가능하고 즉석에서 섭취가 가능한 장점이 있으며, 대표적인 예에는 잼, 젤리, 건조과일, 건조소세지 등이 있다.

2) 탄수화물

탄수화물은 탄소, 수소, 산소가 주원소로 구성된 화합물이며, 수화된 탄소 여러 개로 이루어진 물질이다. 인간에게 가장 기본인 영양소이며, 단맛이 있어 감미료로 이용되는 등 식품가공에서 중요한 성분이다. 탄수화물은 크기에 따라 단당류, 소당류, 다당류로 분류된다.

(1) 단당류

단당류는 가수분해되지 않는 탄수화물을 구성하는 단위 물질이며, 여러 개의 하이드록시기(-OH)가 있다. 식품에 있는 단당류는 주로 탄소 6개로 구성된 육탄당(hexose)과 탄소 5개로 구성된 오탄당(pentose)이 있다. 육탄당은 포도당, 과당, 갈락토스가 있다. 단당류의 분자 구조는 그림 3-3과 같이 피셔 구조나 하워스 구조 등의 다양한 방식으로 표현된다. 이러한 단당류는 결합하여 이당류, 올리고당 및 다당류를 구성한다.

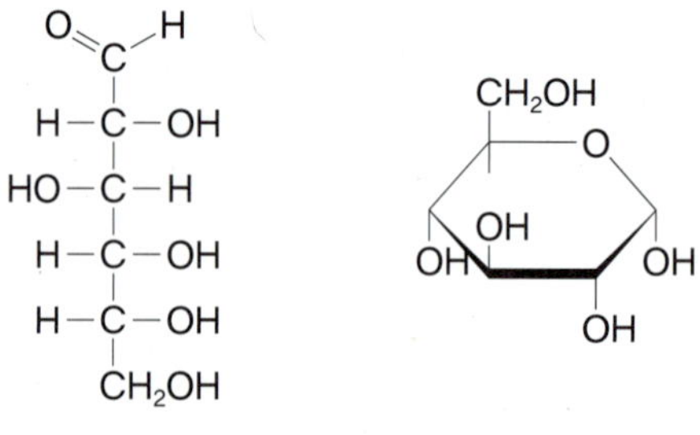

피셔 구조 하워스 구조

그림 3-3 포도당의 구조

포도당은 자연계에 존재하는 탄수화물의 90% 이상을 차지하는 대표적인 성분이다. 유리된 형태로 식물성과 동물성 식품에 존재하며, 전분, 글리코겐, 셀룰로스 등 다당류를 구성하기도 한다. 과당은 과일이나 벌꿀 등에 있으며 감미도가 크고 점도가 낮아 액상음료 제품에 사용한다. 갈락토스는 우유에 있는 이당류인 유당을 구성하는 단당류이며, 식이섬유나 동물의 신경 조직 등을 구성하는 성분이다.

(2) 소당류

소당류는 단당류 2~10개가 중합 결합한 탄수화물이며, 이당류와 올리고당류로 구분한다. 이당류에는 맥아당, 자당(설탕), 유당이 있다. 맥아당은 포도당 두 분자가 결합한 이당류로 식혜와 물엿에 있다. 자당은 사탕무나 사탕수수에서 얻은 즙을 농축한 다음 결정화하여 얻는다. 포도당과 과당이 결합된 이당류이며, 대표적인 감미료로 널리 사용되고 있다. 유당은 포유동물의 젖에 함유된 이당류로 젖당이라고도 하며, 갈락토스와 포도당이 결합된 이당류로 영유아기의 대표적인 에너지원으로 사용된다.

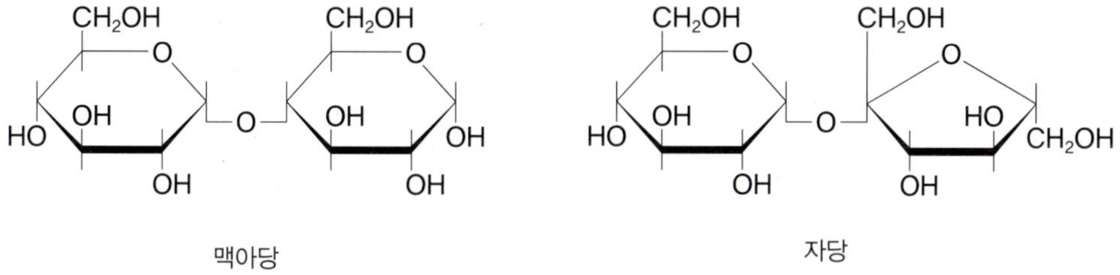

그림 3-4 맥아당과 자당의 구조

올리고당은 단당이 3~10개로 연결된 탄수화물로서 천연에도 존재하지만 대부분 식품 원료로 사용하는 올리고당은 다당류를 산 또는 효소로 분해하여 제조한다. 올리고당은 단맛을 가지지만 칼로리가 설탕보다 낮고, 장내 유용 미생물을 증식시키는 프리바이오틱스(prebiotics) 기능이 있어 기능성 식품소재로 많은 관심을 받고 있다. 대표적인 올리고당에는 프럭토올리고당, 말토올리고당, 갈락토올리고당 등이 있으며, 분유 및 유제품에 첨가되거나 물엿을 대체한 감미료로 사용된다.

(3) 다당류

다당류는 단당류가 글리코사이드 결합으로 연결된 고분자 화합물이다. 대표적인 다당류인 전분은 수백~수천 개의 포도당이 연결된 중합체로 아밀로스와 아밀로펙틴으로 구성되어 있다(그림 3-5). 아밀로스는 포도당이 직쇄상으로 연결된 반면에 아밀로펙틴은 직쇄상의 구조에 다른 아밀로스 사슬이 가지 형태로 되어 있다. 일반적으로 식품산업에서 이용되는 곡류와 서류의 전분은 아밀로펙틴이 70~80%이지만, 찹쌀이나 찰옥수수는 아밀로펙틴만으로 구성되어 있다. 아밀로스와 아밀로펙틴은 전분입자 내에서 여러 겹의 층으로 존재한다. 전분입자 내에서 아밀로펙틴의 사슬들은 모여서 규칙적으로 배열되면서 결정성 영역을 형성하고, 결정성 영역 사이는 비결정성 영역이 존재하는데 상대적으로 작은 크기의 아밀로스는 이곳에 존재한다.

빵이나 밥에는 전분이 다량 포함되어 있는데, 가열 가공하는 동안 전분은 팽창하고 결정형 구조는 파괴되며, 물 분자들이 사슬의 사이사이로 들어가게 되는데 이러한 과정을 전분의 호화라고 한다. 호화가 되면 소화흡수율이 높아져 인간이 영양소를 흡수하기 좋은 상태가 된다. 밥을 실온에 보관하면 일부가 딱딱해지는 것처럼 호화된 전분이 다시 결정 영역을 형성하는데 이를 전분의 노화라고 한다.

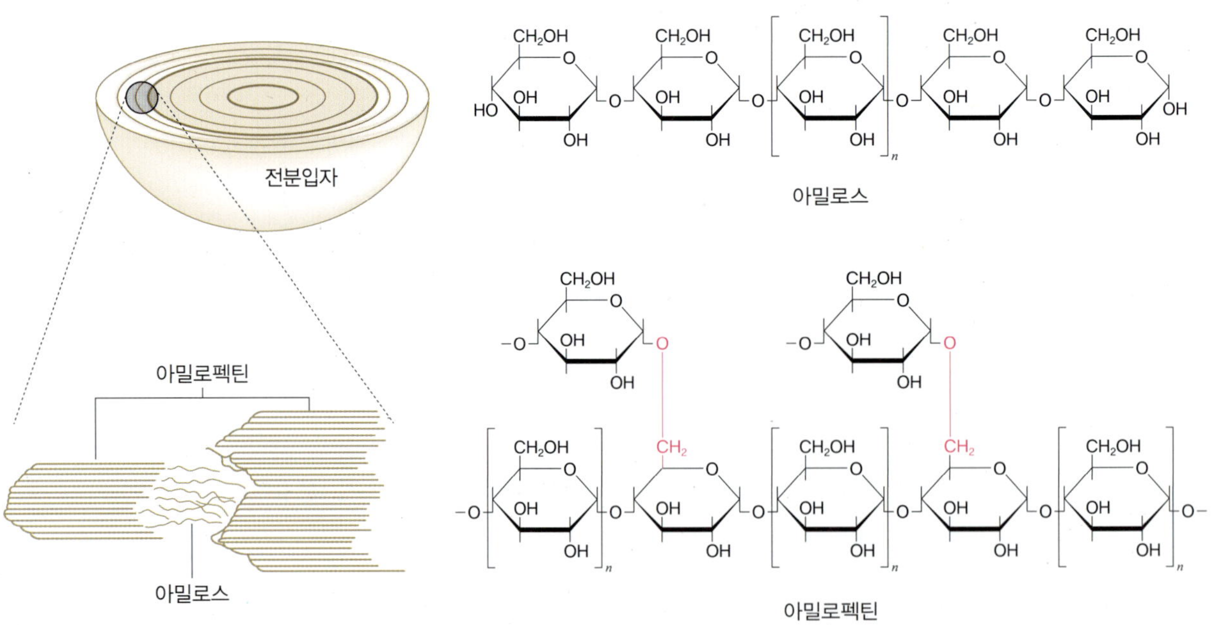

그림 3-5 전분입자 내 아밀로스와 아밀로펙틴의 구조

Tip 변성전분

식품공업에서 천연 전분을 물리·화학적으로 가공하여 변성전분을 제조한다. 전분의 호화 및 노화 속도를 조절하거나 점도를 개선하는 등 가공식품의 품질을 향상한다. 예를 들어, 라면에 천연 전분의 화학 구조를 변화시킨 변성전분이 사용되며, 이는 조리 시간을 줄이고 쫄깃한 질감을 오래 유지할 수 있도록 한다.

전분 이외에 다당류에는 인체 소화 효소에 의해 소화되지 않는 난소화성 다당류가 있는데 이를 식이섬유라고 한다. 식물성 식품의 세포벽 성분인 셀룰로스, 헤미셀룰로스, 펙틴과 천연 검류가 대표적인 식이섬유이다. 식이섬유는 변비 및 대장암 예방에 좋고, 콜레스테롤 조절, 식후 혈당 상승 억제 등에 도움을 주며, 식품산업에서는 물성 개량제, 결착제, 점성 증가제나 증량제 등으로 제품의 품질 개선 목적으로 사용한다.

3) 단백질

단백질은 3대 영양소 중 하나이며 인체를 구성하고 다양한 생명 현상에 관여한다. 화학 구조적으로 탄수화물이나 지질과는 다르게 단백질에는 질소가 포함되어 있다. 단백질은 여러 개의 아미노산이 펩타이드 결합으로 연결된 중합체이다. 아미노산은 아미노기와 카복실기를 함께 가지는 단백질 구성의 단위 성분이며, 단백질은 아미노산 사슬이 입체적으로 배열된 고분자 물질이다(그림 3-6).

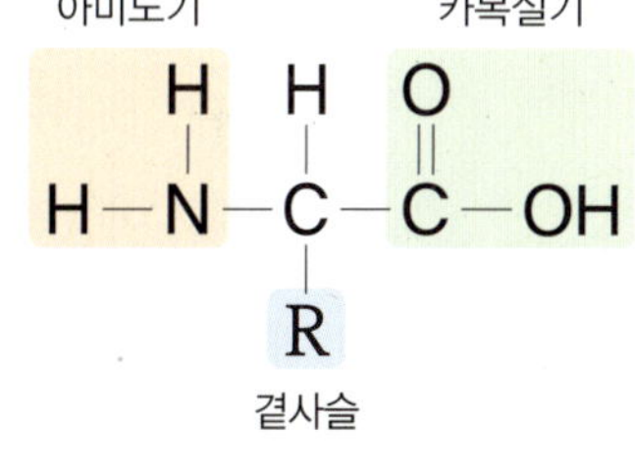

그림 3-6 아미노산의 구조

아미노산은 식품의 맛과 영양에 중요한 성분이다. 특히 인체에서 생합성되지 않아 식품으로부터 반드시 섭취해야 하는 아미노산을 필수 아미노산이라고 하며, 그 종류는 발린, 루신, 아이소루신, 트레오닌, 라이신, 메티오닌, 페닐알라닌 및 트립토판의 8종이다.

아미노산은 기본적으로 하나의 분자 내에 양전하와 음전하를 동시에 가지는 양성 전해질이며, 아미노산이 녹아 있는 수용액의 pH에 따라서 아미노산 분자의 전체적인 실제 전하가 달라진다. 특정 pH에서 실제 전하가 중성일 때의 pH를 등전점이라고 한다.

식품 단백질에는 동물성과 식물성이 있다. 동물성 단백질원은 고기, 달걀, 생선 및 유제품이며, 식물성 단백질원은 대두나 밀가루 식품 등이다. 이러한 식품 단백질은 가열,

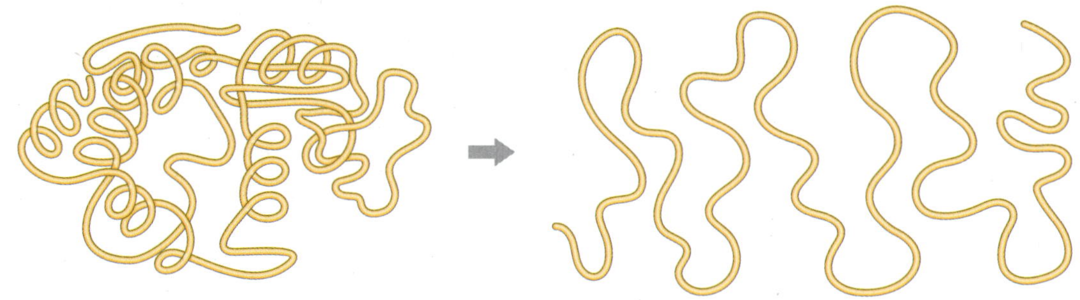

그림 3-7 단백질의 변성

동결, pH의 변화, 염, 물리적인 힘 등에 의해 입체 구조가 더 느슨하고 덜 치밀한 구조로 변하게 되는데 이를 단백질의 변성이라고 한다(그림 3-7). 단백질의 변성 원리를 이용하여 다양한 제품을 만들 수 있다. 예를 들어, 우유를 교반하면 단백질의 구조가 풀리면서 불용성의 단백질 막을 형성하여 주변의 공기를 둘러싸 유크림이 만들어진다.

두부나 치즈 제조에서도 단백질의 변성이 일어난다. 두부 제조에서는 가열한 후 염인 간수를 넣어 콩 단백질을 응고시키는데, 이때 염과 물이 상호작용을 하면서 물과 단백질이 결합하는 것을 방해함으로써 단백질끼리 응집하게 되어 콩 단백질 식품인 두부를 제조할 수 있다. pH에 따라 단백질이 변성되거나 침전되기도 하는데, 이를 이용하여 제조된 대표적인 가공식품이 치즈이다. 우유에 산을 가하여 pH를 등전점인 4.6 근처까지 낮추면 단백질의 실제 전하가 0에 가까워지며 전기적 반발력이 약해져서 단백질이 응고되므로 분리할 수 있다(그림 3-8).

그림 3-8 단백질 응고에 의해 생성된 치즈 커드

자료 : 농촌진흥청

4) 지질

지질은 물에는 녹지 않으나 유기용매에 녹는 성분을 말한다. 탄수화물, 단백질과 함께 3대 영양소로 9 kcal/g의 열량이 있다. 지질은 필수지방산을 공급하고 지용성 비타민을 운반하는 역할을 한다. DHA나 EPA 등의 오메가-3 지방산은 건강에 도움을 주지만, 일반적으로 지질 섭취량의 증가는 비만, 심혈관 질환 등을 일으킬 수 있어 섭취에 주의가 필요하다. 식품에서 지질은 구조, 맛과 풍미, 물성을 결정하는 등 제품의 품질과

관련한 중요한 역할을 한다.

식품의 지질은 글리세롤 1분자에 지방산 3분자가 연결된 트라이글리세라이드(tri-glyceride) 구조가 주를 이룬다(그림 3-9). 지방산의 탄소와 탄소 사이에 단일결합만 존재하면 포화지방산, 이중결합을 가지면 불포화지방산이라고 하며, 포화지방산이 많으면 고체인 지방(fat), 불포화지방산이 많으면 액체인 기름(oil) 형태가 된다. 지방에는 버터와 돼지기름이 있고, 기름에는 카놀라유, 콩기름, 올리브유 등의 식물성 유지가 있다.

불포화지방산은 저장 또는 가공 공정 중에 산패되어 풍미가 나빠지고 점성이 높아지는 등 유지식품의 품질 저하를 초래한다. 유지의 산화를 지연시키고 식품의 저장성을 향상하기 위해 항산화제를 첨가하기도 하는데, 대표적인 천연 항산화제에는 토코페롤이 있고 합성 항산화제에는 BHT와 BHA 등이 있다.

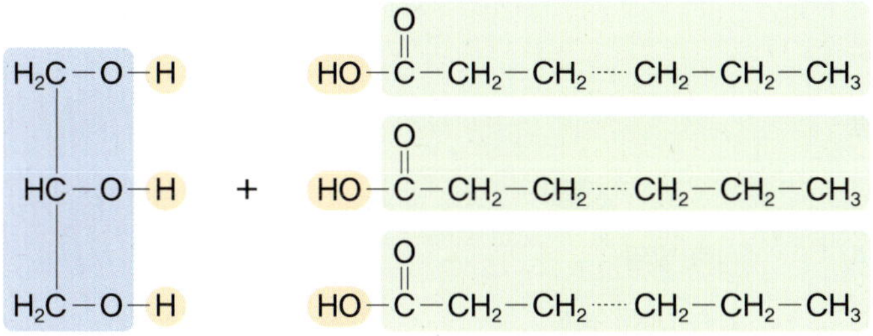

H_2C-O-H / $HC-O-H$ / H_2C-O-H + 3 × $HO-C(=O)-CH_2-CH_2 \cdots CH_2-CH_2-CH_3$

글리세롤 지방산 사슬 3개

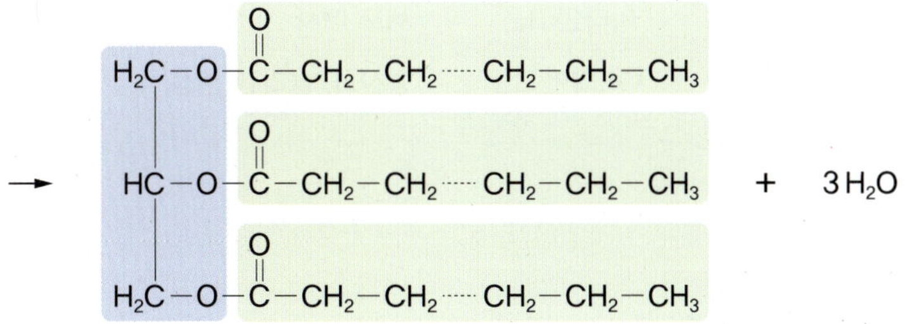

→ $H_2C-O-C(=O)-CH_2-CH_2 \cdots CH_2-CH_2-CH_3$ / $HC-O-C(=O)-CH_2-CH_2 \cdots CH_2-CH_2-CH_3$ / $H_2C-O-C(=O)-CH_2-CH_2 \cdots CH_2-CH_2-CH_3$ + $3H_2O$

트라이글리세라이드 또는 중성지방 물 분자 3개

그림 3-9 지질의 트라이글리세라이드 구조

Tip 트랜스 지방산

불포화지방산이 많은 식물성 유지에 수소를 첨가하면 포화지방산으로 바뀌면서 조직감이나 산화 안정성이 향상된 유지를 제조할 수 있다. 이 과정에서 트랜스 지방산이 생성될 수 있는데, 트랜스 지방산은 심혈관계 질환의 위험을 높일 수 있으므로 섭취에 주의해야 한다. 각국에서는 트랜스 지방의 함량을 의무적으로 표시하도록 하고 있고, 또한 산업계에서는 트랜스 지방산의 함량을 낮추는 다양한 공정을 개발하고 있다.

5) 비타민

비타민은 미량으로 중요한 생리적 작용을 조절하여 물질대사가 일어나도록 하는데, 체내에서 스스로 합성되기 어려우므로 식품을 통하여 섭취해야 한다. 비타민은 용해성에 따라 지용성 비타민과 수용성 비타민으로 분류한다.

표 3-1 비타민의 역할과 급원식품

종류		역할	급원식품
지용성 비타민	비타민 A	시력 발달	녹황색 채소
	비타민 D	칼슘 대사, 성장	생선 간유, 우유
	비타민 E	항산화	식물성 기름
	비타민 K	혈액 응고	녹색 채소
수용성 비타민	비타민 B군	세포 대사	채소
	비타민 C	항산화, 콜라겐 생성	채소 및 과일

6) 무기질

무기질은 식품을 태우면 재가 되어 남는 것으로 식품의 무기질 총량을 회분이라고 한다. 비록 함량은 미량이지만 인체에서 다양한 역할을 한다. 하루에 100 mg 이상 섭취해야 하는 다량 무기질에는 칼슘, 인, 칼륨, 염소, 나트륨, 황, 마그네슘 등이 있다. 칼슘은 인체의 골격과 치아의 형성, 혈액 응고, 근육 수축과 이완 등 골격 구성과 중요한 생리 조절 기능을 한다. 인은 칼슘과 결합하여 뼈와 치아를 이루게 되고, 혈액 속의 인산은 산과 알칼리 평형을 조절하는 완충제로 중요하다. 나트륨과 칼륨은 체액의 삼투압 및 산과 알칼리 평형 유지를 담당한다.

식품에는 음이온과 양이온 무기질이 있으며, 음이온 무기질이 상대적으로 많은 식품으로는 곡류 식품, 동물성 단백질 식품, 고지방 식품이 해당되며 이들을 산성 식품이라고 한다. 양이온 무기질이 상대적으로 많은 식품으로는 과채류, 해조류 등이 해당되며 이들을 알칼리성 식품이라고 한다.

Tip 나트륨 저감화 정책

식품의약품안전처의 조사(2018년)에서 한국인의 평균 나트륨 섭취량은 3,274 mg으로 세계보건기구(WHO)의 권고 기준(나트륨 2,000 mg, 소금 5 g)의 1.6배 수준이다. 나트륨을 과다 섭취할 경우 고혈압 등 심혈관계 질환이 발생할 수 있으므로 식품의약품안전처에서는 나트륨 저감화 정책으로 국민의 나트륨 섭취량을 줄이는 노력을 하고 있다. 식품산업에서는 대체소금, 짠맛을 증진하는 염미증진제와 향미개선제 등을 개발하여 나트륨 저감화에 노력하고 있다.

7) 미량 성분(색소, 냄새, 맛)

식품의 색과 풍미는 품질과 기호도를 결정하는 중요한 요소이다. 예를 들어, 색은 과일의 성숙도와 신선도를 나타내고, 과자류의 갈변 정도는 품질과 관련이 깊다.

식품 색소는 엽록소, 카로티노이드, 플라보노이드, 안토시아닌 등의 천연 색소와 캐러멜 색소, 타르계 인공 색소가 있다. 식물에 존재하는 파이토케미컬은 다양한 생리 기능성을 지니고 있는데, 노랑~주황색의 카로티노이드, 무색~옅은 노랑색의 플라보노이드, 주황~빨강색의 안토시아닌 등이 대표적인 기능성 색소이다.

식품의 풍미는 식품을 구성하고 있는 화합물의 조성과 그 농도에 의해 결정된다. 알코올, 에스터, 정유, 유황화합물 등의 성분이 주요 냄새 성분이며, 커피, 차, 주류 식품은 알코올류가, 사과, 파인애플, 바나나에는 에스터류가, 레몬, 오렌지, 박하에는 비수용성 정유류가, 양파, 무, 배추, 겨자에는 유황화합물이 특유의 냄새 성분이다.

식품의 맛에는 단맛, 짠맛, 신맛, 쓴맛, 감칠맛의 다섯 가지 기본 맛이 있고, 그 밖에 매운맛, 쓴맛, 떫은맛 등이 있다. 일반적으로 맛 성분은 수용성이고 냄새 성분은 휘발성이다.

식품 원료 자체의 맛과 냄새도 있으나 소비자가 즐기는 식품의 풍미는 대부분 발효나 조리·가공으로 생성된 것이다. 예를 들어, 술, 빵, 치즈, 장류의 향미는 미생물 발효로 생성되고, 커피나 고기 향은 가열을 통해 캐러멜화나 메일라드 반응으로 생성되며, 뜨거운 연기를 쐬어 훈연향을 얻기도 한다. 또한 콜라 향과 같이 천연 향기 물질의 조합으로 새로운 향미를 창조하기도 한다. 식품산업에서는 천연 향미를 연구하고 향미 성분을 가공 생산하여 다양한 가공식품에 향미증진제로 사용하고 있다.

2. 식품 재료

우리의 생명과 건강 유지에 필요한 영양소는 다양한 농·축·수산물 원재료와 이것을 가공한 식품에 있으므로 우리는 건강을 위해 푸드 피라미드(Food Pyramid), 마이 플레이트(My Plate), 헬시 이팅 플레이트(Healthy Eating Plate) 등의 영양 권장에 따라 식품을 섭취하는 것이 좋다. 식품공학자는 농·축·수산 식품 원재료의 구성 성분과 특성이 서로 다름을 잘 이해하여야 하며, 이들 특성을 이용하여 다양한 식품, 그리고 품질 좋은 식품으로 가공할 수 있는 능력을 갖추어야 한다.

1) 농산식품 재료

곡류와 서류는 가장 중요한 탄수화물 급원이며 각종 비타민과 무기질도 풍부한 식품이다. 그 외 농산식품으로는 채소류, 과실류, 버섯류 등이 있으며, 이들 또한 비타민과 무기질은 물론 파이토케미컬의 공급원이다. 또한 곡물 단백질은 섭취 총열량의 약 30%를 차지하므로 곡류 식품은 단백질 공급원으로도 중요하며, 대두, 씨앗류, 견과류 등은 지방질의 공급원이다. 탄소 저감화를 위한 지구 환경 보호와 인류의 안정적인 식량 확보에 가장 적합한 것이 농산식품이다.

(1) 곡류

곡류는 쌀이나 보리 등의 화곡류와 콩이나 팥 등의 콩류 등을 포함하며, 그중 쌀, 밀, 보리, 콩을 제외한 나머지 곡류들(조, 옥수수, 메밀, 수수 등)은 잡곡이라고 한다. 2019/2020년도 세계 곡물 생산량은 약 2,720백만 톤으로 이 중에서 최대 생산 곡물은 옥수수이며, 그다음은 밀, 쌀, 대두 순으로 많다. 최근 약 20년간 세계 곡물 생산량이 많은 국가는 중국, 미국, 인도 순으로 이들 3개국이 세계 생산량의 대부분을 차지하나(그림 3-10), 이에 반해 한국의 생산량과 자급률은 쌀을 제외한 나머지 곡물은 전반적으로 아주 낮다.

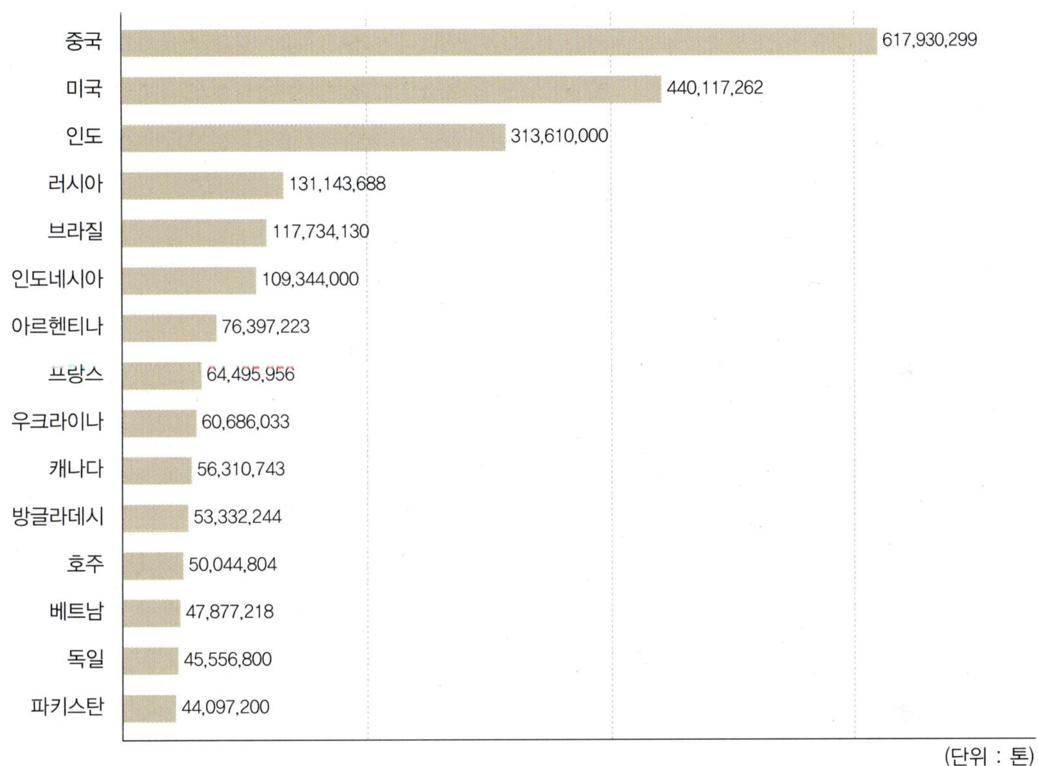

그림 3-10 세계 곡물 생산량 순위(2017)

자료 : World Bank

식물의 씨앗인 곡류는 생명을 보호하는 겨층으로 둘러싸여 있으며 그 내부는 외피, 배유, 배아 등으로 이루어져 있다. 곡류에는 탄수화물뿐만 아니라 단백질, 지방질, 비타민, 무기질 등도 많이 함유되어 있다(표 3-2). 곡류에 단백질은 약 10% 내외 함유되어 있으나 필수아미노산의 조성이 불완전하여 동물 단백질보다 품질은 낮다.

표 3-2 곡류 종류별 주요 영양 성분 함량

(단위 : 100 g당)

곡류	에너지 (kcal)	탄수화물 (g)	단백질 (g)	지방 (g)	식이섬유 (g)	칼슘 (mg)	철 (mg)	인 (mg)	칼륨 (mg)	나트륨 (mg)	비타민 B_1 (mg)	비타민 B_2 (mg)	니아신 (mg)	비타민 C (mg)
백미	363	79.5	6.4	0.4	–	7	1.3	87	170	8	0.23	0.02	1.2	0
현미	371	79.4	7.0	2.3	–	8	3.3	233	128	3	0.25	0.06	1.2	0
밀	333	75.8	10.6	1.0	–	52	4.7	254	538	17	0.43	0.12	2.4	0
보리	343	75.4	8.7	1.7	11.0	30	2.4	161	202	9	0.23	0.05	2.0	0
귀리	382	64.9	13.2	8.2	18.8	60	5.8	381	383	4	–	0.07	1.1	–

자료 : 농촌진흥청 국립농업과학원, 국가표준식품성분표

① 벼(쌀)

쌀(rice)은 장립종인 인디카(indica)형과 단립종인 자포니카(japonica)형이 있으며, 이 중 인디카형이 세계 쌀의 90%를 차지하는 대표적인 품종이다. 세계 생산량의 90% 이상이 아시아 지역이며, 중국과 인도가 각각 1위와 2위를 차지하고 있다. 우리는 1일 필요 열량의 약 28%를 쌀로부터 얻고 있으며, 단백질 하루 공급량 또한 쌀에서 얻는 양이 많다. 따라서 쌀은 한국인의 가장 중요한 식재료 중 하나임을 알 수 있다.

도정 정도에 따라 현미와 백미로 나뉘며, 도정률 증가에 따라 소화흡수율은 증가하나 비타민과 무기질 같은 일부 영양 성분은 감소한다. 쌀은 전분 구성 성분의 차이에 따라 멥쌀과 찹쌀로 나뉘며, 멥쌀은 아밀로스(amylose) 20%와 아밀로펙틴(amylopectin) 80% 비율이나 찹쌀은 거의 아밀로펙틴으로 되어 있다.

백미에 100 g당 6.4 g의 단백질을 함유하고 있으나 라이신(lysine)과 같은 일부 필수아미노산이 부족하여 이들 아미노산이 상대적으로 풍부한 동물 단백질이나 콩류를 함께 섭취하는 것이 좋다. 또한 식이섬유소와 비타민 B군 그리고 철, 인 등의 무기질 함량이 현미보다 백미가 낮으므로 건강을 위해서는 현미 섭취가 권장되기도 한다.

쌀 가공식품은 청주, 막걸리, 식초, 고추장 등의 발효식품이 있으며, 최근에는 백미를 호화한 후 건조한 알파미와 밥을 지은 후 밀봉 살균한 레토르트밥과 더불어 냉동밥, 무균포장밥 등 다양한 즉석가공밥들이 출시되고 있으며 관련 시장이 매년 급성장하고 있다.

② 밀

밀(wheat)은 세계 3대 곡물 중 하나로 주요 생산국은 중국, 인도, 러시아, 미국 등이다. 한국의 밀 생산량은 세계 총생산량의 1%도 채 되지 않으며 자급률 또한 5% 정도로 낮아 대부분 수입에 의존하고 있다.

밀은 단백질의 양과 질에 따라 경질밀, 중간질밀 및 연질밀이 있으며, 경질밀은 주로 빵과 마카로니 제조에 사용되는 강력분(글루텐 함량 12% 이상)의 원료가 된다. 중간질밀과 연질밀은 각각 주로 면류와 과자 제조용으로 사용되는 중력분(글루텐 함량 9~10%)과 박력분(글루텐 함량 8% 이하)의 원료가 된다. 글루텐은 글리아딘(gliadin)과 글루테닌(glutenin)의 복합체로 밀가루 총단백질의 80~90%를 차지하며, 밀가루 반죽 시 글리아딘과 글루테닌 두 단백질이 결합하여 특유한 점탄성을 가지게 되는데 이것이 제과·제빵 시 반죽의 특성을 결정하는 핵심 요소이다.

밀은 주로 전분으로 이루어져 있으며 배유 중심으로 갈수록 전분 함량이 높다. 밀은 7~16%의 단백질을 함유하고 있으며 글루텐 외에도 글로불린(globulin), 알부민(albumin) 등의 기타 단백질들을 소량 함유하고 있다. 밀 단백질 또한 쌀과 같이 라이신과 트레오닌(threonine) 등 필수아미노산이 부족하여 이들 아미노산이 상대적으로 풍부한 동물 단백질이나 콩류를 함께 섭취하는 것이 좋다.

③ 보리

보리(barley)는 이삭에 달린 씨앗의 줄 수에 따라 두줄보리와 여섯줄보리가 있으며, 맥주용으로는 두줄보리가, 취반이나 엿기름 제조용으로는 여섯줄보리가 주로 사용된다. 그리고 파종 시기에 따라 봄보리와 가을보리로 나뉘는데 우리나라의 경우 대부분 가을보리를 재배하고 있다.

보리는 대부분이 전분이고 단백질을 10% 내외로 함유하고 있다. 주요 단백질은 호데닌(hordenin)과 호데인(hordein)이며, 보리 단백질 또한 필수아미노산인 라이신이 부족하다. 보리는 특히 섬유소 함량이 쌀과 밀에 비해 높으며 그 밖에 비타민 B_1과 B_2를 많이 함유하고 있다.

④ 기타 곡류

밀과 보리 외 기타 맥류에는 호밀(rye)과 귀리(oat) 등이 있으며, 귀리의 경우 다른 맥류에 비해 단백질과 지질 함량이 높고 비타민 B군도 풍부하다. 특히 귀리는 식이섬유소를 많게는 20%가량 함유하고 있으며, 이 중 약 5%를 차지하는 수용성 식이섬유인 베타글루칸(β-glucan)은 혈당 조절 기능, 심혈관계 질환 예방 등 다양한 기능성이 있어 건강기능식품 소재로 귀리가 인기를 끌고 있다.

잡곡류로는 옥수수, 조, 수수, 메밀, 기장, 피, 율무 등이 있고, 이 중 옥수수는 세계 3대 작물의 하나로 널리 재배되고 있으며, 세계 총생산량의 40% 이상을 미국이 생산하고 있다. 옥수수 품종 중 마치종은 사료용 또는 옥수수 전분, 물엿 등의 제조 원료로 주로 사용하며, 폭열종은 열을 가하면 잘 튀겨져 팝콘용으로 이용한다. 이 밖에 옥수수 씨눈으로는 옥수수기름을 제조하며, 우리나라에서 많이 재배되고 있는 단옥수수와 찰옥수수는 이삭이 완전히 익기 전에 풋옥수수로 수확하여 찌거나 구워 간식용으로 이용한다.

(2) 서류

다년생 식물로 땅속줄기나 뿌리 일부가 비대 성장하여 구경이나 괴경을 이루는 구근류 중 특히 전분이나 기타 다당류의 함량이 높아 열량원 식품으로 사용되는 감자나 고구마 등을 서류(root and tuber crops)라고 한다. 우리나라의 경우 감자와 고구마의 자급률은 100% 이상으로 높다.

고구마와 감자는 맛이 좋고 전분 외에도 칼륨, 칼슘, 비타민 C 등을 함유하고 있으며, 이들의 전분은 물엿의 재료나 수산 연제품의 증량제, 주정 제조용 등으로 사용한다. 특히 감자 전분은 팽윤도와 보수력이 높고 호화 시 점도와 투명도가 높은 특성이 있어 조리용 또는 소스류와 수프류 제조 등에 다양하게 이용하고 있다.

기타 서류로는 참마, 토란, 돼지감자, 카사바 등이 있으며, 돼지감자와 카사바는 다양한 가공식품의 원료로 사용한다. 돼지감자는 수용성 식이섬유인 이눌린(inulin)을 함유하고 있어 대표적인 프리바이오틱스(prebiotics) 소재인 이눌린과 프럭토올리고당(fructooligosaccharide)의 원료로 사용하며, 이눌린은 또한 천연 지방 대체제와 증점제로도 사용한다. 카사바는 아프리카, 동남아, 남미 등에서 주식으로 이용되고 있으며, 우리나라에서는 주정 제조에 쓰이는 타피오카 전분의 원료로 사용한다. 또한 최근에는 대만식 버블티에 쓰이는 펄 재료로 타피오카 전분을 사용하며, 그 밖에 카사바 칩과 같은 과자 제조에도 사용한다.

Tip 프리바이오틱스

프리바이오틱스(prebiotics)는 장내 유익균〔프로바이오틱스(probiotics)〕의 영양원이 되어 생장을 돕는 성분이며, 난소화성의 식이섬유소가 대표적이다. 특히 돼지감자나 치커리 뿌리에 많이 함유된 이눌린(inulin)이나 이를 이용하여 만든 프럭토올리고당(fructooligosaccharide)이 프리바이오틱스 제품으로 많이 판매되고 있다.

(3) 두류

두류는 콩과식물의 꼬투리 속 종자를 총칭하며, 대표적인 식물성 단백질원으로서 아미노산 조성이 우수하며 비타민 B군 등 다양한 영양소를 골고루 함유하고 있다. 콩류에는 단백질과 지방질의 함량이 높고 탄수화물의 함량이 20% 수준으로 비교적 낮은 대두와 탄수화물을 50% 이상 함유하는 다른 콩류(팥, 녹두, 완두, 강낭콩 등)가 있다.

① 대두

대두(soybean)는 한국, 중국, 일본 등지에서 옛날부터 재배해 왔으며, 2018년 기준 세계 총생산량은 348,717천 톤 규모로 주요 생산국은 미국, 브라질, 아르헨티나 등이다. 우리나라의 콩 생산량은 매우 적은 편이며, 2019년 기준 콩 자급률은 26%로 매우 낮다. 한편, 수입 대두 대부분은 유전자 변형 작물(genetically modified organism, GMO)로 확인되고 있으며, 대표적인 GMO 식품 중 하나이다.

대두의 단백질 함량은 약 40% 정도로 높으며 양과 질적인 면에서 식물 단백질 중 가장 우수하다. 아미노산 중 황 함유 아미노산은 조금 적은 편이나 곡류에 부족한 라이신을 많이 함유하고 있어 쌀이나 밀과 함께 섭취 시 부족한 라이신을 보충할 수 있다. 콩에는 글로불린인 글리시닌(glycinin)이 전체 단백질의 약 80% 이상이며 그 외 파세올린(phaseolin) 등이 함께 함유되어 있다. 단백질 외에도 다양한 무기질과 비타민들이 함유되어 있으며, 기타 콩의 주요 기능성 성분인 아이소플라본(isoflavone)과 사포닌(soy saponin) 등이 함유되어 있어 우수한 기능성 식품으로 널리 인정받고 있다. 콩의 약 18%를 차지하는 지질은 대부분 리놀레산(linoleic acid)과 올레산(oleic acid) 등의 불포화지방산으로 이루어져 있다.

한편, 대두에는 단백질 소화를 방해하는 성분인 트립신 저해 인자(trypsin inhibitor)가 있어 날콩 섭취 시 설사와 복통을 유발할 수도 있으나 이 물질은 가열로 쉽게 불활성화된다. 또한 미네랄 흡수를 저해하는 피트산(phytic acid) 등의 항영양물질(anti-nutrient)도 함유되어 있다.

대두는 된장과 간장 등의 전통 발효식품이나 두부, 두유, 콩가루 등 가공식품의 원료로 사용한다. 최근 채식 위주의 식단을 즐기는 사람들이 늘어나면서 분리콩단백질(isolated soy protein, ISP)로 만든 인조고기(대체육)가 다시 관심을 받고 있으며, 소비량도 점차 증가하고 있다.

Tip 유전자 변형(GMO) 식품

생물체 유전자 중 유용한 것을 취하여 그 유전자가 없는 다른 생물체에게 삽입하여 유용하게 변형한 농산물을 원료로 제조·가공한 식품이다. 예로는 아프리카 가뭄에도 견딜 수 있는 옥수수나 콩, 가난한 나라 어린이들의 야맹증 치료를 위해 비타민 A를 강화한 '황금쌀' 등이 대표적이다. 식품의약품안전처는 현재 제조·가공 후에 유전자 변형 DNA 또는 단백질이 남아 있는 경우 유전자 변형 식품임을 반드시 표시하도록 규정하고 있다.

② 기타 콩류

기타 콩류로는 팥, 녹두, 강낭콩, 완두콩, 땅콩 등이 있으며, 요리에 사용되거나 가공식품의 원료로 다양하게 이용되고 있다. 이들 중 땅콩은 맛이 좋아 찌거나 볶아 먹으며, 지질이 47% 정도로 많아 식용유의 원료로도 사용된다. 단백질 함량은 약 25%로 대두에 비해 낮고 라이신이 풍부한 편이긴 하나 아미노산 조성은 대체로 좋지 않은 편이다. 가공용으로는 볶아서 껍질을 제거한 후 갈아서 땅콩버터로 만들며, 기름을 짜고 난 부산물은 단백질이 많아 된장과 간장의 원료 또는 사료로 사용한다.

이 외에도 최근 외국에서 수입하거나 새로 재배를 시작하여 소비가 늘고 있는 콩류도 있는데, 대표적인 것이 렌틸콩과 병아리콩이다. 렌틸콩은 볼록한 렌즈 모양과 비슷하다 하여 렌즈콩으로도 불리는데 척박한 땅에서도 잘 자라 캐나다, 미국, 인도 등을 중심으로 전 세계적으로 재배되고 있다. 렌틸콩은 특히 단백질과 식이섬유소가 풍부하여 대체육, 수프나 샐러드 등 다양한 제품에 사용된다.

(4) 채소류

채소류는 특유의 색과 식감이 있어 식욕을 증진하고, 식이섬유소, 비타민, 무기질 등 다양한 영양소들의 좋은 급원이 되는 식재료이다. 채소류는 식용 부위에 따라 엽경채류, 근채류, 화채류 및 과채류의 4종류로 구분하며, 그 외 색이나 식품학적 분류 방법에 따라 구별하기도 한다. 채소류는 저장 중에도 호흡 작용과 증산 작용이 왕성하여 품질 변화가 쉽게 일어나므로 저장 온도를 조절하거나 호흡 작용을 억제하는 등 다양한 방법으로 품질을 유지하는 노력이 특별히 요구된다.

예로부터 채소 섭취가 많았던 우리나라에는 다른 나라에 비해 식용하는 채소의 종류와 조리법이 다양하다. 또한 최근에는 채소를 익히거나 가공하지 않고 생식하는 경우가 늘고 있으며, 원예 기술의 발달로 사계절 내내 각종 채소가 생산·유통되고 있다. 채소 가공식품에는 최소 가공식품인 샐러드류와 밀키트, 가정간편식, 침채류(김치, 피클 등), 건조채소, 통조림과 병조림류 등이 있으며, 그 밖에 과자류 등으로도 제조한다.

① 엽경채류

엽경채류는 잎이나 줄기를 식용하는 채소이며, 탄수화물, 단백질과 지질은 거의 들어 있지 않으나 다양한 비타민과 무기질 그리고 식이섬유소의 좋은 급원이다. 배추, 양배추, 시금치, 상추, 파, 부추 등이 대표적인 엽경채이며, 이 외에도 아스파라거스와 셀러리 등의 서양 채소들도 여기에 속한다.

② 근채류

근채류는 뿌리를 식용하는 채소이며, 다른 채소류에 비해 수분 함량이 적고 탄수화물 함량이 상대적으로 높다. 대표적인 근채류는 무, 마늘, 양파, 당근, 생강 등이며, 도라지, 더덕, 연근, 우엉, 비트도 여기에 속한다. 마늘과 비트는 연한 잎이나 줄기도 샐러드나 무침 등으로 조리해 식용하기도 한다.

③ 화채류와 과채류

화채류와 과채류는 일년생 초본의 꽃이나 열매를 식용하는 채소이며, 일반적으로 다른 채소류에 비해 당분이 많으며 색이 아름답고 향기가 좋은 특성이 있다. 브로콜리, 콜리플라워(꽃양배추), 아티초크가 대표적인 화채류이다. 과채류는 고추, 호박, 오이, 가지, 토마토, 올리브 등이며, 다양한 형태로 생식하거나 병조림이나 통조림으로 제조한다.

비트

브로콜리

아스파라거스

아티초크

콜리플라워

그림 3-11 대표적인 서양 채소류

(5) 과일류

과일은 포도당과 과당 등의 당류와 각종 유기산이 풍부하여 상큼한 맛 또는 신맛이 나며 과일마다 특유의 향기가 있다. 생식 외에도 주스, 농축주스, 냉동과일, 건조과일, 통조림으로 가공하며, 사과처럼 펙틴질을 많이 함유한 과일은 잼이나 젤리로 제조한다. 다양한 효소를 함유하고 있어 후식으로도 적합하고, 배, 파인애플, 키위와 같은 과일들은 단백질 분해 효소가 있어 육류의 연화 목적으로 사용되기도 한다.

과일류는 분류하는 방법은 다양하나 우리나라 식품의약품안전처에서는 인과류, 감귤류, 핵과류, 장과류 및 열대 과일류로 분류한다. 인과류는 사과, 감, 배, 석류 등이고, 감귤류는 감귤, 레몬, 오렌지, 유자, 자몽 등이다. 핵과류는 대추, 매실, 복숭아, 살구, 앵두, 자두, 체리 등이며, 장과류는 딸기와 베리류(블루베리, 산딸기, 오디, 크랜베리 등) 그리고 포도와 무화과 등이다. 마지막으로 최근 우리나라에서 소비가 크게 늘고 있는 열대 과일류는 망고, 바나나, 아보카도, 코코넛, 키위, 파인애플, 파파야, 패션프루트 등으로 과일의 종류는 매우 다양하다.

(6) 친환경농산물

친환경농산물은 환경을 보전하고 소비자에게 안전한 농산물을 공급하기 위해 농약과 화학비료 등을 전혀 사용하지 않거나 최소량을 사용하여 생산하는 농산물로, 우리나라에서는 유기농산물과 무농약농산물로 구분한다. 유기농산물(organic produces)이란 유기합성농약과 화학비료를 전혀 사용하지 않고 재배한 농산물이며, 무농약농산물(non pesticide produces)은 유기합성농약은 전혀 사용하지 않되 화학비료는 권장량의 1/3 이내로 사용하여 재배한 농산물이다. 이처럼 농약 사용 기준에는 차이가 있으나 유기농산물과 무농약농산물 모두 친환경적으로 재배·생산된 것이다.

유기농산물
유기합성농약과 화학비료 등을
일체 사용하지 않고 재배한 농산품

무농약농산물
유기합성농약은 일체 사용하지 않고,
화학비료 등을 권장량의 1/3 이내로 사용

그림 3-12 친환경농산물 인증 마크
자료 : 식품안전나라 및 국립농산물품질관리원

2) 축산식품 재료

축산물은 소, 돼지, 닭 등의 가축과 가금에서 얻어지는 식육류, 우유류 및 난류이며, 이 중 식육류로는 소와 돼지 등의 수육과 닭, 오리 등의 조육이 있다. 축산식품은 필수 아미노산 조성이 매우 우수하여 단백질의 좋은 급원이며, 연령대와 상관없이 근육과 뼈를 형성하고 유지하는 데 아주 중요한 식품이다. 세계적으로 축산식품 소비량은 계속해서 증가하고 있으며, 우리나라의 경우 돼지고기, 닭고기, 소고기 순으로 돼지고기 소비량이 가장 많다.

그러나 축산식품에 있는 지방은 주로 포화지방산이 많고 콜레스테롤 함량이 높아 특히 중장년층의 경우 섭취량과 빈도가 높게 되면 고지혈증, 동맥경화와 같은 만성질환의 원인이 될 수도 있다. 또한 가공육(햄, 베이컨, 소시지 등)과 적색육(돼지, 소, 양 등)을 매일 일정량 이상 섭취하면 암을 유발한다는 과학적 근거에 기초하여 최근 이들을 각각 인체 발암 물질과 인체 발암 추정 물질로 규정하여 섭취에 각별한 주의가 권고되고 있기도 하다. 한편, 지나친 육류 섭취에 따른 위험성과 더불어 자원 고갈과 환경 문제 그리고 육류 공급 부족 현상에 대한 우려 등이 커지면서 곤충 또는 식물 단백질 기반의 대체육 시장이 커지고 있다.

(1) 식육류

식육은 가축 및 가금의 근육과 가식 내장을 모두 포함하며, 수육류와 조육류로 분류한다. 국민영양조사 등의 자료에 의하면 식육류는 단백질뿐만 아니라 비타민 B_1과 B_2,

그리고 양질의 철분을 공급하는 주요 식품이다.

식용하는 식육은 근육 조직, 결합 조직, 지방 조직 등으로 구성되어 있다. 이 중 근육 조직은 동물 조직의 약 30% 이상이며, 기능에 따라 골격근, 내장근 및 심근으로 나뉘는데 주로 식용으로 이용되는 것은 골격근이다. 지방 조직을 구성하고 있는 지방 세포들은 근육 조직 내부에 모여 마블링(marbling)을 형성하게 되며, 마블링이 잘 된 고기는 육질이 부드럽고 풍미가 좋아 특히 우리나라에서는 식품 가치가 더 높게 평가되고 있다.

① 소고기

세계 사람들이 가장 좋아하는 육류 중 하나인 소고기는 맛이 좋고 영양가가 높아 다양한 형태로 조리 또는 가공된다. 소고기는 육질 등급과 육량 등급으로 구분하며, 모든 국내산 소고기는 등급 판정을 받은 후에 유통된다. 소고기의 육질은 품종, 성별, 연령, 사료 종류, 사육 방법, 영양 상태 등에 따라 차이가 있으며, 우리나라는 육질 등급을 마블링 정도, 육색, 조직감, 지방색, 성숙도에 따라 1++, 1+, 1, 2, 3등급 및 등외로 구분한다. 육량 등급은 소 한 마리에서 얻을 수 있는 고기의 양이 많고 적음을 나타내며, 유통 과정에서의 거래 지표로서 A, B, C등급으로 구분한다.

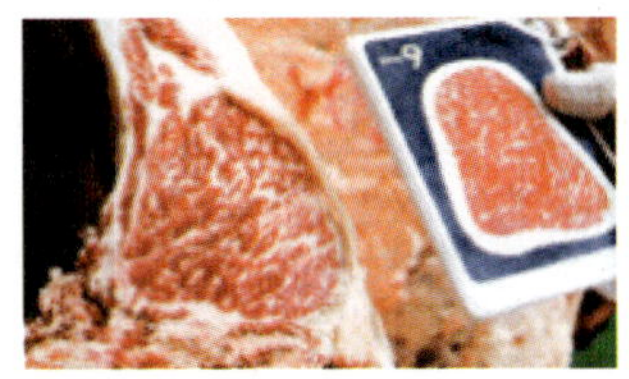
육질 등급 판정

육량 등급 판정

등급인 날인

그림 3-13 우리나라의 소고기 등급 판정
자료 : 축산물품질평가원

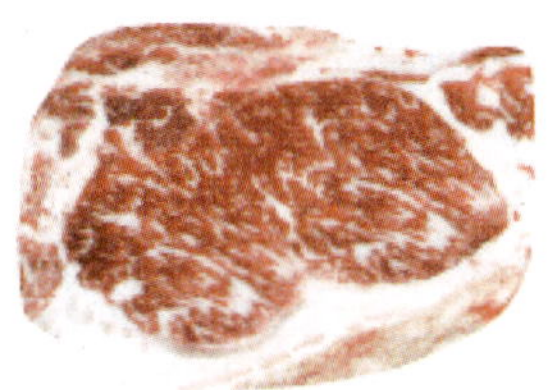
1++등급 소고기

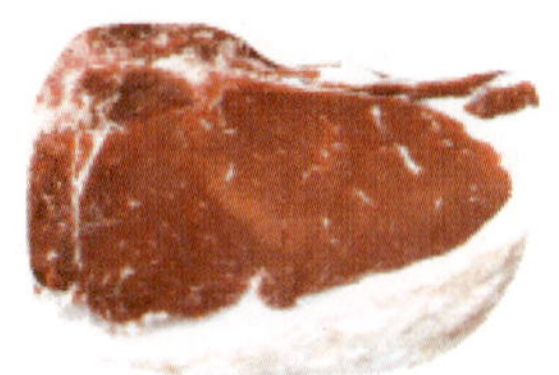
3등급 소고기

그림 3-14 소고기 육질 등급 판정 예
자료 : 축산물품질평가원

소고기의 단백질 함량은 일반적으로 20% 내외이며, 대부분이 근육 단백질로서 아미노산 조성이 매우 우수한 단백질 공급원이다. 지방은 부위와 등급에 따라 차이가 있지만 대체로 안심이 13% 정도, 갈빗살이 24% 정도이다. 또한 칼슘보다 인의 함량이 많아 산성 식품이므로 알칼리성 식품인 채소류와 함께 먹는 것이 바람직하며, 다른 육류에 비해 특히 철분 함량이 많다.

소고기는 한우, 육우, 젖소 3종류로 구분하며, 이 중 한우고기만이 순수한 한우에서 생산된 고기이다. 한우의 수컷은 육질이 단단하여 상품 가치가 떨어지기 때문에 거세하여 사육하며, 젖소의 암컷은 일반적으로 우유 생산이 끝나면 식용으로 사용한다.

Tip 국내산이라고 쓰여 있는 소고기는 다 한우인가요?

국내에서 6개월 이상 사육된 수입 생우에서 생산된 고기는 국내산 육우고기로 구분하며, 수출국을 함께 표시한다. 따라서 국내산 소고기라고 해서 전부 한우는 아니다.

② 돼지고기

우리나라에서 소비되는 식육 중 돼지고기 소비량이 가장 많으며 더 증가하는 추세이다. 부위별로는 오랜 식습관의 영향으로 삼겹살과 목심 중심으로 소비되며, 지방이 적은 안심, 등심, 다리 살 등은 소비가 미미한 실정이다. 돼지고기의 단백질 함량은 약 20% 정도이고 아미노산 조성이 우수한 편이나 소비량이 많은 삼겹살은 지방 함량이 많아 섭취에 주의가 필요하다. 돼지고기는 또한 완전히 익혀 먹지 않으면 선모충에 감염될 위험이 있으므로 충분히 가열하여 먹는 것이 좋다.

돼지고기의 품질 정도와 도체중, 등지방 두께 및 외관 등을 종합적으로 고려하여 1+등급, 1등급, 2등급으로 구분하며, 모든 국내산 돼지고기는 등급 판정을 받은 후에 유통된다. 돼지고기는 햄, 베이컨, 소시지 등의 가공식품으로 제조하며, 주로 다리 살은 햄이나 소시지로, 그리고 삼겹살은 베이컨으로 제조한다.

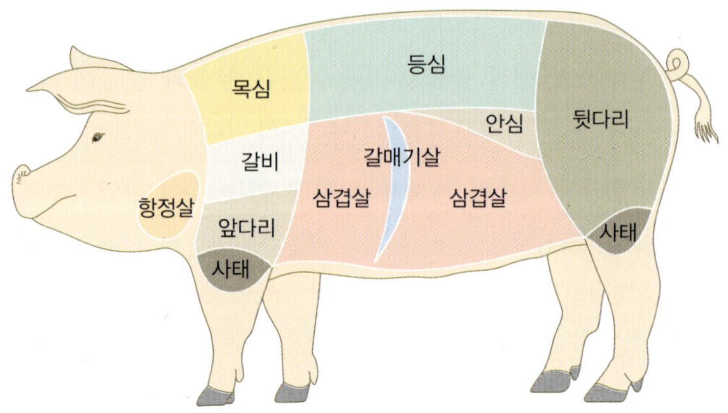

그림 3-15 돼지고기 부위별 명칭

③ 양고기

양고기는 갈빗살 기준 소고기나 돼지고기보다 단백질 함량은 조금 적지만 지방 함량은 상대적으로 높으며, 육색은 소고기와 돼지고기의 중간 정도이다. 생후 1년 미만의 어린 양인 램(lamb)은 양 특유의 냄새가 적어 우리나라에서 선호도가 높으며, 특히 젊은 층의 양고기 소비가 증가하고 있다.

④ 닭고기

닭고기의 영양가는 다른 육류와 큰 차이가 없으나 껍질과 지방을 제거하여 섭취하면 지방과 콜레스테롤의 섭취량을 상대적으로 줄일 수 있다. 특히 닭 가슴살은 혈액량이 적은 백색육으로 단백질 함량은 높으나 지방이 매우 적어 건강에 관심이 높은 소비자들의 선호도가 높으며, 소비량 또한 계속해서 증가하고 있다. OECD 자료에 따르면 GDP 3만 달러 이상인 국가에서는 다른 육류에 비해 닭고기의 소비량이 많은데, 이는 선진국일수록 건강에 관심이 많아 백색육 선호도가 높은 것과 연관성이 있다.

닭고기 지방은 카로틴을 함유하고 있어 일반적으로 엷은 황색을 띠고 있으며, 따라서 다른 육류 대비 비타민 A 함량이 상대적으로 높다. 닭고기의 지방은 주로 껍질 아래와 복강에 분포하고 있어 비교적 쉽게 분리할 수 있으며, 껍질이 부드러워 껍질째 가공해 식용할 수 있다.

닭고기 등급 판정은 축산물품질평가원에서 닭 도체의 무게와 품질에 따라 분류하며, 통닭의 품질은 1+, 1, 2등급으로 구분하고 부분육의 품질은 1, 2등급으로 구분한다.

⑤ 기타 가금류

조류 중 가장 맛있는 고기로 뽑히기도 하는 오리고기는 동서양을 막론하고 오래전부터 많은 사랑을 받아온 식육이며, 붉은색을 띠고 지방이 많아 부드럽고 풍미가 뛰어나다. 오리고기의 단백질 함량은 약 16% 정도이며, 지방 함량이 높긴 하나 기타 육류보다 포화지방산 대비 불포화지방산 함량이 높은 특징이 있다.

주로 북아메리카에서 식용으로 사육되고 있는 칠면조는 다른 가금류에 비해 단백질 함량이 높은 고단백 식품 원료이며, 칠면조고기는 특히 미국 등 구미 일부 나라에서 추수감사절 음식으로 많이 소비되고 있다.

(2) 우유류

우유는 대표적인 단백질과 지질의 공급원으로 영양학적으로 완전식품에 가까우며, 칼슘이 풍부하여 평소 부족하기 쉬운 칼슘의 공급원으로도 중요하다. 또한 비타민 B_2와 비타민 A 등 비타민의 공급원으로도 중요하다. 그 외 4.5～5% 함유된 유당(lactose)은 유아의 골격과 근육의 발달을 돕는 역할을 하는 우유의 주요 성분 중 하나이지만 사람에 따라 유당불내증의 원인이 되기도 한다.

우유 단백질의 약 80%인 카세인(casein)은 응유효소인 레닛(rennet)에 의해 응고·침전하며, 이는 치즈 제조에 필요한 핵심 공정이다. 그 밖의 주요 우유 단백질로는 유청 단백질(whey protein)이 있으며, 락트알부민(lactalbumin)과 락토글로불린(lactoglobulin)이 주요 단백질이다.

주요 우유 가공품으로는 분유, 농축유, 무지농축유, 치즈, 버터, 생크림, 요구르트 등이 있으며, 생유에 이들을 혼합한 후 성분 규격에 맞게 조정하여 음용유와 가공유를 제조하기도 한다.

Tip 유당불내증

유당은 분해 효소인 락테이스(lactase)에 의해 분해되어 이용되는데, 소화관 내 락테이스 활성이 저하되거나 합성되지 않는 경우 유당을 분해하지 못해 설사, 복통 등을 일으키게 되는 것을 유당불내증(lactose intolerance)이라 한다. 한국 성인의 경우 그 발생 빈도가 높은 편이며, 요구르트나 유당이 제거된 우유(lactose free)를 이용하는 것은 이를 피할 수 있는 좋은 방법이다.

(3) 난류

달걀, 메추리알, 오리알 등 다양한 난류를 식용하고 있으나 달걀을 가장 많이 이용한다. 달걀은 우유와 함께 완전식품에 가까운 식재료 중 하나로 모든 필수아미노산을 충분히 가지고 있는 고품질의 단백질을 약 12% 함유하고 있다. 특히 함황아미노산인 시스틴(cystine)과 메티오닌(methionine)의 중요한 공급원이며, 달걀흰자를 구성하는 대표적인 단백질은 오보알부민(ovoalbumin)과 콘알부민(conalbumin)이다.

달걀흰자가 단백질과 수분으로 구성된 것에 반해 노른자는 약 30%의 지질과 15%의 단백질, 그리고 비타민 B_2를 제외한 대부분의 미량 영양소를 함유하고 있다. 달걀노른자의 지방은 주로 중성지질, 인지질 및 콜레스테롤이 각각 약 62%, 32%, 5%이며, 중성지질을 구성하는 주요 지방산은 포화지방산인 팔미트산과 불포화지방산인 올레산이다. 달걀노른자에 함유된 인지질인 레시틴(lecithine)은 유화성이 우수하여 마요네즈, 샐러드드레싱 등의 가공식품 제조 시 유화제로 사용한다.

달걀의 중량 규격은 축산물품질평가원의 기준에 따라 왕란, 특란, 대란, 중란, 소란의 5가지로 구분하며, 보관하는 습도와 온도에 따라 흰자의 점도가 감소하고 노른자가 쉽게 터지는 등 달걀의 신선도와 품질이 달라질 수 있으므로 냉장 온도에서 보관하는 것이 가장 바람직하다. 달걀 가공품으로는 훈제란, 피단, 마요네즈 등이 있으며, 생달걀과 액체 달걀, 달걀가루 등은 제과·제빵 등의 부재료로 사용한다.

한편, 2017년 8월에 발생한 '살충제 달걀' 사건을 계기로 식품의약품안전처는 달걀 난각에 산란일, 생산자 정보 및 사육 환경을 표시함으로써 소비자가 정확한 정보를 확인할 수 있도록 달걀 난각 표시법을 개정하여 운영하고 있다.

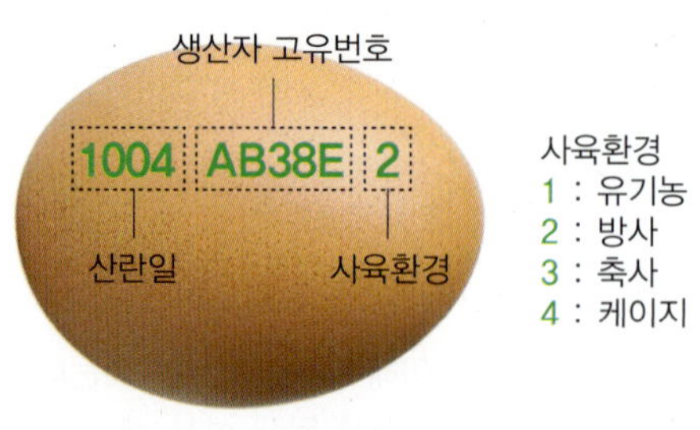

그림 3-16 달걀 난각 표시의 예

자료 : 식품의약품안전처

3) 수산식품 재료

삼면이 바다로 둘러싸여 있는 우리나라는 어패류뿐만 아니라 해조류가 풍부하며 그 종류도 다양하다. 수산식품은 단백질, 불포화지방산, 비타민, 무기질 등 주요 영양소의 공급원이며, 어패류에는 어류, 조개류, 갑각류, 연체류, 극피동물 등이 있으며, 해조류에는 갈조류, 녹조류와 홍조류 등이 있다.

(1) 어패류

어패류의 영양 성분은 어종에 따라 조금씩 다르며 같은 어종이라도 계절, 암수, 영양 상태 등에 따라 차이가 있다. 어패류의 영양 성분은 전반적으로 육류의 살코기와 비슷하며, 대략 15~25%의 단백질과 1~10%의 지방을 함유하고 있어 고품질의 단백질뿐만 아니라 도코사헥사엔산(docosahexaenoic acid, DHA)과 에이코사펜타엔산(eicosapentaenoic acid, EPA)과 같은 고도불포화지방산의 우수한 공급원이 되는 식재료이다. 특히 어류의 지방을 구성하는 지방산의 약 80%는 불포화지방산이며, 이 중 30~40%는 오메가3 고도불포화지방산이므로 영양학적으로 매우 중요한 식품이다. 어유 오메가3 지방산은 혈중 지질농도를 개선하고 관상동맥 질환의 발병 위험을 감소시키는 효과가 있어 건강기능식품으로 제조한다.

① 어류

어류는 서식 장소에 따라 크게 해수어와 담수어로 분류하며, 해수어는 어육의 지방 함량에 따라 다시 흰살생선과 붉은살생선으로 분류된다. 다랑어, 방어, 고등어 등의 붉은살생선은 5~10%의 지방을 함유하고 있으며, 지방질의 주요 구성 지방산으로는 DHA와 EPA 등의 오메가3 지방산이 많다. 이들은 주로 바다 표면 가까이에 사는 운동성이 강한 회유성 어류로 근육 중에 색소단백질인 미오글로빈(myoglobin) 함량이 많은 혈합육이 발달되어 있다. 이에 반해 대구, 명태 등의 흰살생선은 지방 함량이 2% 이하로 낮고 주로 해저 가까이에 살며 운동성이 적은 어류이다. 흰살생선은 근육 내 결합단백질 함량이 낮아 조리하면 살이 연하며 일반적으로 붉은살생선보다 맛이 담백한 특징이 있다.

담수어는 강이나 호수 등의 담수에 사는 어류로 우리나라의 경우 주로 붕어, 잉어, 메기, 동자개, 미꾸라지, 송어 등이 식용되며, 열대산 담수어인 틸라피아는 주로 양식하여 도미 대용으로 이용되고 있다.

표 3-3 지방 함량에 따른 해수어의 분류

분류	대표 어종	주요 특징
붉은살생선	고등어, 꽁치, 다랑어, 참치, 청어, 방어	• 근육이 주로 붉은색을 띠며 지방 함량이 5% 이상 • 운동성이 강한 회유성 어류
흰살생선	넙치, 가자미, 민어, 대구, 명태, 도미	• 근육이 주로 흰색을 띠며 지방 함량이 2% 이하 • 주로 해저 가까이에 살며, 활어 횟감으로 선호도가 높음

② 패류

패류는 조개류, 갑각류, 연체류로 나뉘며, 조개류는 부드러운 근육 조직이 단단한 껍질에 의해 부분 또는 전체적으로 둘러싸여 있는 패류로 홍합, 가리비, 전복, 굴 등이 있다. 갑각류는 분절된 몸을 가지며 단단한 외피로 싸여 있는 게, 새우, 바닷가재 등이며, 연체류는 오징어, 문어, 낙지, 주꾸미 등이다.

패류의 가식부율은 20～40%로 50～60%인 어류에 비해 많이 낮은 편이며, 단백질 함량은 일반적으로 조개류보다 연체류가 높다.

③ 그 밖의 해산물

기타 식용되는 해산물로는 강장동물(해파리), 극피동물(해삼, 성게), 척삭동물(멍게) 등이 있다.

④ 어패류의 보관 방법

어패류는 특히 부패가 쉬워 품질과 위생 안전성이 빠르게 떨어지기 때문에 포장 그대로 냉장 보관해야 하며 가급적 빨리 가공하는 것이 좋다. 장기간 저장할 때에는 급속 동결하여 -18°C 이하로 냉동 보관하며 이 또한 6개월 이상은 권장하지 않는다. 이와 같은 보관 방법 외에도 어패류 구입 시에는 최고의 신선도를 가지는 것을 선택하는 것이 무엇보다 중요하며, 어류의 신선도를 예측할 수 있는 간단한 신선도 판정법은 표 3-4와 같다.

표 3-4 간단한 어류 선도 판정 가이드

판정 항목	신선한 어류	신선도가 떨어진 어류
냄새	이취가 없는 것	비린내가 강하고 이취가 있는 것
눈	윤기가 나며 돌출되어 있는 것	흐릿하고 움푹 들어간 것
아가미	선홍색에 윤기가 있는 것	갈색 또는 회색에 점질물이 있는 것
비늘	윤기가 나며 피부에 단단하게 밀착된 것	윤기가 없으며 피부에 밀착성이 떨어진 것
복부	단단하며 탄력성이 있는 것	물러져 있으며 항문으로 내장이 침출된 것

⑤ 어패류 가공품

어패류 가공품으로는 단순 냉동식품부터 다양한 방법으로 건조된 건제품과 염장품, 젓갈류, 자숙 조미품, 통조림 등이 있다. 그 밖에도 어육을 주원료로 하여 기타 탄력 보강료, 조미료 등을 함께 넣어 갈아 반죽한 후 증자 또는 튀김 등의 방법으로 최종 제품화한 수산 연제품은 한국과 일본에서 특히 사랑받는 대표적인 어패류 가공식품이다.

(2) 해조류

해조류는 바다에서 생육하는 하등 식물군으로 광합성으로 독립 영양 생활이 가능하다. 해조류는 주로 아시아 국가에서 식용하며, 특히 우리나라의 경우 식용하는 해조류의 종류가 다양하다.

해조류는 바다에서 서식하는 깊이에 따라 색깔이 다르며, 그 색깔에 따라 녹조류(파래, 청각, 청태, 매생이), 갈조류(미역, 다시마, 톳, 대황, 모자반), 홍조류(김, 우뭇가사리)가 있다. 이 중 녹조류는 가장 얕은 바다에, 홍조류는 상대적으로 가장 깊은 바다에 주로 서식한다.

열량이 낮고 식이섬유소가 풍부한 해조류는 다이어트 식품으로 인기가 높으며, 그 외에도 비타민 A와 비타민 C 그리고 칼슘, 요오드 등의 좋은 급원이 되고 있다.

양식 기술의 발달로 생산량이 크게 늘었으며, 2020년 기준으로 주요 품목인 김류, 미역류, 다시마류가 전체 해조류 생산량의 95% 이상을 차지하고 있다. 또한 세계적인 해조류 수요 증대에 따라 수출 또한 활기를 띠고 있으며, 대표 수출 품목은 김을 포함하여 미역, 톳, 한천, 다시마 등이다. 특히 한류 확산으로 한국 식문화에 관심이 증가하면서 일본, 동남아시아 및 미국과 유럽 일부 국가를 중심으로 조미김(반찬 또는 간식)과 미역(다이어트 식품) 그리고 이들을 활용한 다양한 가공식품이 인기를 얻고 있다.

Tip　슈퍼 푸드로 떠오르는 다시마

요오드의 우수한 급원이면서 천연 비타민, 무기질, 항산화제, 단백질 등이 풍부한 다시마가 차세대 슈퍼 푸드로 소개되면서 최근 서구권 식품업계의 이목을 끌고 있다. 미국의 한 식품업체는 다시마를 이용해 육포와 버거를 개발함으로써 대체육의 원료로도 주목받고 있다.

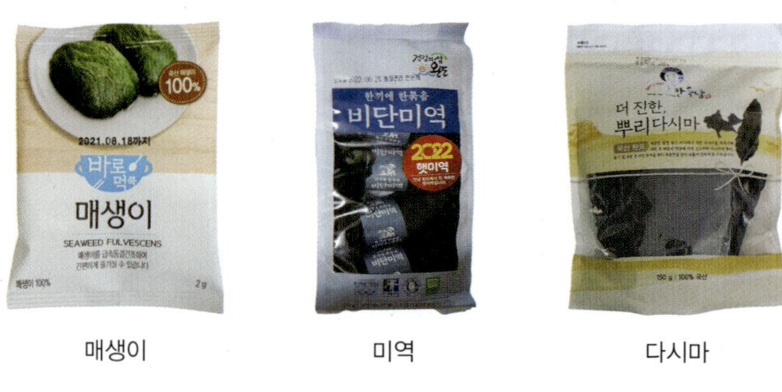

그림 3-17 해조류 제품

4) 식품첨가물

가공식품에는 대부분 식품첨가물이 함유되어 있으며, 이것은 식품의 가공 과정에서 품질 향상을 위해 첨가한 것이다. 식품첨가물은 사용 목적(용도)에 따라 30여 종류가 있으며, 한 종류의 식품첨가물이 다양한 기능을 하기도 하고 하나의 목적을 위해 여러 종류의 식품첨가물을 혼합하여 사용하기도 한다. 기존에는 식품첨가물을 '천연' 또는 '화학'으로 분류하기도 하였으나, 특정 구조의 화학 성분은 천연 성분 유래이냐, 미생물 발효를 통한 생산이냐, 화학 합성이냐에 상관없이 동일한 구조와 기능을 가지므로 이러한 분류는 큰 의미가 없다고 하겠다.

식품첨가물을 사용할 때는 『식품첨가물공전』에 명시된 규격(순도 및 불순물 등)에 맞는 제품을 사용 목적에 따라 허용 기준 이하로 안전하게 사용해야 하고, 이를 식품 포장에 표시해야 한다. 식품첨가물을 기준 규격에 맞게 함유한 가공식품을 섭취하는 경우에는 안전하지만, 여러 가지 가공식품을 과도하게 섭취하는 경우 식품첨가물도 과잉 섭취될 수 있으므로 주의해야 한다. 그러나 식품첨가물 중에는 보존료와 같이 병원성 미생물의 생육을 억제하기 위해 필수적으로 사용하는 것도 있으므로 무조건 식품첨가물이 없거나 적게 함유된 것이 안전한 것은 아니다.

(1) 맛을 향상하는 향미증진제와 감미료

향미증진제는 일반적인 조미료를 포함하여 조미료의 원료가 되는 핵산, 아미노산 등을 말하며, 대표적인 것은 L-글루타민산나트륨(monosodium L-glutamate, MSG)이다. 감미료는 단맛이 나는 아스파탐, 자일리톨, 스테비아 등이다. 향미증진제와 감미료 모두 식품에 필수적으로 사용해야 하는 첨가물은 아니지만 적절한 양을 사용했을 때 식품의 맛과 풍미를 향상시켜 가공식품의 소비자 기호도가 높아진다. 특히 감미료 중에서는 자일리톨과 같이 단맛이 나면서 충치 예방 효과가 있거나 스테비아와 같이 매우 소량으로도 단맛을 내고 열량이 없는 기능성 소재인 경우도 있다.

향미증진제	발색제	감미료	표백제
식품의 맛이나 풍미를 증진시키기 위해 사용하는 것	식품의 색소를 유지 또는 강화하기 위해 사용하는 것	식품에 단맛을 부여하기 위해 사용하는 것	식품을 하얗고 밝게 만들거나 변색하지 않도록 보존하기 위해 사용하는 것
L-글루타민산나트륨(MSG) 등	아질산나트륨 등	아스파탐 등	아황산나트륨 등
조미료, 냉동어묵	햄, 소시지	단무지, 껌	와인, 말린 과일

착색료	보존료	유화제
식품에 색을 부여하거나 원래의 색을 복원시키기 위해 사용하는 것	미생물에 의한 변질을 방지하여 식품의 보존기간을 연장하기 위해 사용하는 것	물과 기름처럼 본래 섞이지 않는 물질을 균질하게 혼합 상태로 만들기 위해 사용하는 것
식용색소황색제4호, 캐러멜 색소 등	소브산, 안식향산 등	글리세린지방산에스터, 카세인나트륨 등
소스류, 떡	간장, 딸기잼	아이스크림, 마요네즈

그림 3-18 대표적인 식품첨가물의 종류 및 관련 가공식품

자료 : 식품의약품안전처

Tip 아스파탐이란?

아스파탐(aspartame)은 설탕과 열량은 같으나 단맛은 설탕의 200배이기 때문에 가공식품에 설탕 대신 매우 소량만 첨가하는 저칼로리 감미료이며, 막걸리나 요구르트 등의 주류 및 발효유에 주로 사용된다. 아스파탐은 미생물 발효를 통해 생산된 두 종류의 아미노산(페닐알라닌과 아스파틱산)을 화학적으로 결합하여 만든다.

(2) 색을 유지 또는 향상하는 발색제, 착색료, 표백제

발색제 그 자체는 색이 없으나 식품의 색을 안정화하는 역할을 하고, 착색료는 식품에 새로운 색을 부여하는 역할을, 마지막으로 표백제는 식품의 색을 제거하기 위해 사용한다. 발색제는 주로 햄, 명란젓 등의 가공육 제품에 첨가하는데, 붉은 육색을 나타내는 미오글로빈 단백질과 결합하여 단백질이 산화되는 것을 막아 육색을 안정화하고 선명하게 한다. 대표적인 발색제는 아질산나트륨이며 혐기성 식중독 미생물의 생육을 억제하는 효과가 있다.

착색료에는 적색3호, 황색5호 등 사용 허가된 합성 식용색소와 치자, 사프란 등의 식물 유래 추출물이 있다. 식품에 사용하는 표백제에는 무수아황산, 아황산나트륨 등이 있으며, 건조과일과 과채 가공품의 탈색 및 산화·갈변 방지 효과가 있다. 무수아황산은 부패 미생물의 생육을 억제하므로 포도주에 첨가되었을 때 보존료의 효과가 있다.

(3) 미생물의 생육을 억제하는 보존료

식품 표면의 미생물을 사멸시키는 살균제와는 달리, 보존료는 미생물의 증식을 억제하여 가공식품의 보존 기한을 연장하는 역할을 한다. 식품의 종류에 따라 사용 가능한

빵류, 케이크
프로피온산 2.5 g/kg

잼류
안식향산 1.0 g/kg

햄, 소시지
소브산 2.0 g/kg

그림 3-19 보존료의 종류와 사용이 허가된 식품의 예

자료 : 식품의약품안전처

보존료의 종류와 기준량이 다른 이유는 식품의 pH 및 수분 함량 등의 특징에 따라 보존료의 효과가 다르게 나타나기 때문이다. 대표적인 보존료로는 프로피온산, 안식향산, 소브산이 있다.

(4) 가공적성을 향상하는 유화제 및 증점제

물과 기름처럼 잘 섞이지 않는 물질을 섞이게 해 주는 식품첨가물이 유화제이다. 아이스크림에서 유화제는 원료 배합 과정에서 유지방이 다른 재료들과 잘 섞이게 하고, 질감을 부드럽게 해 주는 역할을 한다. 빵에 사용되는 유화제는 빵의 탄력을 높이고 부드럽게 해 주며, 초콜릿의 유화제는 광택과 감촉을 좋게 해 주는 효과가 있다. 대표적인 유화제는 글리세린지방산에스터, 레시틴 등이 있다.

증점제는 식품의 점도를 증가시켜 물성을 개선하고 점착력을 가지게 해 주는 식품첨가물이다. 가장 대표적인 증점제는 젤리에 첨가되는 펙틴인데, 과일 껍질 등으로부터 추출하여 사용한다. 그 외에도 젤라틴, 잔탄검, 카라기난, 구아검 등 다양한 동식물과 미생물 유래의 다당류가 증점제로 사용되며, 토마토케첩, 드레싱 소스 등에 첨가되어 유화제와 안정제 효과를 함께 나타낸다.

단원정리

- 식품에서 물은 수용성 물질을 녹이는 용매이며, 식품가공, 저장 및 유통 과정에서 다양한 화학 반응과 미생물학적 변화에 영향을 미치며, 최종 제품의 형태 및 조직감 등을 결정하는 인자이다.
- 탄수화물은 가장 기본인 영양소이며 식품가공에서 중요한 성분이다. 탄수화물은 크기에 따라 단당류, 소당류(이당류, 올리고당류), 다당류로 구분된다. 단당류인 포도당과 이당류인 자당은 식품 감미료로 사용되며, 올리고당은 장내 미생물을 증식시키는 기능성 원료로 알려져 있다.
- 밥과 빵에 포함된 전분은 아밀로스와 아밀로펙틴으로 구성된 다당류이며, 호화 과정을 통해 섭취하기 좋은 형태가 된다. 식이섬유는 펙틴, 검류 등이 있으며 장내 탄수화물 소화효소에 의해 분해되지 않는다.
- 지질은 식품의 구조, 맛과 향, 물성을 결정하는 중요한 역할을 한다. 지질은 트라이글리세라이드 구조이며, 구성 지방산에 따라 녹는점 특성이 결정된다. 지질은 산패가 일어나며 유지식품의 품질 저하를 초래한다.
- 식품 단백질은 가열, 동결, pH의 변화, 염, 물리적인 힘 등에 의해 입체 구조가 더 느슨한 구조로 변하게 되는데 이를 단백질의 변성이라고 한다. 단백질의 변성 원리를 이용하여 두부나 치즈와 같은 다양한 제품을 제조할 수 있다.
- 식품의 미량 성분에는 비타민, 무기질, 색, 향미 성분 등이 있다. 비타민과 무기질은 미량으로 생리적 작용을 조절하고, 식품의 색과 향미는 품질과 기호도를 결정하는 중요한 요소이다.
- 농산식품은 곡류, 두류, 서류, 채소류 및 과일류로 분류하며, 이 중 곡류와 서류는 가장 중요한 탄수화물 급원이다.
- 곡류는 약 10% 내외의 단백질을 함유하고 있으나 라이신과 같은 일부 필수아미노산이 부족하므로 이를 보충하기 위해 동물 단백질이나 콩류를 함께 섭취하는 것이 좋다.
- 곡류 중 현미, 보리, 귀리 등은 다른 곡류에 비해 식이섬유소 함량이 높으며, 특히 귀리는 심혈관계 질환 예방 등 다양한 기능성이 알려진 기능성 식품 재료이다.
- 두류는 우수한 식물성 단백질원으로 필수아미노산 조성이 우수하며, 비타민 B군 등 다양한 영양소를 골고루 함유하고 있다.
- 소, 돼지 등의 식육류와 우유류 및 난류를 포함하는 축산식품은 필수아미노산 조성이 매우 우수하여 단백질의 좋은 급원이다.
- 우유와 달걀은 대표적인 단백질 및 지질의 공급원으로 영양학적으로 완전식품에 가까우며,

우유는 또한 평소 부족하기 쉬운 칼슘의 공급원으로도 중요한 식품이다.

- 수산식품은 크게 어패류와 해조류로 나뉘며, 단백질, 불포화지방산, 비타민, 무기질 등 주요 영양소의 중요한 공급원이다.
- 열량이 낮고 식이섬유소가 풍부한 바다 채소인 해조류는 최근 다이어트 식품으로 인기가 높으며, 그 외에도 비타민 A와 비타민 C 그리고 칼슘, 요오드 등의 좋은 급원이 되고 있다.
- 식품첨가물은 식품을 가공하고 조리할 때 식품의 품질을 유지 또는 개선하거나 맛을 향상하고 색을 유지하는 목적으로 일반 식재료 이외에 첨가하는 물질이다.

연습문제

1. 수분활성도를 설명하시오.

2. 전분의 구성 성분인 아밀로스와 아밀로펙틴의 차이를 설명하시오.

3. 단백질의 변성에 대해 설명하시오.

4. 5가지 기본 맛을 나열하시오.

5. 다음 중 탄수화물이 아닌 것을 고르시오.
   ① 포도당 ② 트라이글리세라이드
   ③ 전분 ④ 식이섬유

6. 지방질의 산패를 지연하는 데 사용되는 항산화제가 아닌 것을 고르시오.
   ① 토코페롤 ② BHT
   ③ BHA ④ DHA

7. 다음 중 콩류가 아닌 것은?
   ① 팥 ② 녹두 ③ 땅콩
   ④ 렌틸 ⑤ 율무

8. 생콩에 존재하며 단백질의 소화를 방해하는 성분의 이름은?
   ① 피트산 ② 사포닌 ③ 이눌린
   ④ 아이소플라본 ⑤ 트립신 저해 인자

9. 돼지감자에 다량 함유되어 있으며 프리바이오틱스, 지방 대체제, 증점제 등으로 이용되고 있는 식이섬유소의 이름은?
   ① 글루텐 ② 이눌린 ③ 아밀로스
   ④ 베타글루칸 ⑤ 아이소플라본

10. 귀리 또는 보리에 함유된 식이섬유소로 혈당 조절 기능, 심혈관계 질환 예방 등 다양한 기능성이 알려져 있는 성분의 이름은?
    ① 호데닌 ② 이눌린 ③ 아밀로스
    ④ 베타글루칸 ⑤ 아이소플라본

11. 우유 섭취 시 유당(lactose)을 분해하지 못해 설사, 복통 등이 일어나는 증상을 무엇이라 하는가?

12. 치즈 제조에 필수적인 우유 단백질의 이름은?

① 레닛 ② 카세인 ③ 유청 단백질
④ 락트알부민 ⑤ 락토글로불린

13. 달걀노른자에 함유되어 있으며 유화성이 우수하여 마요네즈, 드레싱 등을 제조할 때 유화제로 이용되는 성분은?

① 레닛 ② 시스틴 ③ 레시틴
④ 콘알부민 ⑤ 오보알부민

14. 다음 중 붉은살생선이 아닌 것은?

① 꽁치 ② 참치 ③ 명태
④ 방어 ⑤ 고등어

15. 다음 중 갈조류가 아닌 해조류는?

① 김 ② 톳 ③ 미역
④ 다시마 ⑤ 모자반

16. 다음 중 가공식품에서 아황산염의 사용 목적으로 가장 적합한 것은?

① 향미증진제 ② 발색제 ③ 감미료
④ 표백제 ⑤ 유화제

정답

1. 수분활성도는 식품 성분 변화에 관여할 수 있는 수분의 양이 얼마인지를 나타내며, 일정한 온도의 닫힌 공간에서 순수한 물이 나타내는 수증기압(P_0)을 동일한 조건에서 식품이 나타내는 수증기압(P)의 비율로 계산한다. **2.** 아밀로스는 포도당이 직쇄상으로 연결된 반면에 아밀로펙틴은 직쇄상의 구조에 다른 아밀로스 사슬이 가지 형태로 연결되어 있다. **3.** 단백질의 변성은 가열, 동결, pH의 변화, 염, 물리적인 힘 등에 의해 입체 구조가 더 느슨한 구조로 변하게 되는 현상이다. **4.** 단맛, 짠맛, 신맛, 쓴맛, 감칠맛 **5.** ② **6.** ④ **7.** ⑤ **8.** ⑤ **9.** ② **10.** ④ **11.** 유당불내증(lactose intolerance) **12.** ② **13.** ③ **14.** ③ **15.** ① **16.** ④

참고문헌

김정숙 외 8인, **NEW 식품학**, 지구문화사, 2014

송경빈·전덕영·최원상·김주석·장해동·유상호·김영완·김범식·최승준·박종태, **생각이 필요한 식품학개론**, 수학사, 2017

이호재·김상오·노재필·신승호·이병호·이혜영·이희섭, **스마트 식품화학**, 수학사, 2021

황인영 외 6인, **스마트 식품학**, 수학사, 2018

Harold McGee, *On Food and Cooking: The Science and Lore of the Kitchen*, Scribner Books, 2004

Margaret McWilliams, *Foods: Experimental Perspectives*, Pearson, 2016

국립축산과학원 (https://www.nias.go.kr)

농촌진흥청 국립농업과학원 (http://www.naas.go.kr)

식품안전나라 (http://www.foodsafetykorea.go.kr)

축산물품질평가원 (https://www.ekape.or.kr)

CHAPTER 4

식품의 대량 생산 시설

1. 식품공장
2. 가공식품 생산의 단위 공정
3. 식품공장의 위생 관리 HACCP
4. 식품의 품질 관리와 신제품 개발
5. 식품의 저장

데슈츠 맥주공장 병포장 라인(Deschutes Brewery, Bend, Oregon, USA)

식품공장은 식품 원료를 제조·가공하는 공정을 거쳐 제품화된 식품을 대량 생산하는 시설이며, 공장의 시설과 작업 환경은 「식품위생법」에 적합한 깨끗하고 위생적인 기준을 갖추고 있다. 식품을 대량 생산하기 위해서는 다양한 단위 공정(조작)이 사용되며, 원료 처리 공정(선별, 세척, 박피), 가공 공정(분쇄, 혼합, 유화, 압착, 여과, 분리, 추출, 농축, 증류, 성형), 저장성 부여 공정(건조, 열처리, 절임, 포장)이 있다. 식품 원료와 중간 재료는 물론 완제품을 적합한 시설에 저장·관리하여야 하므로 식품공장에는 상온, 냉장, 냉동 저장 시설이 있어야 하며, 대형 저장 시설의 형태에는 저장 창고와 원통형의 구조물인 사일로가 있다.

다른 공산품 제조 공장과 다르게 식품공장은 사람의 입에 들어가는 제품을 만들기 때문에 높은 수준의 위생과 안전을 고려한 다양한 특수 시설을 사용한다. 공장의 공간을 오염-준청결-청결 구역으로 나누고, 위해분석과 중요관리점(HACCP)을 적용하여 생산-제조-유통의 전 과정에서 식품위생에 해로운 영향을 미칠 수 있는 위해요소를 분석하고, 이러한 위해요소를 제거하거나 안전성을 확보할 수 있도록 과학적이고 체계적으로 관리한다.

또한 우수한 품질의 식품을 생산하기 위해서는 원재료로부터 완제품이 생산되는 전 과정에서 품질 관리를 하게 되며, 이를 위해 다양한 기기 분석 방법과 감각 평가 방법을 활용하고, 종합적 품질 경영을 위해 품질 보증 프로그램을 운영한다. 그리고 신제품 개발과 품질 향상을 위해 사업 전략에 따른 개발 콘셉트를 확정한 후 제품 개발과 스케일 업 등의 과정으로 추진한다.

1. 식품공장

식품공장은 식품 원료를 가공하여 제품화된 식품을 대량 생산하는 곳이다. 그러므로 깨끗하고 위생적인 기준에 맞는 시설을 갖추어야 한다고 규정한 「식품위생법」, 그에 따른 작업장의 구조와 설계 및 설치 위치의 규칙을 정한 「식품위생법 시행규칙」과 한국식품안전관리인증원 등의 관련 법률에 적합한 깨끗하고 위생적인 시설을 갖춘 식품 제조·가공 및 저장 시설이어야 한다.

국내 식품 제조 회사에는 설탕 제조업의 CJ제일제당, 전분 제품 및 당류 제조업의 대상, 면류 및 유사 식품 제조업의 오뚜기, 음료 제조업의 롯데칠성음료, 면류 및 유사 식품 제조업의 농심, 소주 제조업의 하이트진로, 수산 동물 훈제 및 유사 조제 식품 제조업의 동원F&B, 빵류 제조업의 파리크라상, 액상 시유 및 기타 낙농 제품 제조업의 서울우유협동조합, 그리고 아이스크림 및 기타 식용빙과류 제조업의 롯데푸드 등이 있다.

국외 식품 제조 회사에는 Nestlé, PepsiCo, Anheuser-Busch InBev, JBS, Tyson Foods, Archer Daniels Midland Company, Mars, Cargill, The Coca-Cola Company, 그리고 Kraft Heinz Company 등이 있다. 이들 회사는 소품종 대량 생산, 다품종 소량 생산(B2B), 다품종 생산(B2C)을 할 수 있는 식품공장을 운영하고 있다.

다양한 식품공장이 안고 있는 먹거리 생산의 여러 가지 문제를 해결하기 위한 공정 시설의 연구·개발은 항상 진행되고 있으며, 보다 효율적이고 생산성이 높은 공장들이 속속 등장하고 있다. 한편, 식품 품질에 대한 인식과 기준이 너무 높아짐에 따라 높은 수준의 식품안전과 효율적인 생산을 모두 지원하는 시설이 필요하며, 이러한 시설 이외에도 생산 효율을 높이기 위한 IoT, 빅 데이터, 인공지능을 이용한 스마트 팩토리 관련 연구 개발과 도입이 진행되고 있다.

그림 4-1 현대화된 최첨단 식품공장 개념도

1) 식품공장에서 사용하는 설비

식품공장에서 사용되는 시설의 용도는 무엇일까? 또한 식품공장을 운영하면서 겪는 애로점과 이를 해결하기 위한 시설은 무엇일까? 다른 공산품 제조 공장과 다르게 식품공장은 사람의 입에 들어가는 제품을 만들기 때문에 안전과 위생을 고려한 다양한 특수 시설을 사용한다. 식품공장 설비의 종류 및 용도와 설비 도입 시 고려해야 할 사항 등은 다음과 같다.

(1) 식품 제조 공정 설비

식품가공은 단위 조작이 연속적으로 연결된 제조 과정이 있으며, 일반적으로 원료의 전처리, 가공, 충전과 포장의 순서로 구성된다. 생산 라인에서 공정을 연결하여 연속적인 대량 생산이 가능하도록 하는 컨베이어와 반송기 등도 제조 공정 설비의 일부이다. 모든 설비는 식품과 직접 접촉하는 시설이기 때문에 높은 수준의 위생과 안전이 요구된다.

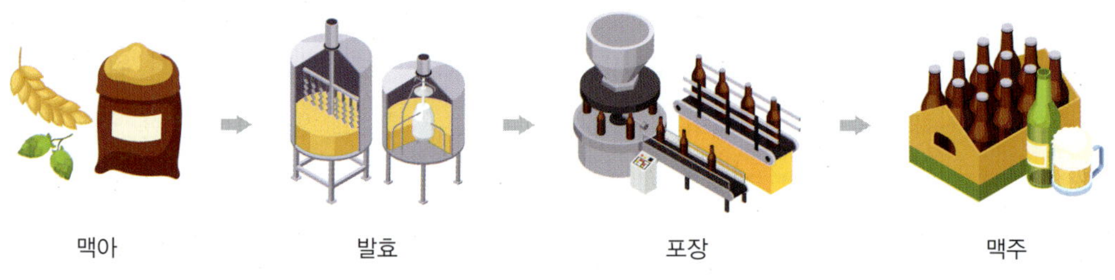

그림 4-2 맥주 제조 공정

(2) 저온 설비

식품 재료, 중간재, 완제품 등을 저온으로 냉각 또는 저장하기 위해 조립식 냉장고, 상업용 냉장고, 냉장·냉동 장비 및 급속 냉동기 등의 설비가 필요하다.

(3) 에어컨

식품공장 내의 온도와 습도를 적합하게 유지하여 식품의 부패를 방지하고 작업 환경을 개선하여 생산성을 향상한다.

(4) 환기 설비

식품가공 중에 발생하는 연기와 열을 배출하고 신선한 공기를 공급하는 설비이다. 또한 식품공장 특유의 냄새를 완화하는 목적으로 전체적인 환기뿐만 아니라 덕트 또는 후드 등의 부분적인 환기 시스템도 사용한다.

(5) 위생 설비

식품공장에서 가장 중요한 시설로 가공 기구 세척, 살균 시설, 상하수도, 오폐수 처리, 환복 및 샤워 시설, 세탁 시설 등이 필요하다.

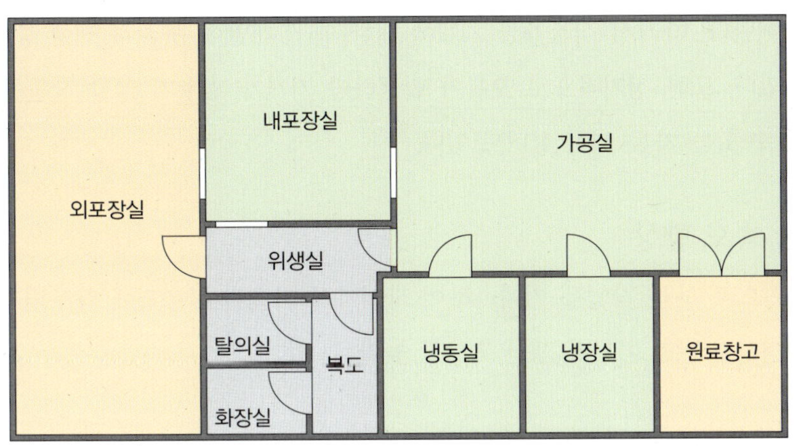

그림 4-3 식품공장 설비 배치 평면도 사례

2) 공장 설비에 의해 해결하고자 하는 문제

공장 시설은 어떤 종류의 문제를 해결하도록 설계되어야 하는가? 식품공장은 식품의 특성에 따른 고유한 문제점이 있으나 공통적인 문제점은 다음과 같다.

(1) 품질 향상

식품 제조에서 소비자나 거래처의 신뢰를 얻기 위해서는 품질 유지와 개선이 필수적이다. 현재 사용하고 있는 장비로도 품질을 유지할 수 있는가? 또한 품질을 개선할 수 있는 사항이 있는가? 등에 대한 가능성을 검토하고 더 적합한 것이 있다면 새로운 설비의 채택을 고려해야 한다.

(2) 안전하고 위생적인 생산

사람의 손이 직접 닿지 않으면 위생이 향상되고 식품으로서 안전성을 확보할 수 있다. 또한 아무리 주기적으로 청소해도 가공 기계에 남아 있는 잔유물은 시간이 지남에 따라 축적되고 기계는 마모되어 간다. 따라서 위생 확보를 위해 보수하거나 새 부품으로 교체해야 한다.

(3) 안정적인 생산 유지

기계는 노후화되고 과도한 가동으로 고장이 발생하기 쉬우므로 생산 라인 가동 중지 시간이 늘어난다. 따라서 식품가공 기계에 대한 연구 개발이 꾸준히 진행 중이며 계속 진화하고 있다. 또한 정기적으로 오류가 발생하면 기계가 멈추지 않고 작동할 수 있도록 제어할 수 있는 자동 제어 설비도 있다.

(4) 생산 속도 향상

사람의 손으로 하는 작업을 기계화하여 작업자의 기술이나 조건에 좌우되지 않고 생산성을 안정시킬 뿐만 아니라 생산 속도를 높일 수 있다.

(5) 위험 작업의 기계화

식품가공에는 절단, 으깨기 및 가열과 같은 위험한 공정이 포함된다. 이러한 공정의 기계를 자동화함으로써 산업 재해를 예방할 수 있다.

(6) 공간의 절약

공간을 많이 차지하던 시설이 점차 소형화되고, 기존에 여러 대의 기계에서 수행하던 공정을 한 번에 수행하는 기계가 개발되고 있다.

(7) 에너지 절약

지구 환경과 에너지에 관한 관심이 높아짐에 따라 식품 제조 시설도 에너지 절약에 나서고 있으며, 기존 설비보다 전력 효율을 높일 수 있다.

(8) 생산 라인 효율화

각각의 설비가 하나의 작업으로 효율성이 좋아져도 전체 생산 라인의 흐름이 좋지 않고 비효율적인 경우가 있다. 이 경우 흐름이 악화되는 부분에 장비를 추가하거나 교체하여 전반적인 효율성을 높일 수 있도록 한다.

2. 가공식품 생산의 단위 공정

『식품공전』에 가공식품은 ① 식품 원료에 식품 또는 식품첨가물을 가하거나, ② 그 원형을 알아볼 수 없을 정도로 변형(분쇄, 절단 등)시키거나, ③ 이같이 변형시킨 것을 서로 혼합 또는 이 혼합물에 식품 또는 식품첨가물을 사용하여 제조·가공·포장한 식품이라고 정의하고 있다.

식품공장에서 가공된 식품을 대량 생산하기 위해서는 다양한 단위 공정(조작)이 사용되며, 식품 생산과 품질 유지를 위한 모든 공정은 신선도 유지, 부패 방지, 안전성 및 저장성 확보, 소비기한(유통기한) 연장을 목적으로 이루어진다. 단위 공정은 원료 처리 공정(선별, 세척, 박피 등), 가공 공정(분쇄, 혼합, 유화, 압착, 여과, 분리, 추출, 농축, 증류, 성형 등), 저장성 부여 공정(건조, 열처리, 절임, 포장 등)으로 구분된다. 각 공정에는 다양한 방법들이 있으며, 원료의 특징과 최종 제품에 따라 적합한 방법을 선택하여 공정 효율과 제품 품질을 높이도록 해야 한다.

1) 원료 처리 공정

식품공장에서 가공식품을 대량 생산하기 위해서는 농·축·수산물 각각의 식품 원료의 특성에 적합한 방법으로 선별, 세척, 박피, 다듬기 등의 가공을 위한 전처리를 한다.

(1) 선별

선별이란 식품 원료를 크기, 무게, 모양, 비중, 성분 조성, 전자기적 성질, 색깔, 숙성도, 오염도 등의 선별 요인에 따라 분리하는 공정이다.

① 크기 선별

감귤을 크기별로 선별하는 장치는 감귤이 컨베이어를 타고 이송되면서 크기 선별공으로 투입되어 분류된다. 과거에는 무게별로 선별하는 중량선별기를 사용하였으나, 최종 선별된 과수의 크기가 균일하지 못하여 포장 용기 표준화가 어려웠으며 최종 상품의 시각적 이미지도 좋지 않았다.

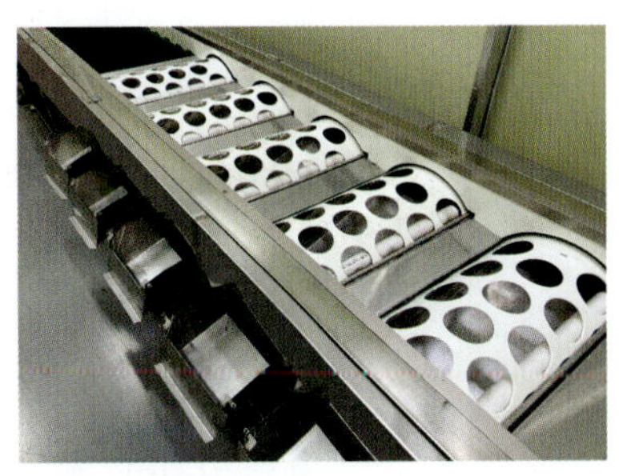

그림 4-4 크기에 따른 감귤 선별기

② 무게 선별

달걀은 무게에 의한 선별을 하며, 무게 등급에 따라 가격 차이가 있어 선별 공정이 중요하다. 달걀에 오염물질이 묻거나 금이 생겨 오염물이 내부로 침투할 가능성이 있으므로 달걀은 타격음 선별기로 선별한다.

Tip 농촌진흥청, 고품질 달걀 선별 기술 개발

농촌진흥청이 편리하게 사용할 수 있는 금간 달걀(파각란) 선별기를 개발하였다. 이 선별기는 껍질에 금이 가 세균이나 오염물질이 들어갈 가능성이 높은 달걀을 선별하는 기계이며, 조그만 추를 달걀 위에 떨어뜨릴 때 발생하는 충격음이 정상 달걀과 깨진 달걀이 서로 다르다는 점을 이용해 껍질에 금이 갔는지를 알아낸다. 이 장치는 시간당 2,950개, 1일 최대 23,600개를 선별할 수 있고, 약 1 cm 이상 금이 간 것을 97% 선별할 수 있다.

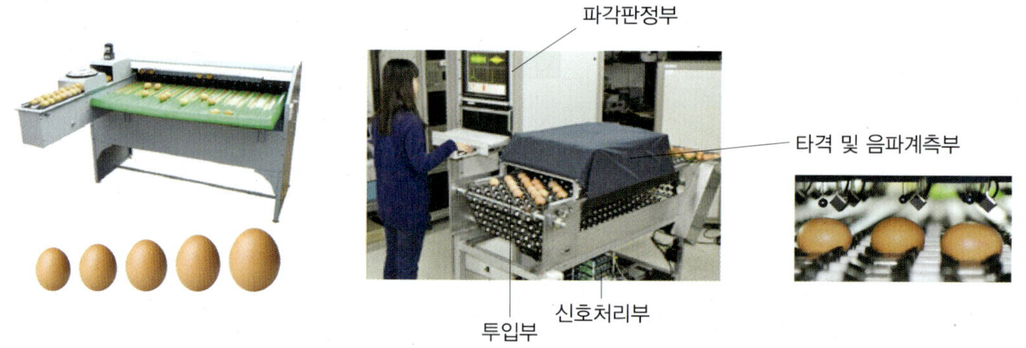

자료 : 농촌진흥청 수확후처리품질과

(2) 세척

세척은 원료 표면의 오염물질을 분리·제거하는 단위 공정이며, 식품 용기나 원료에 있는 미생물과 오염물질을 제거하는 조작이다. 세척 공정은 습식세척(wet cleaning)과 건식세척(dry cleaning)으로 구분되며, 원료의 성질, 오염물질의 종류 등을 고려하여 적합한 방법을 선택한다.

① 습식세척

습식세척(젖은 세척)은 뿌리채소의 토양 제거, 과일과 채소의 먼지와 잔류 농약 제거에 효과적이다. 원료의 손상은 적으면서 단단하게 부착된 이물질은 잘 제거되나 비용이 많이 들고 젖은 표면이 빨리 부패할 수 있으며 폐수 처리 비용이 많이 든다.

습식세척에는 데치기, 침지세척, 분무세척, 부상세척, 초음파세척 등이 있다.

데치기는 채소와 과일을 뜨거운 물에 침지하거나 수증기 처리하는 조작이며, 냉동, 건조, 통조림 등의 가공 전에 하는 열처리 공정이다. 데치기는 열에 민감한 비타민류의 손실과 수용성 영양 성분의 용출이나 조직의 손상 등이 발생하므로 빠르게 열처리하고 냉각하여야 한다.

그림 4-5 침지세척과 분무세척

② 건식세척

건식세척(마른 세척)은 크기가 작고 기계적 강도가 높으며, 수분 함량이 적은 식품 원료에 주로 사용된다. 건식세척은 습식세척에 비해 비용이 적게 들며 폐기물 처리도 쉽지만 세척된 표면이 재오염될 수 있다. 건식세척 공정의 기계 설비에는 공기분급기, 자력선별기, 정전기세척기, 디스크분리기 등이 있다.

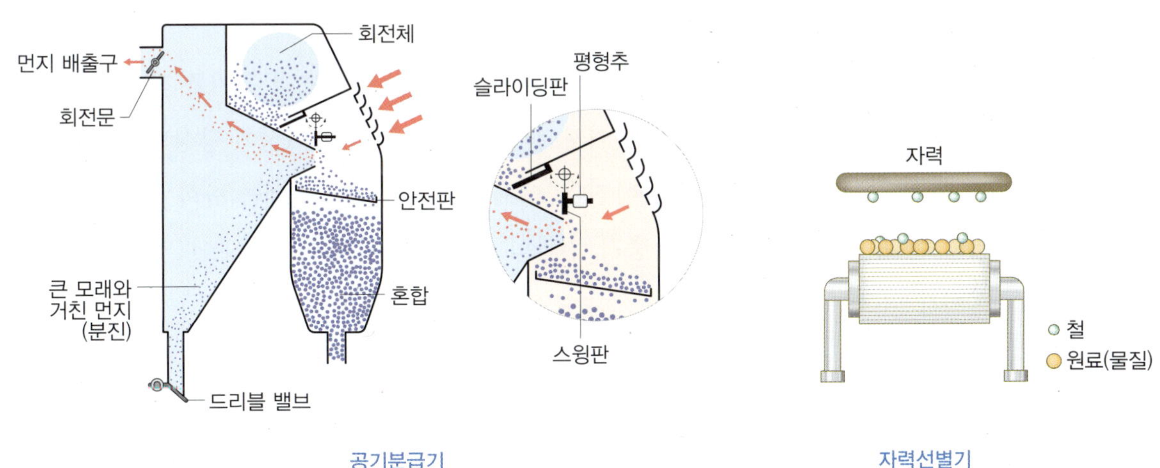

그림 4-6 공기분급기와 자력선별기

(3) 박피

박피란 과일과 채소의 비가식 부분을 제거하는 것이며, 가능한 한 껍질을 얇게 제거하여 재료의 손실을 최소화해야 한다. 박피에는 순간증기박피, 칼사용박피, 연삭식박피, 알칼리박피, 화염박피 등이 있다.

표 4-1 박피의 종류와 방법

종류	방법	적용 식품
순간증기박피	증기를 사용하는 방법으로 열탕에 담그거나 증기로 처리하여 껍질 제거, 단시간(15~30초)	감자, 고구마, 당근
칼사용박피	칼을 고정 혹은 회전하여 채소나 과일의 껍질 제거	오렌지, 사과
연삭식박피	회전하는 탄화규소로 만든 롤러에 식품을 넣어 껍질 제거	곡류, 서류
알칼리박피	100~120°C의 수산화나트륨 용액으로 껍질 제거	근채류, 복숭아
화염박피	1,000°C의 회화로 통과하여 껍질 제거	양파, 맛밤

2) 가공 공정

식품공장에서 가공식품을 대량 생산하기 위해서는 전처리된 원료의 특성에 적합한 몇 개의 가공 공정을 사용하여 다양한 식품으로 제조한다. 가공을 위한 단위 공정(조작)에는 분쇄, 혼합, 유화, 압착, 여과, 분리, 추출, 농축, 증류, 성형 등이 있다.

(1) 분쇄

분쇄는 고체 상태의 원료를 기계적으로 절단하거나 부서뜨려 크기를 작게 하는 조작이다. 분쇄하면 재료의 표면적이 커져 반응 능력과 물리적 특성이 향상되고 이용 범위가 확장되어 가공 효율성이 높아진다. 액체식품 원료의 경우에는 유화 또는 미립자화라고 한다. 분쇄 원리에 압력, 충격, 전단력 등이 사용되며 이에 따른 다양한 분쇄 기계 설비가 있다.

표 4-2 분쇄기의 종류와 특징

분쇄기 종류 /힘의 종류	분쇄 방법과 적용 식품	분쇄기
해머밀 /충격	• 고속 회전하는 해머에 부딪히는 강한 충격력으로 분쇄 • 설탕, 식염, 마른채소, 곡류, 옥수수 전분	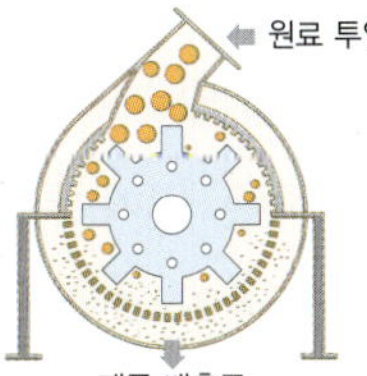 원료 투입 제품 배출구
볼밀 /충격	• 회전드럼 속에 금속이나 돌 같은 단단한 볼을 넣어 회전시켜 분쇄 • 곡류, 향신료	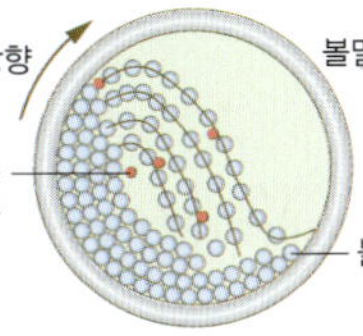 회전 방향 볼밀벽 갈리는 원료 볼
핀밀 /충격	• 고정원판과 고속회전원판에 작은 막대 모양의 핀이 여러 개 붙어 있어 고속 회전하는 핀의 충격에 의해 분쇄 • 설탕, 전분, 곡류, 콩류, 감자, 고구마	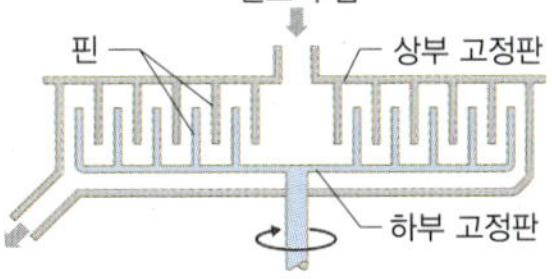 원료 투입 핀 상부 고정판 하부 고정판
롤밀 /압축	• 두 개의 간격을 조절할 수 있는 금속 또는 돌 롤이 회전하면서 회전롤 사이에서 압축됨과 동시에 분쇄(제분) • 쌀, 밀, 콩, 옥수수, 커피	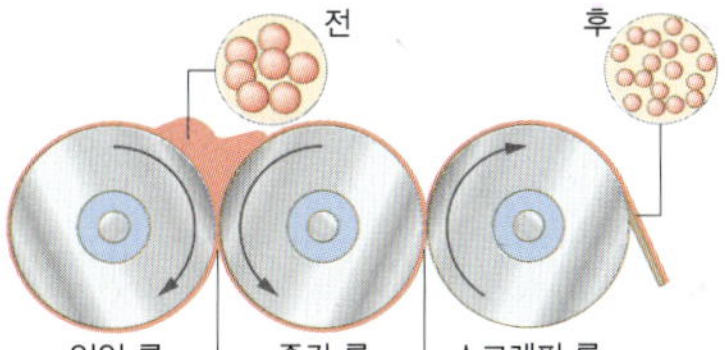 전 후 인입 롤 중간 롤 스크레퍼 롤 전단 간격 1 전단 간격 2
디스크밀 /전단	• 홈이 파여 있는 두 개의 원판(디스크) 사이의 간격을 적당히 조절하여 회전시키면서 마찰력과 전단력에 의해 분쇄 • 곡류 분말, 옥수수, 쌀	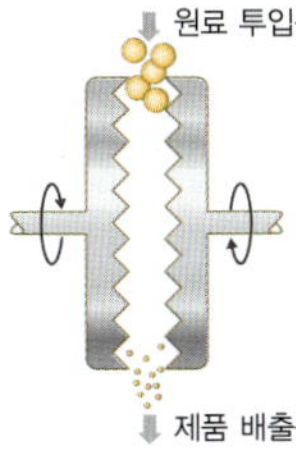 원료 투입구 제품 배출구

(2) 혼합과 유화

혼합은 원료를 섞어서 균일하게 하는 것이며, 고체-고체 간의 혼합, 서로 섞이는 액체-액체 간의 교반, 서로 섞이지 않는 액체-액체 간의 유화 공정이 있다.

① 혼합

혼합은 서로 다른 2개 이상의 원료를 섞어서 균일하게 하는 것이며, 보통 고체-고체 간의 혼합을 의미한다. 혼합과 관련된 용어에는 교반, 반죽, 압연, 유화 등이 있다. 교반은 액체-액체, 반죽은 고체-액체, 유화는 서로 섞이지 않는 액체-액체 간의 혼합을 의미한다. 반죽은 밀가루 반죽과 같이 고체와 액체의 혼합이며, 혼합 비율에 따라 물리적 성질이 달라진다. 혼합기계설비에는 교반기, 혼합기, 반죽기 등이 있으며, 적용되는 식품에는 과일주스, 음료수, 유동식, 전두유, 분유, 양념류, 반죽류, 페이스트 등이 있다.

② 유화

유화(emulsification)는 액체-액체 혼합으로 기름과 물처럼 서로 섞이지 않는 두 액체 간의 혼합이며, 한 액체를 다른 액체에 균일하게 분산시키는 조작이다. 이때 만들어진 혼합물을 에멀션(emulsion), 이 조작을 균질(homogenization)이라고 한다. 분산상과 분산매의 비율에 따라 수중유적형(oil in water emulsion, O/W), 유중수적형(water in oil emulsion, W/O)의 두 가지 유형이 있다. 수중유적형 식품은 우유, 생크림, 마요네즈, 아이스크림 등이고, 유중수적형 식품으로는 버터가 있다. 유화 기계 설비에는 교반기, 콜로이드밀, 초고속균질기(톱니형 균질기), 초고압균질기, 초음파분쇄기 등이 있다. 유화기를 사용하는 식품은 우유, 소스류(마요네즈), 크림, 아이스크림 등이다.

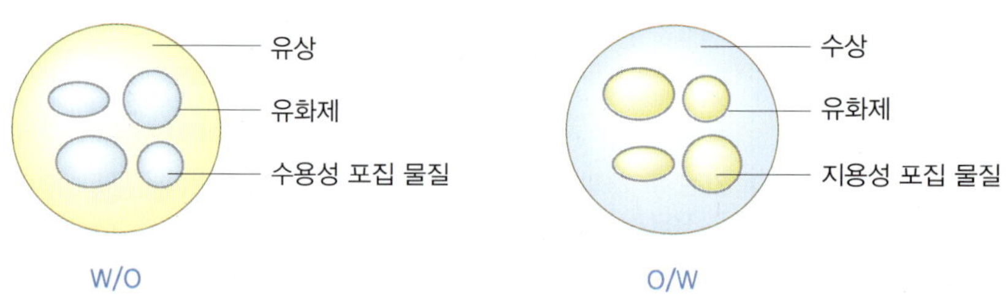

그림 4-7 유화의 유형

(3) 압착

압착은 강한 압력을 가해 고체 중에서 소량의 액체를 분리하는 조작이며, 착유(oil expression), 치즈 제조, 과일 착즙, 간장 분리 등에 사용한다. 압력을 가하는 방식에 따라 수압식과 유압식 압착기가 있다. 스크류 압착 착유기는 소규모의 참기름이나 올리브

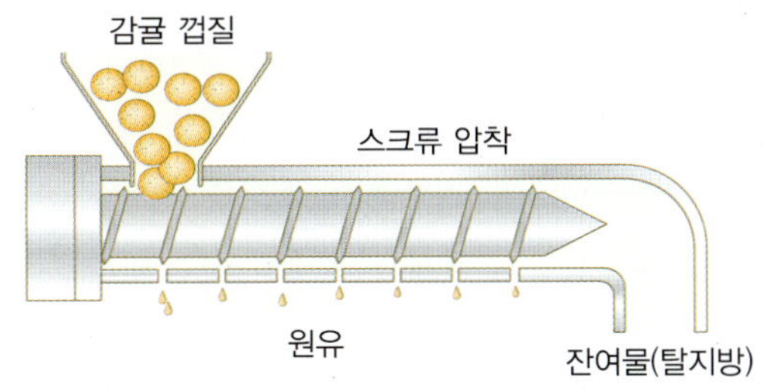

그림 4-8 스크류 압착 방식에 의한 착유기

유, 팜유 등 보통 정제하지 않는 식용유 제조에 사용한다. 대규모 공장에서는 압착법에 의해 예비 착유를 하고 잔여 기름은 용제추출법을 이용하여 2차로 채유한다.

(4) 여과

여과는 액체를 여과매체 혹은 여과제(filtering medium)에 통과시켜서 세공보다 큰 입자를 막 위에 퇴적시킴으로써 액체 내의 고체 입자를 물리적으로 분리하는 조작이다. 여과하려는 고체-액체 혼합물은 현탁액, 여과제를 통과한 액은 여액(filtrate), 통과하지 못한 고형물은 여과박(filter cake)이라고 한다. 여과 압력의 적용 방법에 따라 중력여과기(gravity filter), 진공여과기(vacuum filter), 가압여과기(pressure filter), 압착여과기(compression filter), 원심여과기(centrifugal filter)가 있다. 식품공업에서 가장 많이 사용하는 것은 압력을 가해 빠른 속도로 여과하는 가압여과기이다. 주류, 과일주스 등의 여과는 청징한 액체 상태로 제조하는 것이다.

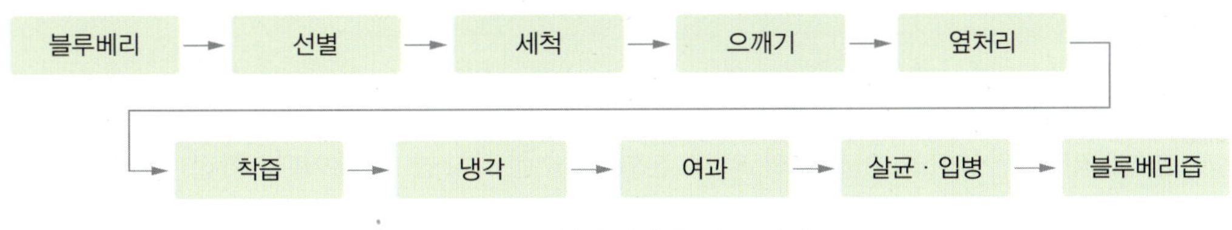

그림 4-9 블루베리즙 제조 과정

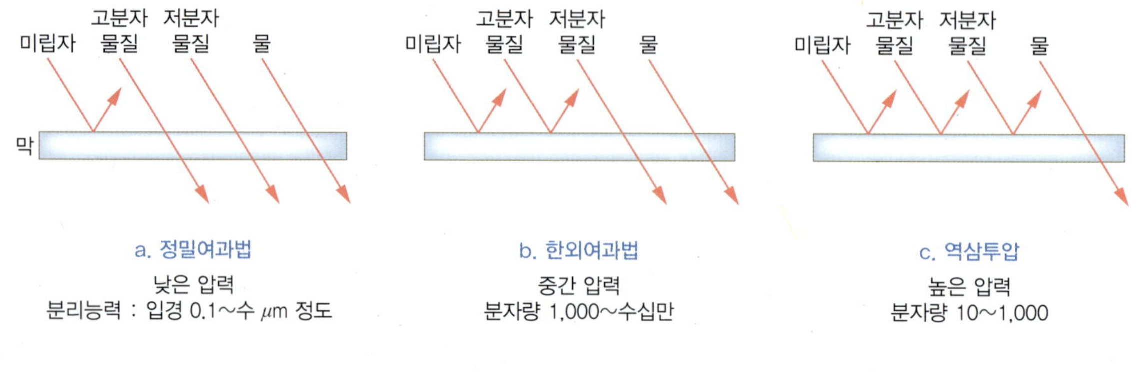

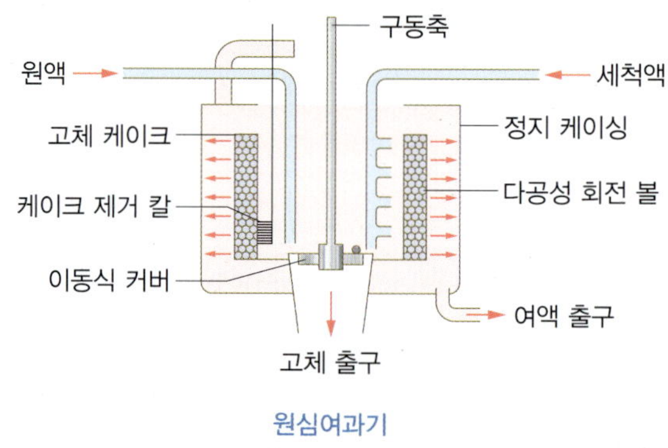

그림 4-10 가압여과기(a, b, c)와 원심여과기

(5) 분리

분리는 액체-액체나 액체-고체 용액에서 성질이 서로 다른 물질을 나누는 것이며, 원심력, 여과막, 중력을 이용하여 필요한 물질만 얻거나 불필요한 물질을 제거하는 조작이다.

① 원심분리

원심분리는 원심력을 이용해서 액체 혼합물을 분리하는 조작이다. 회전 속도가 높을수록, 질량이 클수록, 반지름이 클수록 받는 원심력이 크며, 이로 인해 원심력 방향으로 무거운 물질이 이동하게 되어 빠른 침전이 가능하다. 결과로 무거운 물질은 아래로, 가벼운 물질은 위로 분리된다. 다른 분리 방법에 비해 분리가 빠르며 액체와 액체 간의 분리, 액체와 고체 간의 분리에 이용한다.

그림 4-11 과일주스 원심분리(PurePulp, 주스에서 펄프를 지속적으로 제거)

② 막분리

막분리는 액체에 용해되어 있거나 분산된 물질을 다공성 여과매체에 통과시켜 물질 크기별로 선택적으로 분리한다. 분자 단위의 성분을 분리하는 여과 방법으로 마이크로 여과, 한외여과, 나노여과, 역삼투압 등이 있다. 주요 특징은 물질의 상변화가 없어 에너지 절감에 효과적이며, 열처리하지 않아 갈변 등의 색 변화가 없고 영양가 손실이 적다. 또한 증발 공정이 없어 휘발 성분 손실이 없다.

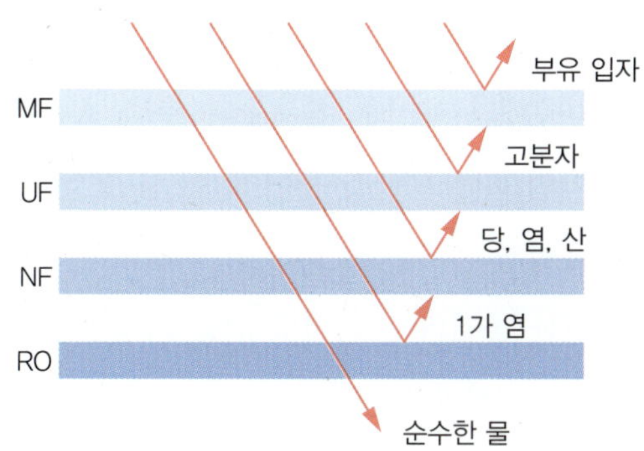

그림 4-12 막분리 종류별 분리 성능

③ 침강분리

침강분리는 대량의 액체에 부유되어 있는 고체 입자를 중력으로 침강시켜 고체-액체를 분리하는 조작이다. 주로 전분 가공, 유가공, 과즙 가공, 양조 등에서 사용한다. 침강

분리는 과즙 및 청주 제조에서 청징액을 얻을 때, 전분 현탁액에서 전분을 얻을 때, 현탁액의 고체 입자를 크기에 따라 분획 및 분급할 때 사용한다.

(6) 추출

추출은 용매를 사용해 고체 또는 액체 속에서 원하는 물질만 분리하는 조작이다. 식재료의 기능성 성분을 물이나 에탄올, 에테르 등의 유기용매로 특정 성분만을 용해하여 분리한다. 성분 특성에 따라 용해성을 이용한 용매추출, 초임계 가스를 용매로 이용하는 추출(초임계 추출) 등이 있다.

① 용매추출

용매추출은 용매에 대한 용해도 차이를 이용하여 원하는 물질을 용출분리 또는 농축하는 조작이며, 추출 후 용액에서 용매를 증발시키면 순수한 물질을 얻을 수 있다. 용매추출은 사용되는 용매의 친화력으로 특정 유기물을 가장 효율적으로 추출할 수 있다. 대두에서 유지 성분을 헥산으로 추출하고 정제하여 콩기름을 제조하는 것과 같다.

② 초임계 추출

초임계 추출은 유기용매 대신 초임계 유체를 용제로 사용하는 방법이다. 초임계 유체는 물질의 기체상과 액체상이 공존할 수 있는 한계 온도와 압력을 넘어선 상태에서 존재하는데 이때 유체는 유기용매와 유사한 침투율과 추출 효율이 있다. 사용되는 물질로는 에테인, 에틸렌, 프로페인, 이산화탄소 등이며, 이 중 초임계 이산화탄소가 가장 많이 사용된다. 이산화탄소 초임계 온도는 31.1°C, 임계 압력은 7.3 MPa로서 상온 부근에서 추출하므로 열에 불안정한 물질의 추출에도 적용 가능한 장점이 있다. 대표적인 예는 대두에서 유지추출, 인스턴스커피와 홍차 제조, 원료에서 엑기스분의 추출 등이다.

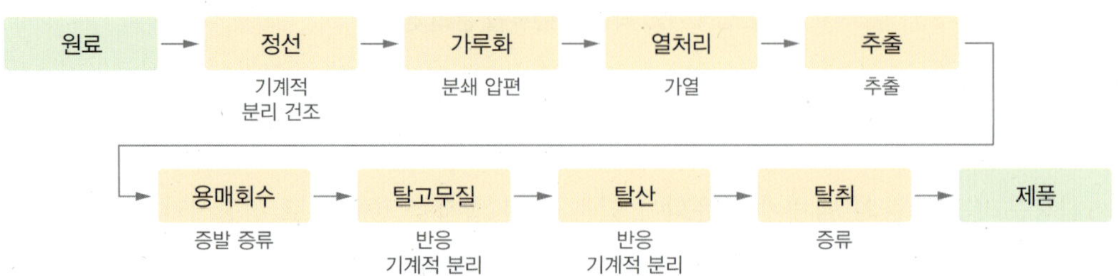

그림 4-13 유지추출 제조 공정 중 추출 단위 공정

(7) 농축

농축(concentration)은 식품의 비점(boling point)을 이용하여 식품 중의 일부 수분을 제거하여 고형물의 농도를 높이는 조작이다. 수분 제거는 건조와 비슷하나 최종물이 고체 상태가 아니라 액체 상태인 점이 다르다. 식품공업에서 농축은 분리와 정제 수단으로 사용되며, 증발농축과 동결농축 조작이 있다.

① 증발농축

증발농축은 온도가 높을수록 증발효율은 좋지만 식품 소재가 열에 의해 분해되거나, 열에 불안정한 영양소가 파괴되거나, 색이 변화되거나, 휘발성 물질의 손실 우려가 있으므로 압력과 비점을 낮추어 품질 저하를 방지하는 진공농축 또는 감압농축법이 널리 사용되고 있다. 증발농축은 무게와 부피 감소로 저장 유통 비용이 절감되고, 수분 함량 및 수분활성도 저하로 식품의 저장성을 향상하고, 농도 증가로 농도 조절 편리성을 제공한다.

② 동결농축

동결농축은 액상식품을 예비 냉각시켜 수분을 얼음 결정으로 만들어 기계적으로 얼음을 분리하는 조작이며, 원재료의 변질이나 손상 없이 수분 함량을 낮추고 고형 성분의 농도를 높이는 방법이다. 즉, 수용액을 어는점 이하로 냉각시키면 염, 향기 성분, 당

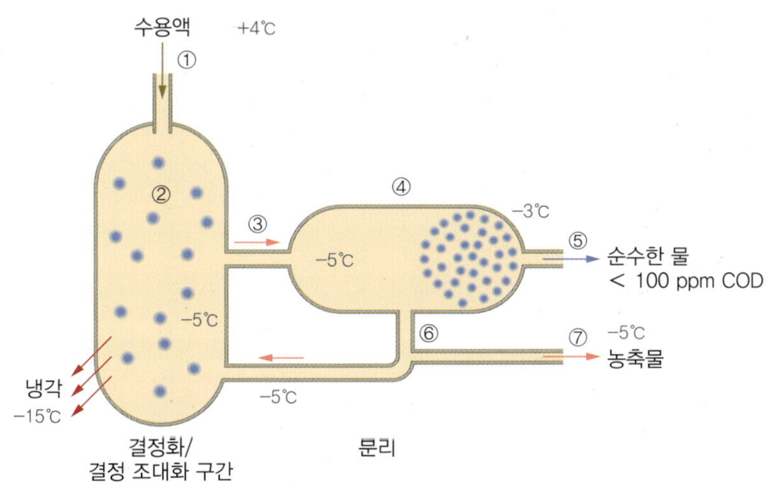

그림 4-14 동결농축 공정

분, 단백질 및 지방질을 거의 함유하지 않은 순수한 얼음 결정이 형성되고, 형성된 얼음 결정을 제거하면 고농도의 농축액을 얻을 수 있다.

(8) 증류

증류는 두 종류 이상의 성분이 혼합된 용액을 가열하여 휘발성 차이를 이용하여 분리하는 조작이다. 물질마다 고유한 비점이 있어 이를 이용하여 혼합물을 분리하는 방법이다. 특정한 비점에서 물질이 기화되면 그 기체를 모아 응축시켜 액화한다. 식품가공에서 증류주(소주, 위스키) 제조, 과즙 농축, 유지 탈취, 유지추출에 사용된 용매의 회수 등에 이용된다.

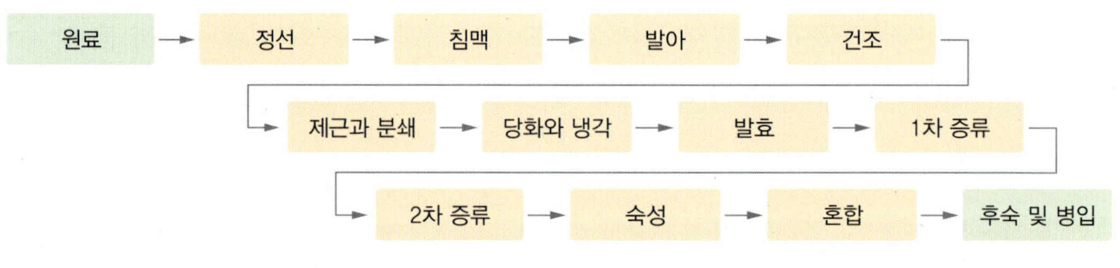

그림 4-15 위스키 제조 공정 중 증류 단위 공정

(9) 성형

성형은 식품을 성형 틀에 넣거나 절단, 압연, 압출, 과립화하여 일정한 형태와 크기를 갖게 하는 조작이다. 성형은 가공 원료의 모양을 바꾸어 식품의 외관을 좋게 하고, 식품 고유의 특성을 가지도록 하는 것이다. 대표적으로 주조성형, 압연성형, 절단성형, 과립성형, 압출성형 등이 있다(표 4-3).

표 4-3 다양한 성형 방법

종류	특징	
주조성형	일정한 모양의 틀을 이용 예 약과, 쿠키, 빙과, 빵	
압연성형	반죽을 일정한 모양의 표면을 가진 롤러(roller) 사이로 통과하여 세절, 압연 예 국수, 비스킷	
절단성형	칼날, 톱날 등의 절단기구로 일정한 크기와 모양으로 가공 예 조각버터, 토막생선, 그래놀라	
과립성형	젖은 상태의 분체식품이 구멍이 있는 회전 드럼 속에서 압출될 때 회전틀에 의하여 펠릿으로 성형되며, 입자 표면에 당액이나 코팅제를 분사하는 피복식 과립성형이 있음 예 과립형껌, 초코볼	
압축성형	반죽, 반고체 및 액체식품을 노즐 또는 압축성형 다이(die) 같은 작은 구멍으로 강한 압력으로 밀어내어 일정한 모양을 가지게 하는 성형 방법 예 스낵식품, 팽화간편식품, 인조육, 마카로니	성형 재료 / 차단판 / 스크린 / 호퍼 / 제품 / 스크류 / 히터 / 가열실린더

3) 저장성 부여 공정

식품공장에서 가공식품으로 대량 생산한 제품은 각각의 소비기한(유통기한)이 있으며, 저장성을 부여하기 위해서 건조, 열처리, 절임, 포장 등의 단위 공정(조작)으로 식품을 가공한다.

(1) 건조

건조는 식품 중의 수분을 증발이나 승화로 제거하여 저장성을 높이는 조작이다. 식품 속의 수분은 내부에서 외부로 전달되어 식품 표면에서 증발한다. 식품의 수분을 제거하여 수분활성도를 낮추면 고형물 농도가 높아져 미생물의 생육과 효소 작용이 억제된다. 수분 제거로 중량이 감소되어 수송이 편리하고 가공 적성이 증진되며, 식품의 독특한 풍미와 조직감이 발현된다. 건조 방법에는 분무건조, 관통순환식 건조, 터널/컨베이어 건조, 유동층 건조, 회전건조, 드럼 건조, 동결건조, 마이크로파 건조 등이 있다.

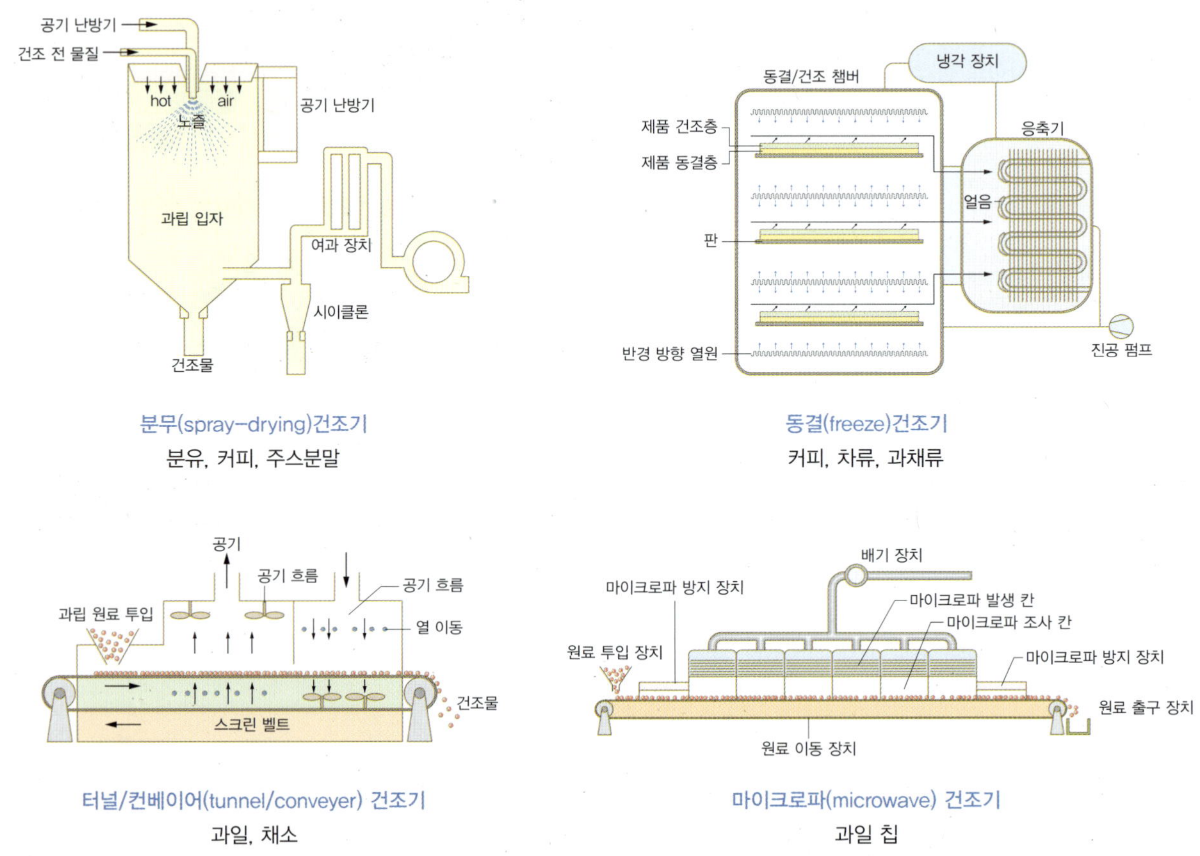

그림 4-16 다양한 건조기의 구조

(2) 열처리

식품가공과 저장에서 열처리는 전도, 대류, 복사의 열전달이 단독 혹은 복합적으로 행해지는 조작이며, 주로 오염물질 제거, 미생물 사멸, 효소 불활성화, 식미감 증진 등을 위해 사용한다. 식품의 고온 장시간 열처리는 미생물과 효소의 파괴로 소비기한(유통기한)이 연장되는 장점은 있으나 색소, 조직, 영양 성분, 향미 성분 등이 파괴 또는 손실되는 단점도 있다. 열처리 방법에 가열살균, 조리 가열(끓이기, 굽기, 튀기기), 저온 공정(냉장, 냉동) 등이 있다.

① 가열살균

식품의 열처리 살균법은 저온살균과 고온살균이 있으며, 저온살균법은 열처리 정도(살균 온도, 살균 시간)에 따라 저온장시간살균(low temperature long time, LTLT), 고온단시간살균(high temperature short time, HTST), 초고온가열처리(ultra high temperature, UHT)가 있다.

저온장시간살균법은 63~65°C에서 30분간 처리하여 효소를 파괴하고, 병원성 미생물을 사멸하여 식품의 저장성은 향상되지만 부패미생물 일부는 사멸되지 않는다. 고온단시간살균법은 72~75°C에서 15~20초간 처리하며 다량 연속 처리가 가능하다. 초고온가열처리법은 130~150°C에서 0.5~5초간 처리하며 연속 처리가 가능하고, 모든 균과 포자까지 살균되며 향미, 색 및 영양가에 큰 차이는 없다.

식품의 미생물 수를 낮추어 실온에서도 장기간 저장이 가능하게 하는 공정이며, 레

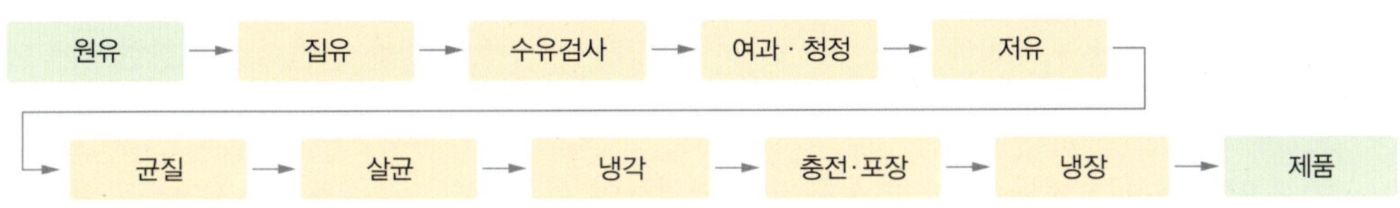

그림 4-17 시유의 제조 공정

그림 4-18 레토르트 식품 제조 공정

토르트 공정, 통조림 공정(canning), 무균 공정(aseptic processing) 등이 있다. 레토르트 공정은 밀봉된 레토르트 식품을 포장 상태 그대로 고압살균하며, 주로 110~120°C, 20~30분 또는 130~140°C, 4~10분 처리한다. 레토르트 식품은 플라스틱 필름과 금속박을 여러 층으로 접착한 포장용기에 식품을 충전 및 밀봉하고 가열살균 또는 멸균하여 장기 보존이 가능하도록 한 식품이며, 대표적인 레토르트 식품은 카레, 가정간편식(home meal replacement, HMR)이 있다.

통조림 살균 공정은 특히 내열성 세균이 발육할 수 있으므로 100°C 이상(105~115°C)의 고온에서 장시간 가열살균하는 공정이다. 무균가공법은 상업적으로 살균한 제품(commercially sterile product)을 무균 환경에서 미리 살균한 용기에 충전하고 밀봉하여 저장성을 부여하는 것이며, 멸균우유 포장이 여기에 해당된다.

② 저온 공정

냉동식품이란 냉동 처리로 제조하여 동결된 상태로 저장·유통하는 식품이다. 『식품공전』에 따르면 냉동식품은 가공한 식품을 장기 보존할 목적으로 냉동 처리, 냉동 보관하는 것이며, 용기나 포장에 넣은 식품을 말한다. 냉동식품의 구비 조건은 전처리한 식품, 급속냉동 처리한 식품, -18°C에서 저장하는 식품, 적정한 방법으로 포장한 식품으로 이 4가지 조건을 모두 충족해야 한다. 가열하지 않고 섭취하는 냉동식품과 가열하여 섭취하는 냉동식품으로 분류되며, 가열하여 섭취하는 냉동식품에는 냉동 전 비가열 식품과 냉동 전 가열·조리된 식품이 있다.

(3) 절임

절임은 삼투압을 이용한 염장과 당장으로 식품 내 수분 함량을 줄이고, 산 저장이나 발효에 의해 생성된 유기산에 의해 부패 미생물의 생육을 억제하여 식품에 저장성을 갖게 하는 조작이다.

① 염장과 당장

염장과 당장은 삼투압 작용에 의한 탈수와 식염의 침투에 의한 수분활성도 저하로 저장성을 가지게 하는 조작이다. 삼투현상은 서로 다른 농도를 가진 두 용액 사이를 용매는 통과하나 용질은 통과되지 않는 반투과성 막으로 막았을 때 농도가 낮은 쪽에서 높은 쪽으로 용매가 이동하는 현상이다. 이때 반투과성 막 양쪽에 압력 차이가 발생하며, 이를 삼투압이라고 한다.

염장법은 김치, 단무지, 오이지, 햄, 베이컨, 염장연어와 염장고등어 등의 생선 절임, 젓갈 등 다양한 식품에 적용된다.

당장은 당류로 절임하여 저장성을 증진한 것이며, 분자량이 적은 포도당과 과당이 설탕보다 효과적이다. 제조 공정은 원료를 묽은 당액이나 물로 삶아 조직을 연화한 후 고농도 당액에 담근다.

② 산 저장

산 저장은 유기산인 초산, 젖산, 구연산 등으로 식품의 pH를 낮추어 미생물 성장을 억제하는 방법이다. pH가 낮을수록 저장 효과가 크며, 이는 수소이온에 의해 단백질이 응고하는 효과 때문이다. 세균에 대한 살균력은 초산이 가장 높고 다음은 구연산, 젖산 순이다. 산 저장법은 오이, 마늘, 김치, 양배추, 죽순, 토마토 등의 채소류와 젖산음료, 어육류 등에 이용된다.

(4) 포장

포장(packaging)은 제품을 보호하기 위해 싸거나 담는 조작이며, 내용물 보호, 취급 편이, 판매 촉진, 상품성, 정보성, 사회성, 환경친화성, 경제성 등의 효과가 있다. 포장은 유통 과정에서 품질을 물리·화학적으로 보존하고 위생적인 안전성을 유지하며, 생산, 유통, 판매를 합리적으로 수행할 수 있도록 식품을 상품이 되도록 하는 조작이다.

① 포장 재료

식품의 상품 가치를 증대하고 판매 촉진을 위하여 알맞은 재료나 용기를 선택하여 식품에 적합한 포장을 해야 한다. 포장 재료에는 금속, 유리, 종이, 플라스틱, 다층 포장재 등이 있고 고유의 화학적 및 물리적 특징을 갖고 있다. 식품 포장은 식품에 중심을 두고 그 기능성과 적합성에 초점을 맞추어 선택한다.

a. 금속 포장재

금속 포장재는 기계적 강도가 높아 외부 충격에 강하여 내용물 보호에 우수하며, 산소, 수분, 광선을 차단하여 식품의 변질을 막을 수 있다. 다만, 산도가 높은 식품의 경우 금속을 녹슬게 하여 식품위생 안전성에 영향을 미친다. 금속 재료로는 주석판(tinplate), 크롬강판(tin free steel, TFS), 알루미늄(aluminum) 등이 있다.

b. 유리 포장재

유리의 주성분은 규사(모래)이며, 유동성과 충격 내성을 보완하기 위해 석회석(lime stone)과 소다회(sand ash)를 첨가하고 녹여서 성형한다. 유리병은 오래된 식품 용기이며, 강도가 높고 회수와 리사이클이 가능하여 에너지 절약과 친환경적인 면에서 우수하다. 압축 강도는 강하나 인장 강도가 약하고, 제품 충전과 유통 중에 파손되기 쉽다.

c. 종이 포장재

종이는 나무의 식물섬유를 추출하여 얇고 평평한 형태로 만든 것이다. 친환경적이고 재활용성이 우수하며, 종류는 크라프트지(kraft paper), 황산지(sulfite paper), 글라신지(glassine paper)가 있다. 크라프트지는 종이 포장재 중에서 비교적 강한 물리적 특성이 있고, 다른 포장재(플라스틱)와 적층한 포장재는 견고하여 내용물의 보호 효과가 크다. 황산지는 내유성과 수분에 대한 저항성이 강하여 버터, 마가린, 햄이나 냉동식품 포장 등에 사용하고, 글라신지는 내유성과 수분에 대한 저항성이 우수하여 스낵과 과자류 등의 내포장재로 사용하며, 알루미늄과 함께 플라스틱 필름을 다층으로 적층한 포장재 제조에 사용한다.

d. 플라스틱 포장재

플라스틱은 고분자 화합 물질로 열과 압력을 가해 성형할 수 있으며, 높은 기계적 강도, 높은 점도, 성형성, 고무적 탄성의 특성이 있다.

표 4-4 다양한 플라스틱 소재의 특징

종류	특징	제품 예시
폴리프로필렌 (polypropylene, PP)	• 가장 가벼운 플라스틱(주로 반투명)이며, 유연성 좋음 • 수분 및 기체 차단성이 PE보다 우수하고, 내열성이 있어 레토르트 포장재의 내면에 사용 • PP에서 이취 발생하고 제품의 냄새 흡착됨 • 다양한 성형 가능, 사용 온도 범위 넓음	
폴리스티렌 (polystylene, PS)	• 방향족 구조 특징상 내부에 틈이 많아 충격 흡수성과 내열성 우수 • 수분과 기체 차단성이 우수하지 못함 • 제품의 향 보존성이 떨어짐 • 즉석 유탕면 포장재 등에 광범위하게 사용	
폴리염화비닐 (polyvinyl chloride, PVC)	• 지방 성분 차단 능력 우수 • 유연성이 우수해 식품 포장용 랩필름으로 사용 • 지나친 열을 가하면 클로라이드 성분이 유출되어 유해물질이 생성될 수 있음	
폴리에틸렌 테레프탈레이트 (polyethylene terephthalate, PET)	• 기계적 강도가 높고 화학 물질에 안정 • 기체 차단성이 양호하며, 음료수 병에 사용	
에틸렌비닐알코올 (ethylene-vinyl alcohol, EVOH)	• 무색, 무취이며, 기체 차단성과 수분 차단성 우수 • 비닐아세테이트 함량이 증가할수록 기체 차단성은 증가하고 수분 차단성은 저하	

*PE : 폴리에틸렌

② 포장 기계

식품공장에서 제품을 만드는 포장 공정에 사용되는 기계 설비는 제품 특성, 용도, 규격별로 다양한 종류가 있다. 주스와 맥주 등의 유리병 포장, 복숭아와 수산물 등의 통조림 포장, 가정간편식의 레토르트 파우치 포장, 우유와 주스 등의 테트라 팩 포장, 과자와 라면 등의 플라스틱 필름 포장, 믹스커피 등의 스틱 포장 등이 있다.

표 4-5 다양한 식품 포장 제품

종류	적용 식품
자동용기포장	
채소전용삼면포장	
진공포장	
자동 스파우트 포장	
스틱 포장	

③ 포장 방법

식품 포장 고유의 방법이 세계적으로 널리 사용되고 있지만 과학 기술과 식품공학 기술의 발전으로 더 효과적인 방법이 개발·적용되고 있다. 다양한 복층 포장재가 개발되었고, 포장된 제품의 신선도 향상과 유통기한 연장을 위한 액티브 포장법과 제품의 신선도를 직접 판단할 수 있는 지능형 지시계 기술도 식품 포장에 적용되고 있다.

a. 레토르트 파우치 포장

통조림은 식품을 용기(병, 캔, 레토르트 파우치)에 담아 포장한 다음에 용기와 함께 살균하여 장기간 보존할 수 있는 식품이다. 『식품공전』에 따르면 레토르트(retort) 식품은 가공된 식품을 12개월 이상 실온에서 보존 및 유통할 목적으로 단층 플라스틱 필름이나 금속박 또는 이를 여러 층으로 접착하여 파우치 모양으로 성형한 용기에 조리한 식품을 충전하고 밀봉하여 가열살균 또는 멸균한 것을 말한다. 가정간편식에 사용되며, 기존의 병조림 및 통조림과 비교해 용기가 가볍고 생산 단가가 저렴하다.

b. 액티브 포장

액티브 포장(active packaging)은 기능성 포장 기술이며, 이는 기능성 포장과 포장재 적용으로 제품의 선도 유지, 편리성, 판매성을 부각하는 기술이다. 포장되어 제품이 된 상태에서 특정 기능을 수행할 수 있도록 하는 장치 또는 기술을 부여하여 제품의 취약점을 보완하거나 제품의 수명 연장, 그리고 제품의 품질 유지·향상을 도모하는 기능이

표 4-6 기능성 포장 방법의 특징과 적용 식품

방법	세부 방법	이용 제품
산소 흡수제	산화철 분말, $FeCo_3$, Fe/S, 금속촉매 glucose oxidase, alcohol oxidase	과자, 가공육류, 빵, 피자, 떡
이산화탄소 발생제/흡수제	FeO, $Ca(OH)_2$, 분말, $FeCo_3$/금속 염화물	커피, 신선 육류 및 어류
에틸렌 흡수제	$KMnO_4$, SiO_2	과채류
보존료 방출제	BHA/BHT, sorbate, zeolite, 와사비 추출물	과채류, 육류, 어류, 빵, 곡류, 치즈, 신선냉장식품
에탄올 발산제	알코올 스프레이, encapsulated ethanol	케이크, 빵, 어류
수분 흡수제	실리카겔, 산화칼슘, PVA 덮개	건조식품, 어류, 육류
온도 제어제	다공성 플라스틱, PET 용기, 발포 플라스틱	조리냉장식품, 육류, 어류

있다. 즉, 식품의 저장 유통기한을 연장할 목적으로 포장 필름이나 포장 용기 내에 어떤 첨가제를 넣는 방법이다.

c. **스마트 포장**

스마트 포장은 지능형(intelligent) 포장이라고도 하며, 품질의 실시간 측정 및 이력을 확인할 수 있는 신개념의 융복합 기술이다. 핵심 기술은 지시계(indicator) 기술이며, 시간-온도 지시계(time-temperature indicator)와 선도 지시계(freshness indicator)가 대표적이다. 시간-온도 지시계는 효소 및 미생물 등을 이용해 시간-온도에 따라 색변화를 일으키는 라벨 형태의 지시계이며, 식품의 저장·유통 중에 품질 변화를 판별할 수 있다. 선도 지시계는 포장된 식품의 미생물적 품질이나 대사에 관련된 품질을 표시하여 실시간으로 식품의 실질적인 변질·부패를 알 수 있다.

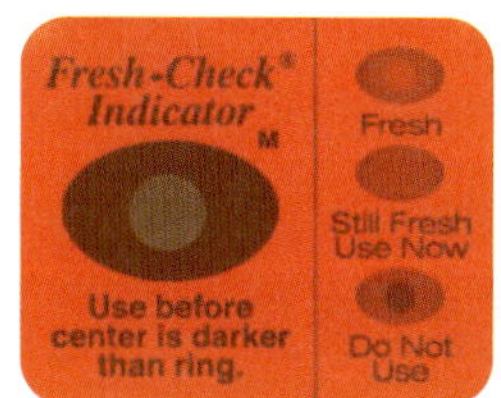

고분자형
(Polymerization-based)

광 변색 반응형
(Photocromic reaction-based)

산화-환원 반응형
(Redox reaction-based)

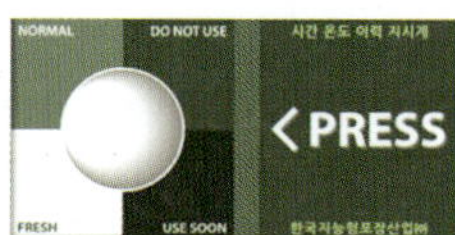

효소형(Enzymatic-based)

미생물형(Microbial-based)

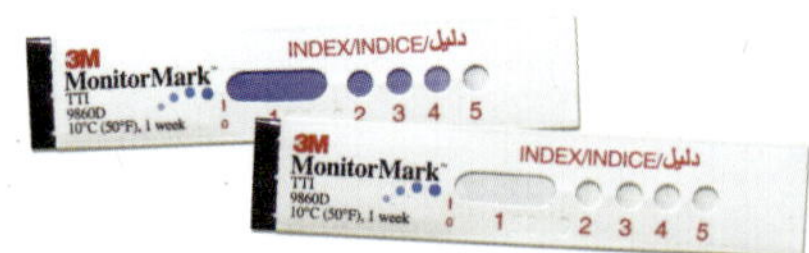

확산형(Diffusion-based)

그림 4-19 다양한 시간-온도 지시계

Tip 다층 포장재란?

다층 포장재란 2~3겹 이상의 플라스틱 필름과 알루미늄박 등을 접착시켜 만든 것이며, 과자, 라면, 커피믹스 등의 포장이나 레트로트 식품 포장에 사용된다. 식품의 종류에 따라 산소 차단성, 내충격성, 차광성 등 요구되는 포장재의 특성은 다양하나 이런 조건을 모두 충족하는 재질은 없으므로 여러 종류의 재질을 적층시킨 다층 포장재를 사용한다.

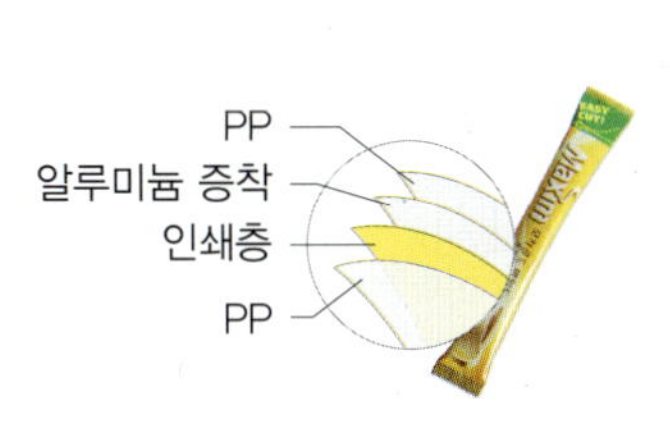

재질 구성	역할
PP	인쇄 적성, 외부 압력과 충격으로부터 보호
잉크(인쇄층)	–
알루미늄 증착	산소 및 수분 차단, 차광성
PP	내습성, 봉합성

*PP : 폴리프로필렌

재질 구성	역할
PP	내열성, 봉합성
잉크(인쇄층)	–
알루미늄	산소 및 수분 차단, 차광성
PET	내열성, 보향성, 인쇄 적성

*PET : 폴리에틸렌테레프탈레이트

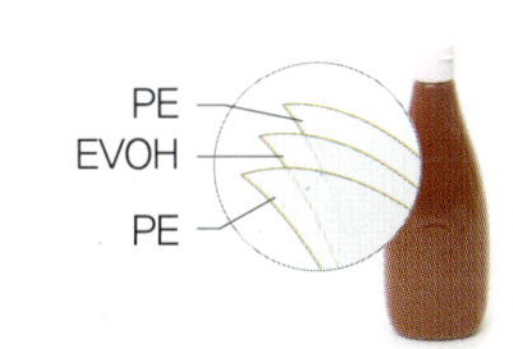

재질 구성	역할
PE	유연성 부여, 수분 차단
EVOH	산소 차단
PE	유연성 부여, 수분 차단

*EVOH : 에틸렌비닐알코올

재질 구성	역할
PE	봉합성
잉크(인쇄층)	–
PA	내충격성, 내핀홀성, 외부 압력과 충격으로부터 보호

*PE : 폴리에틸렌, PA : 폴리아미드

자료 : 식품의약품안전처

3. 식품공장의 위생 관리 HACCP

위해분석과 중요관리점(Hazard Analysis and Critical Control Points) 또는 해썹(HACCP)은 생산-제조-유통의 전 과정에서 식품의 위생에 해로운 영향을 미칠 수 있는 위해요소를 분석하고, 이러한 위해요소를 제거하거나 안전성을 확보할 수 있는 단계에 중요관리점을 설정하여 과학적이고 체계적으로 식품의 안전을 관리하는 제도이다.

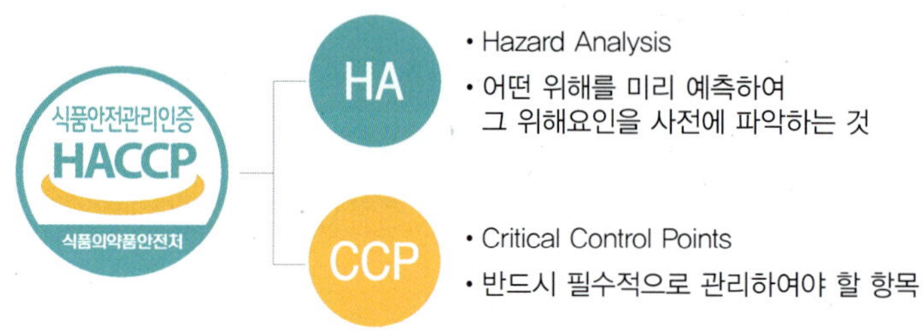

그림 4-20 HACCP의 의미

위해요소 분석이란 '어떤 위해를 미리 예측하여 그 위해 요인을 사전에 파악하는 것'이며, 중요관리점이란 '반드시 필수적으로 관리하여야 할 항목'이다. 즉, HACCP은 위해 방지를 위한 사전 예방적 식품안전 관리 체계이다.

HACCP 제도는 미국에서 개발된 우수한 식품위생 관리 방법이며, 현재 세계적으로 널리 인정받아 적용하고 있고 한국에도 도입되어 사용되고 있다.

과거의 일반 위생 관리 제도는 완제품의 사후 관리에 중점을 두고 시행하여 막대한 시간과 예산이 소요되었으나 HACCP은 사전 예방적 식품안전 관리 제도로써 체계적이고 효율적인 관리가 가능하다.

HACCP을 적용하여 생산된 식품은 안전성과 위생을 최대한 보장하므로 유통 점유율이 높아 매출이 향상되고, 소비자들은 위생적이고 안전성이 충분히 확보된 식품을 구매하여 안심하게 먹을 수 있다. 더욱이 제품에 표시된 HACCP 인증 마크를 보고 소비자는 스스로 판단하여 안전한 식품을 선택하게 되고, 소비자에 대한 회사의 이미지와 신뢰성이 향상될 수 있다.

HACCP 제도는 식품, 축산물, 사료 등을 만드는 과정에서 생물학적, 화학적, 물리적 위해요인들이 발생할 수 있는 상황을 과학적으로 분석하고 사전에 위해요인의 발생 여

Tip L사 HACCP 구축 사례 및 효과

- 작업장 관리 : 식품공장의 가장 기초적인 관리로 바닥은 내균열성, 내방수성 재질로 물고임이 없는 구조로, 천정은 단열재를 사용해 결로가 없게 하고, 배수가 잘 되도록 바닥 트렌치는 폭 20 cm, 깊이 15 cm 이상으로, 이물 선별을 위해 550 lux 이상의 밝기로, 출입구의 손발 소독 장치 및 소독제 사용 농도 준수, 오염-준청결-청결 구역으로 구획 구분, 제조 설비의 오염 방지와 용이한 청소를 위해 전 설비에 스테인리스 재질을 사용하여 현장 위생 마인드 향상과 이물 혼입 클레임을 감소할 수 있었다.
- 제조 시설 관리 : 정기 점검과 기록 관리를 실시해 제품의 이물 혼입 요소의 사전 확인·방지를 가능하게 하였으며, 압축 공기는 항균 필터 사용으로 깨끗한 공기를 사용할 수 있었고, 무균실 자외선 살균등의 사용으로 제품 오염을 방지하여 유통기한 내 변질 클레임을 예방하였다.
- 냉장·냉동 설비 관리 : HACCP 시행 이전 18°C로 관리되던 현장을 UNIT 쿨러 설치로 냉장실 0~10°C, 냉동실 -20°C 이하, 염지실 4±1°C, 급냉동실 -40°C 이하, 작업장 15±1°C, 도축장의 현육 10~15°C, 급랭 -10°C, 예랭 1~2°C의 각 작업 환경에 맞도록 미생물학적 온도 관리 시스템을 구축해 과다한 냉방비로 인한 경제성 악화와 미생물의 성장에 따른 식중독 위해를 방지하였고, 너무 낮은 온도로 인한 작업 환경 악화를 예방하였다.
- 위생 관리 : 식품공장은 미생물과의 전쟁이라고 할 만큼 미생물 관리가 중요하므로 구획 구분, 동선 계획에 의한 교차 오염 방지, 무균실에 헤파 필터를 사용한 온습도의 공조 관리, 월 2회 낙하 세균과 부착 세균 측정, 전문 업체에 위탁하여 방충·방서를 관리하여 일반 세균을 10 → 2~3마리/cm^2로 감소시킬 수 있었다.
- 보관 및 운반 관리 : 제품 특성에 맞는 온도 관리와 유통 시 발생할 수 있는 문제를 해결하기 위해 이송 차량 전체에 온도 관리 기록 장치를 부착해 지점에 이송한 후에는 온도기록지를 제출하도록 하여 공장과 지점 간 콜드체인을 완비하였다.
- 검사 관리 : 입고 검사 시 원료육과 포장재의 안전성을 확보하기 위해 HPLC, GC를 사용하고, 식중독균의 100% 확인을 위해 PCR 검사 시스템을 도입하였다. 또한 원·부재료별 입고 검사 기준서를 마련해 기준에 따라 전 원·부재료를 검사하고 그 기록을 유지해 해당 업체로 입고 성적을 회신하며, 차기 구매 시 입고 성적에 따른 품질을 향상시킬 수 있도록 하여서 원료육의 미생물 수준을 10^5 → 10^3으로 감소시켰다.
- CCP 관리 : HACCP 적용 지정업체의 핵심인 CCP 관리에서는 기존의 스팀 해동 방식에서 전자파 해동기를 사용하여 -10~-5°C의 균일한 해동으로 미생물 번식을 방지하였고, 훈연 공정에서는 최종 중심온도를 75°C로 정하고 설비별 자동온도 기록 장치를 부착해 감시하였다. Metal collector, Metal detector, Bone collector, X-ray 이물검출기 사용으로 이물 클레임 수준을 10→4 ppm으로 감소시켰다.
- 유통 단계 관리 : 운송 차량, 지점 제품 보관 창고, 판매 매장에 연 1회 온도 모니터링을 하여 위반 시 패널티를 부과함으로써 품질 기준을 준수하도록 하였다.
- 협력업체 관리 : 원료육 업체의 연 1회 정기점검으로 품질 안정 및 이물 클레임이 감소하였고, OEM 제조사 HACCP 지도 및 위생 점검으로 클레임이 감소하였다.
- 마케팅 관리 : HACCP 인증마크 사용으로 대외 신뢰도와 인지도가 향상되어 매출이 증가하였다.

자료 : 식품음료식문

건들을 차단하여 소비자에게 안전하고 깨끗한 제품을 공급하기 위한 시스템적인 규정이다.

HACCP 또한 4차 산업 혁명과 더불어 IoT, 빅 데이터, 인공지능을 활용한 스마트 HACCP으로 발전하였으며, 일반 식품 및 축산물 생산 과정에 스마트 HACCP을 도입한 결과 식품 안전사고가 30% 이상 감소하고 공정 불량률과 완제품 불량률이 50% 이상 줄어드는 등 실제 생산성과 품질 향상에 긍정적인 효과가 있다.

HACCP 지정업체 대부분은 매출액과 생산량이 증가하고 클레임 발생 건수는 감소한 것으로 보고되었으며, 대형 할인점이나 군납, 학교급식소 등에 납품할 때 HACCP 적용 제품이 비적용 제품보다 유통 점유율이 현저히 높다고 한다.

4. 식품의 품질 관리와 신제품 개발

식품공장에서는 대량 생산 가공 공정 기계 시설과 위생·안전 관리 시스템을 갖추고 품질 좋은 식품을 제조한다. 식품 원료로부터 완제품이 생산되는 모든 과정에서 품질 관리를 위해 다양한 기기 분석 방법과 감각 평가 방법을 활용하며, 종합적 품질 경영을 위해 품질 보증 프로그램을 운영한다. 식품의 신제품 개발은 사업 전략에 따른 개발 콘셉트를 확정한 후 제품 개발과 스케일 업 등의 과정으로 진행된다.

1) 식품의 품질과 품질 관리

식품의 품질에는 영양적 요소뿐만 아니라 맛, 향, 외관, 식감, 포장 등 다양한 요소가 포함된다. 「식품위생법」에서 정한 최소한의 품질은 『식품공전』의 '식품의 기준과 규격'에 명시되어 있으며, 식품회사는 제품별 소비자 만족도와 경쟁 제품과의 차별화 등의 자체 기준으로 제품의 품질 수준을 관리하고 있다.

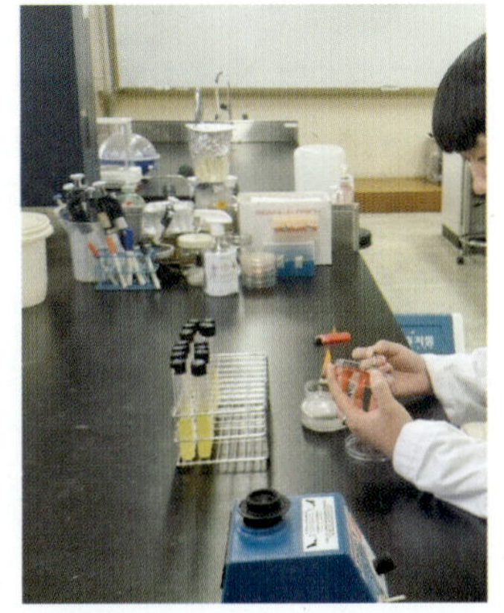

식품의 품질 관리는 「식품위생법」에서 정한 범위인 식품 원료로부터 제조 가공 공정과 유통을 거쳐 소비자가 섭취할 때까지이며, 생산 현장에서는 주로 원료와 제

조 과정을 거쳐 출하되기 전까지를 중점적으로 관리한다. 식품공장에서는 같은 제품을 반복적으로 제조하기 때문에 그때마다 달라지는 원료의 재구매와 계절에 따른 작업 환경, 제조 공정 설비의 노후화 및 오작동 등 환경 요인들이 많아 같은 품질의 유지 관리가 매우 어렵고 중요한 일이다.

2) 식품의 품질 요소

식품의 품질 요소는 양적 요소, 영양·위생적 요소, 감각적 요소 3가지이며, 이들은 서로 밀접하게 연관되어 있다. 양적 요소는 무게, 부피, 수량, 침전물, 고형분 등으로 분석 기기로 측정하거나 수학적으로 계산할 수 있으며, 영양·위생적 요소는 성분 조성, 영양가, 영양소의 질과 양, 이물질, 독성 물질, 유해 미생물, 첨가물 함유 여부 등으로 식품에서 분석 실험과 기기 분석을 통하여 알 수 있다.

감각적 요소는 시각, 후각, 미각, 촉각 및 청각 등으로 평가되는 요소로 소비자의 제품 선택에 가장 큰 영향을 준다. 식품의 외관은 시각에 의한 색채나 형태, 크기이며, 풍미는 후각과 미각에 의한 냄새나 맛이고, 조직감은 촉각과 청각에 의한 식품의 섭취 때의 물리적 느낌이다.

3) 품질 변화의 요인과 현상

식품의 품질 변화는 다양한 요인에 의하여 발생하는데 물리적, 이화학적, 미생물학적 변화로 발생하여 품질 저하로 이어진다. 식품의 보존 온도를 미생물의 생육 적온 이하로 낮추어 냉장·냉동하거나 수분 함량을 낮추면 미생물 증식을 억제하여 식품의 품질 변화를 막을 수 있다. 품질 변화의 대표적인 현상은 부패로 미생물에 의해 맛과 형태, 색 등이 변하고 악취가 발생하며, 독소를 생성하기도 한다. 산패는 유지가 산소에 의해 산화되어 불쾌한 냄새가 발생하고 색깔이 변하는 것이다. 고온가열에 의한 비효소적 갈변과 효소에 의한 갈변도 색상의 변화와 풍미의 변화를 가져온다.

표 4-7 품질 변화의 주요 요인과 현상

품질 변화 요인	식품 저하 현상
물리적 요인	상변화, 용질 및 물 분자의 이동 결정화 및 재결정화, 수축 및 이완
기계적 요인	압력에 의한 파손, 진동에 의한 상처
화학반응	악취, 산화 및 환원, 영양소 손실, 비효소적 갈변
효소	효소적 갈변, 이미 및 이취
미생물	미생물 증식, 독소 생성, 물성 변화, 이미 및 이취

4) 품질 평가 방법

식품의 품질 관리는 소비자가 구매할 수 있도록 품질을 만족하게 유지하는 것이며, 건강에 유익하고 안전하면서도 맛있는 제품을 제공하기 위해서 물리적, 화학적, 미생물학적 기술뿐만 아니라 감각적 요소를 적용하여 품질 관리를 한다.

기본적으로 식품의 품질 평가는 원재료와 생산된 제품을 대상으로 하지만, 사실은 제조 공정의 전 과정에서 진행한다.

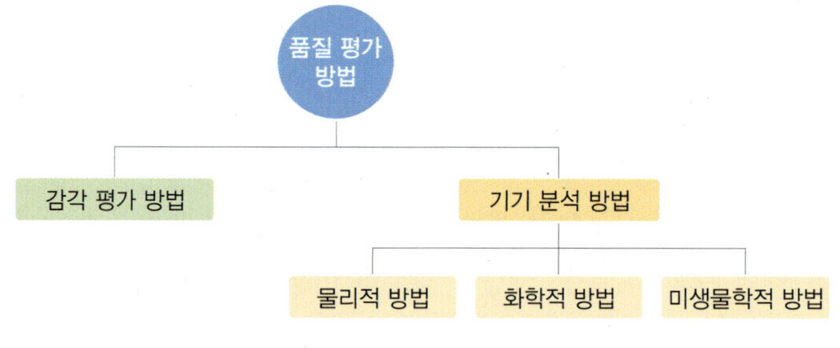

그림 4-21 식품의 품질 평가 방법

표 4-8 식품의 품질 평가 항목

평가 방법	평가 항목
감각적 방법	색, 맛, 풍미(향, 냄새, 산패취), 조직감
물리적 방법	용해도, 비중, 색도, 탁도, 점도
화학적 방법	수분, pH, 염도, 산도, 당도, 휘발성 염기질소, 비타민
미생물학적 방법	총세균, 대장균군, 곰팡이, 효모, 유산균, 병원균(살모넬라, 황색포도상구균, 리스테리아, 클로스트리듐, 바실루스 세레우스)

(1) 감각 평가

감각 평가는 식품의 품질 관리에서 최종적이고 직관적인 요소이다. 식품을 선택하고 구매하는 것은 기호적인 품질에 의존하기 때문이며, 감각 평가는 식품의 품질 관리나 신제품 개발에 중요한 도구로 사용된다.

일반적인 감각 평가는 시료 간의 차이를 확인하는 차이식별 분석, 시료에 대한 맛, 향, 조직감, 외관, 색 등 모든 감각 특성을 상세히 묘사하고 그 강도를 측정하는 묘사 분석 또는 감각적 특성 분석, 두 가지 또는 그 이상의 시료의 기호적 특성을 비교하여 선택하는 선호도 조사, 시료의 감각 특성에 대한 기호적 정도를 정량적 척도로 표시하는 기호도 분석 방법 등의 정량적 측정 방법이 있다.

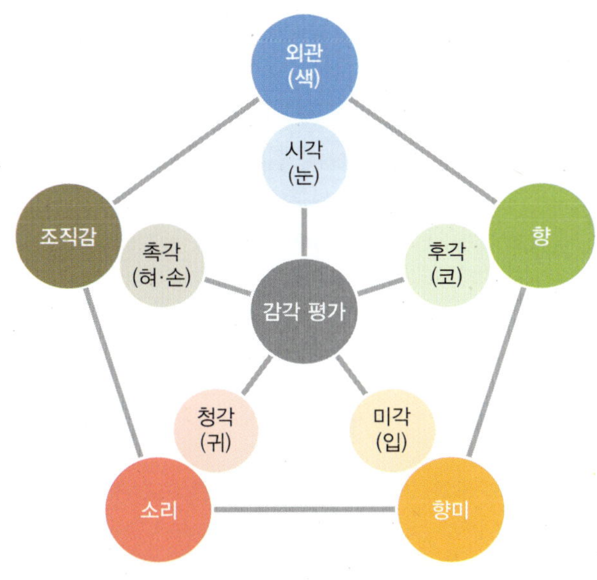

그림 4-22 오감과 감각 평가

(2) 기기 분석

식품의 품질 관리를 위해 다양한 분석 정보 데이터를 얻게 되는데 이때 데이터 확보를 위하여 다양한 기기를 활용하게 되고, 특히 대량 생산 시스템이나 제품의 다양화가 촉진될수록 기기를 이용한 식품 분석의 비중이 커진다.

전통적인 기기 분석 장치로는 이화학 분석에서 조단백질 분석을 위한 켈달(Kjeldahl) 자동화 장치나 조지방 분석을 위한 속슬렛(Soxhlet) 자동화 장치가 있다. 이러한 기계 장치는 플라스크를 이용한 켈달 분석 장치나 속슬렛 장치를 자동화한 것이지만, 최근의 개념에서는 기기 분석의 범주에 넣기에는 다소 무리가 있다.

미생물 분야에서 많이 사용되는 분광 분석기는 빛을 시료에 통과시켜 빛의 투과율과

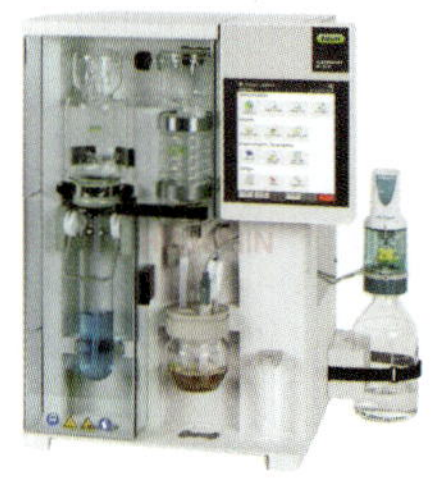

켈달 조단백 분석 장치

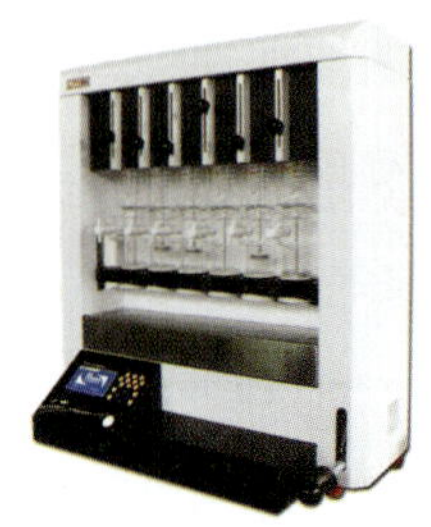

속슬렛 조지방 분석 장치

분광 분석기

마이크로플레이트 리더

고압 액체 크로마토그래피

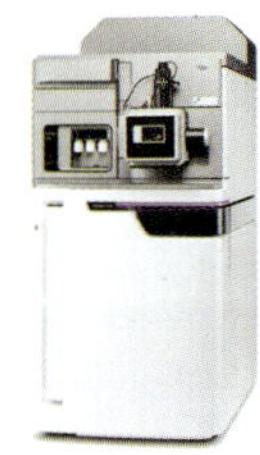

기체 크로마토그래피

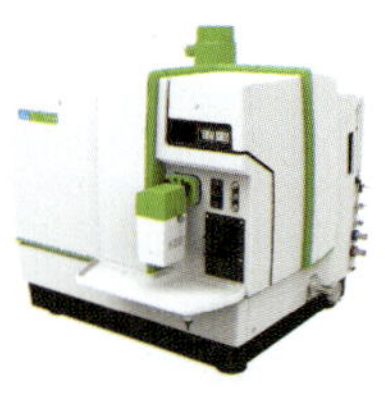

유도결합 플라즈마
원자 방출 분광기

조직감 분석기

금속 검출기

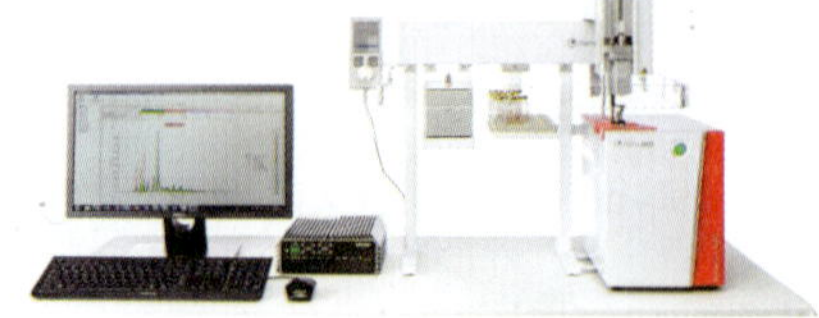

전자코

전자혀

그림 4-23 식품 품질 관리에 사용되는 기기 분석 장치

흡수율을 비교하여 성분의 함량이나 미생물 수를 측정한다. 이 같은 원리로 한꺼번에 많은 시료를 측정할 수 있는 마이크로플레이트 리더(microplate reader)도 있다.

이화학 분석의 대표적인 기기 분석 장치로 HPLC(고압 액체 크로마토그래피)와 GC(기체 크로마토그래피)가 있다. 이들은 분석 시료가 액체나 기체의 이동상에서 이동할 때 성분 간 특성의 차이에 의하여 성분이 서로 분리되는 원리를 이용한 것이며, 식품의 화학 성분 분석에 매우 유용하게 사용되고 있다. 유도결합 플라즈마(ICP) 원자 방출 분광기는 식품의 중금속이나 미량원소 분석에 사용한다.

식품의 물리적 특성 분석은 액체식품은 점도계로, 고체식품은 조직감 분석기(texture analyzer)로 한다. 이들 장치는 식품의 점성이나 경도나 강도, 인장력, 씹힘성(chewiness) 등 식품 고유의 물성 측정에 유용하다.

기기 분석 기술은 주로 특정 성분의 유무나 함량을 측정하는 데 사용되었으나 최근에는 사람의 감각 기능을 계량화하여 수치로 나타내는 기술이 개발되고 있다. 특히 사람의 인지 기능 중 식품의 맛과 밀접한 미각과 후각을 디지털화한 전자혀와 전자코가 개발되어 사용되고 있다. 이들 장치는 센서를 이용하여 식품 시료에서 분석된 결과를 패턴화함으로써 사람이 느끼는 감각 기능과 유사한 결과를 얻을 수 있다. 그 외에도 색깔을 판단하는 전자눈도 개발되어 사용되고 있으며, 이러한 전자코-전자혀-전자눈 시스템은 인공지능(AI)이 발달할수록 서로 통합되어 종합적인 감각 시스템으로 사용될 것이다.

식품공장 생산 과정에서 사용하는 금속 탐지기는 일반적인 기기 분석 장치의 범주에 포함되지 않지만 유용하게 활용하고 있다. 이 장치는 생산된 식품에 금속이나 이물이 있는지 확인하는 장치이며, 생산된 모든 제품에 X-ray를 조사하여 영상을 자동으로 판독함으로써 식품의 위해요인을 제거하는 매우 유용한 기기이다.

5) 품질 관리 기법과 도구

식품공장에서 식품을 생산하면서 품질 관리할 때 제품 하나하나의 적합성만 검토하는 것이 아니라 생산 활동에서 일어나는 모두를 종합적으로 관리하게 되며, 이것을 종합적 품질 경영이라고 한다. 생산 시스템의 대량화와 제품 및 서비스의 다양화 상태에서 종합적 품질 경영을 효율적으로 하기 위해서는 통계적 분석 도구가 사용된다.

식품의 품질 관리와 관련된 데이터를 분석하고 해석하기 위해서는 기본적인 통계학적

그림 4-24 통계 분석 도구로 사용되는 그래프

Tip 통계 분석 도구

- 산점도 : 직교 좌표계(도표)에 점들을 표시하여 두 개 변수 간의 관계를 나타내는 그래프
- 관리도 : 품질의 분포를 관리하기 위해 중심선과 두 개의 관리한계선(상한선, 하한선)을 설정한 그래프
- 특성요인도 : 일의 결과(특성)와 그것에 영향을 미치는 원인(요인)에 대한 인과관계를 도식화하여 계통적으로 정리한 그림
- 파레토 차트 : 자료들이 어떤 범주에 속하는가를 나타내는 계수형 자료일 때 각 범주에 대한 빈도를 막대의 높이로 나타낸 그림
- 갠트 차트 : 1919년 미국의 갠트(Gantt)가 창안한 것이며, 작업 계획과 실제의 작업량을 일정이나 시간으로 견주어서 평행선으로 표시하여 계획과 통제 기능을 동시에 수행할 수 있도록 설계한 막대 그림

지식이 필요하다. 통계학적 기본 용어인 모집단, 모수, 표본, 통계량, 대푯값 등을 바탕으로 평균, 표준편차, 분산 등을 계산하고, 이의 결과를 빈도분포표, 히스토그램, 산점도, 원형 그래프 등으로 표현한다.

식품 분야에서 통계는 확률 분포를 기반으로 제한된 표본으로부터 얻은 데이터를 기초로 방대한 자료의 모집단을 추정하기 위함이다. 이를 위해 가설을 설정하고 통계 처리를 위한 t-검정이나 상관 분석, 회귀 분석, 분산 분석 등 다양한 통계 분석 기법들이 적용된다.

식품 생산 현장에서 적용하는 통계적 분석 도구는 데이터시트, 관리도, 히스토그램, 특성요인도, 파레토 차트, 흐름도, 상관도, 막대 차트, 파이 차트, 스파이더 차트 등이 사용되며, 상황과 목적에 따라 다양한 분석 도구들이 적용되고 있다. 이 외에도 경영 목적을 위한 도구들로 친화도, 연관관계도, 우선순위교차표, 처리결정계획표, 분지표, 매트릭스도, 활동 네트워크표, 갠트 차트, 개체 관계도 등이 사용된다.

6) 품질 관리 실무

식품공장에서의 품질 관리는 광범위하고 관리 요소들이 많이 있으나 「식품위생법」에 적합하도록 회사가 정한 기준에 의해 관리한다. 일반적으로 품질 보증 프로그램을 갖추고 품질 관리, 생산 관리, HACCP 위생 관리, 서류 작업과 관리·보관 업무를 수행한다.

(1) 품질 보증 프로그램

식품회사에서 식품을 생산하여 판매하기 위해서는 품질 요소의 효율적인 관리가 필요하며, 특히 종합적 품질 경영을 위해서는 품질 관리(quality control, QC)와 함께 품질 보증(quality assurance, QA) 프로그램이 필요하다. 품질 보증이란 품질 관리를 포함한 확장된 개념으로 소비자 만족을 극대화하는 데 필요한 정책을 세우고, 설정한 목표를 이루기 위해 다양한 품질 측정 도구들을 효과적으로 적용한다.

품질 보증은 품질 관리, 품질 평가, 품질 감사의 3가지 영역이 있다. 품질 관리는 표준에 적합한 제품이 생산되도록 제조 공정을 확립하는 역할이며, 품질 수준을 맞추기 위해 여러 변수를 고려하여 생산 라인을 일정하게 유지하는 것이다. 품질 평가는 원료나 완제품, 제조 공정별 시료를 품질 관리 실험실에서 평가하는 것이다. 품질 감사(quality

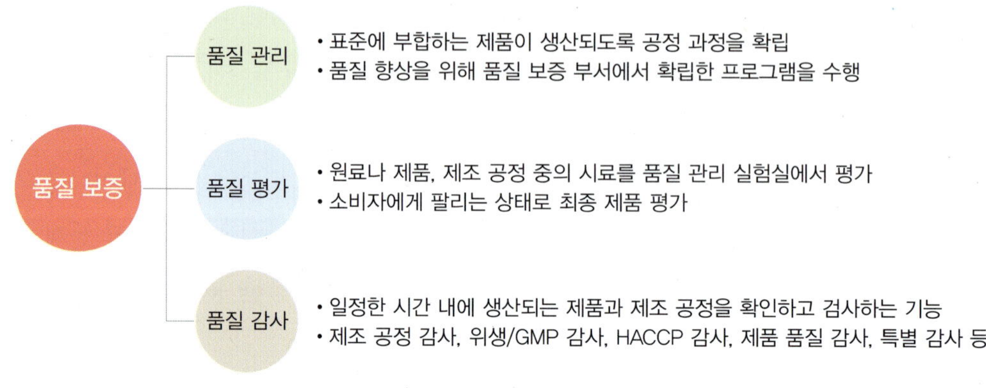

그림 4-25 품질 보증 프로그램

audits)는 일정한 시간 내에 생산되는 제품과 제조 공정을 확인하고 검사하는 기능으로 제조 공정 감사, 위생/GMP 감사, HACCP 감사, 제품 품질 감사, 특별 감사 등을 수행하고, 이를 통해 제조 과정, 보관, 유통 시스템, 영업, 판매 전 과정에서 제품의 품질을 확인하고 관리한다.

이러한 품질 보증 프로그램을 수행하기 위해서는 제품과 관련된 모든 정보를 문서로 기록하고 관리해야 하며, 제대로 관리되고 있는지 주기적으로 확인해야 한다. 품질 보증을 위한 문서로는 품질 매뉴얼, 표준 운영 절차서(SOP), 제조 공정 문서, 품질 관리 분석법, 위생 표준 공정 절차서, 우수 관리 기준(GMP) 문서 등이 있다.

(2) 생산 관리와 위생 관리

식품의 품질 관리는 좁게는 제품의 품질 관리만을 의미하나 품질 보증 프로그램에서는 공정 품질 관리도 포함되며, 공정 품질 관리에는 생산 관리와 위생 관리가 있다.

생산 관리는 제조 공정에 적용되는 모든 기술을 최적화하는 것이며, 이는 생산된 제품이 모두 표준에 적합한 평가를 받을 수 있는 기반이 된다. 따라서 전체 공정 중 단계별 공정마다 품질 확인이 필요하며, 모든 공정 단계와 최종 제품에서 품질 저하 위험성을 감소시킬 수 있도록 적절한 생산 관리 프로그램이 적용되어야 한다. 효율적인 생산 관리를 위해서는 공정 자체 외에도 공정에서 달성할 수 있는 규격, 시설과 장비, 인적 구성, 작업 환경에 대한 정확한 이해가 필요하며, 이를 위해 인력 교육, 생산 관리 절차의 문서화, 생산 공정별 처리 상태와 완제품을 품질 관리하여야 한다.

위생 관리는 소비자의 건강뿐 아니라 식품의 오염이나 부패로 인한 경제적 손실을 줄이기 위해 필수적이다. 위생 관리에는 물리적, 화학적, 생물학적 위해요소를 줄이기 위해 공정 단계별로 하는 공정 위생 관리, 원료나 제품, 작업자 등의 동선 관리, 작업자의 손 세척이나 화장실 사용, 방충 방서 등의 일반 위생 관리, 제품 위생 관리 등이 포함된다. 식품공장의 위생 관리는 위해분석과 중요관리점(HACCP)으로 과학적이고 체계적으로 관리한다.

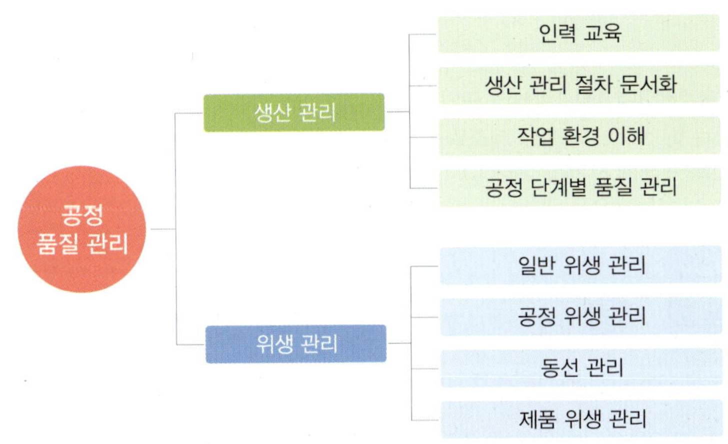

그림 4-26 생산 관리와 위생 관리

(3) 품질 관리 실무

식품회사에서 품질 관리를 수행할 때 반드시 작성해야 하는 것이 품목제조보고서이다. 품목제조보고서는 「식품위생법」에 따라 식품 영업을 하려는 자가 제품 생산 시작 전이나 생산 시작 후 7일 이내에 등록 관청에 등록해야 하는 서류이다. 주요 내용은 보고인, 영업소, 제품 정보 등이 있고, 제품 정보에는 식품의 유형, 제품명, 소비기한, 원재료명 또는 성분명 및 배합 비율, 용도 용법, 보관 방법 및 포장 재질, 포장 방법 및 포장 단위, 성상 등을 기재하게 되어 있다.

이 중 소비기한은 식품 등에 표시된 보관 방법을 준수할 경우 섭취하여도 안전에 이상이 없는 기한을 말하며, 식품 제조 영업자는 포장 재질, 보존 조건, 제조 방법, 원료 배합 비율 등 제품의 특성과 기타 유통 특성을 고려하여 위해 방지와 품질을 보장할 수 있도록 소비기한 설정 시험을 하여 설정한다.

검사는 기본적으로 식품 품목 유형에 따라 정기적으로 생산한 제품에 대한 검사 결과를 보고해야 하는 자가 품질 검사와 기업 자체적으로 진행하는 여러 검사가 있다. 검사는 식품 생산에 수반되는 원료, 포장재, 반제품, 제품, 기자재, 검사 관련 기기, 측정 장비를 대상으로 수행하게 되며, 검사 관리 전반에 대한 관리 기준, 검사 절차 및 방법, 이탈 시 조치 사항 등을 포함하여 이에 대한 전반적인 내용을 수행하게 된다.

Tip 소비기한과 유통기한

- 소비기한(use by date) : 식품 등에 표시된 보관 방법을 준수할 경우 섭취하여도 안전에 이상이 없는 기한으로 2023년 1월 1일부터 도입되었다.
- 유통기한(sell by date) : 제품의 제조일로부터 소비자에게 유통 판매가 허용되는 기간으로 냉장 우유 등 일부 제품에 한하여 2030년 12월 31일까지 적용 가능하다.

7) 신제품의 개발

식품의 신제품 개발은 그 특성상 품질 관리 기법과 유사하며, 대기업은 품질 관리와 연구 개발 기능을 별도 조직에서 수행하나 중소기업은 품질 관리 부서에서 연구 개발도 함께 수행한다. 전문 연구 개발 조직에서는 기존에 없거나 시장을 선도해 나가는 새로운 콘셉트의 제품을 개발하는 데 주력하는 반면에 품질 관리 부서에서의 연구 개발은 기존 제품을 개선하거나 새로운 기능이 추가된 제품 개발을 주로 하게 된다.

(1) 신제품 개발의 필요성

시대의 변화나 사회 환경의 변화에 따라 식품 소비문화도 변하며, 이에 따라 새로운 개념의 경쟁력 있는 제품 개발이 요구된다. 또한 일반적으로 제품에는 생명주기가 있어, 도입기, 성장기, 성숙기, 쇠퇴기 과정을 거치기 때문에 기업의 지속적인 성장과 유지를 위해서는 새로운 제품이 필요하다.

식품 개발에 고려해야 할 요소는 일차적인 영양소 공급, 건강 지향성, 안전성, 기호성을 확보해야 하며, 이차적인 보존성, 간편 편이성, 사용 용이성, 경제성 등 다양한 사항을 고려해야 한다. 또한 원가나 법적 환경, 식품이 주는 이미지, 사회나 시장 환경 등도 함께 고려해야 한다.

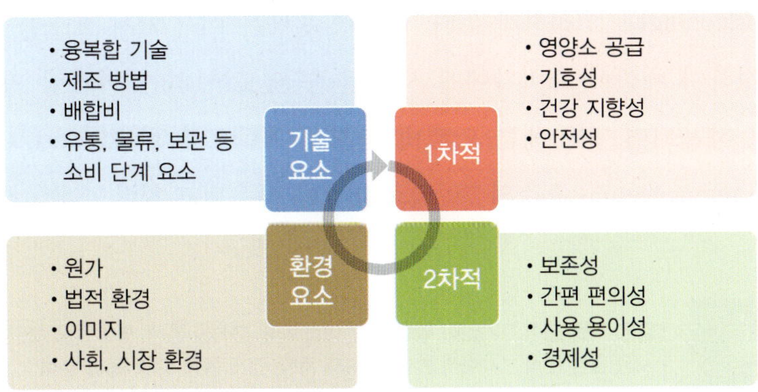

그림 4-27 신제품 개발 고려 요소

(2) 신제품 개발 전략 및 프로세스

신제품의 개발은 기술 중심적 개발(Technology originated R&D)과 시장 중심적 개발(Market originated R&D)이 있다. 기술 중심적 개발은 특정 기술을 우선 확보하고 이 기술을 기반으로 제품 개발을 하는 것이며, 주로 연구소 같은 연구 개발 기능 부서에서 새로운 콘셉트의 제품을 개발한다. 시장 중심적 개발은 시장 환경의 변화로부터 소비자의 수요를 확인하여 제품을 개발하는 것으로 마케팅이나 영업 부서에서 주도적 역할을 하며, 주로 기존 제품의 개량이나 개선이 목적이다.

어느 형태의 개발이든 식품의 신제품 개발을 위해서는 사업 전략의 결정을 거쳐, 개발 콘셉트 확정, 개발 및 스케일업, 제품 출시 및 평가의 단계를 거친다.

신제품을 시장에 출시하려면 마케팅이 매우 중요하므로 개발 전략을 수립할 때부터 고려해야 한다. 일반적인 마케팅과 마찬가지로 식품도 제품 개발에 STP(Segmentation,

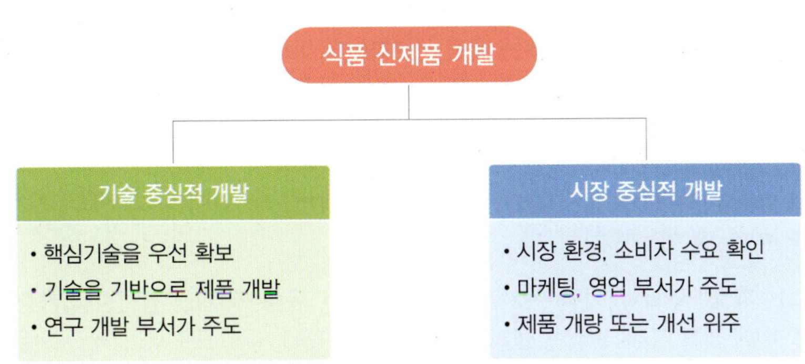

그림 4-28 식품 신제품 개발 방법

Targeting, Positioning)를 고려하게 된다. 마케팅 전략은 여러 가지 요소를 적절하게 결합 또는 구성하여 제품이 소비자에게 사용될 수 있도록 하는 마케팅 믹스 또는 4P 믹스 전략이 사용되며, 최근에는 인터넷 환경을 기반으로 한 4C(Cost, Convenience, Consumer, Communication) 요소와 7P 믹스 전략이 사용되고 있다.

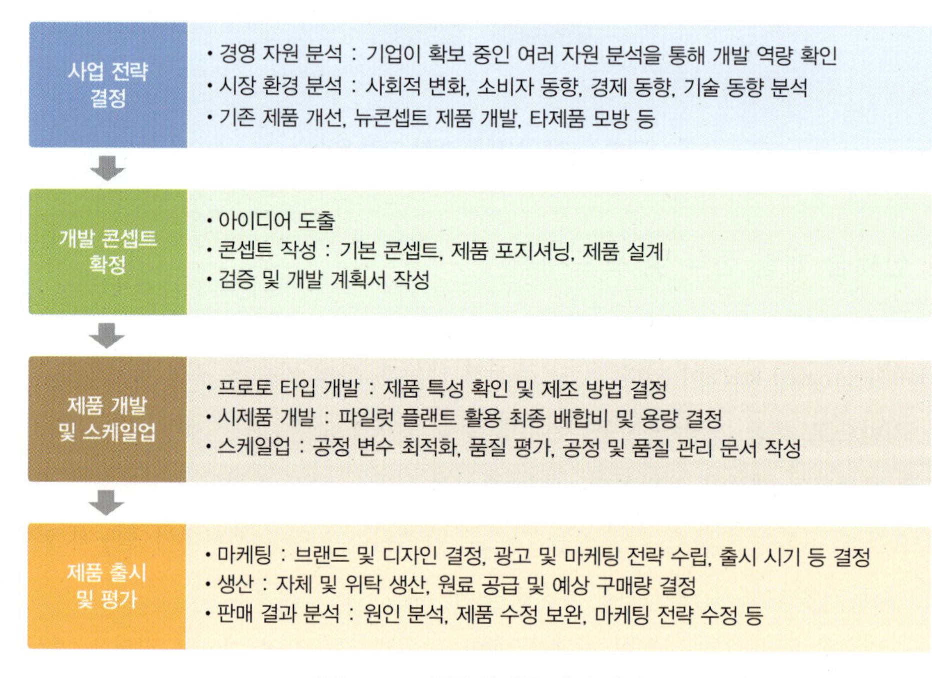

그림 4-29 식품 신제품 개발 단계

Tip STP(Segmentation, Targeting, Positioning)

마케팅 전략 수립에 사용하는 용어로 Segmentation은 시장을 소비자의 가치 판단과 인식으로 세분화하여 집단별 특성에 따라 나누는 시장 세분화이며, Targeting은 한정된 마케팅 자원을 효율적으로 사용하기 위한 목표 시장의 선정이며, Positioning은 소비자의 인식 속에 다른 제품과의 차별성을 기초로 특별한 위치를 차지하도록 하는 것이다.

Tip 4P 믹스 & 7P 믹스

4P 믹스는 제품(Product), 가격(Price), 촉진(Promotion), 유통(Place)을 결합한 마케팅 전략이며, 7P 믹스는 4P에 인적 자원(People), 물리적 증거(Physical evidence), 프로세스(Process)를 포함한 마케팅 전략이다.

5. 식품의 저장

식품 원료와 중간 재료는 물론 완제품도「식품위생법」에 적합한 시설에 저장·관리하여야 하므로 식품공장에는 상온, 냉장, 냉동 저장 시설이 있어야 하며, 대형 저장 시설의 형태에는 저장 창고와 원통형의 구조물인 사일로가 있다.

1) 식품의 저장 온도

식품 원료, 중간재, 완제품은 적합한 시설에 저장·관리하여야 하며, 저장 시설도 식품공장의 일부이므로「식품위생법」을 준수하여 설치·유지·관리되어야 한다.

식품 유통 기준의 보관 방법은『식품공전』의 "제2. 식품일반에 대한 공통기준 및 규격의 4. 보존 및 유통기준"에 따라 유통 및 저장되어야 하고, 표 이외의 따로 보존 및 유통 방법을 정하지 않은 제품은 직사광선을 피한 실온에서 보존 및 유통하여야 하며, 상온에서 7일 이상 보존성이 없는 식품은 가능한 한 냉장 또는 냉동 시설에서 보존 및 유통하여야 한다. 그 외 고시에서 별도로 보존 및 유통 온도를 정하고 있지 않더라도, 실온 제품은 1~35°C, 상온 제품은 15~25°C, 냉장 제품은 0~10°C, 냉동 제품은 -18°C 이하, 온장 제품은 60°C 이상에서 보존 및 유통하여야 한다.

표 4-9 식품의 종류별 보존 및 유통 온도

구분	식품의 종류	보존 및 유통 온도
①	㉮ 원유 ㉯ 우유류 · 가공유류 · 산양유 · 버터유 · 농축유류 · 유청류의 살균제품 ㉰ 두부 및 묵류(밀봉 포장한 두부, 묵류는 제외) ㉱ 물로 세척한 달걀	냉장
②	㉮ 양념젓갈류 ㉯ 가공두부(멸균제품 또는 수분함량이15% 이하인 제품 제외) ㉰ 두유류 중 살균제품(pH 4.6 이하의 살균제품 제외) ㉱ 어육가공품류(멸균제품 또는 기타 어육가공품 중 굽거나 튀겨 수분함량이 15% 이하인 제품은 제외) ㉲ 알가공품(액란제품 제외) ㉳ 발효유류 ㉴ 치즈류 ㉵ 버터류 ㉶ 생식용 굴 ㉷ 원료육 및 제품원료로 사용되는 동물성 수산물 ㉸ 신선편의식품(샐러드 제품 제외) ㉹ 간편조리세트(특수의료용도식품 중 간편조리세트형 제품 포함) 중 시육, 기타시육 또는 수산물을 구성재료로 포함하는 제품	냉장 또는 냉동

(계속)

구분	식품의 종류	보존 및 유통 온도
③	㉮ 식육(분쇄육, 가금육 제외) ㉯ 포장육(분쇄육 또는 가금육의 포장육 제외) ㉰ 식육가공품(분쇄가공육제품 제외) ㉱ 기타식육	냉장(−2~10℃) 또는 냉동
④	㉮ 식육(분쇄육, 가금육에 한함) ㉯ 포장육(분쇄육 또는 가금육의 포장육에 한함) ㉰ 분쇄가공육제품	냉장(−2~5℃) 또는 냉동
⑤	㉮ 신선편의식품(샐러드 제품에 한함) ㉯ 훈제연어 ㉰ 알가공품(액란제품에 한함)	냉장(0~5℃) 또는 냉동
⑥	㉮ 압착올리브유용 올리브과육 등 변질되기 쉬운 원료 ㉯ 얼음류	−10℃ 이하

- ①~⑤에도 불구하고 멸균되거나 수분제거, 당분첨가, 당장, 염장 등 부패를 막을 수 있도록 가공된 식육가공품, 우유류, 가공유류, 발효유류, 치즈류, 버터류, 알가공품은 냉장 또는 냉동하지 않을 수 있으며, 두부 및 묵류(밀봉 포장한 두부, 묵류는 제외)는 제품운반 소요시간이 4시간 이내인 경우 먹는물 수질기준에 적합한 물로 가능한 한 환수하면서 보존 및 유통할 수 있다.
- 식용란은 가능한 0~15℃에서 보존 및 유통하여야 하며, 냉장된 달걀은 지속적으로 냉장으로 보존 및 유통하여야 한다.
- 통조림, 레토르트식품, 건면, 과자, 음료, 주류, 기타 멸균 제품 등은 실온에서 보관한다.

자료 : 식품공전(https://www.foodsafetykorea.go.kr/foodcode/01_01.jsp), 2022.3.31. 기준

2) 저장 시설의 형태

소규모의 냉장과 냉동 저장은 냉장·냉동고와 창고 시설을 사용하며, 대형 규모의 저장 시설은 저장 창고와 원통형의 구조물인 사일로를 사용한다.

(1) 사일로

사일로(silo, 저장탑)는 설탕, 밀가루와 같은 분말이나 우유, 주스 원액 등 액상 형태의 다양한 가공 원료를 저장하는 구조물이다. 미국처럼 밀을 대량으로 수확하는 곳에서는 대형 원통형의 구조물에 보관하는데 이 구조물을 사일로라고 한다. 사일로는 외관상의 형태, 건축 재료, 설치 장소 등에 따라서 탑형 사일로, 트렌치 사일로, 벙커 사일로, 스택 사일로 및 진공(기밀) 사일로 등의 종류가 있다. 대부분 식품공장에서는 외부 공기를 완전히 차단하여 내부 저장식품의 품질 변화 없이 장기간 저장할 수 있고, 원료를 꺼내 다시 상부에 채워 넣을 수 있으며 하부에 장치된 자동 취출기로 간단하게 꺼낼 수 있는 편리한 진공 사일로 형태를 주로 사용한다.

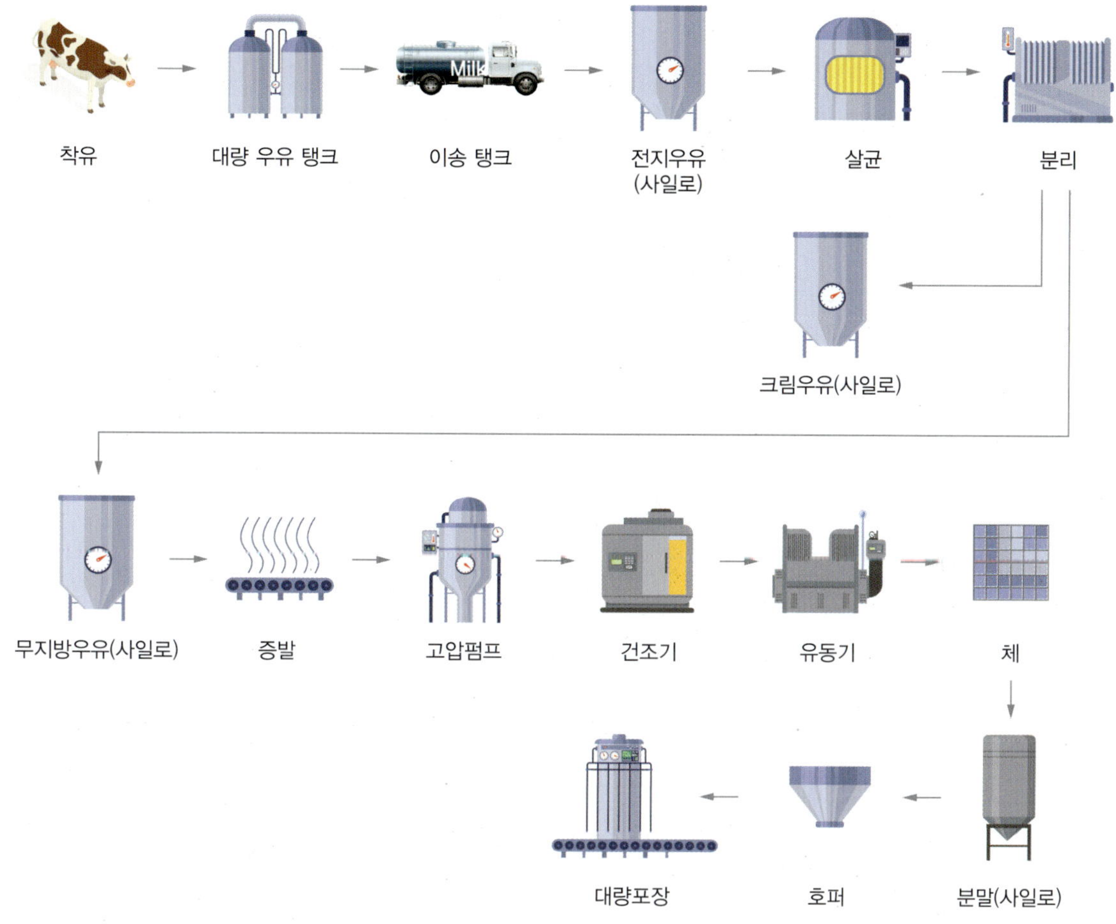

그림 4-30 분유 제조 공정 중 원료를 보관하기 위한 사일로 사용 사례

(2) 저장 창고

식품 재료, 중간재, 완제품 등을 저온으로 냉각 또는 저장하기 위해 조립식 냉장고, 상업용 냉장고, 냉장·냉동 장비 및 창고 등의 시설이 필요하다.

저온 저장 식품에 대한 수요가 증가함에 따라 온도에 민감하고 부패하기 쉬운 식품의 가공, 유통 및 판매의 전 과정을 온도 조절 공급망인 콜드체인 시스템으로 운영한다.

① 일반 저장

인위적인 온도 조절을 하지 않는 20°C 전후의 저장으로 보통 곡류(쌀, 보리, 밀가루) 원료 등이 해당된다. 건조하고 서늘한 곳에 위생적으로 보관하여 곰팡이 생육이나 색이 변하지 않도록 한다. 실온 제품은 1~35°C, 상온 제품은 15~25°C로 되어 있다.

② 냉장 및 냉동

냉장 보관은 0~5°C에서, 냉동 보관은 -18°C에서 한다. 식품 고유의 품질에 가장 가깝게 보관할 수 있는 보편적인 방법이 저온 저장 창고를 이용한 냉장 및 냉동 보관이다. 식품의 열화와 변질은 저장 온도를 낮추면 어느 정도 억제된다. 식품 변질의 원인 중 하나인 세포내 효소 반응은 온도가 낮을수록 속도가 감소하다 빙점 이하가 되면 거의 멈춘다. 즉, 식품을 얼려서 저장하면 효소에 의한 품질 저하를 최소화할 수 있다.

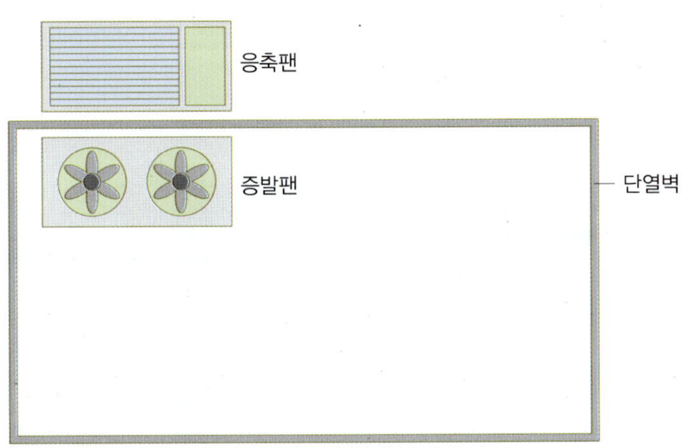

그림 4-31 저온 저장 창고

③ CA 및 MA 저장

식품 원료인 농산물은 수확 후에도 대기에서 산소를 흡수하고 이산화탄소를 방출하며 계속 호흡을 한다. 따라서 공기 순환을 조절하는 PE 필름으로 포장하면 포장 내 산소 농도가 감소하고 이산화탄소 농도가 증가하여 작물의 호흡이 억제된다. 또한 증산을 억제하기 위해 포장 내부에 높은 습도를 유지할 수 있다. 이 저장 방법을 MA(modified atmosphere) 저장이라고 한다.

MA 저장은 창고 내 습도 조절이 어려운 경우 간단한 포장으로 호흡과 증산을 조절하여 농산물을 효율적으로 보관할 수 있다. 농산물의 호흡에서 발생하는 공기 조성을 이용하는 MA 저장과 다르게 보다 능동적으로 저장고 내의 공기 조성을 인위적으로 조절하는 저장 방식을 CA(controlled atmosphere) 저장이라고 한다. 해외의 경우 전문 보관업체들이 이러한 기술을 적극적으로 활용하여 과채류 농산물을 저장하고 국제적으로 운송·분배한다.

3) 콜드체인 시스템

쿨체인이라고도 불리는 콜드체인(cold chain)은 식품 생산에서 최종 소비자에게 전달될 때까지 일정한 저온 범위를 유지하기 위해 적용되는 활동 및 장비를 말한다. 콜드체인은 냉장·냉동 등의 제품을 보관, 포장, 유통하는 시스템을 말한다. 원료가 본래의 형태에서 변화되지만 신선한 상태가 유지되는 과일, 채소, 낙농품 또는 그들의 혼합 제품이나 냉장·냉동 식품 등의 저장 및 유통을 전반적으로 관리하기 위한 시스템이다.

단원정리

- 식품공장은 식품 재료를 가공하여 제품화된 식품을 대량 생산하는 곳이다. 다른 공산품 제조 공장과 다르게 안전과 위생을 고려한 특수 시설이 필요하다.
- 식품공장에는 제조 공정 시설, 저온 설비, 에어컨, 환기 설비, 위생 설비 등이 있다.
- 식품공장 설비에 의해 해결하고자 하는 문제는 품질 향상, 안전하고 위생적인 생산, 안정적인 생산, 생산 속도 향상, 위험 작업의 기계화, 공간 절약, 에너지 절약, 생산 라인 효율화 등이다.
- 식품을 가공하거나 저장하기 위해 다양한 단위 공정을 사용하며, 소비되기까지 품질을 유지하기 위해서 모든 공정은 신선도 유지, 부패 방지, 안전성 및 저장성 확보, 소비기한(유통기한) 연장을 목적으로 이루어진다.
- 식품가공의 단위 공정(조작)은 원료 처리 공정(선별, 세척, 박피), 가공 공정(분쇄, 혼합, 유화, 압착, 여과, 분리, 추출, 농축, 증류, 성형), 저장성 부여 공정(건조, 열처리, 절임, 포장)으로 구분된다.
- 포장은 유통 과정에서 품질을 물리·화학적으로 보존하고 위생적인 안전성을 유지하며, 생산, 유통, 판매를 합리적으로 수행할 수 있도록 식품을 상품이 되도록 하는 조작이다.
- HACCP에서 위해요소 분석이란 어떤 위해를 미리 예측하여 그 위해요인을 사전에 파악하는 것이며, 중요관리점이란 반드시 필수적으로 관리하여야 할 항목이다.
- HACCP은 제조·가공에서 유통·소비까지 전 단계의 위해요소를 분석하여 중점관리하는 사전 예방적 식품안전관리 제도로써 식품을 체계적이고 효율적으로 관리한다.
- 식품의 품질 관리는 건강에 유익하고 안전하면서도 맛있는 제품을 제공하기 위해 품질 요소인 양적 요소, 영양·위생적 요소, 감각적 요소 3가지를 기준에 적합하도록 유지하는 것이다.
- 식품의 품질 평가 방법은 감각 평가와 기기 분석 방법이 있으며, 기기 분석 방법에는 물리적 방법, 화학적 방법, 미생물학적 방법이 있다.
- 식품의 품질 변화 요인은 물리적, 이화학적, 미생물학적 요인이 있으며, 품질 변화가 발생하면 대부분 품질 저하로 이어진다.
- 생산 활동에서 일어나는 모든 활동과 과정을 종합적으로 관리하는 종합적 품질 경영(TQM)을 효율적으로 하기 위해서 다양한 기기 분석과 오감을 이용한 감각 평가 결과에 대한 통계적 분석 도구가 사용된다.
- 품질 요소의 효율적인 관리를 위해서는 품질 관리, 품질 평가, 품질 감사의 3가지 영역이 포함된 품질 보증(Quality assurance, QA) 프로그램이 필요하며, 공정 품질 관리는 생산 관리와 위생 관리를 포함한다.

- 식품의 신제품 개발은 1차적, 2차적 요소, 기술적 요소, 환경적 요소를 고려해야 하며, 사업전략 결정, 개발 콘셉트 확정, 제품 개발 및 스케일 업, 제품 출시 및 평가 단계를 거치게 된다.
- 식품위생법규에는 '식품의 제조 시설과 원료 및 제품의 보관 시설 등이 설비된 건축물의 위치는 축산폐수·화학물질, 그 밖에 오염물질의 발생 시설로부터 식품에 나쁜 영향을 주지 않는 거리에 두어야 하고, 건물의 구조는 제조하려는 식품 특성에 따라 적정 온도가 유지될 수 있고, 환기가 잘 될 수 있어야 하며, 건물의 자재는 식품에 나쁜 영향을 주지 아니하고 식품을 오염시키지 않는 것이어야 한다.'라고 명시되어 있다.
- 쿨체인이라고도 불리는 콜드체인은 생산에서 최종 소비자에게 전달될 때까지 일정한 저온 범위를 유지하기 위해 적용되는 활동과 장비이다.

연습문제

1. 식품공장에서 사용하는 설비와 관련이 <u>없는</u> 것은 무엇인가?
① 가공 시설 ② 저온 설비 ③ 환기 설비
④ 위생 설비 ⑤ 용접 설비

2. 식품공장 설비의 요구 조건에서 설비 도입의 검토 단계에서 주의해야 할 사항이 <u>아닌</u> 것은?
① 안전 ② 인건비 ③ 수명
④ 유지 관리 계획 ⑤ 저비용

3. 식품의 건조 방법 중 분무건조법으로 만들진 제품은?
① 미역 ② 옥수수차
③ 분유 ④ 건조쌀밥

4. 승화 현상을 이용한 건조법은?
① 열풍건조법 ② 분무건조법
③ 진공건조법 ④ 동결건조법

5. 액체에 고체 입자가 분산된 현탁액을 여지에 통과시켜 액체와 고체를 분리하는 조작은?
① 여과 ② 체질
③ 침강 ④ 원심분리

6. 다음 중 열처리를 이용한 저장법은?
① 초고압법 ② 초음파법
③ 저온살균법 ④ 한외여과법

7. 다음 중 식품 포장 재료의 특징(구비 조건)으로 보기 <u>어려운</u> 것은?
① 보호성 ② 편이성
③ 정보성 ④ 저가성

8. HACCP의 의미를 서술하시오.

9. **식품의 품질 요소가 아닌 것은?**

① 양적 요소 ② 영양·위생적 요소

③ 감각적 요소 ④ 안전성

10. **식품의 품질 평가 방법 중 분류가 다른 것은?**

① 물리적 방법 ② 화학적 방법

③ 감각적 방법 ④ 미생물학적 방법

11. **대표적인 품질 변화 요인 세 가지는 무엇인가?**

12. **통계적 분석 도구 등을 활용하여 생산 활동에서 일어나는 모든 활동과 과정을 종합적으로 관리하는 것을 무엇이라 하는가?**

13. **다음 중 정량적 감각 평가가 아닌 것은?**

① 차이식별 분석 ② 집단심층면접

③ 묘사 분석 ④ 선호도 조사

14. **품질 보증 프로그램의 구성 요소가 아닌 것은?**

① 품질 관리 ② 품질 평가

③ 품질 검사 ④ 품질 감사

15. **식품 신제품 개발을 위한 4가지 단계를 차례대로 쓰시오.**

16. **다음 식품 중 -2~10℃의 온도로 저장 및 유통하기에 적당한 식품이 아닌 것은?**

① 식육(분쇄육, 가금육 제외)

② 포장육(분쇄육 또는 가금육의 포장육 제외)

③ 압착 올리브유용 올리브과육 등 변질되기 쉬운 원료

④ 식육가공품(분쇄가공육제품 제외)

⑤ 기타 식육

정답

1. ⑤ **2.** ② **3.** ③ **4.** ④ **5.** ① **6.** ③ **7.** ④ **8.** 위해요소 분석이란 어떤 위해를 미리 예측하여 그 위해요인을 사전에 파악하는 것이며, 중요관리점이란 반드시 필수적으로 관리하여야 할 항목이다. 즉, 해썹은 위해 방지를 위한 사전 예방적 식품안전관리 체계이다. **9.** ④ **10.** ③ **11.** 물리적 요인, 화학적 요인, 미생물학적 요인 **12.** 종합적 품질 경영(TQM) **13.** ② **14.** ③ **15.** 사업 전략 결정, 개발 콘셉트 확정, 제품 개발 및 스케일업, 제품 출시 및 평가 **16.** ③ -10°C 이하의 온도에서 보관 및 유통

참고문헌

권미라 외, **식품의 감각 평가와 기호적 품질관리**, 수학사, 2018

노봉수 외, **재미있는 식품 신제품 개발**, 수학사, 2020

노봉수 외, **현장을 위한 식품 문제해결**, 수학사, 2019

류기형 외, **실무를 위한 식품품질관리**, 수학사, 2016

스마트 포장기술: 시간- 온도 지시계와 신선도 지시계를 중심으로, **식품과학과 산업** 9월호, 2010

신성균 외, **식품가공저장학**, 파워북, 2008

신해헌 외, **원론 및 실습 식품가공저장학**, 지구문화사, 2011

안장우 외, **식품 가공 및 저장학**, KNOUPRESS, 2016

오남순, **식품개발의 방법**, 유한문화사, 2006

이영춘, **식품개발원리**, 신광출판사, 2008

이지헌 외, **식품가공 기능사**, 부민문화사, 2017

홍근표 외, **원리로 배우는 식품냉동학**, 수학사, 2018

식품공전 (https://www.foodsafetykorea.go.kr/foodcode/01_01.jsp), 최종고시일 2022.4.20

식품위생법 (https://www.law.go.kr)

식품음료신문 (https://www.thinkfood.co.kr/news/articleView.html?idxno=24490)

CHAPTER 5

식품의 제조 및 대량 생산

1. 가공식품의 제조
2. 발효 가공식품의 제조
3. 건강기능식품의 제조

데슈츠 맥주공장(Deschutes Brewery, Bend, Oregon, USA)

식품공장은 「식품위생법」에 적합한 깨끗하고 위생적인 시설을 갖추고 식품 원료를 가공하여 제품화된 식품을 대량 생산하는 곳이다. 식품 재료는 종류별로 각각 함유된 영양 성분이 다르고 고유한 특성이 있으므로 식품공장에서는 원재료의 특성을 고려하여 다양한 가공식품으로 제조할 수 있다.

세계적으로 유통되는 식품은 원재료 특성을 이용해 곡류, 콩류, 과채류 등의 농산식품, 육류, 우유류, 알류 등의 축산식품, 그리고 생선과 해조류 등의 수산식품으로 제조하고, 미생물을 이용해 식품 성분을 다른 물질로 전환하는 방법으로 발효식품을 제조하며, 건강기능성이 인정된 물질을 이용해 건강기능식품을 제조한다.

1. 가공식품의 제조

식품 재료에는 곡류, 콩류, 과채류 등의 농산물, 육류, 우유류, 알류 등의 축산물, 그리고 생선과 해조류 등의 수산물이 있으며, 식품공장(회사)에서는 원재료의 특성, 경영 전략, 소비 트렌드를 고려하여 다양한 가공식품을 제조한다.

1) 곡류 식품

곡류 가공품은 쌀, 밀, 옥수수 등 곡류를 주원료로 하여 제조·가공하거나 이에 식품 또는 식품첨가물을 가하여 가공한 제품이다. 곡류는 단순 1차 가공 형태인 쌀, 밀가루, 곡류가루, 전분과 이를 이용한 2차 가공식품인 라면, 파스타, 빵, 떡, 술뿐만 아니라 음

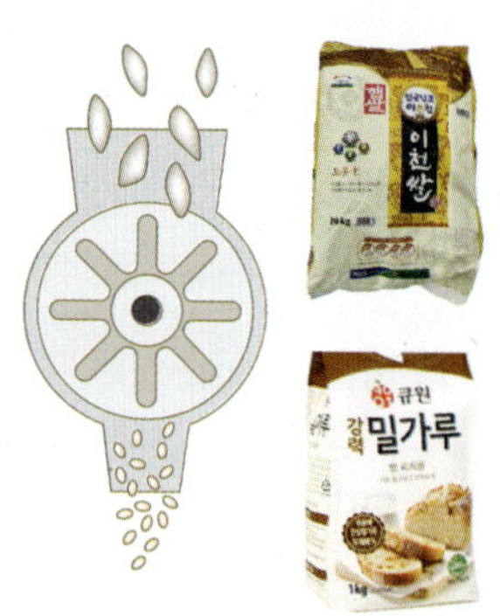

곡류의 1차 가공

곡류의 2차 가공

그림 5-1 곡류 가공식품의 제조

료에 함유된 액상과당을 제조하고, 항산화제인 비타민 C도 곡류(옥수수 전분)를 원재료로 제조한다.

곡류는 겨층, 배아, 배유의 3부분으로 구성되어 있으며, 이 중 배유는 탄수화물이 주성분이며 단백질 함량도 많아 주식으로 적합하다. 또한 수송 중 부패·변질이 적고 1차 가공만으로도 식품으로 사용할 수 있으며, 2차 가공으로 다양한 제품을 만들 수 있다.

표 5-1 곡류의 1차와 2차 가공

종류	1차 가공	2차 가공식품
쌀	도정(벼→현미→백미)	밥 · 떡 · 술 · 식초 · 과자
밀	제분(밀→밀가루)	빵 · 국수 · 과자 · 스낵
보리	도정(보리→보리쌀) 제맥(보리→엿기름)	밥 · 프레이크(flake) 맥주 · 위스키 · 식혜
옥수수	건식 도정(옥수수→가루, 그리츠) 습식 도정(옥수수→전분)	스낵 변성 전분, 물엿, 포도당

(1) 곡류의 1차 가공

곡류(cerals, cereal grains)는 세계적으로 가장 많이 이용되는 식용작물로 미곡(쌀), 맥류(보리, 밀, 호밀, 귀리), 잡곡(옥수수, 조, 피, 메밀, 기장)으로 분류한다. 전 세계 60% 이상 지역에서 재배하여 대량 생산되고, 유럽과 미국 등은 밀을, 동남아시아는 쌀을, 라틴아메리카와 아프리카는 옥수수를 주로 식용한다.

곡류의 1차 가공인 도정은 곡물의 겨(bran)를 제거해 식용 가능하고 소화되기 쉬운 상태로 만드는 것이다.

도정에는 건식 도정(dry milling)과 습식 도정(wet milling)이 있다. 건식 도정에는 입식 도정과 분식 도정이 있으며, 입식 도정은 곡물의 형태 그대로 도정하는 것으로 쌀, 보리, 잡곡 등이 있고, 분식 도정은 곡물을 가루 형태로 도정하는 것으로 제분이라고 하며, 밀가루, 옥수수가루, 쌀가루 등이 있다. 습식 도정은 곡류를 물에 침지한 다음 마쇄하여 전분이나 단백질 등의 성분으로 분리하는 것이다.

벼의 도정으로 쌀이 되고, 밀의 제분으로 밀가루가 되며, 옥수수의 습식 도정으로 옥수수 전분이 된다.

① 도정

쌀의 도정(milling)을 정미(精米)라 하며, 벼의 왕겨와 겨층(bran)을 제거하는 것이다. 벼를 정선한 후 왕겨를 벗겨 내는 제현 공정으로 현미가 된다. 현미의 쌀겨는 8% 정도이므로 쌀의 도정 정도는 쌀겨층의 벗겨진 정도에 따라서 쌀겨층이 그대로 남아 있는 현미(0분도미), 50% 제거된 5분도미(4% 제거), 70% 제거된 7분도미(6% 제거), 100% 제거된 10분도미(8% 제거), 즉 백미 등이 있다.

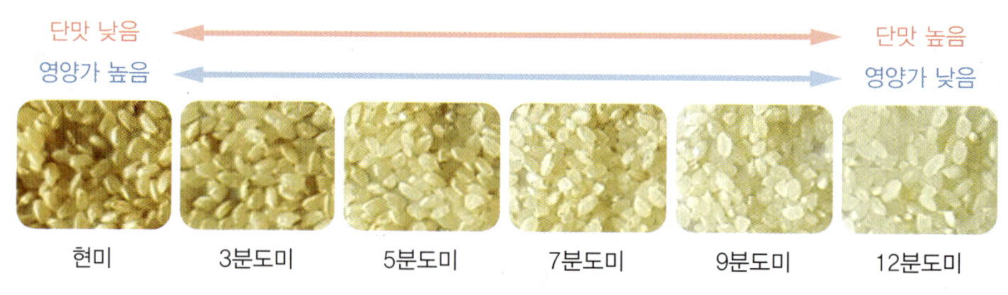

그림 5-2 쌀의 도정 정도에 따른 특징

보리는 배유에 왕겨층이 밀착되어 잘 떨어지지 않는 겉보리와 왕겨층이 쉽게 떨어지는 쌀보리가 있다. 겉보리는 보리차용이나 맥아로 가공하며, 맥아(malt)는 아밀레이스 활성이 강해 식혜, 물엿, 맥주 제조에 사용한다.

도정된 보리는 취반특성 향상을 위해 할맥이나 압맥으로 가공한다. 할맥은 보리 골 사이를 세로로 2등분 한 뒤 다시 도정하여 고랑을 제거한 것으로 기호성과 소화성이 향상된다. 납작보리인 압맥은 보리쌀을 수증기로 가열한 뒤 롤러로 눌러 납작하게 만든 보리이며, 보리 쌀알의 조직이 파괴되어 수분흡수율이 높고 수분흡수 속도도 빨라 쌀과 혼합하여 밥을 지을 때 유리하다.

그림 5-3 보리 1차 가공 제품

옥수수의 도정은 주로 가수-배아 제거 공정으로 도정하며, 제거된 배아는 옥수수 식용유 제조에 사용한다. 옥수수는 배아를 분리하기 전에 가수하여 껍질이 잘 분리되도록 하고 최종 수분 함량이 21~25%가 되도록 한다. 옥수수 도정으로 호미니, 그리츠, 옥수수가루가 생산된다. 껍질을 벗겨 거칠게 분쇄한 옥수수 알갱이를 호미니, 호미니를 분쇄하여 체로 분리하여 그리츠와 옥수수가루를 제조한다.

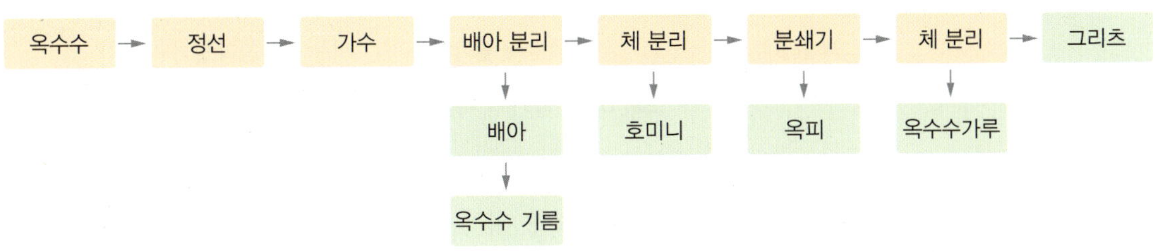

그림 5-4 옥수수 건식 도정 공정과 제품

② 제분

제분(flour milling)은 가루로 만드는 공정이며, 대부분 밀가루 제조를 의미한다. 밀의 제분에서는 겨와 배아를 가능한 완전히 제거하고 배유를 최대한 분리해 내야 한다. 밀 제분에서 템퍼링(tempering)이라는 가수 처리 공정이 필수적이며, 이는 겨와 배유를 효율적으로 분리하기 위해 밀에 수분을 고루 분산시키는 것으로, 이 공정으로 밀가루에 밀기울이 섞이는 것을 최소화할 수 있다. 다음은 조쇄 공정(break system)에서 겨와 배아가 분리되는데 밀가루 생산 수율에 가장 중요한 공정이다.

진동체(sifter)로 밀기울과 배유 부분을 분리하는 순화 공정(purification)으로 겨를 최대한 제거한 파리나(farina) 또는 세몰리나(semolina)라고 하는 정제된 배유 입자를 얻게 된다. 분쇄 공정은 매끄러운 활면 롤러(smooth roller)에 의해 정제된 배유 입자를 미세하게 분쇄하는 공정이다. 분쇄와 체 분리를 반복하면 밀가루가 된다.

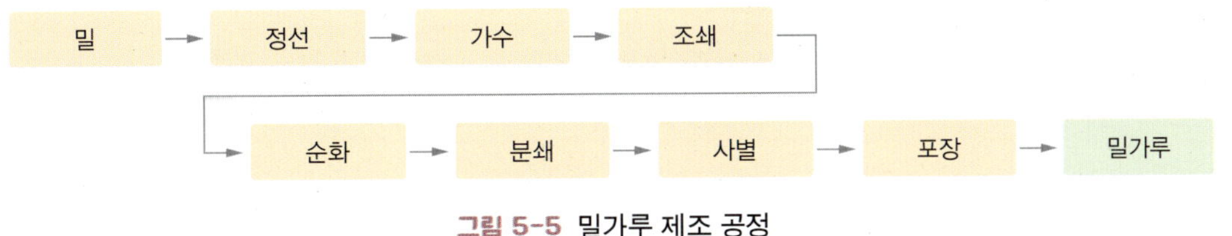

그림 5-5 밀가루 제조 공정

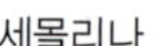
세몰리나

중력 밀가루

강력 밀가루

그림 5-6 밀가루 제품의 예

제분한 밀가루는 카로티노이드계 색소에 의해 특유한 노란색을 띠는 유백색이지만, 공기 중의 산소와 접촉하면 산화되어 탈색된다. 이러한 밀가루의 표백은 자연 표백이며, 이는 시간이 많이 걸리고 넓은 공간이 필요하기 때문에 보통 산화제를 사용하여 빠르게 밀가루를 표백한다. 최근에는 소비자들이 표백제나 산화제가 사용된 제품을 기피하고 있어 사용하지 않는 경향이다. 제분된 밀가루에는 비타민, 무기질 등이 부족하므로 이러한 미량의 영양소를 첨가하는 영양강화(enrichment) 제품이 미국과 영국에서 제조되고 있다.

밀가루에 물에 넣고 반죽하면 단백질인 글루테닌과 글리아딘이 글루텐을 형성하여 점탄성이 생기며, 이를 이용하여 국수, 과자, 빵 등으로 가공할 수 있다. 이러한 이유로 단백질의 함량에 따라 밀가루를 분류하며, 빵용, 면용, 과자용 등이 있다. 밀가루에 겨가 혼입된 함량에 따라 1등급(회분 0.45% 이하), 2등급(회분 0.46~0.65%), 3등급(회분 0.66~1.00%)으로 분류한다.

표 5-2 밀가루의 종류와 용도

밀가루 종류	단백질 함량	용도
강력분	12~13%	빵, 마카로니
중력분	9~11%	면류
박력분	7~9%	케이크, 비스킷, 튀김옷, 과자

Tip 글루텐 무첨가 식품

밀을 주식으로 하는 미국과 유럽에서는 쌀 가공품이 글루텐 무첨가 식품(gluten-free foods)으로 인기를 끌고 있다. 이는 셀리악병(밀가루 글루텐의 과면역 반응)뿐만 아니라 밀가루 과민증에 대한 걱정으로 글루텐 무첨가 식품이 건강식품으로 여겨지고 있기 때문이다. 쌀가루는 밀가루의 글루텐 단백질이 없어 알레르기 반응이 적지만 빵이나 면류 등 다양한 식품을 제조하기 위해서는 반죽 개선 기술이 필요하다.

쌀가루는 쌀 가공 제품의 주원료로 이용되며 가공 적성에 맞는 쌀가루 개발과 쌀가루의 세분화 및 표준화, 공정 매뉴얼화 등이 지속적으로 이루어지고 있다. 쌀 가공식품을 만들기 위한 쌀가루에는 건식미분, 반습식미분, 습식미분, 알파미분, 프리믹스 등이 있다. 건식미분은 쌀을 건식으로 단순 분쇄 후 건조한 수분 10% 전후의 쌀가루이다. 반습식미분은 쌀 표면을 세척한 후 수분 20~25%의 상태로 쌀을 반습식 분쇄하고, 습식미분은 침지 등으로 쌀 중심부까지 수분을 포화시킨 후 습식 분쇄하여 건조한 쌀가루이다. 일반적으로 습식미분이 건식미분에 비하여 전분 손상이 적으며, 입자가 미세한 특징이 있어서 다양한 쌀 가공품 제조에 유리한 특성이 있다. 하지만 습식 과정에서 쌀의 수용성 영양 성분 손실뿐만 아니라 건식 분쇄보다 복잡한 공정 등의 단점이 있다. 알파미분은 호화된 쌀가루이며, 프리믹스는 쌀과 부재료를 혼합한 것으로 가정에서 간편 조리할 수 있는 제품이다.

표 5-3 쌀가루의 분쇄 방법과 용도

분쇄 방법	수분 함량	입자 크기(mesh)	용도
습식 분쇄	13%	130~150	떡, 빵, 국수
건식 분쇄	10%	80~100	튀김, 막걸리, 과자

③ 전분 제조

습식도정으로 얻어지는 대표적인 것이 전분(starch, 녹말)이다. 전분은 식물의 에너지 저장 물질로 '물에 가라앉는 가루'라는 뜻에서 붙여진 이름이다. 전분은 입자 형태로 그 모양과 크기는 곡류의 종류에 따라 다르며, 물에 녹지 않아 곡류 가루를 물에 담가두면 침전하여 전분 이외의 성분과 쉽게 분리할 수 있다.

전분은 물엿, 면류 등의 식품원료로서 직접 이용할 뿐만 아니라 포도당 및 이성화당과 같은 당류와 변성 전분 제조 등의 원료로 사용된다. 전분은 옥수수, 감자, 고구마, 타피오카로 제조되며, 대부분은 옥수수 전분(약 90%)이다.

건조된 옥수수에서 전분을 분리하기 위해서는 연화 작업이 필수적이며, 이때 아황산 침지(0.2~0.5% 아황산액)를 이용한다. 이 과정에서 단백질과 가용성 성분이 추출된다. 침지 공정이 끝난 옥수수를 마쇄한 후 배아 분리조에서 비중 차에 의하여 배아만 분리한다. 배아가 제거된 부분을 마쇄한 다음 체를 통과시켜 조전분유(crude starch sludge)를 제조한다. 조전분유는 물을 이용하여 비중 차이로 침전시키거나 원심분리하여 단백질과 전분을 분리한다. 정제가 끝난 전분유는 탈수한 다음 수분 13% 이하로 건조하여 전분 제품을 생산한다.

(2) 곡류의 2차 가공

곡류는 도정에 의해 식용할 수 있는 상태로 가공한 쌀, 밀가루, 전분과 같은 단순 1차 가공 제품이 있으며, 이들을 재료로 하여 가공한 라면, 햇반, 시리얼, 과자, 파스타, 빵, 떡, 술뿐만 아니라 음료에 함유된 액상과당 등 다양한 곡류 2차 가공식품을 제조할 수 있다.

① 전곡립 식품

전곡립(whole grain)은 도정(겨층 제거)하지 않은 곡식이며, 도정된 것보다 단백질, 지방질, 무기질, 비타민 등의 일반 성분 이외에 식이섬유 및 파이토케미컬과 같은 인체에 유용한 각종 영양 및 생리활성 성분이 많이 포함되어 있어서 영양학자들은 정제된 곡류보다 전곡립을 섭취하도록 강력히 권고하고 있다.

전곡립은 도정되지 않아 소화 및 질감의 기호성이 떨어지는 단점이 있지만, 최근 소비자들은 먹기 불편해도 건강을 위해서

라면 소비하는 경향이 크다. 전곡립 식품의 제조는 일반적인 정제된 곡류를 이용한 방법과 유사하나 겨층이 제거되지 않아 가수 공정과 같은 이를 부드럽게 하는 전처리 공정이 추가된다. 현미와 잡곡 제품, 통밀빵, 통밀 비스킷 등의 제품이 있다.

② 무균포장밥

토르트 쌀밥과 다르게 보통의 밥 짓기에 가까운 방법으로 제조되는 무균포장밥 공정이 1980년도 말에 일본에서 처음 개발되었다. 국내에서는 1996년 관련 제품이 출시되어 매년 그 소비량이 증가하고 있다. 무균포장밥은 집에서 지은 밥과 가장 유사한 제품으로 보통 즉석밥을 말하며, 무균화 포장 시스템(aseptic pakaging) 공정으로 6개월간 실온에서 보관해도 품질의 변화가 없는 것이 특징이다.

무균포장밥 제조의 핵심 시설인 무균화 포장 시스템은 일반 대기 중의 먼지나 미생물이 높은 수준으로 통제되어 청결도를 유지하는 클린룸(clean room)에서 여러 단계의 위생 처리 과정을 거쳐 제품을 생산하는 시스템이다.

무균포장밥 제조의 공정을 살펴보면, 쌀을 도정하고 세척한 다음 용기에 담은 후 가압 살균하여 쌀 표면에 있는 미생물을 사멸한다. 쌀이 담긴 용기에 취반수를 첨가한 후 열을 가하여 밥을 짓는 취반 공정을 수행한다. 이때 취반 온도, 시간 및 취반수의 조성 등이 밥맛을 결정하므로 회사마다 고유의 노하우로 취반 공정을 수행한다.

취반된 밥은 클린룸에서 최종 실링 작업을 완료한다. 이때 클린룸의 class 단계는 100 class 이하로 유지된다(class는 1 ft^2의 면적 중 5 μm 이하의 먼지 개수를 뜻하며, 취반실은 10만 class인 반면에 클린룸은 100 class 이하로 관리한다). 밥이 충전된 용기에 산소 농도를 저하시키기 위해 질소가스를 분사하고, 전자레인지에 사용할 수 있는 리드필름을 용기에 실링한다. 실링 후 좋은 밥맛을 유지하기 위해 80°C 열수에서 1시간 동안 뜸을 들인 후 찬물로 냉각한다. 이후 건조하여 표면의 물기를 제거하고 핀홀 테스터로 음압의 생성 여부를 확인하여 누설(leak)을 확인하는 누설검사 등의 검수를 하여 상품 단위로 포장한다.

흰쌀밥뿐만 아니라 발아현미밥, 잡곡밥 등의 다양한 무균포장밥이 제조되고 있다.

③ 냉동 떡

쌀가루를 이용한 떡류나 면류 제품의 소비 경향이 증가하고 있고, 고령화 시대 및 핵가족화 추세에 따라 쌀 소비량이 감소하고 있다. 떡은 쌀가루를 반죽한 다음 쪄서 만든 식품이다. 전통 떡은 쌀 종류나 만드는 방법에 따라 모양과 식감이 다양하고 부재료의 사용에 따라 색과 향미가 달라 그 종류가 매우 많다. 하지만 떡은 전분질 식품으로 실온이나 저온에서 전분의 노화에 의한 질감의 경화, 소화성 저하 및 식미 저하로 유통기한 확보가 어렵다. 이를 극복하는 방안으로 떡이 굳기 전에 급속냉동하는 냉동 떡이 좋은 대안이 될 수 있다.

떡이 굳는 현상은 전분의 노화이며 이는 0~5°C의 온도와 30~60%의 수분 함량일 때 가장 잘 일어난다. 떡을 냉장고에 넣어 두면 노화가 빨라져 딱딱해지지만 굳기 전에 급속냉동하면 전분입자는 노화되지 않은 상태로 고정되고 물만 고체 상태로 얼게 되어 해동과 동시에 원래 상태로 말랑말랑해진다. 냉동 떡의 품질은 쌀의 종류, 쌀가루의 입자 크기, 제분 방법, 수분 함량, 동결 조건 및 첨가물 사용 유무 등에 영향을 받는다.

Tip 떡의 종류

우리의 전통 떡은 찌는 떡으로 팥시루떡, 백설기, 두텁떡 등이 있고, 치는 떡은 절편, 인절미, 쑥인절미, 수리취인절미, 쑥절편, 송기떡 등이 있다. 그리고 빚는 떡으로 멥쌀가루를 익반죽한 송편, 수수경단, 찹쌀경단 등이 있고, 기름에 지지는 떡으로 화전, 찰수수부꾸미, 찰전병 등과 술로 발효시킨 증편 등 매우 다양하다.

떡의 주원료인 쌀은 전분이 아밀로펙틴과 아밀로스 8 : 2로 구성된 멥쌀과 아밀로펙틴만으로 구성된 찹쌀이 있다. 아밀로펙틴과 아밀로스의 비율은 전분의 노화에 영향을 주며, 찹쌀이 멥쌀에 비해 전분의 노화 속도가 느리다. 이러한 이유로 대부분의 냉동 떡은 찹쌀을 주원료로 사용한다. 쌀가루는 습식제분법의 쌀가루가 건식제분법의 쌀가루보다 품질이 우수하다.

쌀가루에 소금과 부재료를 첨가하여 교반하면서 설탕을 첨가한 후 98°C에서 약

10~20분간 스팀을 가해 수분 공급과 열처리를 동시에 수행한다. 이때 스팀을 통해 수분 함량을 조절하며 수분량이 많을 때는 냉·해동 특성이 좋지만 식감이 물러진다는 단점이 있다. 이후 약 60~70°C에서 떡을 성형하고 -45°C로 급속냉동한다. 동결 중 얼음 입자가 생성되는 단계인 동결 곡선상의 잠열이 제거되는 시간을 비교하여 최적 동결 조건을 조사한 결과 -45°C의 급속동결이 전분질 식품의 동결에 적합하다고 한다.

④ 시리얼

시리얼(cereal)은 옥수수, 쌀, 보리, 밀 등의 곡류를 주원료로 하여 비타민류 및 무기질류 등 영양 성분을 강화, 가공하여 얇은 조각 형태로 만든 식품이며, 보통 우유와 같이 섭취하여 아침식사 대용으로 이용한다. 원재료와 부재료를 다양하게 조합하여 많은 종류의 제품이 생산되고 있다.

시리얼은 플레이크로 대표되는 압축성형 시리얼, 뮤즐리, 그래놀라 등이 있다. 최근 시리얼의 소비는 꾸준히 증가하고 있으며, 편의 지향적인 스낵바(시리얼 바) 형태로도 제조되고 있다.

압축성형 시리얼인 플레이크(flake)는 옥수수나 보리와 같은 곡류를 물에 불려 압착하면서 동시에 건조시킨 것을 높은 온도의 오븐에서 팽화한 것이다. 원료 곡류에 따라 콘플레이크, 보리프레이크 등으로 분류된다. 뮤즐리(museli)란 독일어로 '혼합하다'라는 뜻이며, 곡물을 굽거나 튀기는 가공 공정 없이 건조한 통곡물 으깬 것과 말린 과일 그리고 견과류를 함유한 것이다. 그래놀라(granola)는 다양한 곡물, 견과류, 말린 과일 등을 설탕이나 꿀 등의 시럽에 섞어 둥글게 뭉쳐 오븐에 구운 것으로 가열 처리가 뮤즐리와의 차이점이다.

⑤ 제과

과자는 곡류를 주원료로 하여 굽기, 팽화, 유탕 등의 공정을 거친 것이나 이에 식품 또는 식품첨가물을 가한 것으로 비스킷(크래커, 쿠키), 한과, 스낵과자 등이 있다.

- 비스킷(biscuit) : 팽창제를 사용하여 부풀린 과자로 반죽을 구웠을 때 쉽게 부서지고 바삭거리는 특징이 있으며, 하드, 소프트, 팬시 비스킷이 있다. 하드 비스킷은 중력분을 주원료로 설탕과 유지의 사용량을 줄인 것으로, 크래커(cracker), 건빵 등

이 여기에 속한다. 크래커는 반죽을 효모로 발효하고 성형하여 구운 것이며, 이때 바늘구멍을 내어 구울 때 부풀어 오르는 것을 방지한다. 소프트 비스킷은 하드 비스킷보다 설탕과 유지의 사용량을 늘리고 박력분을 사용하고 베이킹소다를 넣어 부드럽게 만든 것으로 영국식 스콘(scone)이 여기 속한다. 팬시 비스킷은 설탕과 달걀을 많이 사용한 것으로 쿠키(cookie)가 이에 속한다. 쿠키는 당과 지방(쇼트닝)의 함량이 많고 글루텐 역할을 최소로 하며 팽창제로 베이킹파우더를 사용한다.

- 한과(漢菓) : 전통 과자로 양과자와 구분하여 한과로 분류한다. 한과는 재료와 만드는 방법에 따라 유밀과류, 유과류, 다식류, 전과 및 정과류, 숙실과류, 과편류, 엿강정류로 분류한다. 곡류를 주원료로 하는 것은 유밀과류와 유과류이다. 일반적으로 찹쌀을 수세 및 침지, 분쇄 및 반죽, 증자, 반죽, 성형, 절단, 건조, 튀김, 엿 및 고물 묻히기, 포장의 단계로 제조한다.
- 스낵과자 : 스낵은 가볍게 먹을 수 있는 식품이며, 종류는 사용 원료에 따라 콘 스낵(corn snack), 감자스낵(potato snack), 미과류(rice snack) 등으로 구분하며, 제조 공정에 따라 압연성형스낵(rolling snack), 압출성형스낵(extruding snak), 퍼핑스낵(puffing snack), 팝콘(popcorn), 포테토칩(potato chip) 등이 있다.

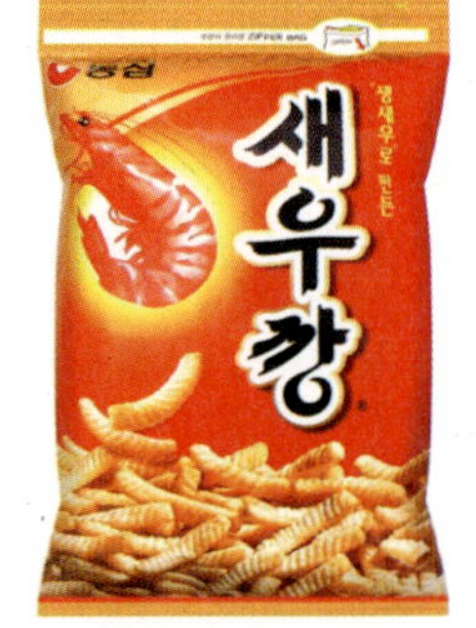

압연성형스낵은 소맥분 및 전분 등을 주원료로 반죽을 만들어 롤러(roller)에서 시트(sheet)로 뽑아서 원하는 형태로 절단한 생지를 일정한 수분까지 건조하여 굽거나(baking), 기름에 튀겨(frying) 팽화한 제품이다. 압출성형스낵은 압출성형기(extruder) 내에서 혼합, 압출, 팽화, 성형이 순간적으로 이루어지기 때문에 비교적 공정이 간단하고 복잡한 형태로 쉽게 가공할 수 있다.

팝콘은 옥수수에 버터와 식용유, 소금을 넣고 180~200°C로 가열하면 내부의 압력이 증가하여 '펑' 하는 소리가 나며 퍼핑(puffing)된 것이다. 옥수수 외에 다른 곡류를 이용하여 팝콘과 같은 제품을 만들고자 하였으나 팝콘 제조와 같은 단순 공정으로는 다른 곡류를 저밀도로 팽창시키지 못했기 때문에 'shot from guns'라는 새로운 방법이 개발되었다. 이는 수분을 함유한 곡류를 고온고압으로 가열한 후 갑자기 저압으로 방출하는 방법으로 이렇게 만들어진 스낵을 퍼핑스낵이라 한다. 쌀이나 밀은 통째로 퍼핑하여 시리얼 형태로 가공되지만, 오트(oats)의 경우 통곡물(whole grain) 상태로 퍼핑할 수 없어 퍼핑과 동시에 껍질을 제거하는 방법으로 높은 염용액(26% salt)을 처리한다.

포테토칩은 생감자를 탈피, 수세, 절단 후 바로 기름에 튀겨서 맛을 부여한 천연 포테토칩(natural potato chip)과 감자가루를 이용하여 반죽, 압연, 튀김 후 맛을 내는 성형 포테토칩(fablicated or simulated potato chip)이 있다.

한편, 스낵에 코팅(coating)을 하면 외형, 맛, 향, 식감 등이 좋아지는데 코팅 성분에 따라 짭짤한 스낵(salty snack)과 달콤한 스낵(sweet snack)이 있다. 또 시즈닝(seasoning)은 '염, 스파이스, 하프 또는 그와 비슷한 것으로 식품의 향미를 강화, 개량하는 것'이며, 식품 제조 공정이나 전처리의 단계에서 식품에 첨가하여 식품의 맛, 향, 색을 강화, 향상하기 위한 혼합조미료이다. 스낵 시즈닝은 각 제품별로 사용 목적에 적합한 조미료를 선택하여 제품을 다양화하고 있다.

⑥ 제빵

빵은 주로 밀가루에 여러 가지 부원료를 혼합하여 만든 반죽(dough)을 이산화탄소로 부풀려서 구운 것이다. 밀가루는 글리아딘과 글루테닌으로 이루어진 글루텐 단백질의 함량과 질에 따라서 품질이 다르다. 빵은 주로 강력분을 사용하며, 빵의 조직은 글루텐 단백질의 망상 조직 형성에 의해 이루어진다.

빵의 종류는 크게 빵류와 케이크(cake)로 나눌 수 있으며, 케이크는 박력분을 주재료로 달걀 단백질의 기포성, 함기성 등을 이용한 스펀지 조직을 형성하여 부드러운 식감이 있다.

빵을 만드는 작업을 제빵이라 하는데 제빵의 주원료는 밀가루, 물, 효모(또는 팽창제)와 소금이다. 그 외 설탕, 쇼트닝, 이스트푸드, 반죽 강화제 등의 부원료가 사용되며, 부원료의 목적은 부피 증가, 텍스처 향상, 빵의 색깔, 저장성 및 영양가 향상 등이다.

제빵에는 다양한 공정이 있지만 기본 공정은 반죽(dough development), 발효(fermentation) 및 굽기(baking)이다. 반죽 형성 과정은 제빵에서 가장 중요한 공정이며, 밀가루와 물의 혼합을 통해 전분 및 단백질의 수화 작용으로 팽윤된 단백질이 3차원 그물 구조를 형성하고, 이것이 이스트 발효에 의해 생성된 가스를 수용할 수 있도록 한다.

제빵에서 발효는 효모가 반죽에 있는 당을 이산화탄소와 알코올류 등의 물질로 전환하는 것으로 재료의 혼합과 동시에 시작하여 굽기 단계에서 효모가 불활성화될 때까지 계속된다. 사용되는 효모는 사카로미세스 세레비시아(*Saccharomyces cerevisiae*)로 반죽의 팽창 작용, 알코올, 유기산 등의 풍미 성분의 생성 기능을 한다.

제빵은 1차 발효, 정형, 2차 발효로 구분된다. 1차 발효로 반죽은 탄력과 점도가 증가하여 조직감이 좋아진다. 2차 발효는 성형 공정에서 가스가 빠진 반죽을 다시 부풀리고, 빵의 풍미 성분인 알코올과 방향성 물질을 생성하고 글루텐의 신장성과 탄성을 높여 오븐 팽창(oven spring)이 잘 되도록 하여 우수한 외형과 식감을 얻는 것이 목적이다.

굽기 공정(baking process)은 최종 단계로서 제품의 유형에 따라 다르지만 일반적으로 220～230°C에서 한다. 이 과정에서 효모가 불활성화되어 발효가 종료되며, 불안정한 콜로이드 상태는 안정화되고 발효 산물인 이산화탄소 가스를 열 팽창시켜 빵의 모양을 가지며, 전분은 호화되어 소화되기 쉽게 되고 단백질이 변성되어 빵의 구조를 형성하게 된다. 동시에 당의 캐러멜화와 메일라드 반응으로 갈변되고 여러 가지 카보닐화합물이 형성되어 빵에 적합한 색깔과 풍미를 띠게 된다.

그림 5-7 빵 제조 과정

케이크는 화학적 팽창제인 베이킹파우더나 달걀의 기포력을 이용하며, 베이킹파우더는 열을 받으면 화학 반응을 일으켜 탄산가스를 발생한다. 케이크는 밀가루 외에도 설탕과 달걀을, 그리고 파운드케이크는 버터 등의 유지를 많이 사용한다. 케이크는 박력분이나 중력분을 사용하여 글루텐 형성을 않거나 아주 약하게 한다. 이러한 이유로 케이크는 빵과 달리 부드러운 조직감을 형성한다.

그림 5-8 냉동반죽 제품

베이커리 산업의 프렌차이즈화는 급격히 증가하였으며, 이는 냉동생지(냉동반죽, frozen dough)에 의해 가능해졌다. 냉동생지는 -40～-45°C에서 급속동결하여 해동 후에도 품질이 유지되도록 하는 원리를 이용한 것이며, 빵을 오븐에 굽기 전의 모든 과정이 완료된 반죽(발효와 성형)을 미리 만들어 급속냉동한 제품이다. 냉동생지는 제빵 시간을 단축하고 인력을 줄일 수 있으며, 시설 비용이 적게 들어 작은 제과점에서도 다양한 제품의 생산과 보관이 쉽다. 빵 이외의 다양한 식품(과자, 면)에 적용할 수 있으며, 빠른 시간 내에 계획 생산과 대량 생산이 가능하다.

⑦ 제면

면류(noodle)는 곡류가루나 전분을 주원료로 하여 면발을 성형한 것이나 이를 건조, 열처리, 유탕 처리 등의 방법으로 가공한 것이다.

표 5-4 원료에 따른 면의 종류

원료	면 종류
밀가루	국수, 라면, 스파게티, 마카로니
메밀가루, 전분	메밀국수, 냉면
고구마 전분	당면
쌀가루	쌀국수

곡분이나 전분으로 제조하는 면류에 일정량의 밀가루를 첨가하는데 이는 일반적인 곡류와 전분은 면류에 중요한 점탄성이 약해 이를 밀 단백질인 글루텐이 보완하기 위한 것이다. 일반적으로 면류는 밀가루에 물과 소금을 넣고 반죽한 것을 가늘고 길게 성

형한 것이며, 만드는 방식에 따라 선절면, 압출면, 신연면, 즉석면으로 구분한다.

- 선절면 : 중력분에 소금과 물을 넣어 반죽하고 숙성시킨 다음 면대를 만들고 이를 가늘게 선절하여 만든 것이다. 칼로 썰어서 만드는 칼국수, 기계로 선절하여 그대로 소비하는 생면, 생면을 건조한 건면 등이 있다.
- 압출면 : 반죽을 압출기에 넣어 구멍이 난 틀을 통과시켜 출구의 회전 칼날을 이용하여 자른 것으로 대표적인 것은 파스타, 메밀면, 당면 등이다.

파스타(pasta)는 듀럼(durum) 밀가루를 주원료로 하여 파스타 성형기로 고압압출 후 절단하여 숙성, 건조한 것이다. 듀럼밀은 단백질 함량이 높고, 카로티노이드 색소 함량이 높아 노란색이다. 듀럼밀은 강력분보다 탄성이 적고 흡수율도 낮아 이것을 원료로 하는 파스타류는 단단하고 물에 오랜 시간 끓여도 잘 퍼지지 않는다. 파스타는 형태에 따라 관 모양을 마카로니(macaroni), 막대 모양을 스파게티(spaghetti), 스파게티보다 더 가는 면을 버미셀리(vermicelli)라고 하며, 이 외에도 다양한 형태로 다양한 명칭의 파스타류가 있다.

당면은 고구마, 감자, 녹두 등의 전분을 끓여 호화시킨 다음 호화되지 않은 전분을 섞어서 압출하여 끓는 물에 떨어뜨려 완전하게 익힌 후 익힌 면을 얼렸다가 천천히 녹여 바람이 잘 통하는 곳에서 물을 빼고 건조하여 만든다.

- 신연면 : 대표적인 제품은 소면으로 일본에서 많이 만들고 있다. 소면은 건면과 제조법이 대체로 같지만 건면에 비해 더 강한 밀가루를 사용하고 소금도 더 많이 사용한다. 표면에 식용유를 칠하면서 면을 만들기 때문에 표면이 더 단단하고 물에 삶았을 때 덜 풀리는 경향이 있다. 전체 공정을 손으로 만드는 수연소면과 공정 일부를 기계로 하는 기계소면이 있다.
- 즉석면 : 대표적인 제품은 라면(ramen, instant noodle)이다. 라면은 면발에 웨이브를 주고 고압수증기로 전분을 호화시킨 후 유탕 처리하여 전분을 팽화하는 동시에 건조한 제품이다. 양념스프가 있어서 조리가 간편하고 가격이 저렴하여 간식과 식사 대용으로 많이 사용한다. 라면의 안정성에 영향을 주는 유탕 공정은 간접가열식인 열교환 방식을 이용하고 새로운 기름의 회전율을 6시간 이하로 하여 산가(acid

value)를 0.3 이하로 조절하고 있다.

컵라면은 호화온도가 낮은 변성전분(modified starch)을 사용하고, 면의 굵기를 가늘게 하여 호화온도를 낮춤으로써 면의 복원성과 텍스처를 향상시켜 조리시간을 단축한 인스턴트식품(instant food)이다. 최근 주요 라면업체들은 건강지향적이며, 고품질 프리미엄 제품에 대한 연구 개발을 진행하여 라면의 패러다임을 바꾸는 노력을 계속하고 있다. 또한 제조업체에서 제시하는 방식이 아닌 소비자가 개발한 방식(2가지 다른 스타일의 라면을 섞는 방식 등)으로 제품을 활용하는 모디슈머(modify와 consumer의 합성어) 소비 계층이 증가하고 있다. 우리나라 라면은 해마다 수출 실적이 늘어나면서 식품 한류, K-푸드의 첨병 역할을 톡톡히 하고 있다.

⑧ 전분당

전분의 가수분해 생성물은 단맛이 있는데 이를 전분당(starch sugar)이라고 한다. 전분당은 식품에 단맛을 부여하는 것 이외에도 촉감을 부드럽게 하거나 저장성을 증가시키는 등의 다양한 역할을 한다.

전분당은 전분을 산이나 효소로 가수분해하여 얻어지는 탄수화물로 분해 조건에 따라 각종 중간 생성물을 얻을 수 있다. 전분의 산분해법은 고온 및 고압의 특수 설비가 필요하며 부산물이 많이 생성되어 정제에 많은 시간과 비용이 소요되는 단점이 있다. 효소분해법은 생산수율이 높고 순도가 높아 정제가 용이할 뿐만 아니라 산가수분해법보다 반응이 훨씬 온화하여 설비를 구축하는 비용이 경제적인 장점이 있다. 이에 현대의 전분당 제조에는 효소를 이용한 가수분해법을 이용하고 있다. 전분당 생산에 사용되는 효소는 알파아밀레이스(α-amylase), 글루코아밀레이스(glucoamylase), 풀루란가수분해효소(pullulanase)이며, 최종 생산물인 포도당을 이용하여 포도당 이성화효소(glucose isomerase)로 고과당 시럽(high fructose corn syrup)을 제조한다.

전분당 제조 공정은 크게 호화 및 액화 공정, 당화(saccharification) 공정, 그리고 정제 공정으로 구분된다. 호화 및 액화 공정은 전분 슬러리(starch slurry)에 내열성 알파아밀레이스를 첨가하여 105~110°C에서 5~10분간 전분의 호화와 액화를 동시에 한

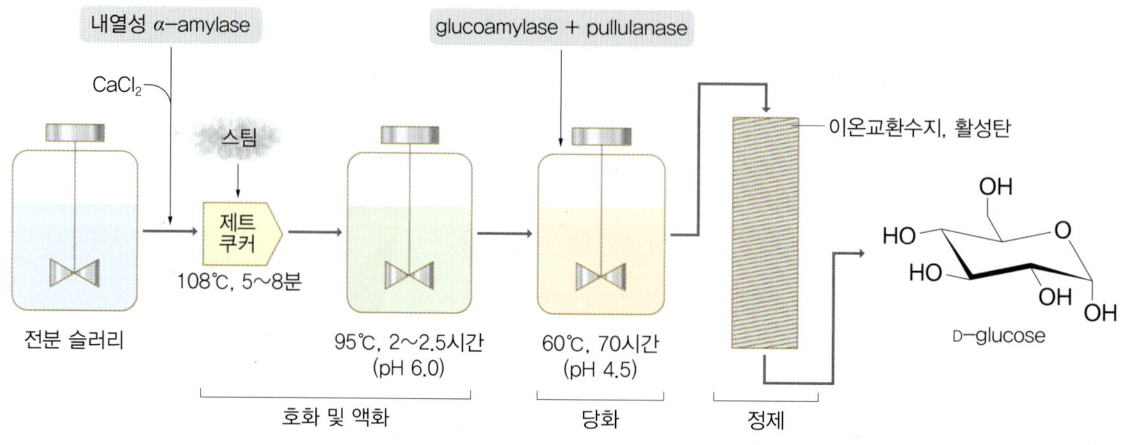

그림 5-9 전분당 제조 과정

다. 내열성 알파아밀레이스는 100°C 이상의 고온에서도 효소활성을 충분히 유지할 수 있는 특징이 있다. 알파아밀레이스로 액화된 전분용액에서는 다양한 종류의 덱스트린(dextrin)을 생산할 수 있으며 이는 식품의 물성 조절에 사용되는 소재이다.

당화 공정은 알파아밀레이스에 의하여 생성된 덱스트린 및 올리고당이 글루코아밀레이스와 풀루란가수분해 효소에 의해 최소 구성단위인 포도당으로 분해된다. 여기서 생산된 포도당은 포도당 이성화효소에 의해 과당으로 전환되어 고과당 시럽의 생산이나 아미노산, 글루탐산나트륨(monosodium glutamate, MSG), 소비톨(sorbitol), 시트르산(citric acid), 아스코브산(ascorbic acid), 젖산, 항생제 등 다양한 식품과 바이오 소재를 생산하는 원료로 사용된다. 전분당은 이온교환수지, 활성탄을 이용하여 정제하여 제조한다.

그림 5-10 전분당 제품

⑨ 효소식품

효소식품이란 식물성 원료에 식용미생물을 배양시켜 효소를 다량 함유하게 하거나 식품에서 효소를 추출한 것 또는 이를 주원료로 하여 가공한 것을 말하며, 농산가공식품류에 분류되어 있다. 효소식품은 곡류 효소 발효물에 유산균 및 기능성 물질과 부원료를 혼합하여 제조할 수도 있다. 곡류 효소식품은 곡류(60% 이상)에 식용미생물을 배양시켜 제조·가공한 것이다. 효소식품을 생산하기 위해 사용되는 균주로는 아스퍼질러스(*Aspergillus* sp.)와 바실러스(*Bacillus* sp.) 등의 미생물이 주로 사용된다.

효소식품의 가공 공정은 곡류 원료를 수세, 정선 및 증자하여 원료에 존재하는 균들을 제거한 다음 주로 전분질(주로 α-amylase)과 단백질 분해효소(protease)의 생산성이 높은 미생물을 스타터(starter)로 첨가하고 일정 조건에서 배양한다. 배양 중에 생성된 효소와 미생물의 사멸이 없는 온도에서 건조하여 분말화한 다음 섭취하기 쉽게 가공하여 효소식품을 제조한다. 효소식품은 『식품공전』에 의해 제조 관리 기준 및 구비 조건을 적용받고 있다. 효소식품은 사용되는 미생물이 안전해야 하며, 수분은 10% 이하(액

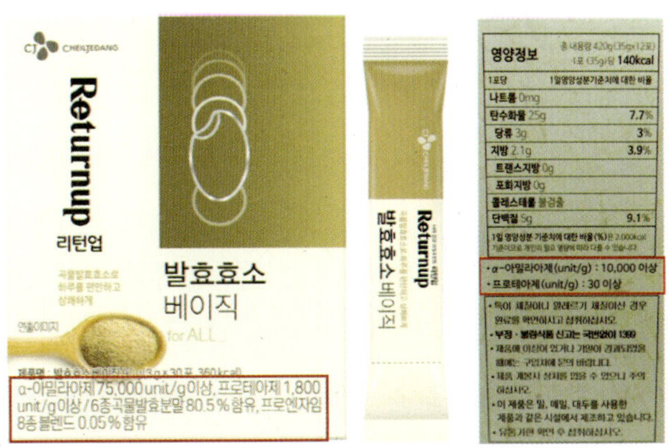

그림 5-11 효소식품의 표기 사항

Tip 효소식품의 잘못된 이해

효소식품은 2000년대 초반 소비자들의 관심이 시작되었지만 초기에 잘못된 개념 도입으로 효소식품에 대한 혼란을 겪게 되었다. 특히 채소 및 약초류에 설탕을 섞어(당침하여) 발효시키는 형태가 효소식품으로 알려졌는데, 1980년대 일본에서 이러한 식품 형태가 '효소'라는 이름으로 유행되면서 국내에도 무분별하게 전해진 것이다. 하지만 이러한 당침 및 발효액은 높은 당 함량과 낮은 효소활성으로 효소식품으로 분류하기에는 부적절하다.

상제품 제외), 조단백질이 10% 이상, 알파아밀레이스와 프로테이스(protease)는 제안된 표시량 이상이여야 한다.

⑩ 기타

그 밖에도 곡류는 막걸리, 소주, 맥주, 위스키, 보드카 등 알코올 발효음료(주류)의 제조에 사용되며, 찹쌀고추장, 쌀된장 등의 장류 제조에 사용된다. 또한 전분은 변성 전분으로 가공되어 식품첨가물로서 다양한 식품 제조에 사용된다.

2) 대두식품

대두(soybean)식품은 전통적으로 동양에서 시작되었으나 대두의 다양한 기능성이 인정되어 미국이나 유럽 등에서도 생산 및 소비가 크게 확대되고 있으며, 특히 대두단백질은 급증하는 대체육 시장에서 가장 큰 비중을 차지하고 있다. 대두 가공식품으로는 두부, 두유, 장류 등과 분리대두단백질 소재와 이를 이용한 다양한 식품이 있다.

(1) 두부

두부(tofu, soybean curd)는 콩단백질을 추출하고 응고시켜 성형한 제품이며, 보통두부, 전두부, 자루두부 등의 생두부류와 유부, 동두부(얼림두부), 인스턴트 두부 등의 두부 가공품이 있다.

두부 제조의 기본 공정은 모두 유사하나 응고제의 종류와 첨가 순서, 두유의 농도와 온도에 따라 제품의 종류가 달라진다. 보통두부는 콩을 마쇄하여 단백질이 용출된 두유에 응고제를 가하여 응고된 고형물을 성형한 것이고, 전두부나 자루두부(포장두부)는 뜨거운 두유를 상온 이하로 급속하게 냉각시키고 여기에 응고제를 분산 용해한 후 포

그림 5-12 다양한 두부 제품

장한 것을 열탕 처리하여 응고한 것이다.

유부는 압착 탈수한 두부를 기름에 튀긴 것이고, 동두부는 두부를 동결, 탈수, 건조한 제품이다. 인스턴트 두부는 두유를 분말로 건조한 것에 응고제를 혼합한 것이며, 뜨거운 물을 넣어 즉석에서 두부를 제조할 수 있는 제품이다.

두부는 동아시아의 모든 나라에서 가장 많이 생산되는 대두 가공식품이며, 값이 저렴하면서도 단백질 함량이 높은 고영양 식품이어서 고기나 치즈 대용품으로 인식되어 미국과 유럽에서의 소비가 증가하고 있다. 또한 두부의 형태도 다양하여 면, 슬라이스 치즈, 쌈두부 등의 제품이 있다.

(2) 두유

두유(soybean milk)는 전통적으로 우리의 식생활에서 친숙한 콩물, 콩국 형태의 식품이며, 콩을 침지한 후 마쇄, 여과, 끓임의 공정을 거쳐 유용 성분을 물로 추출한 것으로 성상이나 영양 성분이 우유와 비슷한 제품이다. 우리나라에서는 1973년 'vegetable milk'라는 뜻의 베지밀이 처음 제조되었다.

우유가 유당불내증, 알레르기 등을 유발하기도 하지만 두유는 이러한 부작용이 낮아 유아의 우유 대용식이나 채식을 원하는 성인의 식품으로, 그리고 콩의 기능 성분을 함유한 영양식품으로 인식되고 있다.

두유는 카톤팩, 파우치, 병, 캔에 포장하여 상온 저장할 수 있어서 유통이 편리하며, 보통두유 외에도 향 첨가 두유, 영양 강화 두유, 특수 영양식 등으로 다양한 제품이 개발되어 제조되고 있다.

(3) 장류

장류(fermented soybean foods)는 콩으로 만든 된장, 간장, 춘장, 청국장, 고추장 등의 발효식품이며, 우리 식생활에서 빼놓을 수 없는 전통 조미식품이다. 곡류를 주식으로 하는 우리에게 단백질과 결핍되기 쉬운 필수아미노산을 공급하는 단백질의 급원이었다.

전통적인 재래식 간장과 된장은 먼저 콩으로 메주를 제조하는 것으로부터 시작된다. 삶은 콩을 파쇄하고 성형한 덩어리를 건조하고 따뜻한 곳에 보관하는 동안 볏짚이나 공기로부터 메주곰팡이(*Aspergillus* 속), 고초균(*Bacillus* 속), 털곰팡이(*Mucor* 속), 거미줄

곰팡이(*Rhizopus* 속), 푸른곰팡이(*Penicillium* 속) 등이 자연적으로 부착되어 발육·증식하게 되며, 이때 프로테이스(protease), 아밀레이스(amylase) 등이 분비되어 콩의 단백질과 전분을 분해하여 고유한 맛과 향이 있는 메주가 된다. 메주를 항아리나 탱크에 담고 소금물을 넣어 추출한 후 여과하여 액체는 간장으로, 고형물은 된장으로 숙성하여 제조한다.

개량식 코지(koji) 장류는 곡류나 콩에 종균으로 코지균(*Aspergillus* 속)을 접종·번식하여 균이 분비하는 효소를 이용하는 방법이다. 개량식은 간장과 된장을 따로 제조하는 방법이며, 미리 제조된 코지를 사용하므로 발효 기간이 짧고 제품을 다양하게 제조할 수 있다.

간장은 메주나 코지를 사용하는 방법 외에도 산으로 단백질을 가수분해하여 만든 산 분해 간장과 이를 발효하여 제조한 양조간장과 혼합한 혼합간장도 있다.

또한 찐 콩에 납두균(*Bacillus natto*)을 번식하여 고온 발효한 청국장도 있으며, 이를 분말, 선식, 환 등의 형태로 2차 가공하여 냄새를 크게 줄인 청국장 가공품도 있다. 아시아 여러 나라에는 우리의 청국장과 유사한 콩 발효 제품이 있으며, 일본의 낫토, 중국의 두시, 인도의 스자체, 네팔의 키네마, 태국의 토아나오 등이 있다.

그림 5-13 장류 제품

(4) 대두단백질 식품

인구 증가에 따른 지속적인 단백질 공급원으로 대두가 매우 중요하며, 동물 단백질보다 탄소발자국과 물발자국 지표에서 대두단백질이 탄소배출량도 매우 낮고 생산 가격도 낮아 친환경적 유용성이 매우 높다. 또한 고단백질 식품에 대한 소비자의 관심 증가로 다양한 고단백과 단백질 강화식품이 개발되고 있으며, 이에 따라 대두단백질 소재의 활용이 더욱 주목받고 있다.

대두단백은 필수아미노산을 고루 함유하는 유일한 식물 단백질 소재로 우유, 달걀, 소고기 등의 동물 단백질과 유사하게 우수하여 단백질 소화율 교정 아미노산 점수에서 분리대두단백은 우유와 난백과 같은 값이다. 이는 대두단백이 성인뿐 아니라 어린이의 성장에 필요한 필수아미노산을 적절한 비율과 함량으로 함유하고 있다는 것이다.

Tip 탄소발자국과 물발자국

탄소발자국(carbon footprint)은 인간이나 동물들이 걸을 때 발자국을 남기는 것처럼 개인 또는 단체, 기업이 상품을 생산하고, 소비하고 폐기하는 데까지 전 과정에서 발생하는 이산화탄소(CO_2)의 총량을 의미한다. 물발자국(water footprint) 역시 같은 개념으로 단위 제품 및 단위 서비스 생산 전 과정(life cycle) 동안 직간접적으로 사용되는 물의 총량을 의미한다.

① 농축대두단백과 분리대두단백

대두의 단백질 함량은 약 40%이며, 이의 대부분은 수용성 단백질이다. 대두로부터 단백질을 분리하기 위해서는 대두분말에 헥산 등의 용매로 지방을 추출한 후 남은 단백질 함량이 약 50% 되는 탈지대두분말에 물을 가하여 수용성 단백질을 용출시킨 후 단백질의 등전점인 pH 4.5로 조정하여 침전되는 단백질을 원심분리하고 건조하여 대두단백을 제조한다.

농축대두단백은 단백질 함량 70% 정도이고 식품가공에서 기능적 특성이 우수하여 다양한 용도로 사용되며, 주로 육제품, 두유 제품, 전통적 대두식품과 유사한 식품에 사용된다.

분리대두단백(isolated soy protein, ISP)은 단백질 함량이 90% 이상이며, 지방질이 없고 섬유질도 극히 적은 제품으로 대부분의 대두단백 가공품 제조에 사용된다.

② 대체육 제품

대체식품은 동물 단백질을 대체한 식품을 말하며, 동물복지, 친환경, 건강 및 경제적인 가격의 단백질을 원하는 사람들을 중심으로 매우 빠르게 성장하고 있다. 대체육의 원료로 가장 많이 사용되는 분리대두단백과 실제 조직감을 낼 수 있는 조직화 기술의 개발이 중요하다. 이를 위해 기존의 압출성형 연구는 물론 식품 3D 프린팅 기술 개발에도 많은 연구가 진행되고 있다. 비욘드 미트(Beyond Meat), 임파서블 푸드(Impossible Food) 등의 기업에서는 실제로 대두를 주재료로 한 햄버거 패티 제품을 세계적으로 제조·공급하고 있다.

표 5-5 세계 대체식품 제품유형별 시장 규모(2017~2025)

(단위 : 백만 달러)

구분	2017년	2018년		2019	2025	CAGR(%)
			비중			
식물 단백질 기반 제품	7,890.8	8,395.8	87.2	8,962.5	14,319.8	8.1
곤충 단백질 기반 제품	514.8	607.5	6.3	722.9	2,470.1	22.7
해조류 단백질 기반 제품	485.1	517.6	5.4	553.8	894.0	8.3
미생물 단백질 기반 제품	98.2	102.2	1.1	106.5	143.1	5.0
배양육	0.0	0.0	0.0	0.0	31.6	19.5
전체	8,989.0	9,623.1	100.0	10,345.7	17,858.6	9.5

주 [1] CGAR는 2019년부터 2025년까지의 연평균 증가율(Compound Annual Growth Rate)임.
[2] 배양육의 연평균 증가율은 2021년(15.5백만 달러)부터 2025년(31.6백만 달러)까지의 증가율임.
자료 : Meticulous Research(2019: 131).

그림 5-14 대두단백질로 가공한 육류 대체품

Tip 대체식품

대체식품 혹은 대체축산식품은 동물성 단백질을 대체한 식품이며, 총 5개 유형으로 식물성 단백질, 곤충 단백질, 배양육, 해조류 단백질, 미생물 단백질 제품이 있다.

③ 유가공 및 음료 제품

콩단백질 첨가가 가능한 유가공 식품은 아이스크림, 치즈, 커피 크림, 휘핑크림, 콩우유와 두유 혼합음료이다. 이 중 혼합음료는 콩우유에 풍부한 리놀레산, 리놀렌산, 리진, 페닐알라닌을 우유에 강화하여 난황보다 우수한 영양 성분 조성을 가질 뿐만 아니라 락토스 함량을 낮추는 효과가 있다. 이 외에 분리대두단백을 설탕 또는 옥수수 시럽과 무기물, 지방, 비타민, 그리고 유화제 등을 물에 녹여 균질화한 영양 음료도 있으며, 대두단백의 유화력을 이용하여 커피크림에 첨가한 것 등 다양한 제품이 있다.

④ 빵과 스낵 식품

빵이나 스낵 제품에 대두단백을 첨가하면 영양가가 향상되고, 보수력과 흡수력도 향상된다. 빵에 사용되는 탈지유분말을 전지대두분말이나 분리대두단백으로 대체할 수 있으며, 이 경우 보수력이 향상되고 빵이 딱딱해지는 현상이 감소하고 반죽이 잘되는 장점이 있다.

이외에도 세계에는 식물성 미트볼, 인조 베이컨, 대두 버터, 대두 푸딩, 두부 스프레드, 드레싱, 대두 막대사탕 등 다양한 제품에 대두단백이 사용되고 있다.

(5) 대두 기능성 식품

미국에서 기능성 식품이 주목을 받기 시작한 것은 1994년 시카코에서 개최된 '성인병의 예방과 치료에 대한 콩의 효능'이라는 주제의 국제 심포지엄이 큰 역할을 하였다.

대두에는 레시틴, 올리고당, 아이소플라본, 토코페롤, 스테롤, 피트산, 트립신 저해제 등과 같은 파이토케미컬 물질이 다량 함유되어 있다. 이들 물질 대부분은 대두가공의 부산물에서 유용 성분을 회수하여 고부가가치의 기능성 식품, 기능성 첨가물, 식이보충제, 화장품, 의약용 등 새로운 형태의 제품으로 제조되고 있다.

(6) 기타 가공 제품

이 외에도 대두는 콩나물, 콩밥, 콩 반찬으로 이용되기도 하며, 템페 등 다양한 발효식품으로도 이용되고 식용유나 바이오디젤 원료로도 사용된다.

① 콩나물

대두를 어두운 곳에서 발아한 콩나물(bean sprout, soybean sprout)은 조직이 아삭아삭하고 독특한 맛과 향이 나며 콩이 가지는 기능 성분은 물론 대두에서는 존재하지 않던 비타민 C의 함량이 증가하며, 비타민 B_1, 베타카로틴 외에도 숙취 해소에 도움이 된다는 아스파라진의 함량도 높다. 콩나물은 연중 공급이 가능하고, 우리나라 국민 1인당 연간 12~13 kg을 소비하는 매우 중요한 콩가공 제품이다.

② 템페

템페(tempeh)는 인도네시아를 대표하는 대두 발효식품이며, 껍질을 제거한 삶은 콩에 리조푸스(*Rhizopus*) 곰팡이를 접종하여 발효시킨 제품으로 케이크 같은 형태이고 균사체가 콩 속까지 뻗어 있다. 템페는 그대로 먹지 않고 간장을 발라 굽거나, 얇게 썰어 기름에 튀기거나 스프에 넣어 먹는다.

③ 콩자반과 콩 스낵

풋콩은 80% 정도 성숙된 콩으로서 생으로 또는 냉동 제품으로 판매된다. 증기로 찌거나 물에 삶아 조미하여 먹거나 영양가가 높아 밥밑콩으로 많이 사용된다. 콩자반은 주로 검은콩을 물에 불린 후 찌고 조미하여 졸인 제품으로 주로 반찬용으로 제조한다. 또한 콩을 기름에 튀기거나 구워서 조미료로 코팅한 스낵 제품도 있다.

④ 대두유

대두는 유지작물로 분류되며 대두로부터 생산된 유지는 식용유지의 약 80%를 차지한다. 대두유는 불포화지방산이 65% 이상이며, 정제 과정의 부산물인 비타민 E의 토코페롤과 유화제 레시틴은 항산화 작용이 있어 건강식품으로도 제조된다.

⑤ 바이오디젤

세계적으로 유가가 상승하거나 자원 고갈이 심화되면서 대체 에너지에 대한 수요가 높아졌다. 바이오에탄올과 함께 환경친화형 연료로 바이오디젤이 주목받고 있으며, 바이오디젤은 식물성 유지로부터 생산되어 디젤과 혼합하여 자동차 연료로 사용된다. 콩과 함께 유채 등 유지작물이 바이오디젤 원료로 사용되고 있다.

(7) 대두 가공산업의 전망

대두 가공식품은 동양에서는 매우 오랜 역사가 있으나 서양에서는 비린내와 익숙하지 않은 맛으로 인해 부정적 이미지가 강하여 식품으로 이용되는 경우가 적었다. 대두의 이러한 부정적 이미지를 개선하기 위하여 대두유를 베지터블 오일(vegetable oil), 대두버거(soyburger)를 베지 버거(veggie burgers)라고 부르는 등의 노력과 함께 대두의 기능성을 강조함으로써 미국의 식품산업에서 가장 빠르게 성장하는 분야가 되었다.

실제로 1999년 미국식품의약국(FDA)은 대두단백질을 함유한 식품의 건강 효능 표시를 승인한 바 있으며, 특히 대두 전체를 사용하는 두유, 두부, 템페 등은 대두 이외의 다른 성분을 첨가하지 않는다면 건강 효능 표시를 할 수 있도록 승인하였다. 이에 따라 각종 새로운 대두 가공 제품이 연구·개발되어 상품으로 제조되고 있다.

대두는 단위 재배 면적당 단백질 생산량이 가장 높으므로 전 세계에서 단백질이 절대적으로 부족한 개발도상국에서는 대두 가공식품을 섭취시키는 것이 가장 좋은 방법이 될 수 있어서 21세기에는 대두 가공식품이 큰 주목을 받고 있다.

Tip 베지테리언

베지테리언(vegetarian)은 먹는 식품에 따라 그 명칭이 다양하다. 비건(vegan)은 완전 채식주의자, 락토(lacto) 채식은 우유 및 유제품 외 동물성 식품을 먹지 않는 경우, 오보(ovo) 채식은 달걀을 허용하는 경우, 락토오보(lactoovo) 채식은 달걀과 유제품을 섭취하는 경우, 페스코(pesco) 채식은 어류까지, 폴로(pollo) 채식은 조류와 어류를 섭취하는 경우를 말한다. 최근에는 비건에게 김치를 허용해도 되느냐에 관한 문제가 사회적 이슈가 되고 있다.

3) 과일과 채소식품

과일 소비량이 많은 국가에서는 생산량의 20~40%를 생과로 이용하고 나머지를 가공 제품으로 이용하고 있으나 우리나라에서는 주로 생과를 소비한다. 과일류는 음료, 잼·젤리, 건조품, 통조림, 발효 제품 등으로 다양하게 가공되고 있으며, 채소류는 세계적으로 토마토가 가장 다양하게 가공되고 우리나라에서는 김치류와 나물류 가공이 많다. 이외에 채소류는 냉동품, 건조품이나 피클과 같은 절임 제품으로 가공되고 있다.

최근에는 과일과 채소류 모두 신선 절단 제품 혹은 밀키트 제품 등으로 가공되는 비율이 증가하고 있다. 부족한 과채류는 신선한 것과 가공품의 형태로 수출·수입되어 세계 어느 곳에서든지 풍족하게 공급되고 있다. 따라서 이러한 환경에 적합한 기호성 높은 다양한 가공 제품이 제조되고 있다.

(1) 원료의 전처리

과일과 채소는 수분 함량이 많고 생리 작용이 계속되어 저장 중 품질이 저하되므로 가능한 한 일찍 생체로 이용하거나 가공식품으로 제조하여야 한다.

과채류는 농장에서 공급되는 식재료이므로 식품공장에서 대량으로 가공 제품을 만들기 위해서는 먼저 원재료의 선별, 세척, 다듬기 등의 전처리 공정에서 가공에 적합한 형태로 원료를 준비해야 한다.

① 원료의 선별

과채류 가공은 원료를 제품의 형태로 변환하는 과정이므로 좋은 원료의 선택이 매우 중요하다. 원료는 위해 미생물과 농약으로부터 안전하여야 하며, 가공 특성인 색상, 당산비, 성분 함량 등 내부 품질이 중요하고, 기계화된 대량 생산 제조 공정에 적합하여야 한다. 원료는 크기와 형상 등 가공에 적합한 균일한 것으로 선별하여야 하며, 크기의 차이는 소비자의 불만 외에도 가열, 냉각 공정에서 열전달 속도 차이를 발생하여 균일한 품질의 제품 생산을 어렵게 한다.

② 세척

세척은 원료에 묻어 있는 먼지, 오물, 약제, 미생물 등을 제거함으로써 부패 감소, 안전성 증대, 품질 향상을 목적으로 하는 공정이다. 주로 물을 사용하는 습식세척법이 사용되므로 환경 오염이나 수자원 측면에서 가능한 한 적은 수량으로 효율적인 세척 공정을 수행해야 한다. 최근에는 물 대신에 전해수, 오존수 등 위생 효과가 있는 세척수를 사용한다.

습식세척 방법에는 물에 담가 두는 침지세척법, 기계적으로 압축 공기를 이용하여 세척수를 교반하는 교반세척법, 고압의 세척수를 분무하여 세척하는 분무세척법이 있다.

③ 데치기

데치기(blanching)는 뜨거운 물에 침지하거나 수증기로 처리하는 열처리 공정이며, 주로 채소류 가공의 전처리 방법으로 많이 이용된다. 특히 냉동, 건조, 통조림 제품 제조에서는 필수적인 조작이며, 이의 목적은 변색, 변질 등의 원인이 되는 산화 효소를 불활성화하는 것이다.

④ 박피

과일과 채소류의 껍질 벗기기는 수작업 혹은 기계를 이용하거나 뜨거운 물에 침지 또는 고압수증기를 분사한 후 손이나 가압수로 남은 과피를 제거하는 방법을 사용한다. 알칼리나 산 등의 약제로 박피하는 방법도 있다.

(2) 과일 및 채소 음료

과일을 음료로 만들고자 하는 노력은 오래전부터 시도되었으며, 1869년 미국의 치과의사 토마스 웰치(Thomas Bramwel Welch)는 살균 포도과즙을 제조하였고 19세기 후반 스위스에서는 사과과즙을 제조하였다. 제1, 2차 세계 대전을 거치면서 과학 기술의 진보와 함께 식품가공 기술에서도 큰 발전이 있었으며, 오늘날에는 과일과 채소를 활용한 매우 다양한 음료 제품이 제조되고 있다.

① 과일 주스의 종류

한국산업규격에 과일 음료는 신선한 과일을 원료로 하여 만든 비알코올성 음료를 밀봉·살균한 것으로 그대로 마실 수 있는 제품이라고 정의하고 있다. 또한 『식품공전』에서는 과일·채소 음료는 과일과 채소를 주원료로 하여 가공한 것으로서 직접 또는 희석하여 음용하는 것으로 농축 과채즙, 과채 주스, 과채 음료 제품이라고 정의하고 있다.

천연 과일 주스는 과일에서 착즙한 그대로의 농도를 갖는 제품으로 여기에는 펄프(pulp)질을 함유하는 혼탁 주스(cloudy juice, 불투명 주스)와 투명하게 한 청징 주스(clear juice, 투명 주스)가 있다.

농축 과일 주스는 천연 과일 주스를 농축한 주스이며, 저장해 두었다가 필요시 물을 첨가하여 착즙 당시의 농도로 희석하여 만든 제품을 농축 환원 주스라고 한다.

과일을 분쇄해서 거칠게 거른 것을 퓌레(puree)라 하며, 이를 일정 농도로 희석하고 과즙 또는 물, 산, 당 등을 가해서 조미하여 만든 것을 넥타(nectar, 과육 음료)라고 한다.

스쿼시(squash)는 과일 음료에 미세한 과육 조각이 떠 있는 것이며, 분말과즙은 과즙

Tip 청징 주스

착즙한 주스는 보통 혼탁 주스인데 단백질, 펙틴질 등이 콜로이드 형태로 분산되어 있기 때문이다. 미국이나 유럽에서는 사과, 포도 등의 혼탁 주스로부터 열처리, 여과보조제에 의한 침전, 효소분해, 여과 등의 방법으로 혼탁 물질을 제거하여 청징 주스(clear juice)로 가공하는 제품이 많다.

을 농축한 후 분무건조나 동결건조하여 수분 3% 이하로 건조한 것이다.

② 과일 주스의 가공

과일을 착즙할 때는 파쇄 후 압착, 원심 분리, 체 분리로 즙액을 분리하며, 스크루식으로 압착하면서 즙액을 얻는 방법도 있다. 주스를 추출하는 과정에서 다량의 공기가 혼입되면 산화에 의해 갈변되므로 사과 등 과실을 착즙할 때는 비타민 C 용액을 분무하면서 파쇄하기도 한다.

과일 주스의 살균은 70~75°C에서 15~20분 가열하여 냉장 유통하는 저온살균법과 90~98°C의 고온에서 20~60초간 살균 처리하는 순간가열살균법(flash pasteurization)을 사용하며, 최근에는 초고압 처리 등 다양한 비열처리 살균 방법을 사용하기도 한다. 제품 포장은 대기업에서는 PET병, 유리병, 카턴팩으로 하고, 소규모 생산 시설에서는 레토르트 파우치를 주로 사용한다.

그림 5-15 탄산 함유, 혼탁 및 청징 주스 등 다양한 주스 제품

③ 음료 제품의 세계적 동향

국내의 과채류 음료 생산량은 감소하고 있으나 탄산과 커피 음료의 생산량은 증가하

고 있으며, 음료의 수출 규모도 증가하고 있다. 세계적인 음료 제품의 추세는 비농축 주스(not from concentrate, NFC)인 100% 착즙 주스, 저당 제품, 마시는 것보다 먹는 제품, 혼합 음료 제품 등 기능성을 강조하고, 포장 단위는 작아지는 경향이다.

(3) 잼과 젤리

과일에 설탕을 첨가하고 가열 농축하여 젤리화한 가공품이 잼(jam)과 젤리(jelly)이다. 젤리는 과일 착즙액으로 제조하여 투명하고 원료 과일 특유의 향기와 색택을 갖는 과자류의 캔디 유형의 제품이며, 잼은 과육으로 제조하여 젤리와 같은 조직감이 있는 당절임 식품인 잼류의 제품이다.

① 잼과 젤리의 종류

『식품공전』에서 잼류는 과일류, 채소류, 유가공품 등을 당류 등과 함께 젤리화 또는 시럽화한 것이다. 잼은 과육을 파쇄하여 과일의 형태는 없어지고 냉각하였을 때 젤리와 같은 조직감이 있다.

마멀레이드(marmalade)는 잼 속에 과일의 과육이나 과피의 조각을 함유한 것이며, 프리저브(preserve)는 과일을 절단하거나 원형 그대로 넣고 끓여서 농축한 것으로 제품 속에 과일의 모양이 남아 있는 것이다.

천연 젤리는 과일 착즙액으로 제조하여 투명하고 원료 과일 특유의 향기와 색택이 있다. 그러나 현대의 젤리는 겔(gel)화와 조직감을 기술적으로 조절한 인조 젤리이며, 펙틴, 젤라틴, 한천, 알긴산 등의 고분자 겔화 물질에 구연산과 당, 색소, 향료를 첨가하여 제조한 캔디 유형의 반고체 식품이다. 이러한 인조 젤리를 구미(gummi, gummy, 독일어로 고무. 고무같이 생긴 젤리)라고 한다.

② 잼과 젤리의 가공

젤리화에서 가장 중요한 성분인 펙틴(pectin)은 적당한 양의 당과 산이 존재할 때 겔을 형성하는 물질이다. 보통 젤리화의 최적 농도는 펙틴 1.0~1.5%, 산도 pH 3.2, 당 농도 60~67%이다. 젤리화된다는 것은 펙틴 사슬이 수소 결합이나 이온 결합하여 그물망 구조를 형성하는 것이다. 보통 과일류의 펙틴은 메틸에스터화 정도가 높아 젤리화되려면 높은 당 함량(60% 이상)과 pH 2.8~3.4 범위가 되는 유기산이 필요하다. 그러나 메

Tip 펙틴

펙틴(pectin)은 갈락투론산이 α-1,4 결합한 중합체인 폴리갈락투론산의 고분자 물질로 유기산기의 일부가 메틸에스터 또는 그의 염 형태로 되어 있다. 미숙과에 많은 젤이 잘 안 되는 프로토펙틴(protopectin)은 효소에 의해 펙틴으로 되며, 과일이 너무 익으면 펙틴의 메톡시기(-$COOCH_3$)가 모두 카복실기(-COOH)로 변한 펙트산(pectic acid)이 되어 역시 젤이 잘 안 된다.

틸에스터화 정도가 낮은 펙틴은 Ca 등 2가 양이온에 의하여 펙틴 사슬 간의 결합이 일어나 젤리화가 된다.

전처리한 과일을 적당한 크기로 잘라 가열하여 펙틴, 당 등 성분을 추출한 후 마쇄하여 그대로 가공하면 잼이 되고, 착즙하여 투명한 주스를 얻은 후 가공하면 젤리가 된다. 착즙액에 산, 펙틴, 당 등을 넣고 강하고 짧은 시간에 가열 농축한다. 가열 농축 시간이 길면 펙틴이 산에 의하여 분해되어 젤리화하는 힘이 약해질 뿐 아니라 설탕의 캐러멜화 및 갈변이 일어나 빛깔과 향미를 나쁘게 하므로 식품공장에서는 진공농축장치에서 저온으로 농축한다.

농축 공정에서 젤리가 형성되는 젤리점에 이르는데 컵법, 스푼법, 온도계법, 당도계법 등의 방법으로 젤리점을 결정한다. 젤리점에 도달하면 뜨거울 때 미리 세척하여 살균해 둔 병에 거품이 나지 않도록 담아 곧바로 밀봉하여 거꾸로 두었다가 냉각한 후 상온에 보관한다. 그러나 당도가 낮은 저당 잼의 경우에는 후살균하여 저온 유통해야 한다.

③ 잼, 젤리류의 제품 동향

현대인은 탄수화물, 특히 당에 대하여 많은 부정적 견해를 갖고 있어 기존의 당 함량이 높은 잼류 소비가 감소하였다. 그 대신 저당 잼이나 설탕 대신 기능성 올리고당 등으로 단맛을 크게 낮춘 제품, 그리고 물성이 부드러운 제품에 대한 선호도가 높다.

펙틴에 의한 잼과 젤리 외에도 젤라틴을 사용한 조직감이 강한 젤리, 카라기난 등 식물성 다당류를 이용한 제품, 양갱과 같이 한천을 이용한 제품도 있으며, 최근에는 신선한 느낌을 주는 과일청 제품도 많다.

그림 5-16 다양한 포장의 잼류 제품

Tip 하리보 구미

하리보(Haribo)는 1920년 독일의 한스 리겔이 만든 과자 회사로 젤리와 구미(gummi)를 만드는 세계에서 제일 큰 회사이다. 주요 제품은 금곰(Goldbears)이라 불리는 곰 모양 캐릭터의 젤리이다. 구연산이 들어간 새콤달콤한 사탕과 과즙 캐러멜 제품도 있으며, 미래식량인 곤충 젤리도 있다. 독일에 5개의 공장과 유럽에 13개 공장이 있다.

(4) 건조 제품

식품을 건조하여 수분을 제거하는 것은 저장을 위한 가장 오래된 방법이며, 건조는 조직감이 개선되고 향기와 성분이 농축된 새로운 제품으로 만든다는 측면에서 매우 중요한 가공 방법이다.

『식품첨가물공전』에서 건조과일류는 곶감, 건살구와 같이 과일류를 원형 그대로 건조한 것으로 건조채소와 같이 수분 함량 40% 이하로서 슬라이스 칩 형태를 포함한다고 되어 있다. 그러나 건조과일채소류는 『식품첨가물공전』에 별도의 품목으로 명시되어 있지 않은데 이는 대부분의 건조과일채소류가 단순 처리 농·임산물이기 때문이다. 그러나 식품의약품안전처(식약처)에서는 건조품 중에서도 첨가물을 가하거나 원형을 알아볼 수 없는 경우, 현격한 성분 변화가 있는 경우는 가공식품에 포함하고 있으므로 감말랭이 등 여러 건조 제품들이 정확한 법규 적용에 어려움을 겪고 있다.

① 건조 방법

과일과 채소는 80~95% 정도의 수분이 함유되어 있으며 원료로부터 탈수 과정을 거쳐 필요한 수분 함량까지 건조한다. 건조는 식품 표면에서 수분의 증발과 내부에서 표면으로 수분 확산이 진행되며, 이의 균형이 잘 맞아야 건조가 잘된다. 가공 공정은 원료의 세척, 껍질 벗기기, 크기 줄이기, 블랜칭 후 건조하는 공정이며, 원료나 제품에 따라서 적합한 공정으로 변경할 수 있다.

건조 제품은 부피가 크게 줄고 수분 함량이 낮아 저장성이 증대되고, 맛이나 조직감 등이 원료와는 다른 새로운 제품으로의 가공이 가능하며, 가공 비용이 낮은 등의 장점이 있다.

건조 방법은 대부분 열풍건조이나 열에 의한 품질 손상이 크면 냉풍으로 건조하기도 한다. 동결건조는 원료를 동결한 후 진공 체임버에서 얼음 결정을 승화시켜 수분을 제거하는 방법으로 열처리를 하지 않으므로 제품의 색, 향 등이 잘 보존되고 건조에 따른 성분 변화가 거의 없고, 복원성 등 품질이 우수하다. 그러나 다공성으로 조직이 연약하고 흡습이 빠르고 산소와의 접촉이 쉬우므로 방습, 가스 차단, 질소 치환 혹은 충전 등 포장에 유의하여야 하며, 비용이 많이 드는 단점이 있다.

그 외의 건조 방법으로는 천일건조 외에도 분무건조, 피막건조, 삼투건조 등 다양한 방법이 있고, 유탕 처리 역시 빠른 건조 방법 중 하나로 각종 과일과 채소 스낵 제품에 적용되는 방법의 일종이다.

② 건조 제품의 종류

과일 건조품으로는 베리류(포도, 블루베리), 핵·인과류(사과, 배, 감), 감귤류(귤, 레몬, 오렌지, 자몽), 열대과일류(바나나, 망고, 파인애플, 무화과)가 있으며, 이들을 그냥 건조하거나 당절임 후 건조한 제품, 스낵 혹은 칩 형태의 제품 등이 있다.

채소 건조품으로는 과채류로 호박, 가지, 토마토 건조품이 있고, 엽채류는 대부분 블랜칭하여 건조한 제품이며, 근채류는 무, 연근, 도라지 등이 있다. 건고추는 우리나라에

그림 5-17 건조 제품의 종류

서 가장 많이 생산되고 소비되는 품목이다.

새롭게 선보이고 있는 제품으로는 초콜릿과 결합한 건조과일, 식사 대용식과 결합한 건조채소, 시리얼바와 같이 곡류, 두류 등과 결합한 건조 제품도 있다. 또한 고품질의 프리미엄 건조과일, 채소 믹스 등과 건조열대과일 제품의 수요도 증가하고 있다.

(5) 통조림

통조림은 나폴레옹 시대 니콜라 아페르(Nicolas Appert)가 유리병 속에 식품을 넣고 가열한 뒤 장기간 저장이 가능하다는 것을 발견한 것이 최초이다. 통조림, 병조림, 레토르트 파우치 식품은 모두 식품을 용기에 넣고 탈기, 밀봉, 살균하여 장기 저장이 가능하도록 한 제품이며, 이를 밀봉살균식품이라고도 한다. 오늘날 많이 사용하는 식품 포장 방법이며 전 세계에 다양한 제품들이 있다.

① 포장 용기

밀봉살균식품의 포장 용기는 유리, 캔, 레토르트 파우치 등이 있다. 유리는 화학 반응에 안정하며 투명하여 내용물이 보이는 장점은 있으나 빛의 투과로 변색이 쉽게 일어나는 단점이 있다.

금속 용기는 주석 캔, 알루미늄 캔이 주로 사용되고 있으며, 모양에 따라 원통형과 각관이 있고, 제조 방법에 따라 3피스(three piece) 캔과 2피스(two piece) 캔이 있다. 유리와 달리 운반 중 강도가 충분하며 급랭에도 잘 견디고 가벼우나 간혹 내용물과 관이 화학적으로 반응하여 문제를 일으킬 수도 있다.

레토르트 파우치는 통조림 용기의 단단한 물성을 유연하게 개선한 것으로 내열성의 플라스틱 필름, 금속박, 밀봉용 플라스틱 등을 적층하여 제조하며, 재료의 두께가 얇고 표면적이 넓어 열전달이 빠르며 재료 선택의 폭이 넓은 장점이 있다.

② 제조 공정

선별, 세척, 데치기, 박피 등의 전처리를 마친 원료를 병이나 캔에 6~10%의 헤드스페이스(head space)를 남기고 충전하고, 과일의 경우는 당액을, 채소의 경우는 염수를, 그리고 올리브 등은 식용유를 주입액으로 충전한다.

밀봉살균식품의 제조 공정에서 탈기, 밀봉, 살균을 주요 3공정이라고 한다.

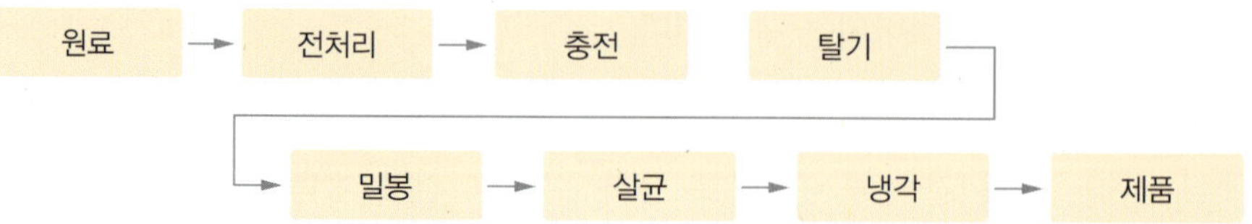

탈기는 식품 내부와 헤드스페이스의 공기를 제거하는 공정으로 산소에 의한 제품과 관 내면의 산화 방지, 가열살균 시 관의 팽창 방지 등의 목적이 있다. 탈기 방법은 가열법, 기계를 이용한 진공탈기법, 증기분사법이 있고, 불활성 기체로 치환하는 방법도 있다.

밀봉은 캔의 경우 시머(seamer)로 이중밀봉을 한다. 시머는 아래에서 캔을 받쳐 주는 척(chuck), 위에서 눌러 주는 리프터(lifter), 그리고 통의 플랜지(flange)와 뚜껑의 컬을 이중으로 밀봉하는 롤러(roller)로 구성되며, 대량 생산에서는 진공밀봉기(vacuum seamer)로 탈기와 함께 연속적으로 밀봉한다.

통조림 식품의 가장 큰 장점은 긴 유통기한이며, 이를 확보하기 위해서 멸균 조건으로 살균한다. 살균 온도와 시간은 내용물의 pH에 따라 다르며 pH 4.5 이상의 제품에서는 대부분 120°C의 고온에서 살균한다.

유리병의 경우는 살균 후 서서히 냉각하여야 하나 통조림 제품은 즉시 냉각하는 것이 좋으며, 제품의 유통에 앞서 다양한 품질 검사를 한다.

③ 통조림 제품

과일과 채소 통조림 제품은 감소하고 있고, 그 대신 레토르트 파우치 식품이 크게 증가하고 있으며, 병조림 제품은 고급 제품을 중심으로 증가하고 있다. 과채류 통조림으로 복숭아, 감귤, 토마토, 양송이, 완두콩, 죽순, 옥수수, 파인애플 등이 있으며, 병조림으로는 당절임 제품이 최근에 다양하게 제조되고 있다.

(6) 절임 제품

절임류는 채소류, 과실류, 향신료, 야생식물류, 해조류 등의 식물성 원료를 주원료로 하여 식염, 식초, 당류 또는 장류 등에 절인 후 그대로 또는 이에 다른 식품을 가하여 가공한 것이다. 침채류(沈菜類)는 채소류 절임 제품이며, 절임식품과 같은 의미로 사용되고 있다. 절임류는 식품의 저장 수단이며, 김치, 단무지, 절임채소류 등과 같이 새로운 제품으로의 가공 방법으로 사용하고 있다.

① 절임류의 종류

절임류 중 가장 많이 사용되는 방법은 소금절임인 염장 제품이다. 소금 농도가 높을 경우 저장법으로 사용되며, 이는 소금의 높은 삼투압에 의한 탈수 작용으로 미생물이 원형질 분리로 사멸되기 때문이다. 한편, 2~10% 정도의 염 농도에 절이면 유산균이나 효모로 발효한 식품 제조가 가능하며, 김치가 그 대표적인 예이다. 염장 제품 외에도 간장이나 된장 등 장류에 절이는 장아찌, 식초에 절이는 초절임, 당절임 제품 등이 있다.

② 절임류의 가공

절임 제품은 절이는 과정에서 삼투, 효소, 발효 작용으로 숙성된다. 채소류의 반투성 원형질막을 통하여 당이나 소금 등의 절임 물질이 조직 내부로 침투하고 수분이 외부로 빠져나오는 삼투 과정, 절임 재료에 존재하는 효소에 의한 가수분해물의 생성, 젖산균 등의 발효로 생성되는 맛 성분 등이 생성되므로 특유의 맛과 조직감을 지니게 된다.

③ 절임 제품의 상품화

다양한 절임 제품은 가정에서 쉽게 제조할 수 있고, 겨울철에 구하기 어려운 채소류를 장기간 식용할 수 있어서 부식류로 우리나라에서 오랫동안 이용되어 왔다. 그러나 신선채소의 연중 공급이 가능해져서 필요성이 줄어들었고, 짠맛으로 인한 나트륨 섭취의 원인으로 알려져 소비가 감소하고 있다. 따라서 저염 제품, 기능성이 있는 독특한 절임 소재의 활용, 소포장화, 디자인이나 포장의 고급화 등 고품질 제품으로 제조하고 있다.

Tip 외국의 절임 제품

유럽에서는 겉절이 발효물인 사우어크라우트(sauerkraut)와 오이절임인 피클(pickle)이 일반화되어 있다. 중국은 파오차이[泡菜], 동남아에서는 베트남의 다무오이(Dhamuoi), 태국의 타쿠아동(Dakguadong), 필리핀의 부롱 무스타사(Burong Mustarla) 등이 있다. 일본은 채소를 식염에 절인 쓰게모노[漬物], 아사쯔게[淺漬]가 전통적으로 많이 이용되고 있다.

(7) 신선 절단 제품과 밀키트

현대의 식품 소비자들은 영양소뿐만 아니라 식품 안전성과 환경 친화성에 매우 민감하며, 신선하고 편리한 식품을 요구하고 있다. 신선편이식품은 이러한 소비자의 니즈에 적합한 것으로 폐기물의 감소, 제품의 다양화, 균일한 품질 관리, 소비의 편리성 등 다양한 장점이 있다. 이러한 편이성과 경제성 때문에 다양한 신선편이식품과 밀키트(meal kit) 제품이 제조되고 시장 규모도 크게 확대되었다.

① 최소가공 제품

최소가공(minimal processing, fresh cut)은 최소한의 가공을 통해 신선한 품질 그대로의 제품을 제공할 수 있는 식품가공 기술이며, 신선한 과채류를 수확한 후 선별, 세척, 박피, 절단 등의 제조 과정을 통해 즉시 소비할 수 있는(ready to use, RTU) 형태의 식품으로 가공하는 기술이다.

유통 중 식품의 품질을 유지하기 위해 가장 중요한 것은 냉장 기술이지만 신선식품 제조와 유통 중에 발생하는 갈변, 연화, 미생물의 증식을 조절하기 위한 부가적인 제어가 필요하다. 식품의 품질 유지를 위한 제어 요소들을 병용하여 신선편이식품의 품질을 연장하고자 하는 것이 허들 기술(hurdle technology)로 발전하였다. 허들이란 신선편이식품의 품질 연장을 위해 반드시 해결해야 하는 각 제어 요소들이며, 물리적, 물리화학적, 미생물학적 허들(hurdle)이 있다.

최소가공 제품은 허들 기술을 이용한 제품으로 절단 과일 및 채소류, 샐러드용 제품이나 버섯류 등 다양한 형태로 B2C 및 B2B 제품으로 제조되고 있다.

Tip RTU 유사 용어

RTU(ready to use) 외에도 RTE(ready to eat), RTC(ready to cook), RTH(ready to heat), RTP(ready to prepared) 등의 용어가 사용되고 있다.

② 밀키트와 HMR

밀키트(meal kit)는 식사 키트, 즉 식사 세트라는 의미로 쿠킹 박스, 레시피 박스라고도 불리며, 재료 준비만 미리 한 제품으로 조리는 첨부된 설명서를 보고 직접 해야 한다. 최근에는 유명 셰프의 레시피로 제공되는 밀키트도 제조되고 있다.

HMR(home meal replacement, 가정간편식)은 조리 자체가 필요하지 않거나 이미 기본 조리가 끝나 데우는 등 최소한의 조리 과정만으로 섭취할 수 있는 제품으로 밀키트와는 다르다.

③ 상품화 동향

식품은 사회 구조 변화에 매우 민감하게 반응하며, 1인 가구 수가 40%에 육박하는 우리나라에서는 그 변화 속도가 매우 빠르게 진행되고 있다. 시장에서 가장 큰 변화는 포장 단위가 작아지고, 신선 절단 제품, 밀키트, HMR 형태의 제품 개발과 소비가 크게 확대되고 있다.

이들 제품은 새벽 배송 시장의 성장과 함께 가히 폭발적으로 확대되었으며, 상품의 다양화, 고급화, 냉장 및 냉동 제품, 과일·채소류를 넘어 육류와 수산물 제품으로까지 그 응용이 확대되고 있다.

그림 5-18 신선 절단 제품 및 밀키트 제품과 밀키트 전문 매장

(8) 기타 과채류 가공품

새로운 형태의 과채류 가공 제품이 꾸준히 개발·상품화되어 시장에서 소비자의 선택을 기다리고 있다. 감은 농산물이 아닌 임산물로 분류되는 특이한 과일이지만 우리나라에서 가공 비율이 매우 높다. 서양에서는 토마토의 가공 비율이 가장 높다. 과채류 냉동 제품도 다양하며, 꽃을 이용한 식품 개발도 활기를 띠고 있다.

① 감 가공품

감(persimmon)은 동아시아 특유의 과일로 한국, 일본, 중국 등지에서만 과수로 이용되고 있으며, 우리나라에서는 밤, 대추와 함께 3대 과실의 하나로 제례 문화와 함께 사용되어 오고 있다. 감의 성분은 당, 카로텐, 폴리페놀, 비타민 C 등의 함량이 높으나 디오스프린(diospyrin)이라는 탄닌 성분의 떫은맛이 있어 과실을 그대로 이용하기 어려우므로 탈삽과 연시(홍시), 곶감 등으로 가공하고, 감말랭이, 아이스홍시, 홍시 음료 등 가공품 외에도 감와인과 감식초 등의 발효식품으로도 제조하고 있다.

감잎에는 비타민 C의 함량이 매우 높고 녹차와 같은 카테킨류의 폴리페놀, 플라보노이드의 함량이 많아 음용 감잎차로 제조하고, 이외에도 미백용 화장품, 피부 노화 방지용 소재, 탈취 및 소취제 등에도 이용되고 있다.

Tip 탄닌

탄닌(tannin)은 감, 녹차, 커피 등에 존재하는 폴리페놀(polyphenol)의 일종인 방향족 화합물로 단백질 또는 다른 거대 분자와 착화합물을 강하게 형성하는 물질이며, 떫은맛은 탄닌이 입 속의 점막 단백질과 강하게 결합하기 때문에 느껴진다.

② 토마토 가공품

남미가 원산지인 토마토는 세계적으로 가공 비율이 가장 높고, 전 세계에 다양한 가공품이 널리 소비되고 있다. 특히 토마토 색소 성분인 라이코펜(lycopene)의 항암성 등 기능성에 많은 관심이 있다.

가장 많이 소비되는 토마토케첩(tomato ketchup)은 농축 토마토에 식염, 향신료, 식초, 당류, 마늘 등을 가하여 조미한 것이며, 가용성 고형분이 25% 이상인 제품이다. 가공원료로 사용되는 토마토퓌레(tomato puree)는 토마토 농축액 중 가용성 고형분이 24% 미만의 것을 말하며, 토마토 페이스트(paste)는 퓌레를 더 농축하여 고형물이 25% 이상이 되도록 한 제품이다.

이 외에도 원형의 토마토 혹은 2절과를 용기에 충전하고 그대로 혹은 조미액을 넣고 가열 살균한 고형 토마토(tomato solid pack), 토마토 주스 등의 가공 제품이 있다.

Tip 라이코펜

라이코펜(lycopene)은 밝은 적색을 띠는 카로티노이드의 색소로 토마토, 수박, 당근, 파파야 등 빨간 식물에서 찾을 수 있는 파이토케미컬(phytochemical)이다. 토마토가 슈퍼 푸드의 하나인 이유가 바로 이 라이코펜 함량이 높기 때문이며, 항암, 항산화 등 다양한 효능이 있다.

③ 냉동품

가정용 냉장고의 냉동 칸 크기는 소득이 높아질수록 커지고 있다. 이는 냉동식품의 소비와 니즈가 크게 증가했다는 의미이며, 과일과 채소의 냉동 제품도 점차 다양하게 상품화되고 있다. 과일류는 주로 크기가 작은 것들로 블루베리 등 베리류, 딸기, 슬라이스 망고 등의 제품이 있다. 채소류에는 각종 채소가 혼합된 제품, 당근, 브로콜리, 그린빈, 산채나물류 등을 가정에서 쉽게 조리에 이용할 수 있도록 세척, 블랜칭 등 전처리하여 냉동한 제품이 있다.

④ 꽃 가공 제품

과일과 채소 외에도 원예작물의 하나인 꽃 역시 식품으로 이용도가 높아지고 있다. 꽃의 색소 성분은 카로티노이드, 안토시아닌 등으로 국화, 메리골드 등이 눈 건강을 위한 차 제품으로 인기가 있으며, 식품의 장식용으로도 꽃이 사용되고 있어 식품가공의 지평이 넓어지고 있다.

그림 5-19 냉동 과일 및 채소류와 꽃 가공 제품

4) 축산식품

소, 돼지, 닭, 오리 등 가축의 식육과 원유를 가공한 축산식품에는 식육 가공식품, 알 가공식품, 유가공식품이 있다. 축산식품은 동물성 단백질과 지방질이 풍부하여 중요한

식품이나 영양분이 부패하기 쉽고 식중독 발생 원인이 될 수 있으므로 철저한 위생·안전 관리가 필요하다. 지구 환경 변화에 따라 가축으로부터 얻는 동물성 단백질을 대체한 식물성 단백질 식품과 어류 단백질 대체 식품이 증가하고 있다.

(1) 식육 가공식품

식육 가공식품은 식육을 주원료로 가공한 햄, 소시지, 베이컨, 건조육류, 양념육류, 식육추출가공품, 식육함유가공품 등이 있다. 식육가공은 원료육의 물리적, 화학적 성질을 이용하여 용도에 맞게 절단, 분쇄, 염지, 훈연 및 가열 등의 공정을 거쳐 육제품을 제조한다.

① 햄류

햄(ham)은 돼지고기의 햄(허벅지 살) 부위를 염지, 훈연한 고기로 뼈가 달린 채로 만드는 본인햄, 뼈를 빼고 원통형으로 말아 만든 본리스햄과 프레스햄 등이 있다. 햄의 일반적인 공정은 원료육 선정 및 뼈 발라내기, 정형, 염지, 수침, 정형, 예비건조 및 훈연, 가열 및 냉각, 포장 순으로 제조된다. 수침 공정은 과도한 염분을 제거하고 염지제를 균일하게 분포시키며, 원료육 표면의 오염물질을 제거하는 것이다.

본인햄(레귤러햄)은 뒷다리 살을 뼈가 있는 채 가공한 것이며, 본리스햄은 원료육에서 뼈를 제거하고 가공한 것이다. 프레스햄(혼합햄)은 소시지와 햄의 중간 형태로 햄이나 베이컨의 잔육이나 다른 축육을 섞어 압력을 가하여 제조한 육 함량이 75% 이상인 것이다. 이외 등심 부위의 원료를 가공한 로인햄과 돈육의 어깨 부위를 가공한 숄더햄이 있다.

본리스햄

프레스햄

혼합햄

그림 5-20 햄류 제품

Tip 스팸과 런천미트의 차이점은?

스팸과 런천미트는 통조림햄(캔 햄)에 속하지만 내용물의 조성이 달라 분류가 다르다. 스팸(고가형 캔 햄)은 돼지고기 함량이 90% 이상인 프레스햄이며, 런천미트(저가형 캔 햄)는 돼지고기 함량을 50% 이하로 낮추고 닭고기, 전분, 밀가루로 경제성을 고려한 혼합햄이다.

② 소시지

소시지(sausage)는 식육이나 식육가공품을 분쇄·세절한 것에 향신·조미료를 첨가하여 주로 케이싱한 육 함량 70% 이상의 제품이다.

소시지는 값싼 고기를 이용하여 만든 가공품으로 암퇘지(saw) 고기에 향신료인 세이지(sage)를 넣어서 만들었다는 의미에서 유래된 것이다. 소세지에는 더메스틱 소시지와 드라이 소시지가 있다. 더메스틱 소세지는 훈연 후 건조하지 않고 가열하여 바로 먹는 것으로 수분 함량 55% 이상으로 부드럽고 맛은 좋으나 장기 저장이 어려운 단점이 있다. 드라이 소시지는 케이싱에 다져 넣고 그대로 건조하거나 저온건조, 훈연하여 수분 함량 35% 이하로 만들어 질감이 딱딱하나 장기 저장이 가능하다.

더메스틱 소시지

드라이 소시지

그림 5-21 소시지 제품

③ 베이컨

베이컨(bacon)은 돼지 복부육(삼겹살)을 정형, 혈교, 염지, 수침, 건조, 냉각의 과정을 거쳐 수분 60% 이하, 조지방 45% 이하로 얇게 썰어 진공 포장한 제품이며, 식품첨가물을 가하여 훈연하거나 가열 처리한 것도 있다. 복부육 외에도 등심육을 가공한 로인 베이컨, 어깨 부위를 가공한 숄더 베이컨도 있다.

④ 기타 육가공 제품

햄류, 소시지, 베이컨 이외에 다양한 형태의 육가공 제품이 있다. 고기류 통조림 중 세계적으로 가장 많이 소비되는 콘드비프(corned beef)는 젖소의 폐우, 노령화된 노령우 등의 중질육을 원료로 뼈, 힘줄 등을 제거하고 건염지하여 삶은 후 조미료, 향신료 등을 혼합하여 통조림통에 넣고 살균한 제품이다. 콘드비프 같은 것을 훈연·건조하여 휴대용이나 보존용으로 가공한 것이 건조고기이며, 육포는 소고기를 얇게 썰어서 양념을 바른 후 건조한 제품이다. 장조림은 소고기 등을 간장, 설탕, 향신료 등으로 조미하여 조림한 제품이다.

베이컨

콘드비프

육포

그림 5-22 다양한 육가공 제품

(2) 알 가공식품

달걀은 대부분은 신선한 식란(위생란)으로 소비되나 대량 생산에서는 액상란과 건조란의 1차 가공품과 이들을 제과·제빵에 사용한 다양한 2차 가공품이 있으며, 마요네즈와 피단도 2차 가공품이다.

① 1차 가공품

액상란은 달걀을 할란(껍질을 벗기는 것)하여 분리한 것으로 전란액, 난백액, 난황액 등이 있다. 액상란은 변질이 빠르므로 할란 후 20시간 이내에 사용해야 한다. 동결란은 살균된 액상란을 -20~-30°C에서 동결한 것으로서 전란을 동결하거나 난황, 난백을 분리해서 각각 동결한다.

건조란은 전란분, 난황분, 난백분이 있고 전란분과 난백분은 1년 이상, 난황분은 6개월 이상 냉장 보관이 가능하며, 주로 쿠키, 아이스크림, 케이크 등의 제조에 사용된다. 건조란은 저장성이 좋고 수송이 편리하나 색, 맛, 용해성, 응고성, 기포성 등이 크게 저하된다. 또한 갈변이 발생하고 지방이 산패되어 불쾌취가 생기는 단점이 있다.

1차 알가공품

2차 알가공품

그림 5-23 알 가공품의 예

② 2차 가공품

전란액은 제과, 제빵의 원료 및 단체급식의 조리용으로 사용되고, 난백액은 제과용, 순살연제품, 소시지, 음료용으로 사용한다. 난황액은 대부분 마요네즈(mayonnaise) 제조에 사용되며, 일부는 제과, 제면, 이유식에 사용한다.

피단(pidan)은 달걀에 탄산소다, 소금, 생석회 및 물을 혼합 반죽하여 껍질 표면에 1 cm 두께로 바른 후 항아리에 담아 냉소에서 3~4개월 발효한다. 이때 알칼리가 알 속으로 침투하여 내용물을 응고시키고 외부는 흑녹색, 내부는 황갈색을 띠면서 독특한 풍미의 제품이 된다.

마요네즈는 난황의 유화성을 이용한 것으로 혼합기에 난황과 조미료를 넣고 충분히 교반하여 균질한 후 식용유(올리브유 및 면실유 등)를 소량씩 가해서 유화되게 하고, 유화가 어느 정도 된 후 식초를 넣고 교반하여 유화를 완성하면 제조된다. 마요네즈는 각종 요리의 소스 및 샐러드 소스 등으로 사용한다.

(3) 유가공품

유가공품은 원유를 주원료로 하여 가공한 우유, 가공유, 산양유, 발효유, 버터유, 농축유, 유크림, 버터, 치즈, 분유, 유청, 유당, 유단백 가수분해 식품이 있다.

① 우유류

우유는 원유를 살균 또는 멸균 처리한 것, 유지방 성분을 조정한 것, 또는 유가공품으로 원유 성분과 유사하게 환원한 것이다. 우유는 살균 방법에 따라 살균우유와 멸균우유, 첨가되는 원료에 따라 유음료 및 강화우유, 가공 방법에 따라 환원우유와 유당분해우유, 성분 조성에 따라 무지방유, 저지방유 등이 있다.

우유는 원유를 균질, 살균(또는 멸균), 냉각, 포장 공정으로 제조한다. 원유의 성분 함량이 서로 다르므로 원유끼리 혼합하거나 과잉의 유지방을 제거하는 표준화 과정을 거쳐야 한다. 가공유는 표준화한 원유에 강화제와 첨가물을 혼합, 균질, 살균, 냉각 공정으로 제조한다. 환원우유는 탈지분유에 무염버터와 물을 가하거나 전지분유에 물을 가하여 우유의 조성 성분과 똑같이 만든 우유를 말하며, 재생우유라고도 한다.

저지방우유는 유지방분을 1~2% 함유한 것이며, 유당분해우유는 유당을 분해 또는 제거한 우유이다. 강화우유는 비타민이나 무기질 등의 영양소를 강화한 우유이며, 칼슘을 일반 우유의 2배 이상으로 강화한 고칼슘우유, 불포화지방산인 DHA(docosahexaenoic acid)가 강화된 DHA우유가 있다. 농후우유는 원유에 유성분을 첨가하여 유지방 3.5% 이상, 무지고형분 8.5% 이상 되도록 한 우유이다. 유음료는 우유나 탈지유에 커피, 초콜릿, 과즙, 설탕, 안정제 등을 첨가하여 맛과 색을 개선한 것으로 우유 성분은 보통 우유의 절반 정도이며, 커피우유, 초콜릿우유, 딸기우유와 같은 과

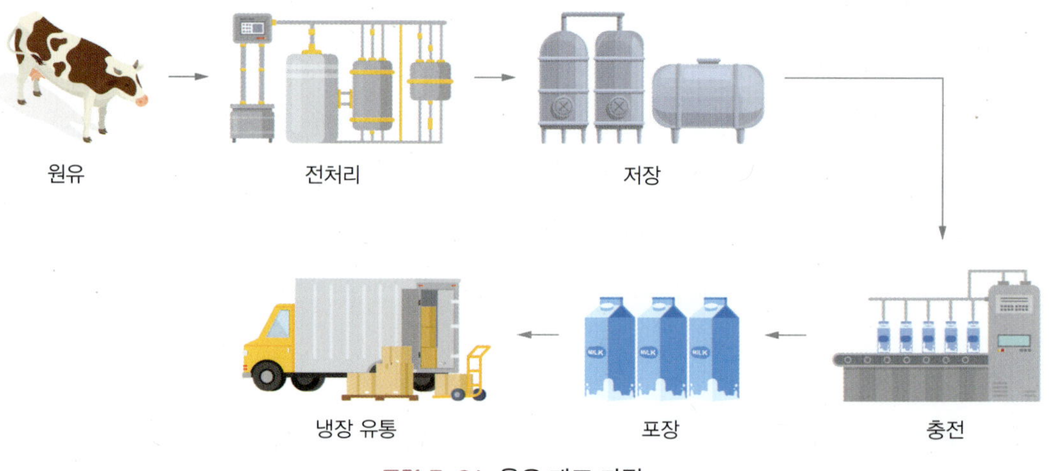

그림 5-24 우유 제조 과정

즙우유 등이 있다.

② 연유와 분유

연유는 우유의 수분을 증발시켜 고형분 함량을 많게 농축한 유제품으로 단백질과 지방을 2~2.5배로 농축시킨 것이다. 설탕을 첨가하지 않은 무당연유와 설탕 16~18%를 첨가하고 원액의 1/2.5~1/3까지 농축(당 63~65%)하여 저장성을 높인 가당연유가 있다. 제조 공정은 원유의 표준화, 예비가열, 가당, 살균, 농축, 냉각, 밀봉, 멸균 및 냉각 순서이다. 예비가열은 농축하기 전에 가열살균하는 공정으로 예열(preheating)이라고 하며, 미생물을 살균하고 효소를 불활성화한다. 이를 통해 제품의 보존성 향상, 첨가된 설탕의 용해, 농축 시 가열 면에 우유가 눌어붙는 것을 방지하여 증발 속도를 빠르게 하고 제품의 농후화를 방지한다.

분유는 우유의 수분을 5% 이하로 건조한 제품이다. 냉장 보관 없이 장기간 보관, 미생물 오염 방지, 운반 비용 절감 등의 장점이 있다. 분유는 우유를 건조한 전지분유, 탈지유를 건조한 탈지분유, 모유 성분과 유사하게 조정하여 건조한 조제분유 등이 있다. 전지분유나 조제분유의 경우 지방 산화 방지를 위해 질소 충전이나 진공 충전한다.

가당 및 무가당 연유

분유

그림 5-25 연유와 분유

③ 유크림

유크림(milk cream)은 우유의 지방질을 원심 분리하여 살균·냉각한 제품이며, 유지방분이 30% 이상이어야 한다. 유지방 함량에 따라 커피크림(18~30%), 휘핑크림(30~50%), 플라스틱크림(79~81%), 발효크림 등으로 분류한다. 커피크림은 커피의 풍미를 온화하게 하고 부드러운 커피를 즐기기 위해 사용하며, 유지방 10~12% 정도의 크림을 하프 앤

하프(half and half) 크림이라고 한다. 휘핑크림은 유지방 30~36%인 라이트 휘핑크림과 36% 이상인 헤비 휘핑크림이 있으며, 주로 케이크나 디저트 제조에 사용한다. 플라스틱 크림은 크림을 더 원심 분리하여 유지방 함량을 높인 것으로 실온에서 고체 상태이며 아이스크림과 버터의 제조에 사용한다. 발효크림은 유지방 18% 이상의 크림을 74~82°C에서 30분 살균하고 젖산 발효하여 산에 의해 응고된 것을 균질화한 제품이다.

커피크림 휘핑크림 발효크림

그림 5-26 유크림 제품

④ 버터

버터(butter)는 원유의 유지방을 분리하여 교반, 연압한 것이며, 유지방(80% 이상)에 수분(20% 이하)이 분산되도록 유화시킨 유중수적형(water in oil, W/O) 에멀션(emulsion)이다. 버터는 가염 또는 발효의 유무로 구분되며, 식염을 1~2% 첨가한 가염버터(salted butter)와 첨가하지 않은 무염버터(unsalted or sweet butter)가 있고, 젖산균을 접종하여 발효한 산성발효크림버터(sour cream butter or ripened cream butter, cultured cream butter)와 발효하지 않은 감성(신선)크림버터(sweet cream butter)가 있다.

우리나라에서는 소비자의 기호성 때문에 대부분 감성버터가 제조되고 있으며, 가염버터는 가정용, 무염버터는 제과나 아스크림 제조에 사용한다. 가공버터는 식품첨가물을 혼합한 후 교반·연압한 것으로 유지방분 30% 이상인 것이며, 버터오일은 버터 또는 크림에서 유지방 이외의 거의 모든 수분과 무지유고형분[우유에서 유지방 및 당분(유당 제외)을 제외한 고형분]을 제거한 것이다.

신선한 크림으로 제조된 버터는 특유의 향과 맛이 있으며, 지방 80%, 수분 16% 내외, 무기질 2%, 식염 1.5% 정도이다. 버터의 단기간 저장은 -5~0°C에서, 장기간 저장은 -15°C 이하로 냉동 보관해야 한다. 버터의 대체 식품인 마가린(margarine)은 버터와 유사한

무염버터

가염버터

발효크림버터

그림 5-27 버터 제품

풍미와 질감이 있으며, 버터와 마가린을 혼합한 컴파운드 버터(compund butter)도 있다.

⑤ 치즈

치즈(cheese)는 우유를 응유효소인 레닛(rennet)이나 젖산으로 응고시킨 후 세균이나 곰팡이 등으로 발효·숙성한 제품이다. 우유는 효소나 산에 의해 고형의 커드와 액상의 유청으로 분리되며, 커드는 단백질, 지방, 비타민 및 무기질을 함유하고 유청은 수용 성분과 유당을 함유하고 있다. 커드를 미생물로 발효하면 다양한 자연발효 치즈가 제조되며, 자연치즈에 다른 식품이나 식품첨가물 등을 가한 후 유화시켜 가공하면 가공치즈가 제조된다.

자연치즈는 수분 함량에 따라 연질, 반경질, 경질, 초경질 치즈로 분류되며, 숙성한 발효치즈와 숙성하지 않는 코티지치즈(cottage cheese) 등이 있다. 자연치즈를 배합하여 만든 가공치즈는 품질이 균일하고 버리는 부분이 없어 이용률이 높아 경제적인 제품이며, 분말형 파마산치즈, 슬라이스치즈, 크림치즈 등이 있다.

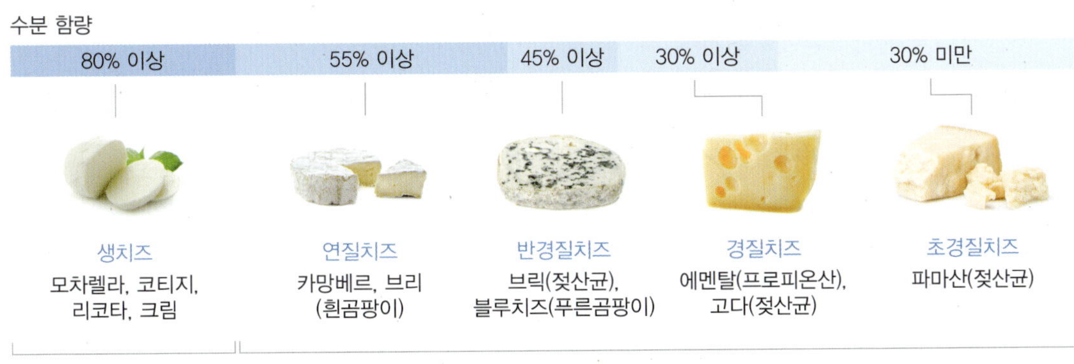

그림 5-28 자연치즈의 수분 함량별 종류

⑥ 아이스크림

아이스크림(ice cream)은 우유 또는 유제품을 주원료로 하여 설탕, 향료, 색소, 유화제 및 안정제 등을 가하여 교반하면서 동결한 제품이다. 아이스크림의 제조 공정은 원료 혼합, 여과, 균질, 살균, 냉각, 숙성, 1차 냉각(소프트아이스크림), 담기, 포장, 동결(-15°C 이하, 하드아이스크림)이다. 셔벗(sherbet)과 소프트아이스크림은 경화 또는 냉동 공정을 생략할 수 있다. 아이스크림은 유지방분 6% 이상, 유고형분 16% 이상이며, 저지방 아이스크림은 조지방 2% 이하, 무지유고형분 10% 이상이어야 한다. 아이스밀크는 유지방분 2% 이상, 유고형분 7% 이상이며, 샤베트는 무지유고형분 2% 이상이어야 한다. 증용율(over run)은 동결기에서 교반하면 아이스크림 믹스 중에 기포가 형성되어 그 용적이 증가하는 것을 말하며, 소프트아이스크림의 경우 30~50%, 하드아이스크림은 90~100% 정도이다.

아이스크림

아이스밀크

셔벗

그림 5-29 아이스크림 제품

Tip 우유 및 유제품의 성분 용어 정리

- 유지방 : 우유의 지방 성분
- 유고형분 : 우유에서 수분을 제거한 나머지
- 무지유고형분 : 우유에서 수분과 유지방을 제거한 나머지
- 조지방 : 포화지방, 불포화지방 등을 구분하지 않고 더한 전체 지방

⑦ 발효유

발효유는 우유나 유제품을 유산균 또는 효모로 유당을 유산으로 발효시켜 단백질의 커드를 형성시키고, 여기에 감미료, 향신료, 과일, 과즙, 과일잼, 펙틴, 젤라틴 등을 첨가

하여 제조한다. 발효유는 순수하게 유산균에 의해서만 발효되는 유산발효유와 유산균과 효모의 공동작업에 의해 일부 알코올이 생기는 유산-알코올 발효유로 구분된다. 유산발효유는 유산균 음료, 액상발효유, 농후발효유, 발효버터유, 냉동 요구르트(yogurt)가 있다. 유산-알코올 발효유는 유산발효유와 달리 알코올이 약 0.7~2.5% 함유되어 있으며, 마유로 만든 쿠미스(koumiss)와 양의 젖으로 만든 케피어(kefir)가 있다.

표 5-6 발효유 제품의 종류 및 특징

종류			특징	제품
유산발효유	유산균 음료		• 원유 또는 유가공품(무지유고형분) 3.0% 이하, 유산균 10^6/mL 이상	
	액상발효유		• 원유 또는 유가공품(무지유고형분) 3.0% 이상, 유산균 10^7/mL 이상 • 국내 소비량이 가장 많음	
	농후 발효유	호상요구르트	• 원유 또는 유가공품(무지유고형분) 8.0% 이상, 유산균 10^8/mL 이상 • 과육이나 과일 잼을 첨가한 떠먹는 요구르트	
		액상요구르트	• 원유 또는 유가공품(무지유고형분) 8.0% 이상, 유산균 10^8/mL 이상 • 배양 후 커드를 완전히 분쇄하여 점도를 낮추고, 향료 및 감미료 등을 첨가한 마시는 요구르트	
	발효버터유		• 버터밀크 또는 탈지유(무지유고형분) 3.0% 이상, 유지방 1.5% 이하, 유산균 10^7/mL 이상 • 버터 제조의 부산물인 버터밀크를 유산 발효하고 응고된 커드를 분쇄, 액상화	
	냉동 요구르트		• 요구르트를 −20~−15℃에서 동결	

(계속)

종류		특징	제품
유산-알코올 발효유	쿠미스	• 마유를 유산균과 효모로 발효 • 유산 0.6~1.0%, 알코올 0.7~2.5%, 탄산가스 함유	
	케피어	• 염소, 양, 소의 젖을 젖산균과 효모로 발효 • 유산 0.9~1.1%, 알코올 0.5~1.0%, 탄산가스 함유	

5) 수산식품

수산물은 동물성 단백질 공급원이며, 냉동품, 건제품, 조미품, 통조림 식품, 연제품, 수산발효식품, 기타 수산물 가공품 등으로 제조된다. 바다 채소로 불리는 해조류에는 기능성 다당류와 생리활성 물질 등이 있어 다양한 제품으로 제조된다.

(1) 수산물 냉동품

식품은 5°C 이하에서 식중독균 증식이 억제되고 -10°C 이하에서 호냉성 세균 또한 증식이 억제될 뿐만 아니라 지질 산화도 억제된다. 수산물 냉동품은 좋은 품질을 유지하기 위해 급속동결과 심온동결 저장(품온 -18°C 이하)을 이용한다. 냉동품에 새우, 바지락, 홍합, 조기, 꽃게, 오징어, 옥돔, 홍어, 명태 등이 있다.

어류 냉동품은 가공 처리 형태에 따라 용어가 다르며, 원형 그대로의 것을 라운드(round), 아가미와 내장을 제거한 것을 세미드레스(semi-dressed), 두부를 제거한 것을 드레스(dressed), 지느러미와 꼬리를 추가로 제거하면 팬 드레스(pan dressed)라고 한다. 드레스 상태에서 척추골 부분을 제거하고 2개의 육편으로 분리하면 이를 필릿(filet)이라고 하고, 이후 크기와 모양에 따라 청크(chunk), 스테이크(steak), 슬라이스(slice), 다이스(dice) 등으로 제조한다.

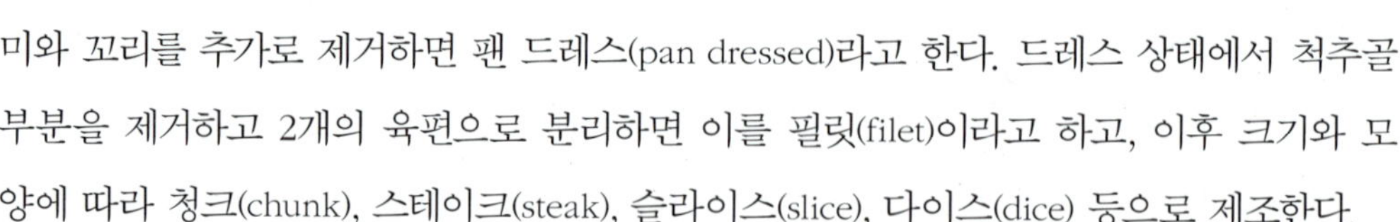

다랑어 냉동품은 꼬리지느러미를 절단한 뒤 혈관을 절단하여 탈혈하고 내장과 아가미를 제거하고 필릿 처리한 다음 급속동결 및 어체 표면 보호와 건조 방지를 위해 글레

Tip 홍합과 지중해담치

홍합이라고 부르는 것은 대부분 지중해담치이다. 지중해담치는 유럽에서 들여와 주로 양식되는 것이고, 홍합은 자연산으로 어획되며 크기가 훨씬 크고 내부 살이 더 붉은색을 띠며 맛도 더 좋다. 일부 지역에서는 섭이라고 부르기도 한다.

이징(glazing) 처리하여 냉동 제품으로 제조한다.

(2) 수산물 건제품

건조 제품은 식품의 수분을 제거하여 수분활성도를 낮춤으로써 미생물의 생육을 억제하여 저장성을 부여하고 풍미를 향상한 제품이다. 수산 동식물을 단순히 건조하거나 삶거나, 굽거나, 염장하여 건조한 제품이 있다.

수산물 건제품은 전처리와 건조 조건에 따라서 분류한다. 소건품은 원료를 전처리 없이 그대로 건조한 제품(오징어, 김, 미역)이고, 자건품은 삶아 건조한 제품(멸치, 새우, 홍합), 동건품은 동결과 해동을 반복하여 건조한 제품(황태)이며, 염건품은 원료를 염장한 다음 건조한 제품(굴비, 고등어)이다. 훈건품은 수산물을 훈연하면서 건조한 제품(굴)이며, 조미건제품은 수산물을 조미한 다음 건조한 제품(오징어)이다. 마지막으로 배건품은 수산물을 불에 구워서 건조한 제품(가쓰오부시)이다.

건조 오징어는 어체의 내장을 제거하고 세척한 다음 몸통 안쪽이 바깥으로 향하도록 하여 천일건조한 다음 형태를 바로잡고 포장한 제품이다. 명태 가공품인 황태는 동건품으로 식품 조직의 수분을 동결시킨 다음 융해시키는 작업을 되풀이하여 탈수와 건조를 한 제품이다.

(3) 수산물 조미가공품

조미가공품은 수산물을 조미 처리한 다음 추가적인 공정을 거쳐 저장성을 향상하고 풍미를 부여한 제품이다.

오징어 조미자숙품은 건조 오징어를 세절하여 조미한 오징어 세절조미자숙품과 압연하여 조미하는 오징어 압연조미자숙품이 있다. 오징어 세절조미자숙품은 마른오징어에 물을 가한 후 압착하고 이를 가늘게 찢은 다음 조미액에 졸여서 제조한다.

조미구이 쥐치포(쥐포)는 껍질을 제거한 쥐치를 조미액에 침지한 다음 건조하고 가스나 전기를 이용해서 굽고 이를 압착롤러에서 일정한 두께로 압연한 다음 포장하여 제품화한다.

(4) 수산물 통조림

수산물 통조림식품은 식품을 전처리하여 금속 용기에 살쟁임하고, 탈기, 밀봉, 살균 및 냉각 공정을 거쳐서 상온에서 장기 저장이 가능하도록 한 제품이다. 참치 기름담금 통조림, 고등어 보일드 통조림, 꽁치 보일드 통조림, 골뱅이 조미 통조림 등이 있다.

① 보일드 통조림

보일드 통조림은 식염수를 주입액으로 한 통조림식품으로 소비자가 조미하여 식용하도록 만든 제품이나 편의성을 중요시하는 소비 트렌드와 거리가 멀어 소비가 줄고 있다. 고등어, 꽁치, 게, 바지락 보일드 통조림 등이 있다.

② 조미 통조림

조미 통조림은 조미액을 주입액으로 하여 조리 과정 없이 바로 먹을 수 있는 가정간편식 중 하나이다. 조미액의 주재료는 장유이며, 설탕, 맛술, 물엿, 향신료 등을 이용하나 지역, 국가마다 식습관과 입맛이 다르므로 다르게 제조한다. 소라, 골뱅이 조미 통조림 등이 있다.

③ 기름담금 통조림

기름담금 통조림은 주입액으로 조미액과 식물성 기름을 주입한다. 올리브유, 면실유, 대두유 등이 주로 사용되며, 대표적으로 참치, 연어, 굴 훈제, 바지락 훈제, 지중해담치 훈제 기름담금 통조림 등이 있다.

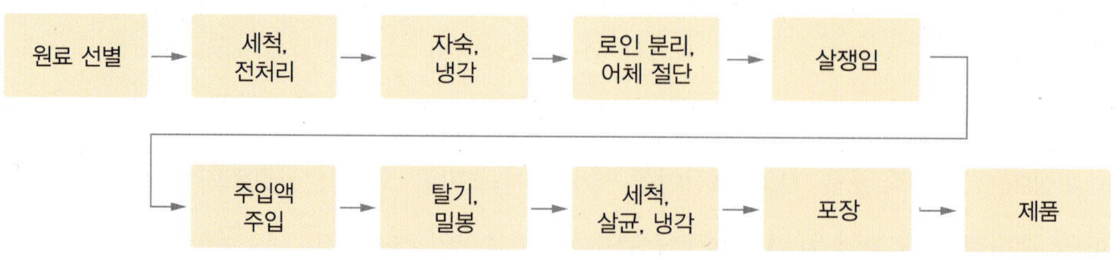

그림 5-30 참치 기름담금 통조림의 제조 공정

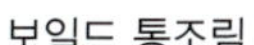

보일드 통조림　　　　조미 통조림　　　　기름담금 통조림

그림 5-31 수산물 통조림 제품

Tip 썩은 냄새가 나는 청어 통조림

스웨덴 식품 수르스트뢰밍(Surströmming)은 통조림 형태의 수산발효식품이다. 발트해의 청어에 소금을 첨가해 1차 발효시킨 후 통조림 용기에 살쟁임하여 제조하며, 일반적인 통조림은 가열살균 공정을 통해 미생물을 멸균하나 수르스트뢰밍은 해당 공정 없이 용기 내에서 2차 발효가 진행되어 특유의 풍미가 생성된다.

(5) 연육과 연제품

연육은 생선을 고기갈이하여 수용성 물질과 지방을 제거하고 동결변성 방지제를 혼합하여 동결한 것으로 연제품의 주재료로 사용한다. 연제품은 고기갈이한 어육에 소량의 소금과 부원료를 첨가하고 가열하여 겔화한 어묵류와 게맛살 제품이다. 원료의 사용 범위가 넓고 맛의 조절이 자유로우며 어떠한 소재도 첨가 가능한 가공 특성이 있다.

① 연육

연육의 원료는 명태, 대구 등의 냉수성 어종과 조기, 갈치 등의 온수성 어종을 비롯하여 정어리와 전갱이 같은 다양한 어종을 이용한다. 원료는 사후경직 이전의 신선한 원료가 품질이 우수하다.

전처리 후 채육된 어육에 물을 혼합하여 지방, 색소, 수용성 단백질 등을 제거하며 반복 세척하여 근육섬유단백질을 농축시킨다. 단백질이 변성되어 겔 형성능이 저하되므로 세척수 pH는 중성 부근을 유지하고 수온은 10°C 이하를 유지해야 한다.

스크루 압착기로 저온에서 탈수하고, 당류(설탕, 소비톨 등, 동결변성 방지)와 폴리인산염(탈수육의 보수성과 어육단백질의 안정성 유지)을 첨가한 혼합 공정 후 포장하고 급속동결하여 연육을 제조한다.

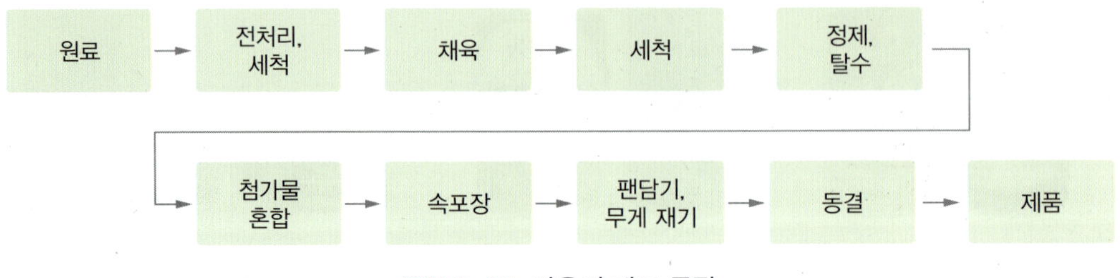

그림 5-32 연육의 제조 공정

② 연제품

연제품은 원료 전처리 공정부터 시작하는 것과 연육 해동 공정부터 시작하는 제품이 있다. 연육을 이용한 연제품으로는 어묵류(찐어묵, 튀김어묵)와 게맛살이 있다.

a. 어묵류

어묵류는 배합하는 소재의 종류도 많고 가열 방법도 다양하며, 대표적인 예로 찐어묵, 구운어묵, 튀김어묵이 있다.

어묵 제조를 위한 연육의 해동은 자연 해동법과 기계적 해동법을 이용하여 반해동(품온 -5°C)을 한다. 고기갈이는 액토미오신(염용성 단백질)을 용출시키면서 첨가물을 혼합하는 단계로 사일런트 커터로 하며, pH 6 미만이면 겔이 부서지기 쉽고, pH 8을 초과하면 약한 겔이 형성된다. 또한 온도가 상승하면 단백질의 변성이 일어날 수 있으므로 7~8°C의 온도를 유지해야 한다.

연제품의 종류에 따라 판, 꼬치, 케이싱 등으로 성형하며, 중심 온도가 75°C 이상 되도록 종류에 따라 증자법(찐어묵), 배소법(구운어묵), 튀김법(튀김어묵) 등으로 처리하고 급랭한 다음 포장하여 제조한다. 가열은 근육단백질을 변성 응고하여 탄력 있는 겔 형성과 미생물을 사멸하고 단백질 분해효소를 불활성화하는 것이 목적이다.

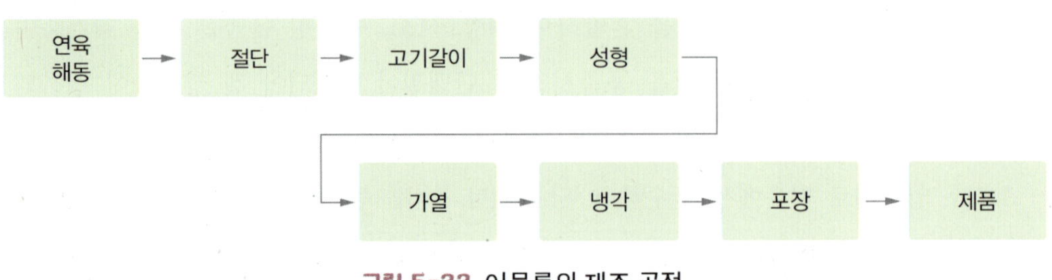

그림 5-33 어묵류의 제조 공정

b. 게맛살

게맛살은 냉동 연육을 원료로 게살의 풍미와 조직감이 유사하도록 만든 제품으로 imitation crab stick이라고도 부른다.

명태와 같은 흰살생선의 연육을 해동하여 얼음과 냉동 달걀흰자를 공정 중간에 첨가하고 전분 용액을 넣어 고기갈이를 한 후 공정 마무리 단계에서 게 향료를 첨가한다. 성형기에서 얇은 시트 형태로 분사 성형하고, 시트를 90°C에서 2분 증자하면 단백질 겔화, 전분 호화, 살균 작용 등이 이루어진다.

응고된 면대를 얇은 커터로 세절하여 섬유상으로 만드는데 이는 섬유상의 겔이 생겨 쉽게 찢어지는 조직감을 부여한다. 잘게 잘린 면대상은 막대 모양으로 결속시킨다. 미리 소량의 연육과 색소를 혼합한 색소육을 속포장지에도 바르고 결속된 제품을 감싼다. 자동 절단기로 스틱, 청크, 플레이크 등의 형태로 절단한 다음 진공 포장하고, 포장

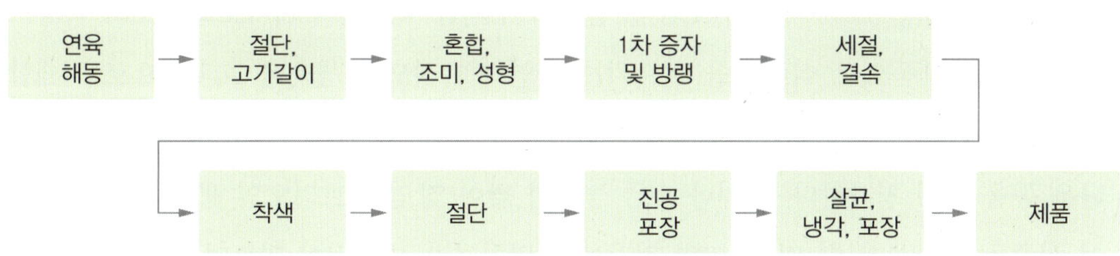

그림 5-34 게맛살의 제조 공정

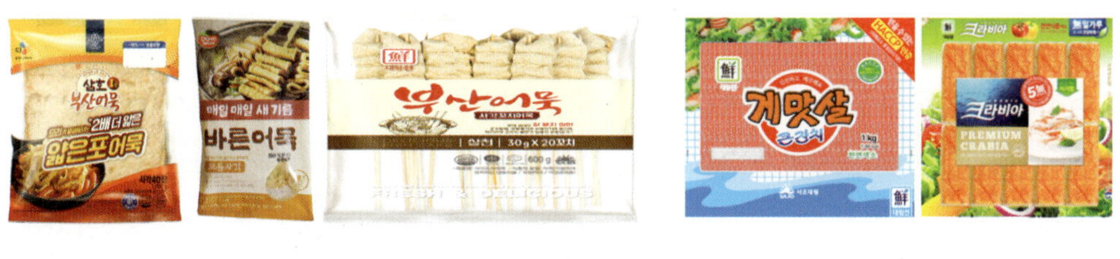

어묵류 게맛살

그림 5-35 어묵과 게맛살 제품

Tip 수산물 소비량

우리나라의 1인당 수산물 소비량은 2019년 69.8 kg으로 세계 평균 소비량 약 20 kg과 비교하면 매우 높다. 즉 수산식품은 우리나라 제1위 단백질 공급원으로 기능하는 중요한 국민 먹거리이며, 제일 선호하는 수산물은 오징어이고 이외에 새우, 멸치, 굴, 명태, 고등어 등이 있다.

된 것을 열탕에서 45분 가열살균하고 냉각하여 제품화한다.

(6) 수산 발효식품

발효식품은 어패류의 육, 내장, 생식소 등에 소금을 가해 부패를 억제하면서 자기소화효소와 미생물 작용으로 단백질을 아미노산으로 분해하여 맛 성분을 강화한 제품이다. 전분질의 첨가 유무에 따라 식해와 젓갈 및 액젓으로 분류할 수 있다.

① 젓갈

젓갈에는 근육을 이용한 멸치젓, 정어리젓, 전복젓, 조기젓 등이 있고, 내장을 이용한 창난젓, 갈치창자젓, 해삼창자젓 등이 있으며, 생식소를 이용한 명란젓, 성게알젓, 연어알젓 등이 있다.

일반적으로 젓갈은 어패류에 소금(8~30%)을 첨가하고 2~3개월 상온 발효하여 제조한다. 고염 젓갈은 20% 이상의 소금을 첨가해 부패를 막으면서 자가소화효소의 작용으로 숙성시킨 제품으로 식중독을 일으키는 장염 비브리오의 생육을 효과적으로 억제할 수 있다. 저염 젓갈은 소금과 조미료를 첨가하여 맛을 부여한 젓갈로 젖산, 소비톨, 에탄올 등을 같이 첨가한다. 그러나 소금 농도가 낮아 장염 비브리오의 생육 가능성이 있어 식중독이 발생할 수 있다. 고염 젓갈에는 멸치젓과 새우젓이 있으며, 저염 젓갈에는 어리굴젓, 명란젓, 창난젓 등이 있다.

② 액젓

액젓은 수산물의 근육이나 내장에 소금을 가하여 부패를 억제하고 자가 효소 작용으로 단백질을 아미노산으로 분해하고 액화한 수산발효식품이다. 젓갈과 다르게 모두 액화되기 때문에 숙성 기간이 길며 12개월 이상 숙성한다. 대표적인 액젓은 멸치액젓과 까나리액젓이 있으며, 세계적으로 일본의 숏쓰루(shottsuru), 베트남의 느억맘(nuoc mam), 태국의 남플라(nam pla), 칠레의 안초비 소스(anochovy sauce) 등이 있다.

③ 식해

식해는 수산물에 소금, 전분질 및 향신료를 혼합하여 젖산 발효한 식품으로 가자미, 광어, 명태, 오징어 등으로 제조한다. 일반적으로 저장성이 짧아 가을이나 겨울철에 주로 제조되며, 지역에 따라 사용하는 재료와 제조 방법에 차이가 있다.

(7) 해조류 가공품

우리나라는 세계에서 대표적인 해조 이용 국가로 건제품, 염장품, 조미품 등을 식용한다. 해조류 전체를 사용하는 것과 해조류에 함유된 특수 성분을 추출 및 분리하여 사용하는 제품이 있다. 최근 바다 채소로 불리는 해조류는 건강기능식품, 생리활성물질의 공급원으로 각광받고 있어 해조류의 이용도가 증가하고 있으며, 식용 해조류는 해조(seaweed) 대신 바다 채소(sea vegetables)라는 용어로 사용되기도 한다.

① 해조 가공품

해조 가공품은 건제품, 염장품, 조미품으로 분류할 수 있으며, 건제품은 마른 김, 마른미역, 마른 다시마 등이 있고, 염제품은 염장 미역, 염장 다시마 등이 있으며, 조미품은 조미김, 조미조림김, 조미조림다시마 등이 있다.

마른 김은 건제품이자 해조 가공품 중 하나로서 조리용으로 사용되며, 해조류 스낵의 재료로도 사용된다. 조미김은 대표적인 해조 가공품으로 주로 식사용 부식으로 많이 이용된다. 주로 마른 김을 원료로 하여 참기름, 정제 식용유 및 맛소금 등으로 구성된 조미액을 도포하여 굽는다. 이후 이를 크기에 맞게 절단하고 포장하여 제조한다.

해조류는 영양학적 가치가 증명되면서 섭취가 용이하면서 풍미를 부여한 해조 스낵 형태로 가공되고 있다. 적조류, 갈조류 및 녹조류를 원료로 하여 김맛과자, 플레이크, 바 및 칩 형태로 제조된다. 이러한 해조 가공품은 친환경적, 건강 지향적 소비자들이 증가하면서 해조류 스낵 제품도 다양화되고 생산량도 증가할 것이다.

그림 5-36 해조류 스낵 제품

② 해조 추출물 제품

해조류에 함유된 특수성분을 추출해서 이용하는 것으로 아이오딘, 만니톨, 한천, 알긴산 등이 있다.

아이오딘(iodine)은 갈조류인 다시마과 해조에 많이 함유되어 있으며, 추출하는 방법에는 해조회법, 해조침출법 등이 있다. 만니톨(mannitol)은 아이오딘이나 알긴산을 제조한 부산물로 제조한다. 해조침출법의 경우 아이오딘을 분리하고 남은 잔액에서 만니톨을 제조한다.

한천은 홍조류의 세포벽 성분을 이용하여 제조한 것으로 아가로스(agarose, 약 70%)와 아가로펙틴(agaropectin, 약 30%)의 혼합물이다. 냉수에는 잘 녹지 않으나 열수에는 잘 녹으며, 녹은 용액을 냉각하면 탄력 있는 겔 상태의 우무를 제조할 수 있다. 한천은 응고성, 보수성, 점탄성 등의 이화학적 특성이 있어 성형제, 보수제, 식품안정제 등으로 사용한다.

알긴산은 갈조류를 원료로 하여 세포벽 성분인 산성 다당류를 알칼리 용액으로 추출하여 건조한 해조 가공품이다. 물에 녹지 않으나 염으로 만들면 물에 녹을 수 있으며, 점조성이 큰 용액을 만들 수 있다. 알긴산은 고분자 콜로이드로 점성, 겔 형성능, 막 형성능 등의 특성을 가지므로 식품가공에서 아이스크림의 안정제, 연제품의 보형제, 맥주의 청징제 등으로 사용한다.

(8) 어유

어유는 어체유와 간유로 구분된다. 식용 어유는 마가린과 쇼트닝을 제조할 수 있고 특히, 오메가-3 계열의 고도불포화지방산인 EPA와 DHA를 다량 함유하고 있어서 건강기능식품으로 제조한다.

Tip 오메가-3 지방산

오메가-3 지방산은 다가불포화지방산으로 카복실기가 있는 위치에서 3번째 탄소에 첫 번째 이중결합이 있는 지방산으로 기능성 성분이다. 수산식품에 많이 존재하고 DHA(docosahexanoic acid)와 EPA(eicosapetanoic acid) 등이 있다.

6) 유지식품

식용유지는 중성 지방질이며 열량이 높아 과잉 섭취 시 건강에 문제를 일으킬 수 있으나 식품에 부드러운 식감과 향미를 부여하는 기능이 있어서 식품산업에서 중요한 소재로 사용된다. 성상에 따라 고체 지방과 액체 지방으로, 원료에 따라 동물성 지방과 식물성 지방으로 구분된다.

동물성과 식물성 유지 원료로부터 채유하고 정제하여 식용유를 제조하고, 이들 식용유로부터 2차 가공하여 버터, 마가린, 초콜릿, 아이스크림 등 다양한 유지 가공식품을 제조한다.

(1) 식용유

식용유 제조 방법에는 압착법과 용매 추출법이 있으며, 압착법은 식물성 원료를 유압식 또는 스크루 프레스로 짜내는 방법으로 원료의 향미를 보존하고 지용성 물질을 그대로 섭취할 수 있는 장점이 있다. 그러나 이 방법들은 불순물이 많아 산패되기 쉽고 수율이 낮으므로 고급 식용유를 제조할 때 주로 이용된다. 대표적으로 올리브유와 참기름이 있다. 반면, 용매 추출법은 노말헥세인(n-hexane)으로 추출하고 정제하여 순수한 유지만 얻을 수 있고, 수율이 높은 장점이 있어서 콩기름 같은 일반적인 식용유를 제조한다.

유지 재료에서 채유한 원유는 탈검, 탈산, 탈색, 탈납, 탈취의 정제 공정을 거쳐 식용유로 제조한다. 탈검은 점액상의 인지방질과 금속 착화합물을 제거하고, 탈산은 유리지방산을 제거한다. 탈색은 앞서 제거하지 못한 이물질과 함께 엽록소를 제거하며, 탈납은 고체 지방을 제거한다. 마지막 탈취 공정으로 불쾌한 냄새의 휘발성 물질을 제거하여 최종적으로 맑은 색과 우수한 보존성이 있는 식용유를 제조한다.

식용유의 종류에는 대두유, 채종유, 옥수수유, 면실유, 낙화생유, 미강유, 올리브유, 해

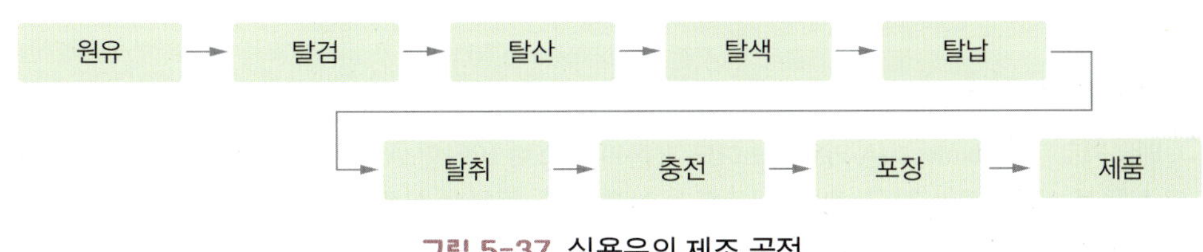

그림 5-37 식용유의 제조 공정

바라기씨유, 참기름, 들기름, 팜유, 고추씨유 등이 있다. 이 중 대두유와 옥수수유는 튀김용으로 주로 사용하고, 팜유는 라면 등 식품가공용으로 사용한다.

(2) 고체 식용유지

고체 식용유지는 액체 식용유와 다른 물리적 특성이 있어 제과·제빵에 주로 사용되며, 대표적인 것으로 버터, 마가린, 쇼트닝이 있다.

① 버터

버터는 우유를 원심 분리하여 얻은 크림을 교반과 이기기 공정을 거쳐 만든 유제품이면서 유지 가공 제품이다. 기원전 2000년 전부터 이용되었다고 전해지며, 제과·제빵 등 다양한 식품산업에 사용하고 있다. 일반적으로 버터의 노란색은 우유에 베타카로틴이 많을수록 진한 색을 나타낸다.

유지방 함량이 80% 이상인 것은 버터, 30% 이상인 것은 가공 버터라고 한다. 가공 버터는 유지방 대신 야자경화유 같은 식물성 유지나 무지방 고형분 등을 첨가한다.

일반 크림 버터를 감성 버터라고 하며, 발효된 크림을 원료로 제조한 버터를 발효 버터 또는 산성 버터라고 한다. 현재 발효 버터를 만들 때 주로 유산균 종균을 배양하여(starter culture) 원유에 접종하여 제조한다. 스타터는 여러 종류를 사용할 수 있으며, 이들의 종류 및 수에 따라 다양한 풍미의 버터를 제조할 수 있다.

버터의 미생물 번식 억제, 보존성 및 풍미 증가를 위해 소금을 첨가한 것을 가염 버터라고 하며, 소금을 첨가하지 않은 버터를 무염 버터라고 한다.

버터의 제조에서 유지방의 지방산 조성이 다르므로 버터의 품질을 일정하게 유지하기 위해서 숙성을 하고, 크림 입자가 뭉쳐서 버터 입자를 형성할 수 있도록 교동 공정을 하며 이때 버터밀크를 분리한다. 버터를 경화시키기 위해 수세한 후 연압 공정을 진행하여 버터가 덩어리로 뭉치는 것을 방지한다.

Tip 베타카로틴

베타카로틴(β-carotene)은 카로티노이드 계통의 색소로 비타민 A의 전구체이다. 이를 많이 함유한 식물성 식품으로는 당근, 고추, 시금치 등이 있으며, 동물성 식품 중에는 난황, 버터, 치즈 등에 많이 함유되어 있다.

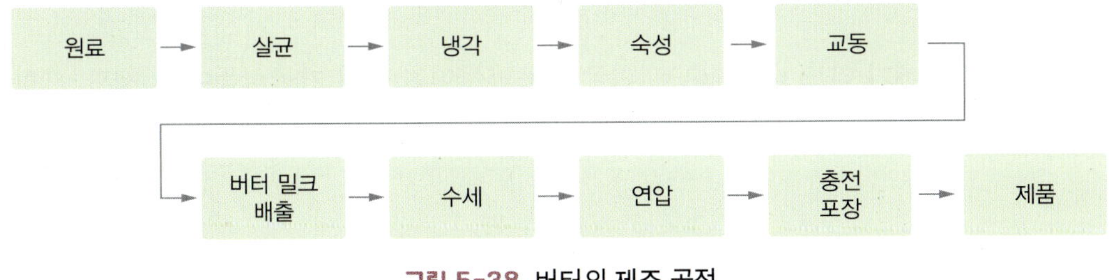

그림 5-38 버터의 제조 공정

② 마가린

마가린은 1869년 프랑스에서 우지의 연질 부분과 우유를 원료로 유화 및 냉각하여 제조한 유지 가공 제품이다. 현재는 식물유에 수소를 첨가한 경화유 제품이 대부분이며, 저렴하여 제과와 제빵 산업에 버터 대용품으로 사용한다.

마가린은 대표적인 유중수적형(W/O) 에멀션으로 지방(80%), 수분(16%), 기타 고형분(4% : 단백질, 유화제, 염 등)으로 구성되어 있다. 성상에 따라 연질형 마가린, 경질형 마가린, 액체 마가린, 분말 마가린 등이 있으며, 소비자의 수요에 따라 고리놀렌산 마가린과 저칼로리 마가린도 제조하고 있다.

마가린은 2종 이상의 원료 유지를 배합하여 제조하며, 사용되는 원료는 제품에 요구되는 물성, 경제성 등에 따라 다르다. 유지를 교반하면서 수용성 성분을 용해한 용액을 첨가하여 유중수적형 유화액을 만든다. 유화액을 급랭하고 짓이겨서 혼화시켜 탄력이 좋은 마가린 조직을 만든다. 업체용 마가린은 급랭·혼화 후 용기에 충전하게 되나 유지의 결정 상태가 불안정하여 성능이 불충분하므로 일정 온도에 보관하여 결정 상태의 안정화와 이에 수반하는 성능 향상을 도모할 필요가 있다. 이 공정을 숙성이라 하며 마가린의 융점보다 10°C 낮은 온도에서 2~5일간 보관한다. 한편, 가정용은 성형해야 하므로 반죽기에서 성형기를 통과하여 제품화한다.

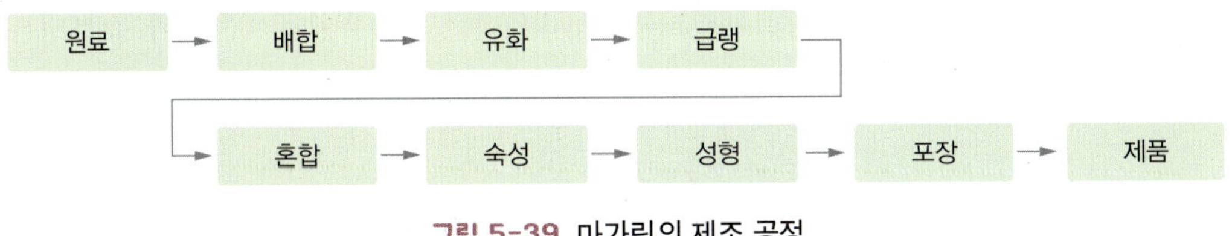

그림 5-39 마가린의 제조 공정

③ 쇼트닝

쇼트닝은 19세기 라드 대용품으로 미국에서 만들어진 유지 가공식품이다. 제과·제빵 및 튀김 공정에서 주로 사용하며, 특히 빵의 조직감을 바삭바삭하게 하거나 부드럽게 해준다.

쇼트닝의 제조 공정은 마가린과 유사하고, 종류는 원료, 성상, 제조 방식 및 용도에 따라 분류한다.

표 5-7 쇼트닝의 분류

분류 방법	종류
원료	식물성, 동물성, 동식물성 혼합
성상	고형, 유동성, 액체, 분말
제조 방식	완전 수소첨가형, 혼합형
용도	일반 쇼트닝(제과, 제빵용), 안정형 쇼트닝(비스킷, 튀김용), 유화 쇼트닝(케이크용)

마가린

버터

쇼트닝

그림 5-40 식용유지 제품

(3) 분말유지

분말유지는 유지에 단백질(카세인나트륨) 또는 탄수화물(콘시럽, 덱스트린, 포도당)의 수용액을 첨가하여 만든 유화액상을 분무건조하여 피막 성분이 유지입자를 둘러싸게 한 분말상의 고체 지방이다. 제과와 제빵 산업에 사용되는 식용유지인 마가린과 쇼트닝은 물에 녹지 않기 때문에 밀가루 반죽에 유지를 고르게 분산시켜 혼합하기 어려운데 분말유지를 사용하면 이러한 단점을 해결할 수 있다.

친수성 분말유지는 유화액을 만들고 분무건조하여 분말화하였기 때문에 물에 용이하게 분산되나 친유성 분말유지는 융점이 높은 유지를 분무·냉각 및 분쇄하여 분말화한 것으로 전체가 유지이기 때문에 물에는 용해되지 않는다.

원료 식용유지로는 팜유, 라드, 유지방 등을 주로 사용하지만 대두유, 채종유와 같은 식물성 유지도 사용한다. 식용유지(60~70%)에 콘시럽, 포도당, 덱스트린과 같은 탄수화물이나 카세인나트륨 같은 단백질 소재를 혼합하고, 이들이 분리되는 것을 막기 위해 젤라틴, 레시틴 등의 유화제(1.5%)를 첨가한다.

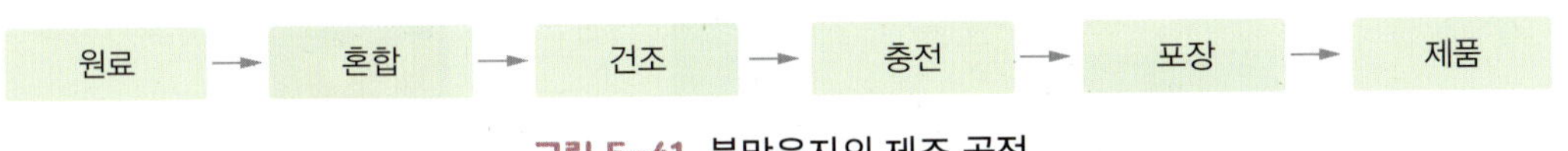

그림 5-41 분말유지의 제조 공정

Tip 카세인나트륨

카세인은 우유 단백질이며, 카세인나트륨은 우유 카세인을 수산화나트륨으로 처리하여 물에 잘 녹게 만든 제품이다. 식품의 물성 개선제, 유화 안정제 등으로 사용되며 JECFA(국제식량농업기구=세계보건기구 합동 식품첨가물전문가위원회)에서 1일 허용 섭취량을 규정하지 않을 만큼 안전한 물질이지만 화학적 처리를 통해서 제조되기 때문에 천연 원료가 아닌 화학 합성품에 속한다.

(4) 크림

생크림(유크림)은 유지방으로만 구성되어 있고 식물성 유지나 첨가물이 들어 있지 않은 크림을 의미한다. 가공 유크림(컴파운드 크림)은 유지방 외에 식물성 유지나 첨가물이 들어 있는 크림이고, 식물성 크림은 식물성 유지와 첨가물로만 만든 크림이다.

지방 함량 45% 이상인 크림을 고지방 크림, 30~45%의 크림을 중간지방 크림이라고 한다. 크림은 용도에 따라 제과용, 요리용, 커피용, 기타 용도 크림으로 분류하며, 가당 여부에 따라서 가당 크림과 무가당 크림으로 분류한다.

크림 분리에 적합한 30~45°C 온도로 원유를 가열하고 7,000~9,000 rpm으로 원심분리하여 유지방을 분리한다. LTLT(저온장시간살균법)나 HTST(고온단시간살균법)을 이용해 살균하고, 유지방 구가 뭉치는 것을 방지하기 위해서 균질 공정을 진행한 후 5°C로 신속하게 냉각한다. 소포장은 음용 우유 용기에 포장하고, 대용량은 주석관이나 플라스틱 통에 충전한다. 소포장 크림은 냉장(0~10°C)으로, 대용량 크림은 냉동(-18°C)으로 저장·유통한다.

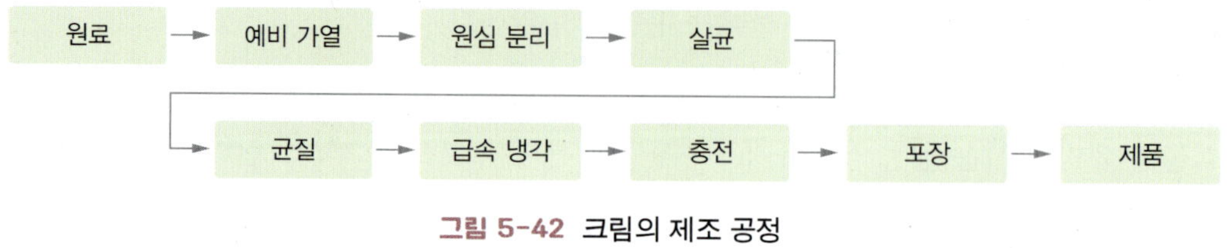

그림 5-42 크림의 제조 공정

생크림(유크림)

컴파운드 크림(가공 유크림)

식물성 크림

그림 5-43 크림 제품

(5) 아이스크림

아이스크림은 원유와 유가공품을 원료로 다른 식품 또는 식품첨가물을 가한 후 냉동 및 경화시킨 제품이다. 『식품공전』에서 빙과류의 하위 품목으로 유지방과 유고형분의 함유량에 따라 아이스크림, 저지방 아이스크림, 아이스밀크, 셔벗, 비유지방 아이스크림으로 분류한다. 우리나라에서 유통되는 아이스크림의 형태는 바, 펜슬, 콘, 모나카, 홈 및 컵 등이 있다.

아이스크림의 제조는 원유 및 유크림, 버터와 첨가물, 향료, 색소 등의 원료를 50°C 이하에서 혼합하고, 이물질이나 덩어리를 제거하기 위해서 여과한다. 지방구 크기를 줄

표 5-8 아이스크림의 분류

유형		특징
아이스크림류	아이스크림	유지방분 6% 이상, 유고형분 16% 이상
	저지방 아이스크림	조지방 2% 이하, 무지유고형분 10% 이상
	아이스밀크	유지방분 2% 이상, 유고형분 7% 이상
	셔벗	무지유고형분 2% 이상
	비유지방 아이스크림	조지방 5% 이상

그림 5-44 아이스크림 제품

이는 균질 공정에서 지방분이 많은 아이스크림은 균질압력 150~200 kg/cm², 아이스밀크나 셔벗은 50 kg/cm²로 한다. 초고온순간살균하고 칼슘이나 나트륨 같은 물에 잘 녹는 안정제를 첨가하기도 한다. 살균이 끝나면 즉시 0~4°C로 냉각하고 숙성한 후 동결하여 경화한 다음 포장 용기에 포장하고 냉동하여 제품화한다.

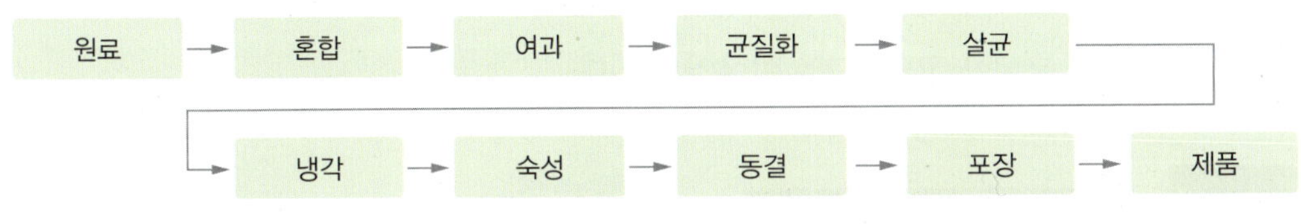

그림 5-45 아이스크림의 제조 공정

(6) 코코아 가공품과 초콜릿

카카오 열매의 씨앗에서 코코아매스, 코코아버터, 코코아분말과 이를 주원료로 하여 가공한 기타 코코아 가공품을 제조하고, 이들을 사용하여 초콜릿을 제조한다.

① 코코아 가공품

코코아매스는 카카오 씨앗의 껍질을 벗겨서 곱게 분쇄한 분말, 반유동상의 것 또는 이것을 경화한 덩어리 상태의 것이다. 코코아버터는 카카오 씨앗의 껍질을 벗긴 후 압착 또는 용매 추출하여 얻은 지방이며, 코코아분말은 카카오 씨앗을 볶은 후 껍질을 벗겨서 지방을 제거한 덩어리를 분말화한 것이다. 기타 코코아 가공품은 카카오 씨앗을 압착, 분쇄 등 단순 가공한 것이거나 코코아매스, 코코아버터, 코코아분말 등을 혼합하여 제조한 것이다.

② 초콜릿

초콜릿은 코코아 가공품류에 식품 또는 식품첨가물을 가하여 가공한 것이다. 초콜릿이란 이름은 멕시코 메시카족이 카카오로 만든 음료인 쇼콜라틀(xoclati)에서 유래되었으며, 유럽에 전파된 이후 설탕을 넣어서 음료처럼 이용되다가 이후 카카오 열매에서 카카오버터를 추출하여 이용하게 되면서 현재와 같은 초콜릿이 개발되었다.

초콜릿은 코코아 고형분과 유고형분 등의 함량에 따라서 구분한다. 초콜릿은 코코아 고형분 30% 이상(코코아버터 18% 이상, 무지방 코코아 고형분 12% 이상)인 것, 밀크초콜릿은 코코아 고형분 20% 이상(무지방 코코아 고형분 2.5% 이상), 유고형분이 12% 이상(유지방 2.5% 이상)인 것, 화이트 초콜릿은 코코아버터 20% 이상, 유고형분 14% 이상(유지방 2.5% 이상)인 것이다.

또한 준초콜릿은 코코아 고형분 7% 이상인 것이며, 초콜릿 가공품은 견과류, 캔디류, 비스킷류 등 식용 가능한 식품에 초콜릿류를 혼합, 코팅, 충전 등의 방법으로 가공한 복합 제품으로 코코아 고형분 2% 이상인 것이다.

초콜릿

밀크초콜릿

준초콜릿

초콜릿가공품

국내산

초콜릿

준초콜릿

초콜릿가공품

수입산

그림 5-46 초콜릿 제품

Tip 초콜릿

초콜릿(chocolate)은 입에 넣었을 때 바로 녹아야 고급 초콜릿으로 취급된다. 초콜릿 제조에서 녹는점을 제어하기 위해서 템퍼링(tempering)이라는 공정을 실시한다. 템퍼링은 카카오 버터의 결정 구조를 베타 형태로 굳히는 작업으로 초콜릿이 저장 중 녹거나 윤기가 나지 않는 현상을 억제한다.

7) 기호음료

기호식품은 영양가보다는 맛과 향이 있어 즐기고 좋아하는 식품으로 음료인 차와 커피, 그리고 주류인 술 등이 해당된다. 이 중 기호음료는 마실 수 있게 만든 액체식품이며, 원료에 따라 차, 커피, 과일음료, 채소음료, 탄산음료, 두유, 발효음료, 인삼음료, 홍삼음료 등으로 제조되고 있다.

(1) 차

차(tea)란 흔히 차나무의 어린잎을 다리거나 우린 물을 말한다. 그러나 넓은 의미로는 차나무 잎뿐만 아니라 식물의 싹, 잎, 꽃, 줄기, 뿌리, 열매, 곡물 따위로 음용할 수 있도록 만든 모든 것을 포함한다.

차는 원료를 침출(leaching)하여 거른 액을 마시는 침출차, 원료를 추출(extraction)하여 가공한 추출액, 농축액 또는 가루를 이용하는 액상차, 그리고 원료를 가공한 가루 같은 고형차로 분류한다.

침출차는 티백 차와 잎차로 구분되나 주원료는 거의 비슷하다. 크게 녹차, 허브 차, 곡차, 홍차로 나눈다. 특히 티백 차는 찻잎뿐만 아니라 보리차, 옥수수차, 메밀차와 같은 곡물로 만든 제품도 있다.

액상차는 차 음료와 과일청으로 나뉜다. 차 음료는 녹차나 허브, 곡물 따위를 우려내어 만든 것이다. 과일청은 추출형 차로 유자차, 모과차, 생강차 등이 주를 이루었으나 레몬, 자몽, 라임, 체리 등 이용 원료가 증가하면서 과일청 시장이 확장되었다.

고형차는 시장에서 분말차 또는 가루차로 불리고 있으며, 인삼, 홍삼, 호두, 마, 아몬드, 호박 따위를 분말 형태로 만들어 물이나 우유에 타 먹게 만든 차이다. 고형차는 견과류를 원료로 사용한 제품이 주를 이루고 있으며, 가루녹차, 율무차, 고구마차 등 다양한 원료를 사용한 제품이 있다. 여기에서는 좁은 의미의 차로 차나무의 어린잎을 가공한 차를 소개한다.

① 차의 종류

차는 차나무(*Camellia sinensis*)의 새싹이나 어린잎을 주원료로 한 음료이며, 찻잎의 가공 방법에 따라 비발효차(녹차), 반발효차(우롱차), 발효차(홍차)로 분류한다. 차 발효는 찻잎 속의 폴리페놀 산화효소(polyphenol oxidase)의 작용으로 차 성분인 카테킨(catechin) 따위를 산화하는 것이다. 찻잎이나 녹차를 미생물로 발효시켜 제조한 것은 후발효차로서 미생물 발효차 또는 흑차(dark tea)라고도 한다.

녹차(green tea)는 비발효차에 속하는 것으로 가공 중에 열을 가하여 찻잎 속의 산화효소의 활성을 정지시켜 차 폴리페놀의 산화를 방지하고 클로로필도 거의 변화하지 않게 보존한 차이며, 기본 성분은 생잎에 포함된 것과 큰 차이가 없다.

녹차는 찻잎을 솥에 넣어 볶아서 만드는 덖음차(배건차)와 수증기로 가열하여 만드는 찐차(증건차)로 분류한다. 전자는 고소한 향이 짙으나 후자는 풋내가 난다. 소규모 공장에서는 주로 배건차를, 대규모 공장에서는 대량 생산이 용이한 증건차를 제조하는데 증건과 배건을 혼합하여 제조하기도 한다.

우롱차(oolong tea)는 독특한 향기를 내는 반발효차로서 찻잎 성분의 일부를 산화시켜 제조한다. 이는 비발효차(녹차)와 발효차(홍차)의 특성을 모두 갖추고 있으며, 종류에 따라 녹갈색 또는 홍갈색의 차 색택이 있다.

홍차(black tea)는 찻잎의 산화효소 작용으로 카테킨을 산화시켜 홍차 색소의 주성분인 테아플라빈(theaflavin)과 향기 성분이 생성되게 한 것이다. 주요 제조 공정은 잎에 균일하게 물리적으로 손상을 주어서 찻잎 성분이 산화되기 쉽게 한 뒤에 체로 걸러내어 크기별로 잎을 발효 선반에 펼치고, 일정한 온도와 습도에서 발효한다. 홍차는 세계적으로 차 생산량의 75~80%를 차지한다.

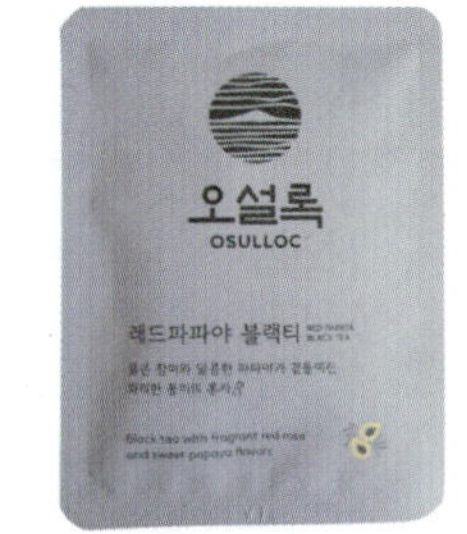

미생물 발효차는 찻잎을 오래 보관하여 야생 미생물의 작용을 이용하여 제조한 것으로 중국의 운남성, 사천성, 호남성 등지에서 제조하고 있다. 보이차(puer tea)라고도 하는 미생물 발효차는 매우 비싼 차인데 선호도가 높아 국산차를 이용한 미생물 발효차 제품도 있다.

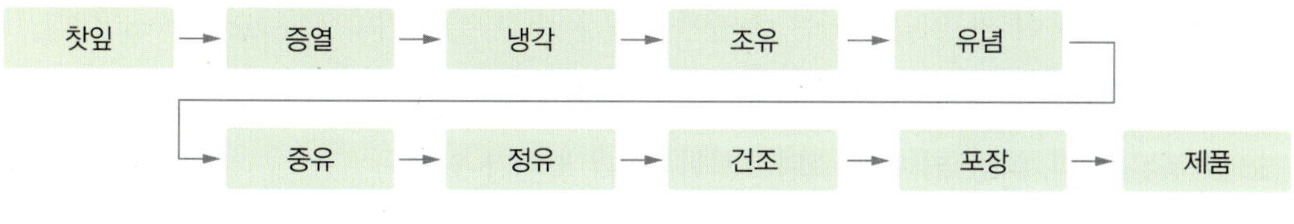

그림 5-47 녹차의 제조 공정

Tip 보이차

보이차는 미생물 발효차로 중국 운남성 지역에서 생산되는 후발효차이다. 황색, 붉은색, 흑갈색이며, 찻잎의 카테킨류가 중합 또는 분해되어서 떫은맛이 나지 않고 특유의 향미가 있다. 숙성 기간이 길수록 가격이 높으며, 1950년대 생산된 보이차 중 하나인 '홍인'은 거래 가격이 1억 원을 넘기도 한다.

② 차의 이용

차는 일반식품으로 섭취할 뿐만 아니라 건강기능식품이나 생활용품 등 여러 분야에서 이용되고 있다. 일반식품으로는 녹차 티백, 음료, 아이스크림, 과자, 빵 따위가 있고, 건강기능식품으로는 녹차 추출물이 산화 방지, 신체 지방 감소, 혈중 콜레스테롤 개선 기능이 있어 이를 이용한 캡슐이나 정제 제형 따위로 제조한다.

액상차　　티백차　　고형차

그림 5-48 차 제품

(2) 커피

커피(coffee)는 커피나무 열매의 씨를 이용한 음료이다. 생산량은 아라비카 커피가 75~80%, 로부스타 커피는 약 20%, 라이베리아 커피는 약 1% 정도이다. 완숙한 빨간 커피 열매를 체리라고 하며, 약간 단맛이 있는 노란색 과육 중심에 두 개의 씨가 들어 있다. 이를 건조하여 씨를 덮고 있는 속열매 껍질을 벗긴 것이 커피생두(green bean)이다.

커피란 커피콩을 가공한 것이거나 또는 이에 식품 또는 식품첨가물을 가한 것으로 크게 볶은 커피, 액상 커피, 인스턴트커피, 조제 커피가 있다.

① 볶은 커피

볶은 커피(roasted coffer)란 커피콩을 볶은 것 또는 이를 분쇄한 것이다. 생두를 선별, 표면의 먼지 따위를 제거한 뒤에 드럼 온도 180°C에서 로스팅(roasting)한다. 두 번의 팽화 후 볶음을 끝내면 커피의 맛과 향이 가장 풍부하게 나오는 풀시티(full city) 볶음 상태가 된다. 볶음을 더 진행하면 점점 스모크 향이 강해지고, 연기가 많이 나온다. 볶은 커피콩은 자체 열로 지방질이 녹아 표면으로 침출되어 쉽게 산화될 수 있으므로 가능한 한 빨리 냉각하여야 한다.

볶음 정도는 연한 볶음, 중간 볶음, 강한 볶음(French roast)의 세 가지로 분류한다. 연한 볶음의 커피는 신맛이 강하며 외관상 옅은 다갈색이고, 강한 볶음의 커피는 쓴맛이 진하고 외관상 흑갈색을 띤다. 중간 볶음의 커피는 알맞은 다갈색을 띠며 신맛과 쓴맛이 잘 조화되어 있다.

② 액상 커피

RTD(ready to drink) 형태로 제조된 액상 커피는 볶은 커피의 추출액 또는 농축액이나 인스턴트커피를 물에 용해한 것에 당류, 유성분 크림 등을 혼합한 것으로 커피 고형물 0.5% 이상인 제품이다. 인스턴트커피나 조제 커피의 수요와 시장 규모가 감소하면서 액상 커피의 시장이 확장되었다.

③ 인스턴트커피

인스턴트커피(instant coffee)는 볶은 커피의 가용 추출액(soluble extract)을 건조하여 분말 혹은 과립으로 만든 것으로 물을 부으면 다시 액상으로 된다. 인스턴트커피 제조에는 주로 로부스타 종을 쓰는데 그 이유는 추출 중에 향기 성분이 잘 소실되지 않기 때문이다.

커피콩의 추출 용매로는 물, 알코올 또는 이산화탄소를 사용할 수 있으며, 일반적으로 고온, 고압과 다단 추출 방법이 사용되고 있다. 추출액은 역삼투법이나 냉동 농축 따위의 방법으로 농축하고 건조 시에는 분무건조 또는 냉동건조를 이용한다.

인스턴트커피는 수분 3% 정도의 분말로 방향과 진한 맛을 지녀야 하며, 뜨거운 물에 녹였을 때 볶은 커피와 거의 같은 풍미가 있어야 한다. 커피의 향을 유지하기 위해 캔이나 페트병, 종이 용기 따위의 다양한 포장 형태의 제품 개발도 진행되었다. 인스턴트커피에 당류, 유성분 크림, 착향제 같은 다른 식품첨가물을 혼합한 것을 조제 커피라고 한다.

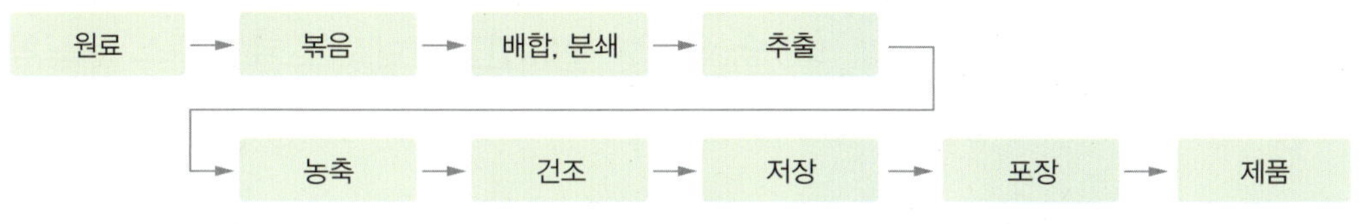

그림 5-49 인스턴트커피의 제조 공정

④ 무카페인 커피

커피의 카페인은 인체에서 생리적인 장단점이 있으며, 단점인 카페인 때문에 커피를 꺼리는 사람들을 위해 무카페인 커피(decaffeinated coffee)를 제조한다. 제조 방법에는 용매 추출법, 물 추출법, 초임계 이산화탄소 추출법이 있다.

용매 추출법은 커피 원두를 증기로 찐 후에 에틸아세테이트 용매로 원두의 카페인 성분을 추출하여 제거한다. 물 추출법은 커피 원두를 끓는 물에 침지하여 카페인을 포함한 수용성 물질들을 모두 물에 녹아 나오게 한 뒤 이 용액을 활성탄소를 채운 관에 통과시켜 카페인만을 분리·제거하는 방법이다. 초임계 이산화탄소 추출법은 기체 이산화탄소를 액화하여 추출하는 방법으로 초임계 상태에서 카페인을 추출하면 이산화탄소가 기화되면서 휘발 제거되는 원리를 이용한다. 이 방법으로 무카페인 커피를 만들 경우 독성이 거의 없고, 추출되는 식품 성분과 용매와의 반응도 거의 일어나지 않으며 잔

액상 커피

커피 믹스

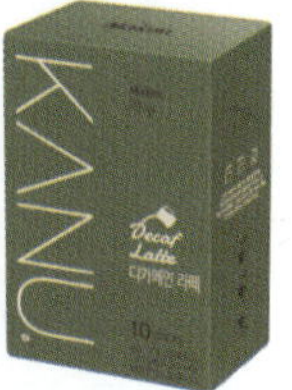

무카페인 커피

그림 5-50 커피 제품

류 물질도 없다는 장점이 있다.

(3) 소프트드링크

소프트드링크(soft drink)는 알코올이 들어 있지 않은 음료 또는 알코올 함량이 1% 미만인 음료이다. 즉, 소프트드링크는 술 이외의 모든 음료를 가리키나 보편적으로는 탄산음료를 가리킨다. 감미료로 설탕, 고과당, 옥수수 시럽, 인공 감미료 및 과일 주스 등을 첨가할 수 있다. 그 외에 청량음료에는 카페인이나 착색료 및 기타 성분이 포함될 수 있다.

① 탄산음료

국내의 탄산음료는 칠성사이다 생산으로부터 시작되었다. 1960년대에 코카콜라와 펩시콜라가 우리나라에 들어와 음료 시장은 사이다와 콜라가 양분해 오다가 1980년대에 들어 보리탄산, 유성탄산음료 등이 개발되면서 그 종류가 급격히 많아졌다.

탄산음료(carbonated beverage)는 이산화탄소를 함유한 탄산음료와 탄산수가 있다. 탄산음료는 먹는 물에 식품 또는 식품첨가물과 이산화탄소를 혼합한 것이거나 탄산수에 식품 또는 식품첨가물을 가한 것이다. 탄산음료의 대표적인 것은 콜라(cola)와 사이다(cider)이다.

콜라는 벽오동과에 속하는 콜라나무(*Cola nitida*)의 씨(카페인 함량 2.4%)에서 추출한 액에 캐러멜 따위로 착색하고, 당(주로 액상과당)과 이산화탄소를 압입하여 제조한다. 사이다는 원래 사과즙을 발효한 사과술을 의미하나 한국에서는 산미료, 향료, 착색제 따위를 설탕 액에 혼합하여 이산화탄소를 압입하여 제조한다.

Tip 콜라의 탄생

최초의 콜라는 미국 조지아주 애틀랜타의 약사였던 존 펨버턴이 개발하였다. 초기에는 코카 잎, 콜라나무 열매와 와인 등을 혼합하여 제조하였으며, 이를 프렌치 와인 코카로 명명하였다. 이후 미국에서 금주법으로 음료가 금지당할 위기에 처하자 코카 잎 추출물과 콜라나무 열매 추출액을 섞고 여기에 와인 대신 탄산수를 섞어서 제조하였다. 코카 잎과 콜라나무 열매의 철자를 따와 최초로 '코카콜라'로 명명하였으며 이를 약국에 납품하였다. 현재 시장에 유통되고 있는 코카콜라 병의 디자인은 공모전을 통해서 채택된 것인데 이는 디자이너가 콜라 열매를 카카오 열매로 착각하여 병을 디자인한 결과이다.

② 탄산수

탄산수는 천연적으로 탄산가스를 함유하고 있는 물이거나 먹는 물에 탄산가스를 가한 것이며, 일반적으로 무향 탄산수를 지칭한다. 탄산수의 탄산가스 압은 1.0 kg/㎠ 이상이어야 하며 보존료는 없어야 한다.

(4) 먹는 물

먹는 물에는 자연 상태의 물, 자연 상태의 물을 먹기에 적합하도록 처리한 수돗물, 지하수 또는 용천수 따위의 샘물을 먹기에 적합하도록 처리한 먹는 샘물, 염분을 함유하고 있는 지하수를 먹기에 적합하도록 처리한 먹는 염지하수와 해양심층수를 먹기에 적합하도록 처리한 먹는 해양심층수 등이 있다.

(5) 발효음료

발효음료(fermented beverage)는 우유 가공품 또는 식물성 원료를 유산균, 효모 따위의 미생물로 발효시켜 가공한 음료이다. 유산균으로 발효한 유산균음료, 효모로 발효한 효모음료와 그 밖의 미생물로 발효한 발효음료가 있다. 일반적으로 발효 우유는 따로 취급한다. 발효음료는 필요한 경우 살균 처리할 수도 있으며, 비살균 제품에는 소브산과 그 염(포타슘, 칼슘)을 보존제로 사용할 수 있다. 원료를 배합, 균질, 열처리하고 냉각한 다음 스타터(starter)를 첨가하고 배양, 교반, 냉각 과정을 거친 후 과일이나 향료를 첨가하여 제조한다.

(6) 인삼 또는 홍삼 음료

인삼음료는 인삼이나 홍삼 또는 가용성 인삼 성분(인삼 사포닌이 그램당 80 mg 이상 포함된 것)이나 가용성 홍삼 성분(홍삼 사포닌이 그램당 70 mg 이상 포함된 것)에 식품 또는 식품첨가물을 가하여 제조한 음료이다. 인삼음료에 그대로 넣는 수삼은 3년근 이상이어야 한다. 인삼음료를 제조하는 일반적인 방법은 원료를 선별하여 절단한 뒤에 물이나 알코올을 이용하여 추출하고, 이에 부원료를 혼합한 뒤에 거르기와 살균 과정을 거쳐 밀봉, 포장하여 제품화한다.

인삼음료 제조의 어려운 점은 인삼 원료의 보관 중 수분 유지, 인삼 원료의 액체화,

인삼 파쇄물의 기준 설정이다.

홍삼음료를 제조하는 공정은 인삼을 홍삼으로 가공하여 추출액을 추출하는 과정에서 차이가 있을 뿐 그 밖의 공정은 인삼음료 제조 공정과 대부분 같다.

Tip 인삼, 홍삼, 흑삼의 차이

인삼은 오갈피나무과 인삼 속에 속하는 다년생 초본류로 동양에서 민간 또는 한방의학에서 약용으로 사용한다. 백삼은 생인삼(수삼)을 햇빛, 열풍 등으로 익히지 않고 건조한 것이며, 홍삼은 생인삼을 수증기로 익힌 다음 건조한 것이다. 흑삼은 생인삼을 아홉 번 찌고 말리는 구중구포 과정으로 만든 것이다.

(7) 그 밖의 음료

그 밖의 음료는 먹는 물에 식품 또는 식품첨가물 따위를 첨가하여 제조하거나 또는 동식물성 원료를 이용하여 음용할 수 있도록 가공한 것으로 혼합음료와 음료 베이스가 있다.

① 혼합음료

혼합음료는 먹는 물 또는 동식물성 원료에 식품 또는 식품첨가물을 가하여 음용할 수 있도록 가공한 것이다.

스포츠 음료(이온음료)는 미국 플로리다대학교 연구자들이 개발한 게토레이가 시초이며, 격렬한 운동 후 배출된 전해질이나 수분을 보충하기 위해서 개발된 음료이다. 탄수화물, 칼륨, 나트륨, 마그네슘 등이 포함되어 있어 탈수를 방지하고 글리코겐 저장을 활성화하여 피로 회복에 도움을 준다.

그림 5-51 스포츠 음료

Tip 스포츠 음료 게토레이의 유래

게토레이는 1965년 미국 플로리다대학교 의과대학 연구자들이 개발한 음료수이다. 대학교 미식축구팀인 '플로리다 게이터스'가 경기 후반마다 체력이 고갈되어 역전패하는 현상이 자주 발생하자 이를 해결하기 위해서 만들게 되었다. 게토레이의 영문명 'Gatorade'는 악어를 뜻하는 'Gator'와 음료를 뜻하는 'ade'의 합성어이다. 이는 플로리다대학교 게이터스의 마스코트가 악어인 것에서 유래되었다.

② 음료 베이스

음료 베이스는 동식물성 원료를 이용하여 가공한 것이거나 이에 식품 또는 식품첨가물을 가한 것으로서, 먹는 물과 혼합하여 음용하도록 만든 것이다. 밀크티, 깔라만시, 얼그레이 홍차, 자몽에이드 등이 있다.

8) 특수식품과 미래식품

정상적인 식품 소비가 어려운 특별한 환경에서도 충분한 영양소를 섭취할 수 있도록 제조된 식품, 즉 일반식품과 다르게 특별한 목적과 환경에 적합한 특수한 식품이 필요하며, 또한 인구 증가, 지구 환경 변화, 새로운 기술의 개발로 기존에 없던 새로운 식품이 개발되고 일반 식품에도 확대 적용되고 있다.

(1) 특수식품

일반식품과 다르게 특별한 목적과 환경에 적합한 식품이 필요하다. 대표적인 것은 군대의 전투식량이나 지진이나 자연재해 등 비상시에 공급하는 비상식량, 우주인들이 특수한 우주 환경에서 섭취할 수 있는 우주식품, 인체의 소화 기능이 저하된 사람들을 위한 고령친화식품 등이 있다.

① 전투식량

전투식량 또는 야전식량은 군인들이 간편하게 지니고 다니거나 먹을 수 있도록 만든 식품이다. 전투식량은 통조림이나 미리 조리하여 포장된 형태, 동결건조, 음료혼합가루, 농축음식 등으로 되어 있어 야전에서 최소한의 준비만으로 먹을 수 있게 되어 있으며, 유통기한도 일반 식량보다 훨씬 길다.

최초의 근대적인 전투식량은 1804년 프랑스의 의사 니콜라 아페르(Nicolas Appert)가 개발한 병조림으로 나폴레옹에 의해 활용되었고, 이어 영국인 피터 듀란드(Peter Durand)가 병조림을 변형시킨 통조림을 개발하였다. 대표적인 전투식량인 건빵은 중동에서 개발되었으며, 미국 남북 전쟁 때 사용되면서 전 세계에 보급되었다. 제2차 세계 대전 이후 미군에서는 메뉴들이 한 세트로 구성된 C 레이션(C ration)을 개발하였고, 1981년에는 레토르트 식품을 응용한 전투식량 MRE(meal, ready to eat)를 개발하였으며, 이 기술은 현대의 HMR(가정간편식) 식품에 널리 사용되고 있다.

현대의 전투식량은 매끼 1000 kcal 이상씩 높은 열량으로 구성되어 있으며, 조리할 기구가 필요 없이 찬물이나 따뜻한 물만으로 조리할 수 있는 레토르트식이나 발열 팩을 활용한 즉각 취식형이다. 또한 수분이 적고 전해질 보충을 위해 염분이 많아 조금 짜지만 유통기간은 2~3년으로 보존성이 높고, 휴대하기 간편한 형태로 제조된다.

그림 5-52 최초의 병조림과 초기 통조림 잔해

C 레이션

MRE

그림 5-53 전투식량

Tip 병조림과 C 레이션(Ration)

병조림은 유리병에 음식물을 담고, 코르크 마개로 뚜껑을 한 후 공기가 들어가지 않도록 양초를 녹여 밀봉한 것이며, 살균과 밀봉 처리가 되어 있어 신선도와 맛이 오래 지속되므로 당시에는 매우 획기적인 방법이었다.

C 레이션은 고기 요리 통조림 1개, 건빵과 인스턴트커피로 구성된 통조림 1개, 숟가락 등 일회용품과 사탕, 껌, 담배 등 기호식품을 넣은 1개의 액세서리 팩으로 구성되었다. 이후 통조림은 무겁고 단가가 비싼 단점이 있어 플라스틱 봉투에 음식물을 담고 밀봉한 후 고온에서 가열살균한 레토르트 식품(retort food)으로 변경되었다.

② 비상식량

비상식량은 비상시를 대비하는 식품으로 자연재해 같은 비상 상황이나 재난 시에 사용된다. 따라서 비상시를 대비하여 캠핑이나 등산을 할 때 주로 구입하여 사고가 발생하면 구조 요원이 올 때까지 생존용으로 사용하거나 재난 구조에서 이재민에게 신선한 음식을 제공할 수 없는 상황에서 기본적인 영양소를 공급하는 역할로 사용된다.

비상식량은 많은 양을 쉽게 운반하여 배급할 수 있고 저장과 보존이 긴 특징이 있으며, 주로 분말, 건조, 훈제, 염장 등의 형태로 되어 있다. 비상식량은 식수가 부족한 상황에서도 사용할 수 있도록 소화 과정에서 물이 꼭 필요한 단백질은 배제하고, 적은 양으로 고칼로리를 낼 수 있는 초콜릿, 사탕, 곡물 압착 블록 등 탄수화물과 당분 위주로 구성되어 있으며, 염분도 상당량 포함되어 있다.

대부분 2년 이상의 긴 유통기한을 가지고 있어 장기 보존이 가능하며, 덩어리에 격자가 새겨져 있거나 사탕처럼 낱개로 포장되어 먹은 양을 쉽게 알 수 있도록 개수를 세는 형태로 되어 있다.

Tip 비상식량과 우주식품

비상식량은 일시적 사용 목적에 적합하나 장기적으로 섭취하면 영양학적 균형이 깨어져 비만이나 고혈압에 걸리기 쉬우며, 간식 제품이 아니므로 대부분 맛이 없다.

한국의 우주식품은 2008년 우주인을 보내기 위해 개발을 시작하였으며, 전통식품인 김치, 고추장, 된장국, 밥, 홍삼차와 녹차, 생식바, 라면, 수정과를 우주식품의 조건에 적합하도록 개발하였다.

③ 우주식품

우주식품은 우주에서 먹을 수 있는 식품이며, 지구 환경과 다른 특이한 환경에서 섭취할 수 있도록 만들어진 식품이다. 우주인에게 가장 중요한 것은 지상과 우주 공간에서 장단기 임무를 모두 충실히 수행할 수 있는 건강 관리이며, 식품을 통해 건강한 신체 상태를 유지하는 것이 매우 중요하다.

우주식품은 무중력이나 저중력 같은 환경에서 식품을 먹을 수 있게 만들어져야 한다. 무중력 환경에서 식품의 부스러기나 유동체의 비산(飛散)은 기기에 손상을 입히거나 신체에 들어갈 수 있어 포장이 매우 중요하다. 음료수도 밀봉 포장되어 제공되며, 섭취 후 남은 음료가 새나오는 것을 방지하기 위해 빨대에 특별히 제작된 잠금 장치를 장착하여 사용한다.

우주식품은 부피나 무게가 작아야 하고 장기 저장에 변패가 발생하면 절대 안 된다. 최초의 우주식품은 초기 우주 비행선인 머큐리(Mercury)호에서 1962년 존 글렌(John Glenn)이 먹은 알루미늄 튜브에 담긴 사과 소스이다. 초기 우주식품은 한입 크기의 고형식품이나 동결건조 분말, 알루미늄 튜브에 담긴 반 액상식품 형태였으나 이후 조리, 가공, 보존, 저장 등의 기술 발전으로 다양한 형태의 우주식품이 개발되었다. 특히 냉동건조, 살균과 통조림 가공 기술의 발전, 새로운 포장 재료와 포장 방법의 개발은 다양한 우주식품의 개발에 큰 도움이 되었으며, 최근 가정간편식의 개발에도 큰 영향을 주었다. 현재 우주식품에서 가장 중요한 요소는 안전성이므로 위해요소 중점관리기준(HACCP)에 맞는 완벽한 제조 공정과 포장이 이루어지고 있다.

그림 5-54 다양한 우주식품

④ 레저식품

레저식품은 여가와 함께 편하게 섭취할 수 있는 식품이다. 사회 환경 변화로 레저 인구가 늘어나고 있고 이때 취식할 수 있는 간편한 레저용 식품도 다양한 종류가 개발되고 있다. 레저식품은 주로 10대 후반부터 30대 초반의 젊은 층이 소비하고 있으며, 베이킹 식품, 견과류, 초콜릿, 팽화식품 등이 있다. 식품가공 기술의 향상의 따라 레저식품의 종류도 다양해지고 있으며, 전통적인 절임식품, 해산물 등도 신선도 유지 기술의 발달로 밀키트 같은 형태로 추가되고 있다.

레저식품은 높은 소득으로 구매력이 높은 젊은 층이 주로 이용하고 있으며, 문화 활동과 연계되어 소비 행태가 매우 넓은 특징이 있다. 이에 따라 레저식품은 맛이 풍부하고 포장 디자인이 우수하며, 가격에 대한 민감도가 상대적으로 낮은 특징이 있으며, 브랜드가 제품 소비를 결정하는 중요한 요인으로도 작용한다. 레저식품은 맛이 가장 중요한 요소이며, 영양이나 브랜드가 가격보다 더 중요하다. 또한 뷰티나 미용과 연계되거나 건강을 강조한 제품도 점차 증가하고 있다.

⑤ 고령친화식품

우리나라는 빠른 속도로 초고령 사회로 진입하고 있는데 고령자는 위·췌장의 소화효소 분비량이 감소하고, 식도·위장의 연동 운동과 후각·시력 저하, 갈증 감각 감소, 침 분비량과 미뢰 수 감소 등 다양한 신체 변화가 나타난다.

이러한 고령자의 신체 변화와 기능 저하로 저작(씹기)·연하(삼킴)·소화의 3대 섭식 장애가 발생하고, 이는 식욕 부진, 음식 섭취량 감소, 영양 불균형으로 이어져 건강 악화 및 삶의 질을 낮추는 요인이 된다.

고령친화식품은 이러한 섭취 능력(저작·연하·소화)이 저하된 고령자가 쉽게 섭취할 수 있도록 특별히 제조, 가공, 조리된 식품 또는 고령자에게 부족한 영양소를 함유한 식품이다. 따라서 식사의 일부나 전부를 대신할 목적으로 고령자들의 저작·섭취·소화·흡수에 도움이 되도록 제조·가공한 식품이나, 고령자의 신체·생리적 특성을 고려하여 질병 예방과 치료, 노화 억제 및 영양과 건강 상태 유지에 도움을 주도록 특별히 고안된 식품이다.

현재 우리나라에서는 유동식과 분말식, 점도증진제, 젤리식, 영양죽, 연하식이 출시되고 있으며, 기능성 우유, 캔디류, 연하도움 죽제품, 고영양음료와 두유 제품 등 주로 고령자의 부족한 영양을 보충해 주거나, 저작·연하 기능이 곤란한 고령자가 섭취할 수 있도록 경도와 점도가 조절된 제품들이 개발되어 판매되고 있다. 또한 2021년부터 고령친화 우수식품 지정제도를 도입하여 27개 제품을 지정하는 등 정책적인 지원을 하고 있다.

Tip 특수의료용도식품과 특수영양식품

특수의료용도식품은 고령친화식품과 유사하나 당뇨, 고혈압, 신장병 등의 질병과 수술 등의 상태로 일반인과 생리적으로 특별히 다른 영양 요구량이 있어 충분한 영양 공급이 필요하거나 일부 영양 성분의 제한 또는 보충이 필요한 사람에게 경구 또는 경관 급식할 수 있도록 제조·가공된 식품이다.

특수영양식품은 영·유아, 비만자 또는 임산·수유부 등 특별한 영양 관리가 필요한 특정 대상을 위하여 식품과 영양 성분을 배합하는 등의 방법으로 제조·가공한 것으로 조제유류, 영아용 조제식, 성장기용 조제식, 영·유아용 이유식, 체중 조절용 조제식품, 임산·수유부용 식품이다.

그림 5-55 다양한 형태의 고령친화식품

(2) 미래식품

인구의 증가와 사회문화적 환경 변화에 따라 식품 분야에 새로운 기술을 적용하여 기존에 없던 새로운 식품을 개발하고 있다. 대표적으로 식물성 대체육, 배양육, 곤충식품과 3D 프린팅을 이용한 식품이 있다.

① 식물성 대체육

대체육은 소, 돼지, 닭과 같은 육류를 대체하는 식품이다. 세계 인구 증가에 따라 육류 소비량도 급증하고 있으며, 동물 사육에 토지, 사료, 물과 에너지 등 자원 투입량이 매우 많고, 동물이 발생하는 메탄가스로 지구가 온난화되고 분변으로 인한 환경 오염도 크게 증가하고 있다. 또한 동물 윤리 등을 이유로 채식 선호 인구가 늘어나면서 동물을 대체할 수 있는 대체육에 대한 관심이 증가하였으며, 2010년대 이후 식물 단백질로 대체육 개발이 촉진되었다.

식물성 대체육은 식물에서 추출한 단백질로 육류 조직감과 유사하게 물리학적인 변화를 유도하여 조직감을 부여한 다음 색, 맛 등의 관능적 특성이 유사하도록 제조한 제품이다. 식물성 대체육의 원료는 콩, 밀, 호박, 버섯, 해조류 등에서 추출한 단백질이며, 보수력, 겔화 유도, 유화 안정성 등의 장점이 있고, 주로 조직화에 적합한 대두 단백질을 사용하는데 콩으로 만든 콩고기가 대표적인 식물성 대체육이다.

이러한 식물성 대체육은 기존 육류의 맛과 기능을 지니고 있으면서 고단백, 저지방에 비교적 저렴한 순식물성 식품이다. 특히 고기와 단백질 함량은 비슷하면서도 지방과 포화지방산의 함량은 적고, 콜레스테롤이 없으며 생리 활성 기능성이 우수한 장점이 있어 시장 수요가 해마다 증가하고 있다.

미국에서는 햄버거 패티와 소시지 등을 제조하는 임파서블 푸드(Impossible Foods)와 채식 버거를 판매하는 비욘드 미트(Beyond Meat)가 시장을 주도하고 있으며, 국내에서도 많은 제품이 개발되고 있다.

그림 5-56 대체육 제품인 임파서블 버거와 비욘드 비프 · 소시지

Tip 대체육(인조육)

대체육은 대두조직단백(textured soy protein), 식물성 조직단백(textured vegetable protein), 인조육이라고 하다가 고기와 거의 같은 맛과 조직감을 구현하여 식물 단백질 대체육(plant protein-based meat analog)이라고 하게 되었다.

② 배양육

배양육은 대체육의 하나로 소, 돼지, 양, 닭 등의 근육 줄기세포를 추출해 사람이 먹을 수 있는 수준까지 무균 배양하여 만든 것이다. 줄기세포를 6주 동안 배지에서 배양하면서 전기 자극으로 분화시키면 근육세포로 자라며, 근육세포가 된 뒤 지방세포를 첨가하면 이론상 마블링도 가능해 실제로 육류와 가장 유사한 대체육 생산 방법이다.

배양육은 기존의 가축이나 다른 대체식품에 비하여 차별화된 가치가 있는 미래 유망 식품이다. 가축 사육으로 인한 오염물질 발생을 줄이고 사료 자원 고갈을 방지할 수 있다. 생산 공정 중 배양육 내 영양소를 인체에 유익한 물질로 대체할 수 있어서 배지와 배양 조건을 조절하여 사람에 유익한 식육의 제조도 가능하다. 또한 식중독과 인수공통전염병 등 질병 발생의 우려가 없다.

배양육은 1990년대 초반 미국과 네덜란드에서 연구가 시작되어 1995년 미국 항공우주국(NASA)에서 우주식품으로 배양육 연구를 시작하였고, 1999년에 네덜란드의 빌렘 반 엘런(Willem van Eelen)이 배양육 관련 국제 특허를 확보하면서 배양육 연구가 본격적으로 시작되었다. 2013년 네델란드의 마크 포스트(Mark Post)는 소의 줄기세포를 이용해 만든 햄버거 패티를 세계 최초로 개발하고 벤처업체인 모사 미트(Mosa Meat)를 창업하였으며, 이때 햄버거 패티 1개의 생산비는 32만 5천 달러였다. 업사이드 푸드(Upside Foods)로 사명을 변경한 멤피스 미트(Memphis Meat)에서는 2017년 닭고기 배양육을 개발하였으며, 이때 생산비는 100 g에 약 2,000달러가 소요되었다.

이후 이스라엘, 일본, 중국 등 중동과 아시아 지역에서도 다양한 스타트업이 생겨 연구·개발이 진행되었고, 대형 바이오리액터가 개발되어 비용이 100 g당 1,000달러까지 감소하였으며, 단가를 10달러까지 감소시키기 위한 연구가 진행되고 있다.

2020년 12월에는 미국 실리콘밸리의 배양육 개발업체인 잇 저스트(Eat Just)의 닭고기 배양육 판매가 세계 최초로 싱가포르에서 승인되었다. 국내에서도 셀미트, 다나그린, 씨위드 등 여러 벤처기업에서 연구하고 있으며, 정부지원이나 식품 대기업과 협업하여 실용화 연구 개발을 추진하고 있다.

배양육은 생산 기술 개발이 급속도로 진행되고 있으나 아직 해결해야 할 문제점들이 있으며, 특히 배양 기간이 2주 정도로 생산 단가가 높은 단점이 있다. 또한 배양육 생산에서 세포 배지 성분 중 동물 유래 성분이 완전히 제거된 무혈청 배지 개발과 배지 성

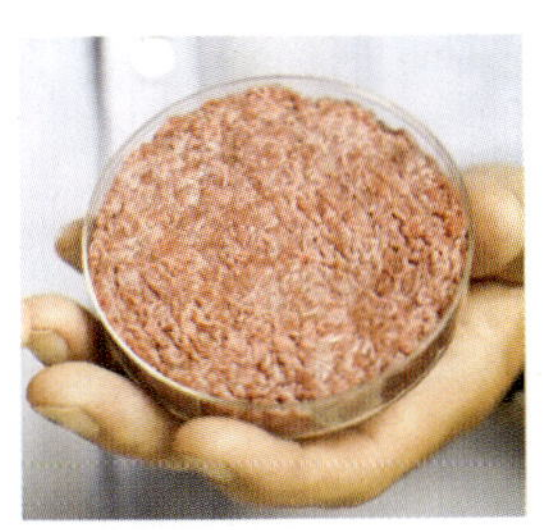

모사 미트의 햄버거 패티

멤피스 미트의 닭고기

잇 저스트의 닭고기

그림 5-57 배양육 제품

분의 성장촉진제와 항생제 등의 첨가물에 대한 안전성 확보가 필요하다. 한편, 근육 조직으로만 구성된 것이 아닌 지방 조직이 있는 마블링된 배양육 개발을 위해 3D 프린팅을 이용한 기술 개발도 진행되고 있다.

③ 곤충식품

식용 목적으로 기른 곤충을 가공한 식품이 곤충식품이다. 식용 곤충은 조단백질 50~60%로 매우 높은 고급 단백질 공급원이며, 조지방 8.1~59%, 섬유소 4.9~12.1%, 그 밖의 풍부한 무기물과 비타민 B 등을 함유하고 있어 새로운 식량자원으로 사용되고 있다.

곤충식품에 관심을 갖는 이유는 세계 인구의 지속적 증가로 새로운 식량 자원이 필요하며, 가축보다 사육 면적이 적고 한 번에 수백여 개의 알을 낳아 세대 순환이 빠르므로 짧은 시간에 대량 생산이 가능하기 때문이다. 또한 사료량도 육류에 비해 적게 들어 경제적이며, 온실가스의 발생도 가축에 비해 10% 정도이므로 친환경적이다.

영양 측면에서도 소고기, 닭고기 등 기존 주요 단백질원의 대안이라고 생각할 수 있을 만큼 단백질이 풍부할 뿐만 아니라 혈행 개선 효과가 있는 불포화지방산이 총지방산의 70% 이상이며, 칼슘, 철 등의 무기질 함량 또한 높아 영양적 가치가 높다. 특히 가축에서 발생하는 광우병, 구제역, 조류독감 등이 없는 안전한 육류 대체식품으로서 많은 기대를 받고 있다.

식용 곤충은 현재 아프리카, 아시아, 남아메리카 및 호주 등에서 활용되고 있다. 우리나라는 전통적으로 메뚜기와 번데기를 식용하였으며, 2014년에 갈색거저리, 흰점박이꽃무지 유충이 식품 원료로써 인정된 이후 '고소애'와 '꽃뱅이'라는 애칭으로 불리고 있다. 그 외 벼메뚜기, 누에번데기, 백강잠, 장수풍뎅이 유충 및 쌍별귀뚜라미도 식품 원료가 되었다.

그러나 식용 곤충은 소비자에게 혐오감을 주므로 유충을 동결건조한 후 분쇄하여 분말로 제조하여 사용하고 있다. 또한 곤충 단백질의 특성으로 인한 소화 장애와 이취 발생을 없애기 위해 추가적인 가공 공정을 거치고 있으며, 혐오감을 줄이기 위해 곤충의 형태가 드러나지 않는 분말, 다짐, 육수 등 요리의 재료로 접목한 다양한 메뉴와 제품이 개발되고 있다.

앞으로 곤충식품을 메뉴로 하는 카페 및 레스토랑도 지속적으로 증가할 것이며, 고령화 사회가 심화됨에 따라 특수의료용도식품이나 인체에 유용한 건강기능식품으로 개발되어 부가가치가 높은 새로운 식품으로 활용될 것이다.

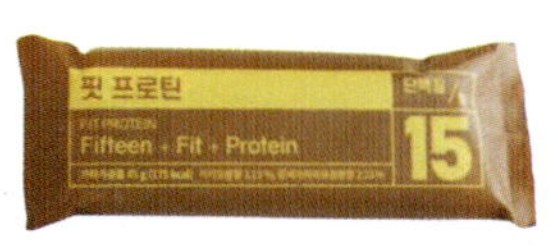

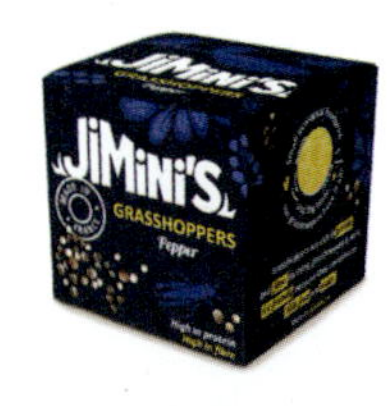

그림 5-58 식용 곤충으로 만든 다양한 곤충식품 사례

④ 3D 프린팅 식품

3D 프린팅 기술은 컴퓨터 프로그램을 활용하여 한 층씩 쌓는 적층 형식을 통해 입체적 구조물을 제작하는 기술이며, 1986년 미국의 척 헐(Chuck Hull)이 고분자 원료로 복합구조물을 만들기 위해 발명하였다. 이 기술은 신속한 제품 생산이 가능하므로 주로 자동차, 항공, 의료 등의 고가장비 시제품 제작(Rapid prototyping)에 사용되다가 적용범위가 확대되면서 디자인, 헬스케어, 교육, 예술, 방위, 건축 등 다양한 분야에 사용되고 있으며, 식품 분야에도 사용되기 시작하였다.

식품의 3D 프린팅은 경도가 강하지 않아도 되기 때문에 다른 분야보다 빠르게 적용되고 있고, 다양한 3D 프린터와 3D 프린팅 식품이 개발되고 있다. 식품 3D 프린팅 기술은 CAD(computer aided design/draft)나 3D 스캐너를 통해 만들어 낸 3차원 디지털 디자인에 식품 구성 비율과 영양학적 데이터 등을 반영한 후 식품 원료를 한 층씩 적층하여 3차원으로 재구성하는 식품 제조 기술이다.

따라서 3D 프린팅 식품을 제조하기 위해서는 식품 원료의 선정과 특성 정보가 가장 중요한 요소이다. 분말, 변성 전분, 분리단백질 등 열 안정성이 증진된 전처리된 원료가 필요하며, 이들은 흐름성을 갖는 액체 또는 고체분말 상태로 공급되다가 3D 프린팅 과정에서 열에 의한 가소화 또는 용융 상태에서 냉각되어 형상이 유지된다. 적용할 수 있는 원료의 조건은 가소성, 점착성, 형상 유지성이며, 이러한 원료로는 밀, 쌀, 옥수수 분말 등의 전분류, 초콜릿 등의 고체지방, 설탕 등의 당류가 있다. 여기에 물성을 높이거나 영양소를 풍부하게 하는 한천, 젤라틴, 밀가루, 감자전분, 쌀전분 같은 탄수화물과 곤충 단백질, 식물 단백질, 어분 등의 단백질과 지방, 증점제 같은 재료들을 첨가하여 사용한다. 이러한 재료들은 혼합 비율에 따라 사출되는 식품의 물성, 형태와 맛이 다양하게 바뀔 수 있으며, 3D 프린팅 사출 설정에 따라 밀도와 물성이 변화되므로 다양한 재료의 조합과 조건의 설정에 따라 여러 가지 식품을 제조할 수 있다.

3D 프린팅 식품 기술의 가장 큰 장점은 기존 식품의 형태와 질감 등을 자유롭게 디자인하여 개인의 취향과 목적에 따라 다양한 식품을 제조할 수 있다는 것이다. 기능성 성분 혼합과 특정 물질 제거가 가능하여 특정 성분에 취약한 사람들에게 맞춤형 식품을 제공할 수 있으며, 식재료 고유의 특성 때문에 접하기 어려웠던 식품의 형태, 경도, 질감 등을 조절하여 소비자에게 맞는 제품을 만들 수 있다.

3D 프린팅 식품은 전투식량, 우주식품, 유동식, 노인식, 환자식, 유아식 등 여러 분야에서 개발되고 있다. 미국은 군용식품에 3D 프린팅 식품 기술을 적용하여 웨어러블(wearable) 기술로 측정된 개인별 필요 영양소를 개인 맞춤형 3D 프린팅 식품으로 제공함으로써 보급로 차단 시의 원활한 대응과 식량 운송비 절감, 취향별 식품 선택권 부여, 음식쓰레기 발생량 저하, 전투식량의 유통기한 연장 등의 효과를 기대하고 있다.

푸디니(Foodini)

보쿠치니(Bocusini)

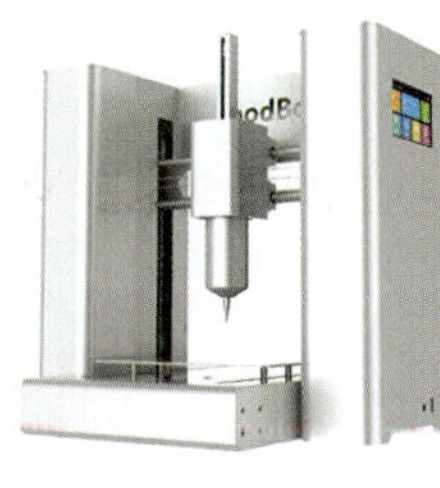
푸드봇(Foodbot)

쉐프젯(Chefjet)

그림 5-59 식품 3D 프린터

미국 항공우주국에서도 분말 형태로 공급된 식재료가 출력 직전에 물, 지방과 함께 혼합되어 식품이 만들어지는 우주식품용 3D 프린터를 개발하고, 분말 재료의 유통기한을 최장 30년까지로 하여 새로운 형태의 우주식품을 개발하고 있다.

이외에도 식품 3D 프린팅 기술은 영양 성분을 원하는 대로 조합하거나 응축시켜 바쁜 현대인들을 위한 균형 잡힌 대체식품이나 다이어트용 식품 개발에도 적용될 수 있다. 소화나 저작 운동이 활발하지 못한 유아나 고령층들을 위해 질긴 고기를 연하게 제작하는 섭취 편의성을 높인 식품이나 단백질, 고분자 등을 식품원료와 함께 활용하는 고령자용 영양 강화식품도 개발되고 있다.

2. 발효 가공식품의 제조

인류 역사상 가장 오래된 식품가공 방법인 미생물 발효는 원재료의 성분을 다른 성분으로 전환하므로 맛 좋은 새로운 식품이 된다. 현재에도 이것은 슬로푸드(slow food), 장수식품, 건강식품으로 인식되고 있으며, 세계 각국에서 다양한 발효식품을 제조하고 있다. 우리의 김치, 된장, 막걸리와 서양의 발효 빵, 치즈, 요구르트, 포도주가 대표적이다.

현대 과학 기술의 발전과 더불어 식품 발효 기술의 발달로 건강기능식품인 프로바이오틱 유산균 제재, 조미료인 글루탐산나트륨(MSG), 산미료인 식초와 다양한 유기산을 제조하여 식품산업에 사용하고 있다.

1) 발효식품

식품의 제조, 저장과 유통에서 미생물 관리가 매우 중요하며, 부패를 방지하여 안전성을 확보하면서 발효 미생물로 식품을 제조해야 한다. 미생물 발효식품은 원료에 따라 곡류로 막걸리, 맥주, 소주, 발효 빵을, 콩류로 간장, 된장, 청국장 등의 장류를, 채소와 과일류로 김치, 식초, 포도주를, 우유로 발효유와 치즈를, 어패류로 젓갈과 액젓을 제조한다.

(1) 미생물과 발효

미생물(microorganism)이 유익한 물질을 생산하면 발효(fermentation)라고 하고, 유해물질을 생산하면 부패(putrefaction)라고 한다. 이러한 미생물에 의한 발효와 부패는 식품산업에서 모두 중요하다. 발효 미생물은 다양한 발효식품을 생산하고 미생물 균체, 효소, 항생물질 등의 유용 산물을 생산하기도 한다. 부패 미생물은 식품의 저장을 어렵게 하고, 식중독을 일으키거나 독소를 생성하므로 식품안전을 저해한다. 가공식품의 제조, 저장과 유통에서 미생물의 생육 조절이 매우 중요하며, 부패를 방지하여 안전성을 확보하면서 발효 기술을 이용하여 다양한 식품을 제조해야 한다.

이러한 중요한 미생물의 특성을 이해하기 위해 식품 미생물학(food microbiology)을 배우게 되며, 식품산업에서 세균, 곰팡이, 효모가 중요한 발효 미생물이다. 세균(bacteria)은 김치, 요구르트, 치즈와 같은 식품에, 곰팡이(mold)는 간장과 된장에, 효모(yeast)는 술, 빵 등의 발효식품 제조에서 사용된다.

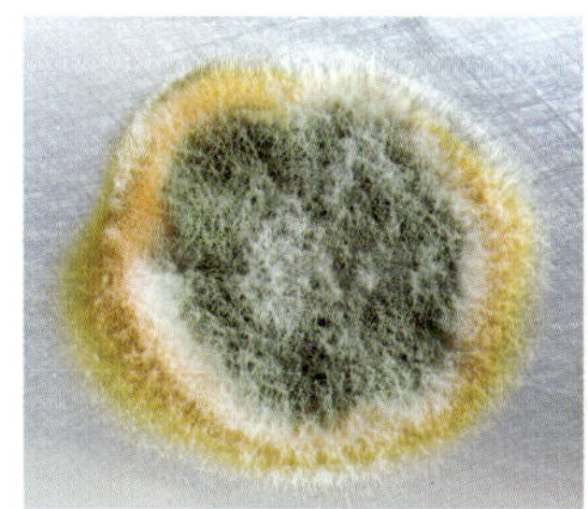
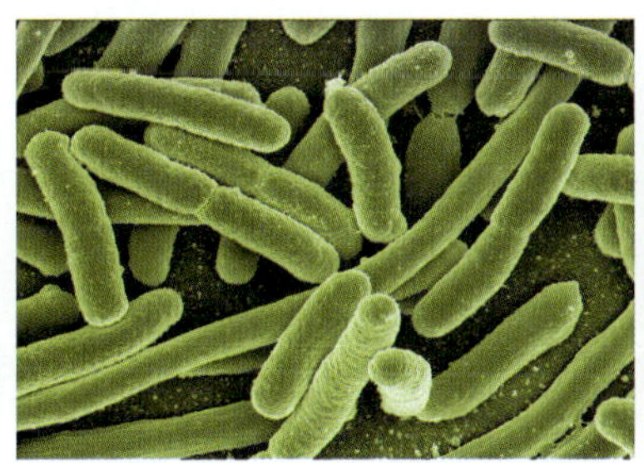
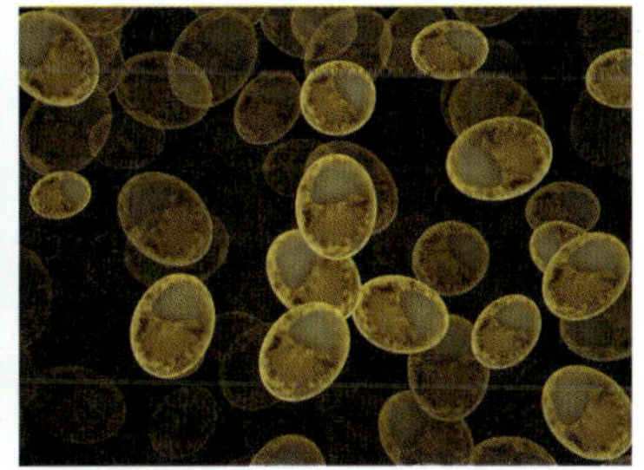

그림 5-60 발효에 사용되는 곰팡이, 세균, 효모의 형태

지역과 민족에 따라 특유의 발효식품이 발달하였는데, 빵을 주식으로 하는 서양에서는 오래전부터 발효 빵을 만들었고, 우유를 발효하여 발효유, 치즈 등을 널리 활용하였으며, 포도로 포도주를 만들어 저장하며 먹을 수 있었다. 동양에서는 콩과 수산물 발효식품이 많은데 이는 곡류를 주식으로 하는 식단에 단백질의 영양과 고기 맛을 추가해 주는 역할을 하였다.

국내에서도 매년 다양한 식품박람회가 개최되고 있으며, 그중 발효식품이 발달한 호남 지역의 전주국제발효식품엑스포에서는 우리의 전통식품과 현대의 발효식품을 비롯한 세계의 다양한 발효식품을 홍보하고 판매·유통하는 비즈니스가 이루어진다.

(2) 곡류 발효식품

곡류를 원료로 발효한 대표적인 식품에는 발효 빵과 장류, 막걸리, 맥주, 소주 등의 주류, 그리고 식초가 있다.

발효 빵 제조에서 효모가 반죽에 있는 당을 이산화탄소와 알코올류 등의 물질로 전환하는 것은 재료의 혼합과 동시에 시작하여 굽기 공정에서 효모가 불활성화될 때까지 계속된다. 사용되는 효모인 사카로미세스 세레비시아(*Saccharomyces cerevisiae*)는 반죽을 부풀게 하여 다공성 조직을 갖도록 팽창 작용을 하며, 알코올과 유기산 등의 풍미 성분을 생성한다. 이 이산화탄소 가스가 글루텐 그물망 구조에 갇혀서 반죽을 부풀게 하고 빵을 구운 후에도 다공성의 부드러운 빵의 속 구조를 나타나게 한다.

제빵은 1차 발효, 정형, 2차 발효로 진행되며, 1차 발효로 반죽은 탄력과 점도가 증가하여 조직감이 좋아진다. 2차 발효는 성형 공정에서 가스가 빠진 반죽을 다시 부풀리고, 빵의 풍미 성분인 알코올과 방향성 물질을 생성하고, 글루텐의 신장성과 탄성을 높여 오븐 팽창(oven spring)이 잘되도록 하여 우수한 외형과 식감을 나타내도록 한다.[1)]

빵을 부풀리는 방법은 효모 발효나 베이킹파우더를 사용할 수 있으나 발효 빵이 미생물 대사 물질 생성으로 풍미가 우수하다.

장류(fermented soybean foods)는 주로 콩(대두)을 사용하지만 쌀, 보리, 밀 등의 곡류 또한 대두와 혼합하여 많이 사용한다. 장류의 대량 생산에서 코지(koji)을 사용하며, 이때 콩 이외에 곡류인 쌀, 보리, 밀 등도 사용한다. 한국의 쌀된장, 보리된장, 찹쌀고추장과 일본의 쌀된장 미소(miso) 등이 있다.[2)]

곡류는 세계적으로 알코올 발효 원료로 가장 많이 사용되고 다양한 주류 제품이 있다. 곡류의 전분을 곰팡이와 효모로 발효시켜 만든 맥주, 막걸리, 청주 등의 발효주를 제조하며, 이 발효된 술을 증류하여 알코올 농도를 높게 만든 소주, 위스키, 보드카, 백주 등의 증류주를 제조하고, 이들 발효주나 증류주에 과실, 향료, 감미료, 약초 등을 첨가하여 침출하거나 증류하여 만든 인삼주, 매실주, 오가피주, 진 등의 기타 주(혼성주)를 제조한다.[3)]

---

1) 제5장 1. 1) (2) ⑥ 제빵 참조

2) 제5장 2. 3) (3) 장류 참조

3) 제5장 2. 2) 주류 식품 참조

발효 주정은 저렴한 곡류나 서류, 타피오카 등 전분질 재료를 발효하여 알코올 95도 이상으로 증류한 것이며, 우리나라 희석식 소주의 원료로 사용되고 이외에도 식품 원료, 식품 보존, 살균 소독, 추출, 의약품 등으로 다양하게 사용한다.

식초(vinegar)는 곡류 주정을 초산 발효하여 제조하거나 곡류 발효주로부터 초산 발효를 연속적으로 수행하여 제조한다. 식초는 식품의 풍미를 돋우는 조미료이고 낮은 pH에서 식품을 저장하는 기능을 한다. 피클, 마요네즈, 샐러드드레싱 등 식품의 저장과 산미료로 널리 사용된다.

한국의 현미 식초, 일본의 가고시마현에서 제조되는 흑초는 쌀을 원료로 하고 이탈리아의 모데나 지역에서 제조되는 발사믹 식초는 포도를 원료로 한다.[4)]

그림 5-61 곡류 발효식품

(3) 대두 발효식품

대두(콩)를 원료로 발효한 식품은 된장, 간장, 춘장, 청국장, 고추장 등의 장류(fermented soybean foods)이며, 한국을 비롯한 여러 나라에서 조미료로 사용하는 식품이다. 라면 스프 등 현대의 분말 조미료로 사용할 수 있는 분말 간장과 된장으로도 제조한다. 곡류를 주식으로 하는 우리에게 단백질과 결핍되기 쉬운 필수아미노산을 공급하는 단백질의 급원이었다.[5)]

대두(콩)는 단백질, 지방, 탄수화물 등의 영양 성분을 포함한 식물 자원으로 우리나라를 비롯한 아시아 지역에서는 이를 발효하여 다양한 장류를 생산하고 있으며, 이들은

---

4) 제5장 2. 4) 유기산 발효 참조

5) 제5장 1. 2) (3) 장류 참조

식생활에서 필수적인 조미식품이다. 우리나라에서는 간장, 된장, 고추장, 청국장이 대표적인 장류이며, 제조 방법에 따라 재래식과 개량식으로 구분하고 있다.

우리의 전통적인 장류는 메주로부터 제조한다. 메주는 삶은 대두를 분쇄한 후 메주 형태로 성형하여 2단계의 자연 발효 과정을 거쳐서 제조한다. 이때 볏짚이나 공기로부터 미생물이 자연적으로 부착되어 발육하게 된다. 재래식 메주는 바실루스(*Bacillus*) 등의 세균과 아스페르길루스(*Aspergillus*), 뮤코르(*Mucor*), 리조푸스(*Rhizopus*) 등의 곰팡이가 복합적으로 발효에 관여한다.

재래식 메주로 된장과 간장을 제조할 때는 메주를 소금물에 담그며, 장을 담근 후 약 2개월이 지나 숙성이 되면 액체 부분은 간장을 제조하고, 고형분에는 소금을 혼합하여 공기가 들어가지 않도록 꾹꾹 눌러 60일 이상 후숙시켜 된장을 제조한다. 이 모든 과정에서 미생물이 관여하여 콩의 단백질, 탄수화물, 지질을 분해하여 아미노산, 단당류, 유기산 등의 저분자 물질을 생성하게 되어 장류 고유의 풍미를 지니게 된다.

개량식 장류는 삶은 대두에 선별된 종균을 접종하여 제조한 개량 메주나 코지(koji)를 사용하는 점이 다르다. 종균은 황국균(*A. oryzae*)을 주로 사용하며, 종균 곰팡이의 생육온도 30°C에서 50시간 배양하여 제조한다. 생육 미생물이 단순하므로 재래식 메주로 제조하는 간장이나 된장과는 품질 특성이 다르다. 특히 개량간장은 황국균이 생산하는 강력한 가수분해효소의 작용으로 단기간에 발효가 이루어지므로 잡균의 번식이 억제되어 제조가 비교적 쉽다.

간장은 이러한 개량식 간장 외에도 산으로 단백질을 분해하여 만든 산분해간장과 이를 발효간장(양조간장)과 혼합한 혼합간장도 있다. 개량된장은 개량 메주를 사용하여 제조하며, 장 담그기에서 소금물의 부피를 작게 하여 발효 후 여과 없이 전체를 그대로 숙성하여 제조한다.

Tip 메주곰팡이

메주 미생물 *Mucor*는 털곰팡이로, *Rhizopus*는 거미줄곰팡이로, *Aspergillus oryzae*는 황국균, 누룩균, 메주곰팡이로 불린다. *A. oryzae*는 GRAS(generally recognized as safe) 미생물로 식품산업에 널리 사용되고 있으며, 특히 개량식 장류의 발효 종균으로 사용된다. *A. oryzae*가 분비하는 전분 가수분해효소는 전분당 제조 등 식품가공에 널리 사용된다.

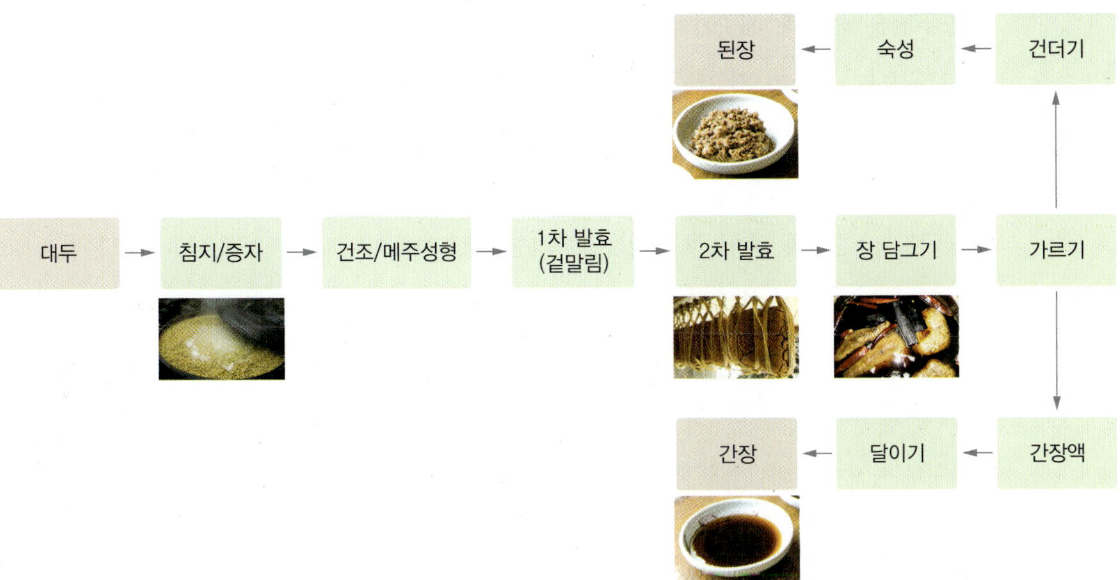

그림 5-62 재래식 간장과 된장의 제조 과정

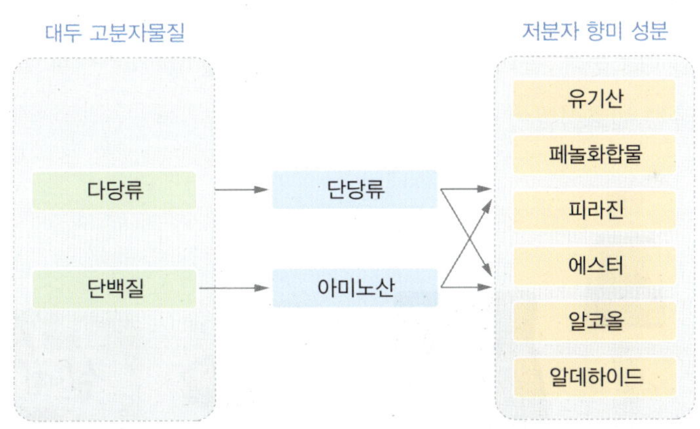

그림 5-63 장류 발효 중 저분자 풍미 물질 생성 과정

표 5-9 제조 방법이 다른 간장의 종류와 특징

간장의 종류	특징
한식간장	메주에 소금물을 넣어 발효 · 숙성한 간장. 조선간장, 집간장, 재래간장으로 불림. 색이 연하고 짠맛이 강함
양조간장	대두나 탈지 대두, 곡류(밀)를 황국균으로 발효 · 숙성한 간장
효소분해간장	탈지 대두를 효소분해한 간장
산분해간장	탈지 대두를 식용 염산으로 분해 · 중화한 간장. 아미노산 간장으로 불림
혼합간장	양조간장이나 한식간장에 산분해간장 또는 효소분해간장을 혼합한 간장. 진간장으로 불림

고추장은 찹쌀과 메줏가루, 소금, 고춧가루 등으로 제조하며, 쌀, 찹쌀, 보리 등의 전분질 원료는 전분이 가수분해되어 생성된 당류의 단맛과 점성을 주고, 메주콩의 가수분해로 생성된 아미노산의 구수한 맛, 고춧가루의 매운맛과 붉은색, 소금의 짠맛이 잘 조화되어 고추장 특유의 풍미가 있는 한국의 대표적인 조미 소스 제품이다.

청국장은 된장과 같이 콩을 원료로 하는 발효식품이나 삶은 콩을 40°C 고온발효 고초균(*B. subtilis*)으로 발효한 점이 된장과는 다르다. 특히 고초균 발효로 특유의 맛과 냄새를 내는 동시에 끈적끈적한 점질물을 생성하는 특징이 있다. 전통 방식의 청국장 제조는 볏짚에 있는 미생물을 이용하나 현대식 제조는 종균을 사용한다. 청국장은 된장 대신 찌개 등의 식품에 사용하며, 건조 후 분말, 선식, 환 등의 형태로 2차 가공하여 냄새를 크게 줄인 청국장 가공품도 있다. 청국장의 점질물인 폴리감마글루탐산은 청국장에서 실을 만드는 원인 물질이며, 인체 면역 기능 향상에 도움을 주는 기능성 물질이다. 일본에는 청국장과 유사한 낫토가 있으며, 이는 순수하게 분리 배양된 고초균인 바실루스 낫토(*Bacillus natto*)를 삶은 콩에 발효시켜 그대로 식용하는 제품이다. 인도네시아에는 콩을 리조푸스 올리고스포러스(*Rhizopus oligosporus*, 템페 곰팡이)로 발효한 템페(tempeh)라는 발효식품이 있다.

그림 5-64 대두 발효식품

Tip 장류 소스 개발

우리의 장류는 식생활의 서구화로 소비는 점차 감소하는 반면에 K-푸드의 인기로 해외에서는 오히려 소비가 늘고 있다. 이러한 시대적 변화에 따라 현대인의 생활 패턴과 세계인의 입맛에 맞춘 간편하고 다양한 소스와 수출용 분말 제품이 개발되어 한식 세계화에 크게 기여하고 있다. 특히 글로벌 소스류의 트렌드가 오가닉, 채식주의, 글루텐프리 등 건강한 원료 사용과 저칼로리, 매운맛 선호와 잘 맞아서 장류를 이용한 소스류의 성장성이 매우 클 것으로 전망하고 있다.

(4) 과채류 발효식품

채소 발효식품은 한국의 김치가 대표적이며, 여러 나라에도 이와 유사한 절임 채소식품이 있다. 과일 발효식품은 포도주가 대표적이며, 애플사이다, 포도식초가 있다.

김치는 우리의 전통 발효식품으로 채소류를 젖산 발효하여 만든다. 김치는 소금의 짠맛과 발효로 생성된 각종 유기산, 부원료의 향신미 등이 조화되어 독특한 맛을 낸다. 2001년 7월 국제식품규격위원회(CODEX) 총회에서 배추김치를 기본으로 한 김치 규격이 제정 및 채택되어서 한국이 김치 종주국의 지위를 확보하게 되었다. 김치는 사용되는 원재료와 담그는 방법, 지역에 따라 종류가 매우 다양하며, 주재료에 따라 배추김치, 무김치, 나물김치, 석박지, 파김치, 물김치 등이 있다.

배추김치의 제조는 배추를 세척하여 소금으로 절이는 절임 공정이 중요하며, 이때 소금의 탈수 작용으로 절임이 되고 이를 통해 배추 세포 내로 다양한 양념이 침투할 수 있게 된다.

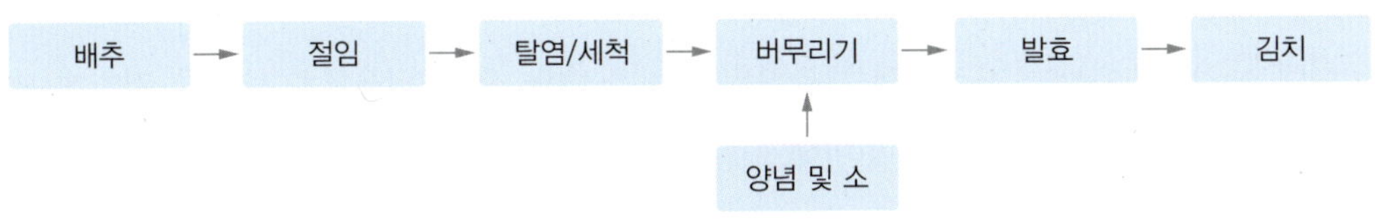

그림 5-65 배추김치의 제조 과정

절인 배추를 세척하고 양념과 함께 버무려 저장하면 발효가 진행된다(그림 5-66). 담근 초기는 발효 준비 단계로 젖산 발효는 일어나지 않는다. 며칠이 지나면 젖산균의 활동이 강해지면서 산도와 젖산균이 빠른 속도로 높아져 잡균의 번식이 감소하고, 김치는 새콤한 맛이 나기 시작한다. 좀 더 발효가 진행되면 젖산균이 대부분을 차지하게 되며, 이때가 김치가 가장 맛있는 시기이다. 하지만 이후 초산 발효가 진행되면서 신맛이 강해지고, 심하면 산막효모가 증식하게 되어 맛이 떨어지게 된다.

김치 발효 미생물은 류코노스톡(*Leuconostoc*)과 락토바실루스(*Lactobaillus*) 유산균이며, 류코노스톡은 발효 초기에 생육하여 김치에 신맛과 탄산 맛을 부여하고 호기성 미생물의 생육을 억제한다. 발효가 진행되면서 산성 조건에서 생육할 수 있는 락토바실루스가 증식하면서 김치의 산패에 관여한다.

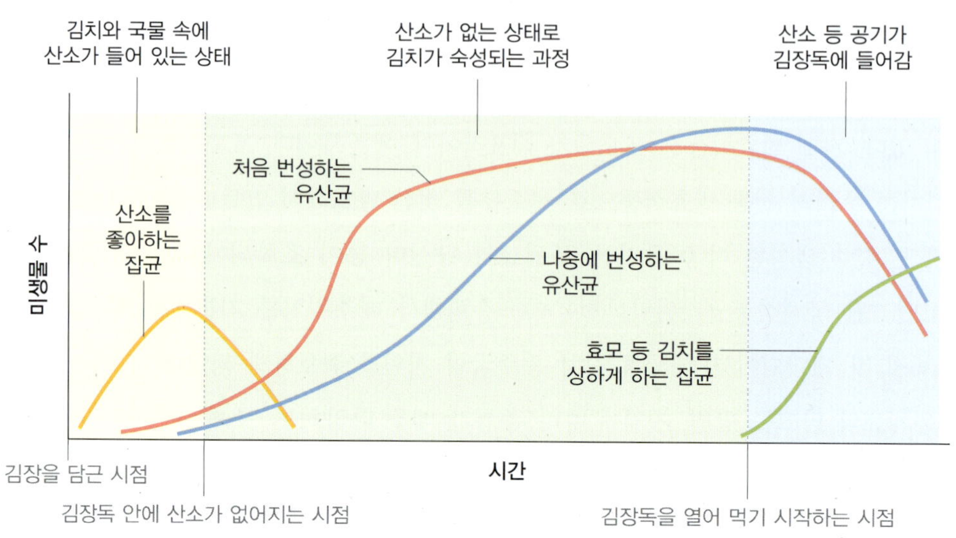

그림 5-66 김치 발효 중 미생물 변화

자료 : 정가진면역연구소

현대 산업사회에서는 가정에서 제조하던 김치가 대량 생산과 판매의 과정을 거치게 되었다. 1900년대 중반에 하와이 교민에 의해 김치공장이 세워졌고, 베트남전을 계기로 국내 김치산업이 본격적으로 시작되었다. 1967년 파월 장병들에게 전투식량으로 김치를 제공하기 위해서 통조림 형태의 김치를 개발하여 대량 생산하였으며, 이후 냉동 김치, 건조 김치가 개발되었다. 김치는 다른 음식과 달리 생산되어 식탁에 오르기까지 계속해서

그림 5-67 마트에 진열된 포장김치

발효와 숙성이 일어나므로 맛있는 상태를 유지할 수 있는 다양한 포장 기술과 냉장 기술이 개발되었고 이로 인해 맛있는 김치를 대량 생산 및 유통·판매할 수 있게 되었다.

채소를 오래 저장하기 위한 발효 제품으로 독일 등 유럽에 신맛이 나는 양배추라는 의미의 사우어크라우트(sauerkraut)가 있으며, 이는 잘게 썬 양배추를 소금에 절여 발효한 시큼한 맛이 나는 식품이다.

포도의 당분을 효모로 발효하는 포도주(wine)는 세계의 거의 모든 나라에서 제조되고 있다. 주요 제조 공정은 원료의 전처리, 발효, 청징과 숙성의 3단계이다. 갈변과 산화 방지를 위해 아황산염을 첨가하는 것은 세균 오염 방지 효과도 있다. 포도의 당도가 20%인 원료는 에탄올 10%가 되므로 6%의 당을 추가하여 발효하면 에탄올 13%의 포도주를 제조할 수 있다.[6]

과일의 당분을 알코올 발효하여 과실주를 제조한 다음 초산 발효를 진행하면 과일식초가 된다. 우리의 사과식초, 포도식초가 해당되며, 이탈리아의 모데나 지역에서만 제조되는 발사믹 식초는 세계적으로 유명한 제품이다.[7]

(5) 축산 발효식품

발효 유제품인 치즈와 발효유는 세계의 대표적인 발효식품 중 하나이다. 육류를 주식으로 하는 유럽에서는 육류를 장기간 보관하기 위해 햄이나 소시지를 제조하였으며, 발효한 것으로는 이탈리아의 살라미(salami)가 대표적인 발효 소시지이다.

발효유는 원유나 유제품을 유산균이나 효모로 발효하여 단백질을 커드 상태로 응고한 제품이며, 여기에 감미료, 향신료, 과일, 과즙, 과일잼, 펙틴, 젤라틴 등을 첨가하여 제조하기도 한다. 선별된 종균 배양액으로 균일한 품질의 발효유를 대량 생산하고 있다. 유산균은 락토바실루스, 스트렙토코쿠스(*Streptococcus*), 비피도박테륨(*Bifidobacterium*)이며, 사용되는 유산균에 따라 독특한 풍미가 있다.

유산균의 작용으로 생성된 유산은 장내 산도를 낮추어 유해균의 생장과 번식을 억제하는 등의 정장 작용을 한다. 살아 있는 유산균 자체는 프로바이오틱스로 일컬어지며, 장 건강에 도움을 준다. 또한 원유에 포함된 유당은 유당불내증을 일으킬 수 있는데,

---

6) 제5장 2. 2) 주류 식품 참조

7) 제5장 2. 4) 유기산 발효 참조

발효유의 경우 유당이 대사되어 유산으로 변했기 때문에 유당불내증을 겪는 사람도 섭취할 수 있는 장점이 있다.

발효유는 고형분과 유지방 함량에 따라 발효유, 농후발효유, 크림발효유 등이 있다. 농후발효유는 공정 초기에 고형분 함량을 높이고 균질화를 거쳐 85°C에서 10분 내외 살균하고 이후 종균을 접종하여 배양하고 냉각 후 충전·포장하여 제조한다.[8)]

유산균과 효모로 발효한 것으로 케피어(Kefir)가 있으며, 효모의 발효 작용으로 약 0.7~2.5% 에탄올이 함유되어 있다.

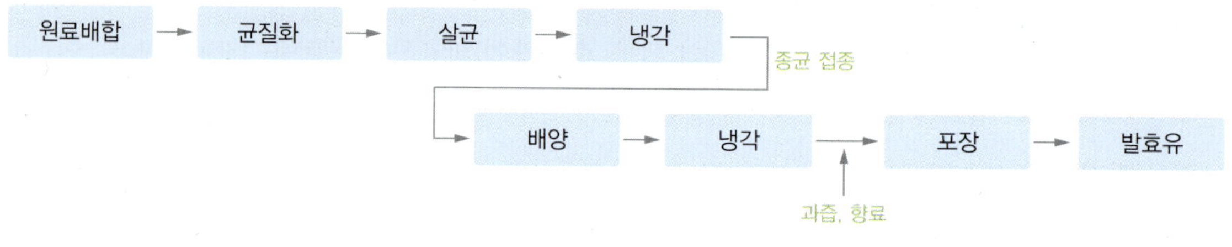

그림 5-68 발효유 제조 과정

치즈의 기원은 양의 위를 말려서 만든 가죽 주머니에 우유를 담아 낙타 등에 얹어 놓고 사막을 이동하던 중 우유가 굳어 있는 것을 발견한 것에서 치즈 제조가 시작되었다고 알려져 있으며, 이러한 현상은 양의 위 주머니에 남아 있던 레닛(rennet)의 효소 작용으로 설명된다. 레닛은 우유 단백질인 카세인의 응고를 촉진하는 기능이 있기 때문이며, 현대에는 미생물에서 단백질 응고효소를 대량 생산하여 사용한다.

치즈 제조의 커드 형성을 위해 원유에 산이나 유산균을 첨가하며, 이를 통해 원유의 pH가 감소하게 되어 카세인 단백질의 응고를 촉진하게 된다. 30분에서 1시간 정도 응고 반응이 진행되면 우유가 젤화되어 응고하는데 이를 잘게 덩어리 형태인 커드로 쪼개 준다. 다음에 커드를 압착하여 수분을 용출하게 되면 덩어리 형태의 단백질 응고물이 만들어진다. 이후 소금을 첨가한 후 숙성 과정을 거치게 되며, 이 과정 동안 다양한 생화학적인 변화가 일어나 치즈의 특성을 결정짓는데, 지역에 따른 다양한 미생물이 숙성에 관여한다. 카망베르 치즈나 고르곤졸라 등의 치즈는 곰팡이를 이용하여 독특한 풍미를 생성하는 치즈이다.

---

8) 제5장 1. 4) (3) 유가공품 참조

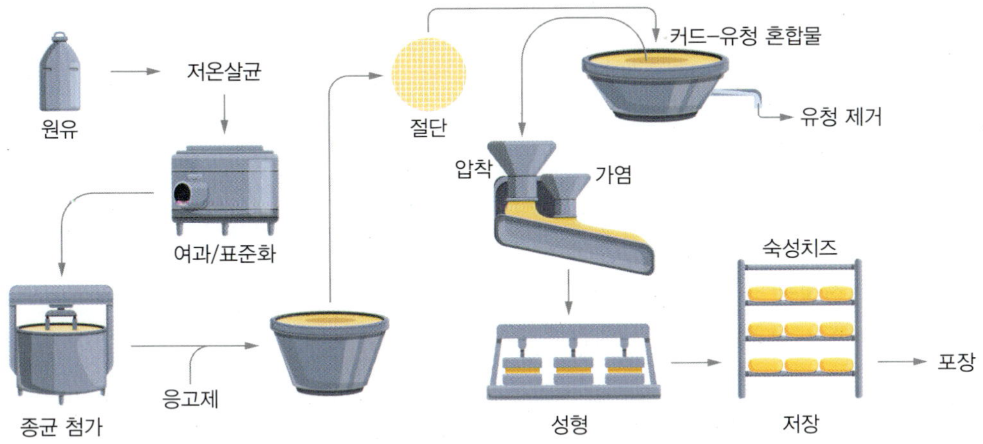

그림 5-69 치즈의 제조 과정

자연치즈는 커드를 발효·숙성한 치즈이며, 가공치즈는 자연치즈에 다른 식품이나 식품첨가물을 가한 후 유화시켜 가공한 치즈로 슬라이스 가공치즈 제품 등이 있다. 자연치즈는 수분 함량에 따라 연질, 반경질, 경질, 초경질 치즈로 분류되며, 숙성한 발효치즈와 숙성하지 않는 코티지치즈(cottage cheese)가 있다.

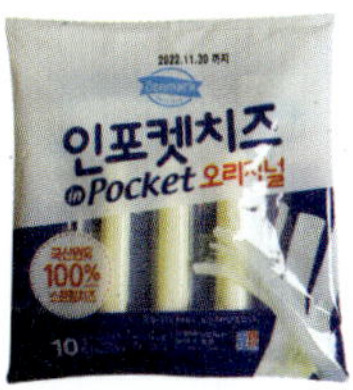

그림 5-70 치즈 제품 사례

(6) 수산 발효식품

젓갈과 액젓은 김치 제조에서 중요한 수산 발효식품이며, 액젓은 어간장이라고도 하여 간장을 대신하는 조미료의 역할도 한다.

수산 어패류는 부패하기 쉬우므로 소금을 넣어 발효하면 부패를 막을 수 있어 장기 저장이 가능하다. 이때 가수분해효소에 의해서 단백질이 분해되어 맛 성분인 아미노산이 생성되고 고농도의 소금에서 생장할 수 있는 호염성 미생물에 의해 발효·숙성이 진행되어 특유의 풍미를 가진다.

젓갈류는 각종 어패류의 살, 알, 창자 등에 소금과 양념을 넣어 발효한 저장 식품이다. 원료와 제조 방법에 따라 종류가 다양하며, 반찬과 조미용으로 사용한다. 대표적인 젓갈은 조기젓, 황석어젓, 굴젓, 꼴뚜기젓, 멸치젓, 새우젓, 명란젓 그리고 오징어젓 등이다.

젓갈은 어패류에 소금(8~30%)을 첨가하고 2~3개월 상온 발효하여 제조한다. 소금 10% 수준을 사용하는 저염 젓갈은 굴젓이나 명란젓이며, 장기 저장이 어렵고 냉장 유통 제품이다. 멸치젓과 새우젓을 포함한 대부분의 젓갈류는 20% 내외의 식염을 포함한다.

젓갈과 액젓의 제조 과정은 그림 5-71과 같다. 숙성 기간은 2~3개월의 상온 발효에서 어체 원형이 유지되는 젓갈을 제조하며, 발효 기간을 6~12개월로 장기간 하면 액젓이 제조된다.[9]

젓갈이나 액젓과 다르게 식해는 전분질 원료와 양념을 넣어 발효시킨 저염 수산 발효 제품이다. 가자미, 명태, 오징어 등을 6% 정도의 소금으로 염지한 후, 쌀밥이나 조밥 등

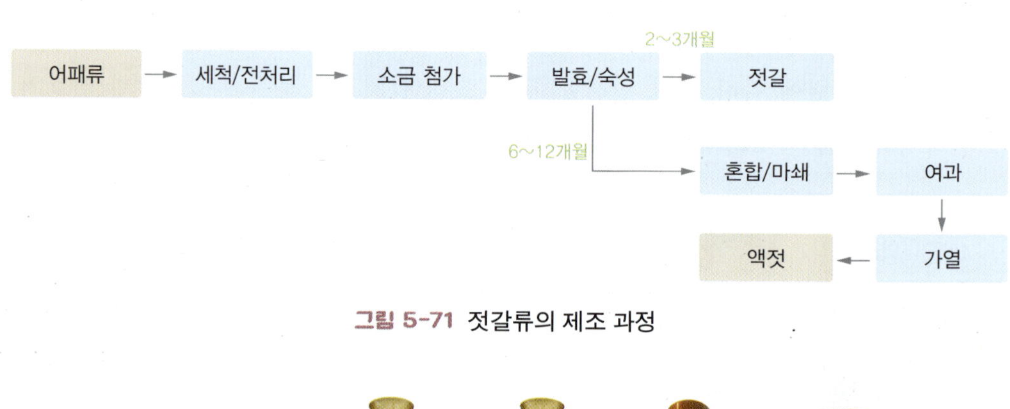

그림 5-71 젓갈류의 제조 과정

그림 5-72 젓갈과 액젓 제품

9) 제5장 1. 5) (6) 수산 발효식품 참조

의 전분질 원료와 전분을 분해하는 엿기름을 혼합하고, 추가로 고춧가루 등의 부재료를 혼합한다. 생선의 단백질 발효와 곡물의 젖산 발효가 동시에 작용하는 특수한 수산 발효식품이며, 주로 함경도와 강원도의 동해안 지역에서 즐겨 먹는다. 전분이 유산균에 의하여 유기산을 생성하게 되고 산도가 급격히 증가해 저장성과 특유의 맛이 부여된다.

우리의 액젓과 비슷한 것으로 태국의 생선 발효 소스인 남플라(nam pla), 베트남의 느억맘(nuoc mam) 등의 어간장이 있다.

Tip 바이오제닉 아민

장류와 젓갈류 식품의 발효 과정에서 생성되는 유해물질 중 하나는 바이오제닉 아민(biogenic amine)이다. 아미노산이 탈카복실화 효소에 의해 바이오제닉 아민이 생성되며, 대표적인 히스타민과 티라민 중에서 히스타민은 혈관과 신경을 자극해 피부 염증과 두통·복통을 일으키고 티라민은 혈관을 급속히 좁혀 혈압을 높인다.

식품의 발효·숙성 중 바이오제닉 아민이 생성되는 것을 분석하고, 부패 미생물의 생육을 조절하는 방법으로 이들 유해물질의 저감화 방안이 모색되고 있다.

2) 주류 식품

탄수화물인 당분이나 전분이 함유된 식품을 미생물 발효 과정을 통해 원재료와 다른 형태인 기호음료식품으로 만든 것이 주류(술, alcoholic drink)이다. 각국의 다양한 주류는 원재료와 식품 문화적 특징이 반영된 인류의 역사에서 가장 오래된 발효식품 중 하나이다. 세계적인 주류는 가장 대중화된 맥주를 비롯하여 포도주, 청주, 위스키, 브랜디, 럼, 보드카, 진, 데킬라, 백주 등이 있다.

(1) 주류의 종류

주류인 알코올음료는 발효주(fermented), 증류주(distilled), 기타 주(혼성주, compounded)로 분류한다(표 5-10). 발효주는 과일의 당분이나 곡류 전분을 곰팡이와 효모로 발효시켜 만든 포도주, 맥주, 막걸리, 청주 등이며, 증류주는 발효된 술을 증류하여 알코올 농도를 높게 만든 브랜디, 위스키, 보드카, 럼, 데킬라, 백주 등이고, 기타 주(혼성주)는 발효주나 증류주에 과실, 향료, 감미료, 약초 등을 첨가하여 침출하거나 증류하여 만든 인삼주, 매실주, 오가피주, 진, 각종 칵테일주 등으로 종류가 다양하다.

주정은 전분 또는 당분이 포함된 재료를 발효하여 알코올 95도 이상으로 증류한 것이며, 우리나라 희석식 소주의 원료로 사용되고 이외에도 식품 원료, 식품 보존, 살균 소독, 추출, 의약품 등으로 다양하게 사용한다.

표 5-10 주류의 분류

분류	종류
발효주	포도주, 맥주, 막걸리, 청주
증류주	위스키(맥아), 보드카(감자), 백주(고량) 브랜디, 코냑(포도주) 럼(당밀), 데킬라(선인장) 증류식 소주(쌀, 고구마), 희석식 소주(주정)
기타 주(혼성주)	인삼주, 매실주

Tip 주세

발효주인 탁주는 1 kL당 41,700원, 청주·과실주는 30%, 맥주는 1 kL당 830,300원이며, 증류주는 72%, 기타 주류는 30%, 72%가 부과될 수 있다(단, 전통주에 대해서는 위 세율에서 50%를 감할 수 있다). 주정은 1 kL당 57,000원이 부과된다. 또 주정, 청주, 탁주를 제외하고는 주세액의 10%(단, 주세율 70% 초과에는 30%)를 교육세로 부과한다.

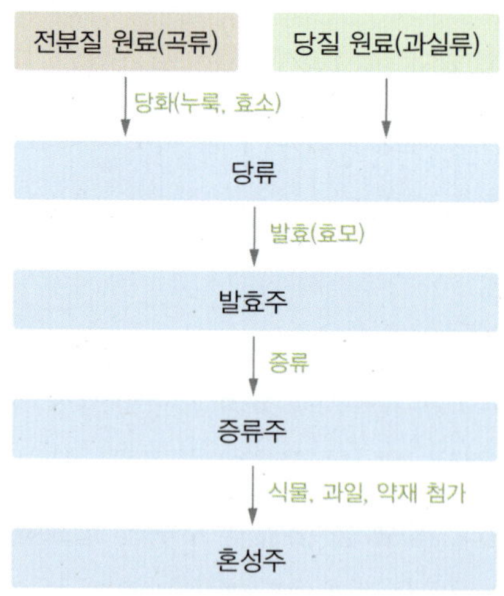

그림 5-73 주류(술)의 제조 과정과 종류

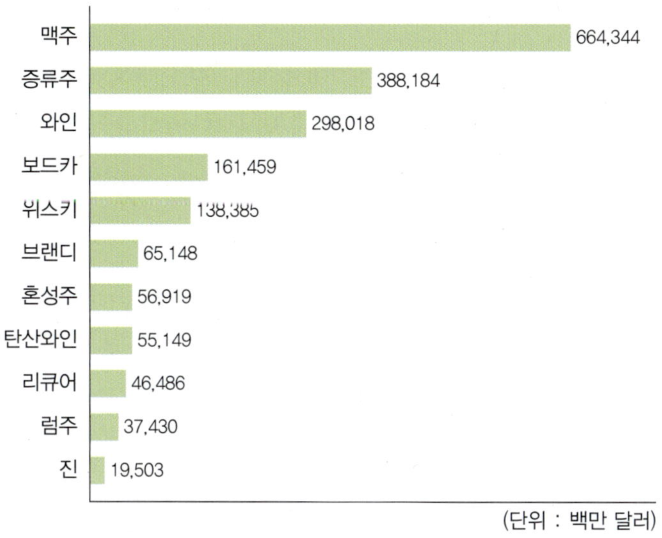

그림 5-74 매출액 기준 세계 주류 생산량 순위(2019년)

자료 : aTFIS식품산업통계정보

(2) 발효주

발효주(양조주)는 당질 원료를 효모로 알코올 발효하여 만들며, 원료와 효모의 종류, 발효 방법, 제조 공정에 따라 다양한 종류가 있다. 과일을 당질 원료로 사용하여 발효한 과실주(포도주)와 곡물 전분질 원료를 당화하여 발효한 맥주, 막걸리(탁주), 청주 등이 있다.

발효주의 알코올 발효는 모든 주류의 공통점이며, 주류 분류의 증류주와 혼성주도 모두 알코올 발효 과정을 거쳐 만들어진다.

일반적인 에탄올 발효 효모는 사카로미세스 세레비시아(*Saccharomyces cerevisiae*)이며, 주정 효모(brewer's yeast)라고도 한다. 같은 효모종이 제빵에도 사용되기 때문에 제빵효모(baker's yeast)로 불리기도 한다. 사카로미세스 세레비시아는 다른 효모종에 비해 발효 속도가 빠르고 에탄올 내성이 크기 때문에 에탄올 발효에 가장 적합한 미생물이다. 또한 수천 년 전부터 술과 빵 발효에 사용되면서 식용 가능함이 입증되었기 때문에 안전한 식품 소재이기도 하다.

효모의 에탄올 발효는 한 분자의 포도당(glucose)이 혐기적(anaerobic)으로 대사되어 두 분자의 에탄올로 전환되는 과정이다.

$$C_6H_{12}O_6\text{(포도당)} \rightarrow 2CH_3CH_2OH\text{(에탄올)} + 2CO_2$$

① 포도주

과일의 당을 효모로 발효하여 만든 술로 대표적인 것이 포도주(wine)이다. 과실주 주요 제조 공정은 원료의 전처리, 발효, 청징과 숙성의 3단계이다. 포도의 품종과 재배 환경이 당과 유기산 함량을 다르게 하여 포도주의 품질에 영향을 준다. 포도주 제조의 파쇄 과정에서 백포도주는 포도 껍질을 제거하고 적포도주 그대로 둔다. 갈변과 산화 방지 목적으로 200 ppm 이하의 아황산염(sulfite)을 첨가하는 것은 세균 오염 방지 효과도 있다. 그러나 아황산염에 과민 반응이 나타날 수 있으므로 제품에 표시 의무가 있으며, 잔류 이산화황(SO_2)의 농도가 기준치 이하여야 한다.

전처리된 원료에 당을 첨가하여 알코올 도수를 조절할 수 있으며, 당도 16%인 원료는 에탄올 8%가 되므로 10%의 당을 추가하여 발효하면 에탄올 13%의 과실주를 만들 수 있게 된다. 과일 표면에 있는 야생 효모로 자연 발효할 수도 있지만, 순수 배양한 와인 효모를 접종하면 발효가 빠르게 진행될 수 있고, 과실주의 품질도 일정하게 유지할 수 있다.

발효가 완료되면 침전물을 제거하고 여과 또는 원심 분리하여 청징 후 저장 및 숙성한다. 와인을 오크통에 저장하면 오크나무 성분으로 향미가 풍부해진다. 이후 병입하고 밀봉하여 산소가 차단된 조건에서 숙성한다.

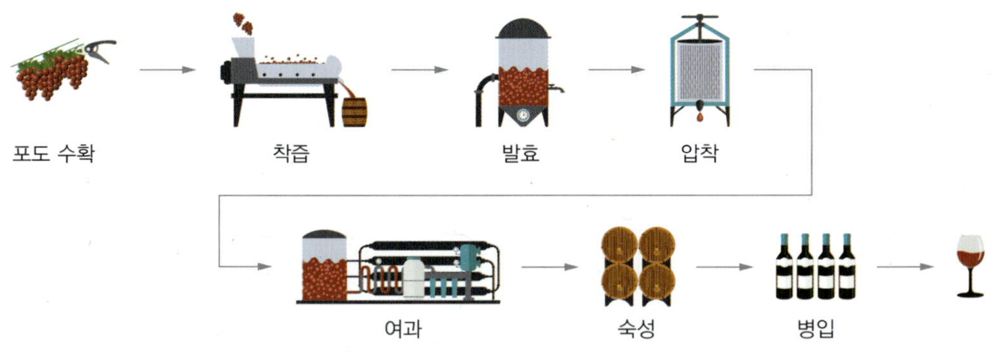

그림 5-75 포도주 제조 공정

② 맥주

맥주(beer)는 맥주보리를 원료로 하여 여기에 홉, 효모, 물을 넣고 발효하여 제조한 주류이다. 전분질 원료를 효모가 발효하기 위해서는 전분의 당화가 이루어져야 하므로 보리를 발아한 맥아(malt)를 만들어 사용한다. 홉은 맥주의 쓴맛과 향미를 생성하는 허브의 일종이다. 맥주는 크게 라거(larger)맥주와 에일(ale)맥주로 분류하며, 발효 효모의 종류와 발효 공정을 다르게 하여 제조한다.

맥주의 주요 제조 공정은 보리를 발아하여 생성된 당화효소로 전분을 분해해 맥즙을 제조하는 당화 공정과 이 맥즙에 효모를 넣어 당분을 에탄올과 이산화탄소로 전환하는 발효 공정이다. 맥아(malt) 제조 공정은 보리를 물에 불려(steeping), 발아(germination), 건조(kilning)하는 것이며, 크게 기본 맥아(당분과 당화효소 풍부)와 특수 맥아(강한 풍미와 진한 색)로 제조하고 기본 맥아에 특수 맥아를 첨가하여 맛과 색을 다르게 제조하기도 한다.

맥아를 분쇄(milling)하여 물을 넣고 가열하면(malting) 당화효소의 작용으로 맥즙이 생성되며, 이것을 여과(lautering)한 맥즙에 홉을 넣고 끓이면 향미 성분이 추출된다. 식힌 맥즙에 효모를 첨가하여 발효하면 알코올과 탄산이 생성되며, 에일맥주는 상온에서 7일 정도 발효하여 만들고, 라거맥주는 저온에서 14일 정도 느리게 발효하여 만든다. 에일맥주는 상온 발효하면서 다양한 향기 성분이 만들어져 풍미가 강하고, 라거맥주는 저온 발효하면서 향기 성분의 생성이 억제되어 깔끔한 맛이 난다. 또한 라거맥주는 저온 발효 능력이 우수한 라거 효모를 사용하며, 저온 숙성 과정에서 탄산이 포화되어 맥

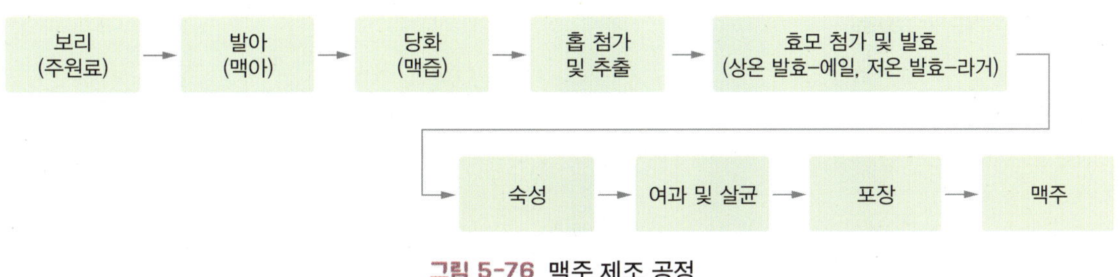

그림 5-76 맥주 제조 공정

Tip 라거맥주와 에일맥주

라거맥주는 황금빛의 맑고 청량한 맛이고, 에일맥주는 색깔과 맛이 라거보다 진하면서 알코올 도수도 높다. 라거맥주는 제조 시 저온에서 긴 시간 발효하는데 발효 종료 시점에 효모 세포끼리 뭉쳐져 바닥에 가라앉는 특징이 있어 하면발효(bottom fermentation)라고 부르기도 한다. 반면 에일맥주는 상온에서 짧게 발효하여 효모가 가라앉기 전에 발효가 종료되므로 상면발효(top fermentation)라고도 한다.

주의 풍미가 완성된다. 이후 여과, 살균, 포장을 통해 제품이 완성되며, 살균하지 않은 생맥주는 유통기한이 1주일 내외이다.

③ 탁주와 청주

탁주와 청주는 쌀과 같은 전분질 원료를 당화, 발효, 희석하여 만든 에탄올 6~8%의 주류이다. 누룩곰팡이에서 분비되는 당화효소에 의해 전분이 분해(당화)되면서 동시에 효모에 의해 당분이 에탄올로 전환(발효)된다. 이러한 발효 방식을 병행 복발효(simultaneous saccharification and fermentation, SSF)라고 하며, 맥주의 단행 복발효(separate hydrolysis and fermentation, SHF) 방식과 대비된다.

탁주 제조 공정은 크게 5단계로, 먼저 쌀을 세척한 후 증자하여 고두밥을 만드는 것은 전분이 호화되어 당화효소가 효과적으로 작용할 수 있도록 한다. 고두밥에 탁주용 백국균(*Aspergillus luchuensis*)을 배양하여 개량된 누룩인 입국을 제조한다. 입국, 효모, 물을 섞어 저온 발효하며, 이는 본발효를 위한 효모 증식과 세균 억제를 위한 유기산이 생성된 밑술(주모)이 된다. 이 밑술에 고두밥, 누룩, 물 등을 첨가하여 1~4차 담금(발효)을 한다. 발효가 종료되면 술지게미(주박)를 분리(거르기)하고, 물을 넣으면 에탄올 14%에서 6%로 낮춘 혼탁한 탁주가 완성된다. 발효 종료 시에 압착이나 여과를 하면 맑은 청주가 된다. 유통기한 연장을 위해 살균 공정을 추가하면 살균 탁주와 살균 청주로 가공할 수 있다.

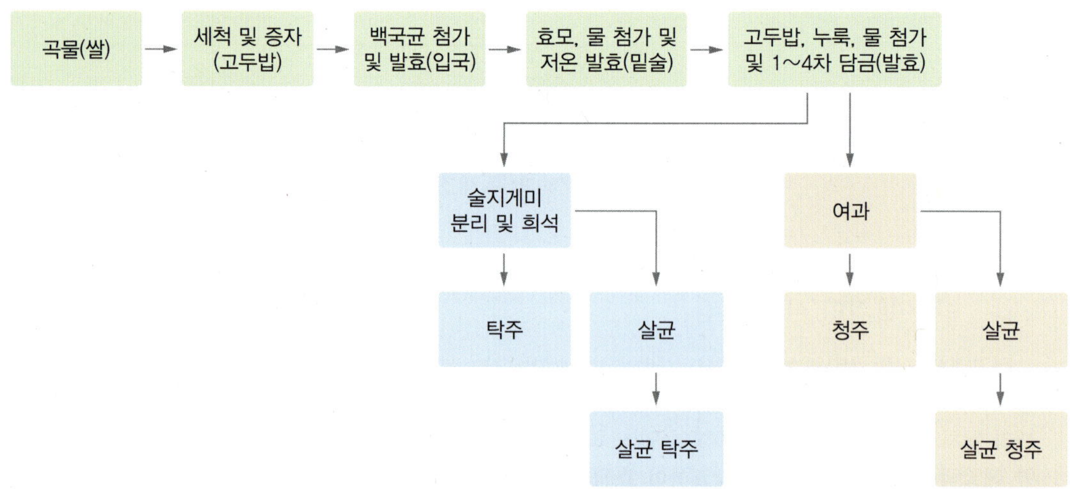

그림 5-77 탁주와 청주 제조 공정

Tip 누룩

개량된 누룩(입국, koji)은 쌀을 원료로 순수한 백국균을 접종하여 제조하지만, 전통식 누룩은 혼합 곡물을 원료로 야생 곰팡이와 효모로 천연 발효하여 제조한다는 것이 큰 차이점이다. 따라서 전통식 누룩으로 제조한 탁주는 쌀 외에 혼합 곡물을 원료로 사용하기 때문에 주세법상 약주(전통식 청주)로 분류된다.

(3) 증류주

증류주는 발효주를 증류하여 알코올 도수를 높게 만든 주류이며, (분별)증류 과정에서 물보다 끓는점이 낮은 에탄올이 농축된다. 일반적인 알코올 발효에서 최대 알코올 도수가 15도 정도이며, 증류 공정을 통해 40도 내외의 증류주를 제조할 수 있다. 또한 에탄올과 함께 다양한 향기 성분도 함께 농축된다. 증류주는 발효 원료와 증류 방법에 따라 다양하며, 우리나라의 안동식 소주, 희석식 소주를 비롯하여 세계적으로 다양한 종류의 증류주가 있다.

증류식 소주는 전통 소주라고도 불리며 대표적인 제품이 안동식 소주이다. 전통 청주를 증류하여 만들며, 일본의 아와모리와 중국의 황주도 쌀을 원료로 한 증류주이다. 안동식 소주는 우리나라 전통적인 발효 및 증류 방법을 통해 제조하며, 전통 누룩에서 유래한 깊고 풍부한 향미가 특징이다.

희석식 소주는 주정(일반적으로 95도)을 희석하고 감미료를 첨가한 한국의 대중적인 소주이다. 주정은 저렴한 전분질 원료(보리, 고구마, 옥수수, 타피오카, 카사바 등)를 발효한 후 연속 증류한 순도가 매우 높은 에탄올 제품이며, 증류 및 여과 과정에서 향미 성분도 거의 제거된다. 희석식 소주는 희석한 주정의 에탄올 냄새를 순화시키기 위해 아스파탐 또는 스테비오사이드와 같은 감미료가 첨가되어 단맛이 난다.

해외 증류주는 와인을 증류한 브랜디와 맥주를 증류한 위스키가 대표적이며, 이외 발효 원료에 따라 고량주, 보드카, 데킬라, 럼 등이 있다. 브랜디는 프랑스 코냑 지방의 포도로 만든 제품의 생산량이 가장 많고 잘 알려져 있다. 특히 코냑은 백포도주를 2회 증류한 후 오크통에서 2년 이상 숙성한 것이다. 증류 및 숙성 과정에서 부피가 감소하기 때문에 와인 7 kg으로 코냑 한 병을 제조할 수 있다.

위스키의 대표적인 생산지는 스코틀랜드이며, 이곳에서 제조된 것을 스카치위스키라고 한다. 보리를 발효하여 증류 후 오크통에서 3년 이상 숙성하면서 색과 향미가 형성된다. 값싼 위스키는 숙성 과정 없이 캐러멜 등의 색소를 첨가하여 제조하기도 한다.

중국 백주의 일종인 고량주는 수수(고량)를 발효 및 증류한 투명한 주류이며, 숙성 여부에 따라 품질과 가격이 다양하다. 보드카, 데킬라, 진, 럼 등의 증류주는 칵테일용으로 많이 사용되며, 각각 옥수수(러시아), 아가베(멕시코), 곡물(네덜란드), 사탕수수(쿠바)를 원료로 발효 후 증류하여 제조한다.

그림 5-78 세계적으로 잘 알려진 증류주 제품

3) 아미노산과 핵산 발효

아미노산은 식품첨가물로 사용되며 미생물 발효 및 분리 정제를 통해 제조된다. 곡류 식품에 부족한 필수아미노산을 첨가하면 영양이 강화된 가공식품을 제조할 수 있다. 글루탐산(monosodium glutamate, MSG)은 조미료의 원료이며, 핵산은 글루탐산과 혼합하여 감칠맛이 강화된 조미료 제조에 사용된다.

(1) 아미노산 발효

글루탐산, 라이신 등의 아미노산(amino acid)은 식품첨가물과 사료첨가제로 사용되는 등 식품과 바이오산업 전반에서 매우 중요한 소재이다. 특정 아미노산을 과 생산하는 미생물을 개발하고 해당 미생물을 산업적으로 발효하여 유용 아미노산을 대량으로 제조한다.

아미노산 생산에 사용되는 미생물인 코리네박테륨 글루타미쿰(*Corynebacterium glutamicum*)은 1950년대 일본 아지노모토사에서 처음 발견하였다. 이후 야생 코리네박테륨 글루타미쿰 균주들

을 스크리닝하여 가장 많은 양의 글루탐산을 생산하는 균주를 분리함으로써 산업적인 글루탐산 제조 공정이 개발되었다.

표 5-11 식품첨가물로 사용되는 아미노산

아미노산 종류	용도	목적
글루탐산(MSG)	조미료	향미증진제
아스파탐(페닐알라닌 + 아스파틱산)	탄산음료	설탕 대체 감미료
라이신	영양 강화	필수아미노산
메티오닌	사료첨가제	필수아미노산

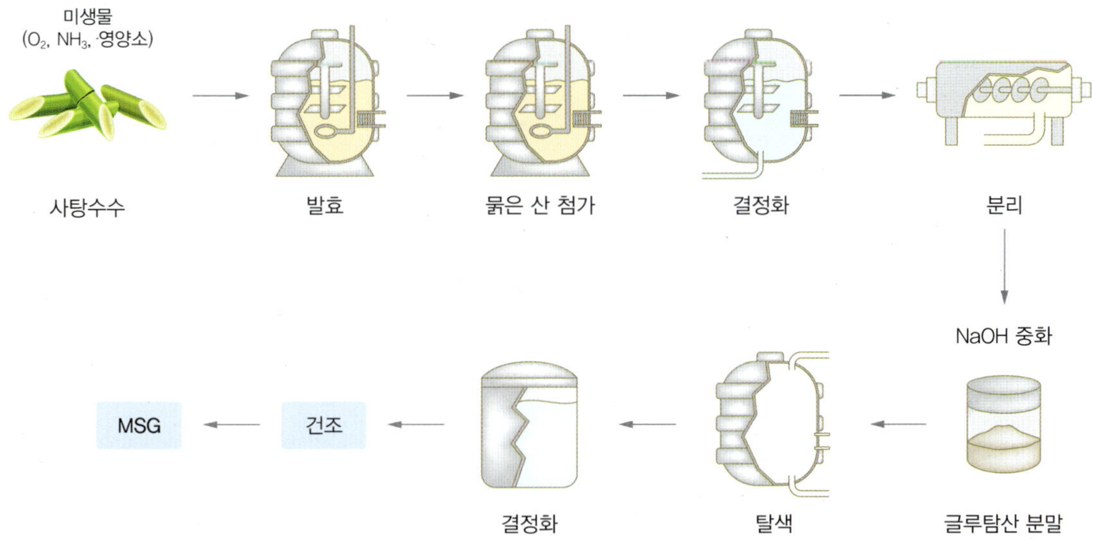

그림 5-79 글루탐산(MSG) 제조 공정

(2) 핵산 발효

핵산(nucleotides)은 염기(nitrogenous base), 당(ribose, deoxyribose), 인산기(phosphate)로 구성되어 있으며, 세포의 RNA(ribonucleic acid)와 DNA(deoxyribonucleic acid) 구성 단위체이다. 또한 세포 물질대사에 필수적인 ATP 에너지 운반체와 NAD 조효소도 핵산의 일종이다. 그런데 세포에 존재하는 다양한 구조의 핵산 중 퓨

린계(purine) 리보뉴클레오타이드(ribonucleotide)인 IMP(inosine 5′-monophosphate)와 GMP(guanosine monophosphate)가 MSG와 유사한 높은 감칠맛을 낸다. 특히 IMP는 소고기와 참치의 향미를, GMP는 버섯의 향미와 유사하여 MSG에 IMP+GMP 혼합물 약 3%를 혼합하면 감칠맛이 상승 작용을 일으키는 효과가 있다.

핵산을 식품첨가물로 대량 생산하기 위해 다양한 발효 공정이 개발되었고, 가장 대표적인 예는 RNA가 풍부한 효모균체를 활용하는 것이다. 효모는 단백질 합성량이 풍부하고, 단백질 합성의 매개체인 RNA의 함량도 높다. 발효 중 지수적으로 성장 단계에 있는 효모균체를 회수하여 세포로부터 RNA를 추출한 후 효소적으로 분해하면 그 구성 단위체인 리보뉴클레오타이드를 얻을 수 있다. 크로마토그래피를 통해 리보뉴클레오타이드 혼합물로부터 IMP 및 GMP를 분리·정제한다.

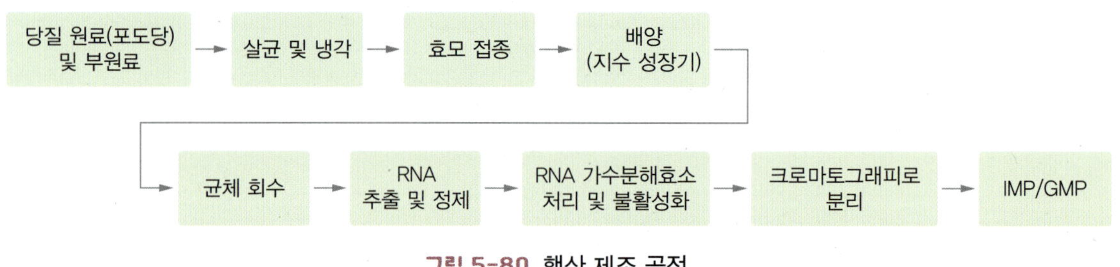

그림 5-80 핵산 제조 공정

4) 유기산 발효

감귤의 구연산, 사과의 사과산, 포도의 주석산, 김치의 젖산, 발효식초의 초산 등의 유기산은 각각 특유의 신맛이 있으며, 주스, 피클, 마요네즈, 샐러드드레싱 등 식품의 보존료와 산미료로 널리 사용된다. 이러한 유기산은 미생물 발효를 통해 대량 생산할 수 있다.

식초(vinegar)는 식품의 풍미를 돋우는 조미료이다. 제조 방법은 크게 세 가지가 있으며, 간단한 방법은 화학적으로 제조된 순도 높은 아세트산(빙초산)을 희석하고 첨가물을 넣어 제조하는 것이다. 풍미 좋은 식초는 초산 발효 공정으로 제조하며, 초산균은 에탄올을 초산으로 발효하는 미생물이다. 이때 곡류, 과실류를 원료로 효모의 에탄올 발효와 초산균의 초산 발효를 연속적으로 수행할 수도 있고, 희석한 주정에 곡물당화액 또는 과실착즙액을 혼합하여 초산 발효만을 수행할 수도 있다.

표 5-12 식초의 분류와 제조 방법의 특징

<table>
<tr><th colspan="3">분류</th><th>정의</th><th>발효 공정</th></tr>
<tr><td colspan="3">합성식초</td><td>화학적으로 제조한 순도 높은 아세트산(빙초산)을 희석하고 첨가물 혼합</td><td>없음</td></tr>
<tr><td rowspan="3">발효식초</td><td colspan="2">주정발효식초</td><td>발효 및 증류를 통해 제조한 순도 높은 에탄올(주정)을 희석하고 곡물당화액 또는 과실착즙액을 혼합하여 발효</td><td>초산 발효</td></tr>
<tr><td rowspan="2">전통발효식초</td><td>곡물식초</td><td>곡물을 원료로 발효</td><td>에탄올 발효/초산 발효</td></tr>
<tr><td>과일식초</td><td>과일을 원료로 발효</td><td>에탄올 발효/초산 발효</td></tr>
</table>

에탄올 발효와 초산 발효를 연속적으로 수행하는 전통 발효는 긴 시간 동안 발효가 진행되면서 풍미가 좋은 식초가 만들어진다. 에탄올 발효는 과실주 및 탁주 제조 공정과 동일하며, 에탄올 농도 5% 내외에서 초산균의 생육이 촉진된다. 초산 발효를 시작하기 위해서는 종초라고 하는 기존 발효식초 일부를 넣어줌으로써 초산균을 접종하며, 발효액의 pH를 낮춰 초산균의 생육을 촉진하는 효과가 있다. 초산균은 절대 호기성(obligate aerobe)이기 때문에 초산 발효는 산소 공급이 많을수록 빠르고 산소를 차단하면 멈춘다. 대표적인 초산균에는 아세토박터(*Acetobacter*), 글루코노박터(*Gluconobacter*), 글루코노아세토박터(*Gluconoacetobacter*) 등이 있다.

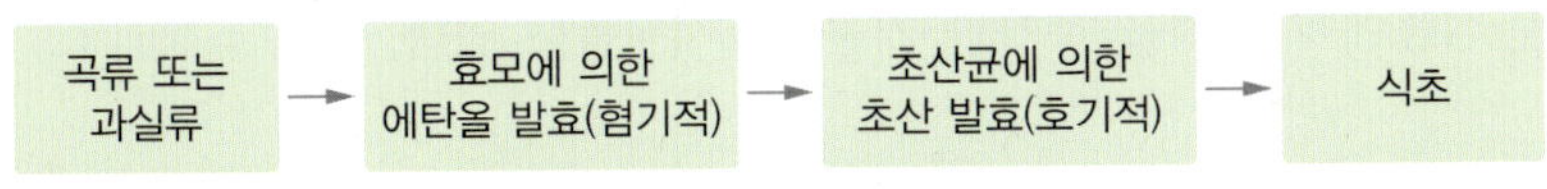

그림 5-81 유기산 발효 공정

발효식초는 원재료, 발효 방법, 숙성 방법, 기후 환경에 따라 다양한 풍미의 제품이 되며, 전통 방식으로 제조되는 이탈리아의 발사믹 식초와 일본의 흑초는 협회의 감독과 승인 하에 관리된다. 전통적인 발사믹 식초는 이탈리아의 모데나 지역에서만 제조되며, 포도의 자연 발효와 오크통 숙성을 최소 12년에서 25년까지 하며 숙성 기간에 따라 등급이 나뉜다. 저렴한 발사믹 식초는 숙성 기간이 짧거나 숙성을 하지 않고 첨가물을 넣어 풍미와 점성을 유사하게 만든 제품이다. 전통적인 흑초는 일본의 가고시마현에서 제

그림 5-82 유기산 발효 제품 사례(식초, 구연산, 사과산)

조되며, 현미를 원료로 항아리에서 자연 발효와 2년 동안 숙성하여 제조하므로 해당 지역의 평균 기온(18.5°C)이 발효 품질을 유지하는 중요한 요소이다.

3. 건강기능식품의 제조

건강기능식품은 건강 유지에 도움을 주는 식품으로 동물 실험, 인체 적용 실험 등 과학적 근거를 제시한 원료와 제품에 대해 식품의약품안전처가 건강기능식품에 관한 법률에 근거하여 평가·인정한 것이다.

소득 수준의 향상으로 소비자의 관심이 식품의 3차 기능인 생체 조절 기능으로 옮겨가면서 국내 건강기능식품 시장 규모는 약 5조 원으로 성장하였다. 건강기능식품의 기능성은 영양소, 질병 발생 위험 감소, 생리 활성의 3가지 기능의 건강에 도움을 주는 식품이며, 일반식품에 기능성을 추가한 기능성표시식품도 있다.

1) 식품의 주요 기능

식품의 섭취는 생명 유지에 필수적인 단순한 영양 공급뿐만 아니라 다양한 역할과 기능을 한다. 식품의 3차 기능에 해당하는 건강 유지 및 증진에 도움이 되는 생체 조절 기능을 하는 식품은 과거에는 기능성 식품, 기능식품, 건강식품, 건강보조식품, 식이보충제 등 여러 가지로 혼동되게 사용하였으나 현재는 건강기능식품으로 정하였다.

표 5-13 식품의 주요 기능과 분류

분류	식품의 기능
1차 기능	생명 및 건강 유지와 관련되는 영양 기능
2차 기능	맛, 냄새, 색 등의 감각적, 기호적 기능
3차 기능	건강 유지 및 증진에 도움이 되는 생체 조절 기능

2) 건강기능식품의 정의

건강기능식품은 일상 식사에서 결핍되기 쉬운 영양소나 인체에 유용한 기능을 가진 원료나 성분(이하 기능성 원료)을 사용하여 제조한 건강 유지에 도움을 주는 식품이다. 식품은 의약으로 섭취하는 것을 제외한 모든 음식물이며, 의약품은 질병의 치료·예방을 위해 약리학적 목적으로 사용하는 것이다. 건강기능식품은 일반적인 식품과 다르게 동물 실험, 인체 적용 실험 등 과학적 근거를 평가하여 인정된 기능성 원료를 이용하여 제조한 제품을 지칭한다.

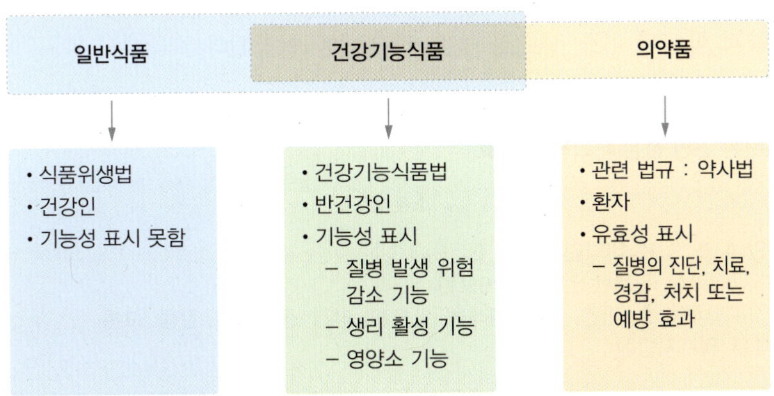

그림 5-83 일반식품, 건강기능식품, 의약품의 비교

건강기능식품에 관한 법률에서 기능성은 인체의 구조와 기능에 대하여 영양소를 조절하거나 생리학적 작용 같은 보건 용도에 유용한 효과를 얻는 것이라고 하고 있으며, 이렇게 건강기능식품의 제조에 사용되는 기능성을 가진 물질을 기능성 원료라고 한다.

따라서 건강기능식품의 기능성은 질병을 직접 치료하거나 예방하는 의약품의 효능·

효과와는 명확히 다르다. 또한 건강에 도움이 된다고 해서 무조건 건강기능식품으로 인정되는 것이 아니고, 법률에 따라 일정 절차를 거쳐 인정받고 기능성을 표시한 공식적인 건강기능식품으로 제조한다.

3) 건강기능식품의 분류

건강기능식품 제조에 사용할 수 있는 기능성 원료에는 고시형과 개별인정형이 있다. 고시형 기능성 원료는 「건강기능식품의 기준 및 규격」에 있으며, 누구나 건강기능식품 제조에 이용할 수 있다. 반면에 개별인정형 기능성 원료는 개별사업자가 식품의약품안전처에 자료를 제출하여 원료의 규격, 안전성 그리고 기능성에 대한 엄격한 심사 과정을 거쳐 관련 기능성을 인정받은 원료이며, 개발한 영업자만 사용할 수 있다.

건강기능식품의 기능성은 영양소 기능, 질병 발생 위험 감소 기능, 생리 활성 기능의 3가지이다. 영양소 기능은 인체의 성장·증진 및 정상적인 기능에 대한 영양소의 생리학적 작용 기능이 있는 비타민, 무기질, 단백질, 식이섬유 등이다. 질병 발생 위험 감소 기능은 질병의 발생 또는 건강 상태의 위험이 감소하는 것이며, 이는 관련된 근거 자료의 수준이 과학적 합의에 이를 정도로 높은 경우에만 인정된다.

표 5-14 건강기능식품으로 고시된 영양 성분과 기능성 원료

대분류	소분류
영양 성분 (28종)	(비타민) 비타민 A, D, E, K, 비타민 B_1, B_2, B_6, B_{12}, C, 베타카로틴, 나이아신, 판토텐산, 엽산, 비오틴 (무기질) 칼슘, 마그네슘, 철, 아연, 구리, 셀레늄, 요오드, 망간, 몰리브덴, 칼륨, 크롬 식이섬유, 단백질, 필수지방산
기능성 원료 (68종)	인삼, 홍삼, 엽록소 함유식물, 클로렐라, 스피루리나, 녹차추출물, 알로에 전잎, 프로폴리스추출물, 코엔자임Q_{10}, 대두이소플라본, 구아바잎 추출물, 바나바잎 추출물, 은행잎 추출물, 밀크씨슬 추출물, 달맞이꽃종자 추출물, EPA 및 DHA 함유 유지, 감마리놀렌산 함유 유지, 레시틴, 스쿠알렌, 식물스테롤/식물스테롤에스테르, 알콕시글리세롤 함유 상어간유, 옥타코사놀 함유유지, 매실추출물, 공액리놀레산, 가르시니아캄보지아 추출물, 마리골드꽃 추출물, 헤마토코쿠스 추출물, 쏘팔메토 열매 추출물, 포스파티딜세린, 글루코사민, N-아세틸글루코사민, 뮤코다당 · 단백, 구아검/구아검가수분해물, 글루코만난, 귀리식이섬유, 난소화성말토덱스트린, 대두식이섬유, 목이버섯식이섬유, 밀식이섬유, 보리식이섬유, 아라비아검, 옥수수겨식이섬유, 이눌린/치커리추출물, 차전자피식이섬유, 폴리덱스트로스, 호로파종자식이섬유, 알로에겔, 영지버섯 자실체 추출물, 키토산/키토올리고당, 프락토올리고당, 프로바이오틱스, 홍국, 대두단백, 테아닌, 엠에스엠, 폴리감마글루탐산, 히알루론산, 홍경천 추출물, 빌베리 추출물, 마늘, 라피노스, 분말한천, 크레아틴, 유단백가수분해물, 상황버섯추출물, 토마토추출물, 곤약감자추출물, 회화나무열매추출물

자료 : 식품의약품안전처; 식품안전나라

생리 활성 기능은 인체의 정상 기능이나 생물학적 활동에 특별한 효과가 있어 건강상의 기여나 기능 향상 또는 건강 유지·개선 기능이 있는 경우이다. 이것을 인정받기 위해서는 제출된 자료가 인체의 정상 기능이나 생물학적 활동에 특별한 효과가 있어 건강상의 기여나 기능 향상 또는 건강 유지·개선 기능을 과학적으로 입증해야 한다.

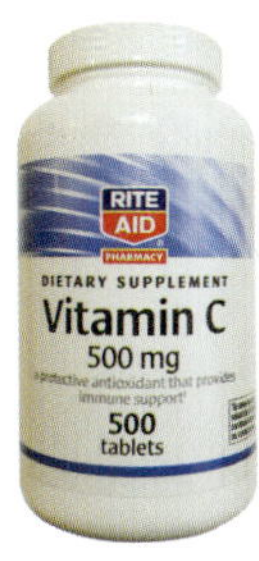

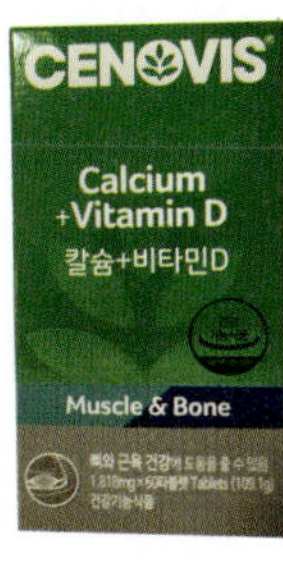

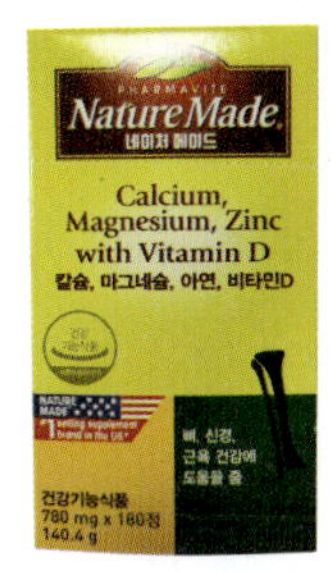

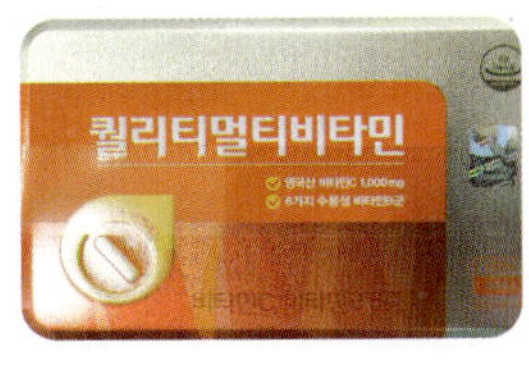

그림 5-84 비타민과 무기질 제품 사례

표 5-15 건강기능식품 기능성 원료 및 영양소의 분류

기능성 구분	기능성 내용	원료 또는 성분
영양소 기능	• 인체의 정상적인 기능이나 생물학적 활동에 대한 영양소의 생리학적 작용	영양소
질병 발생 위험 감소 기능	• '○○ 발생 위험 감소에 도움을 줌'으로 표시 • 질병의 발생 또는 건강 상태의 위험 감소와 관련한 기능	기능성 원료
생리 활성 기능	• '○○에 도움을 줄 수 있음'으로 표시 • 인체의 정상 기능이나 생물학적 활동에 특별한 효과가 있어 건강상의 기여나 기능 향상 또는 건강유지 · 개선을 나타내는 기능	

자료 : 건강기능식품 기능성 원료 인정 현황, 식품의약품안전처

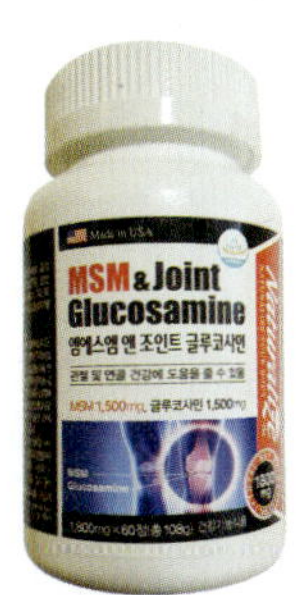

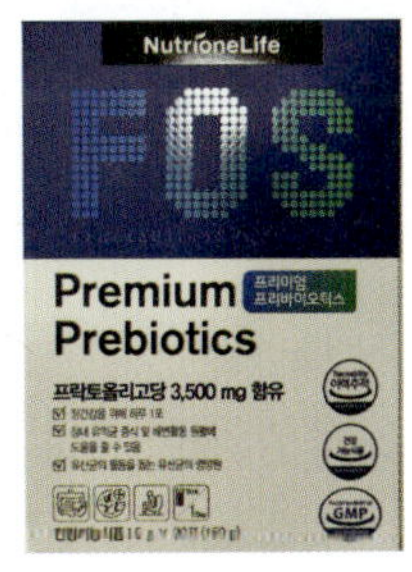

그림 5-85 고시형 건강기능식품 사례

4) 건강기능식품 기능성 원료의 인정

기능성 원료는 식품의약품안전처의 엄격한 심사 과정을 거쳐 인정을 받아야 식품 제조에 이용할 수 있다.

고시형에 해당하지 않는 기능성 원료는 제조업자 혹은 수입업자가 표준화, 안전성 및 기능성에 대한 자료를 제출하여 기능성 원료로 인정받아 사용한다. 건강기능식품은 안전성 평가한 후 독성에 문제가 없을 때 기능성 평가를 한다. 안전성 평가는 제안된 방법에 따라 섭취한 경우 해당 원료가 인체에 위해가 없음을 검증하며, 섭취 근거 자료, 해당 기능 성분의 안전성 정보 자료, 영양 평가 자료, 임상 시험 자료, 독성 시험 자료 등을 평가한다. 기능성 평가는 해당 원료의 섭취로 얻게 되는 보건 용도의 유용한 효과를 평가하며, 인체 적용 시험 자료, 동물 실험 자료, 메타 분석 자료, 전통적 사용 근거 자료 등을 이용한다.

표 5-16 기능성 원료의 인정 심사 기준

구분	내용
표준화	기능성 원료의 제조 과정의 표준화 기능/지표 성분 확립 기능성 원료의 기준 및 규격 설정
안전성	식품 원료로서의 섭취 근거 및 독성 여부 검증 독성 시험 결과에 기반한 안전성 검증 인체 적용 시험시 안정성 평가
기능성	인체 적용 시험을 통한 생리 활성 검증

이상과 같은 기능성 원료 인정 과정을 통해 식품의약품안전처는 33종의 생리 활성 기능성을 인정하고 있다. 예를 들어 혈압 조절의 생리 활성 기능을 인정받은 원료로 제조한 건강기능식품의 경우 제품에 '혈압 조절에 도움을 줄 수 있음'이라고 표시할 수 있다.

2004년에 관련 법률이 시행된 이후 건강기능식품의 기능성 원료는 2021년 8월까지 총 653건이 인정받았다. 기능성 분류별로는 체지방 감소가 103건으로 가장 많고, 뼈/관절 건강 69건, 눈 건강 51건, 그리고 피부 건강 48건이며, 그 밖에 기억력 개선, 혈당 조절, 간 건강, 혈행 개선, 항산화, 혈압 조절 등의 순서로 기능성 원료 인정이 많았다.

표 5-17 건강기능식품 기능성별 원료 인정 건수(2021.8.31.)

번호	기능성 종류	건수	번호	기능성 종류	건수
1	지방 감소에 도움	103	18	면역과민반응에 의한 피부 상태 개선	10
2	관절/뼈 건강에 도움	69	19	월경 전 불편감 개선에 도움	10
3	눈 건강에 도움	51	20	위 건강/소화기능 개선에 도움	9
4	피부 건강에 도움	48	21	혈중중성지방개선에도움	8
5	기억력 개선에 도움	46	22	인지능력 향상에 도움	8
6	혈당조절에 도움	43	23	운동수행능력 향상에 도움	8
7	간 건강에 도움	42	24	갱년기 남성 건강에 도움	8
8	혈행 개선에 도움	28	25	칼슘 흡수 촉진에 도움	7
9	항산화에 도움	27	26	요로 건강에 도움	5
10	면역기능 개선에 도움	27	27	수면의 질 개선에 도움	3
11	혈압조절에 도움	25	28	배뇨기능 개선에 도움	2
12	혈중 콜레스테롤 개선에 도움	23	29	여성의 질 건강에 도움	2
13	피로 개선에 도움	20	30	충치발생위험발생 감소	1
14	장 건강에 도움	20	31	정자운동성 개선에 도움	1
15	전립선 건강에 도움	18	32	어린이 키 성장에 도움	1
16	갱년기 여성 건강에 도움	16	33	근력 개선에 도움	1
17	긴장 완화에 도움	13			

자료 : 식품의약품안전처

Tip 체중 조절

우리 몸은 에너지 흡수와 소비의 균형을 유지하려고 하므로 과식할 때 남은 에너지를 지방세포나 간에 지방으로 저장한다. 이러한 장기간의 에너지 과잉 섭취는 비만을 유발하게 되며, 비만은 비정상 상태로 체지방 증가로 인한 대사 장애가 발생한다. 과체중, 당뇨, 고지혈증, 고혈압, 지방간, 관절염, 암 등이 발병될 수 있다.

표 5-18 식품의약품안전처 인정 경강기능식품 원료와 성분의 기능성(2021.8.31.)

기능성		기능성 원료의 예
간 건강	간 건강에 도움	도라지추출물, 밀크씨슬추출물, 발효울금, 복분자추출물(분말), 표고버섯균사체추출물, 유산균발효마늘추출물
	알코올성 손상으로부터 간 보호에 도움	유산균 발효 다시마추출물, 헛개나무과병추출물
	비알콜성 간 손상으로부터 간 건강에 도움	댕댕나무열매추출분말
갱년기 남성 건강	갱년기 남성의 건강에 도움	MR-10 민들레등복합추출물, 마카 젤라틴화 분말, 옻나무 추출분말
갱년기 여성 건강	갱년기 여성의 건강에 도움	프랑스해안송껍질추출물, 백수오등복합추출물, 석류추출물, 홍삼(홍삼농축액), 석류농축액, 회화나무열매추출물, 오미자추출
과민 피부 상태 개선	면역과민반응에 의한 피부 상태 개선에 도움	*L. sakei* Probio 65, 감마리놀렌산 함유 유지, 과채 유래유산균(*L. plantarum* CJLP133), 프로바이오틱스 ATP
관절/뼈 건강	관절 건강에 도움	N-아세틸글루코사민, 가시오가피등복합추출물, Dimethylsulfonylmethane(MSM), 강황추출물, 글루코사민, 보스웰리아 추출물, 초록입홍합추출오일
	뼈 건강에 도움	가시오가피숙지황 복합추출물, 대두이소플라본, 흑효모배양액분말, 유단백추출물
근력 개선	근력 개선에 도움	오미자추출물
기억력 개선	기억력 개선에 도움	구기자추출물, 녹차추출물/테아닌복합물, 당귀등추출복합물, 비파엽추출물, EPA 및 DHA 함유 유지, 은행잎추출물, 인삼가시오갈피 등 혼합추출물, 홍삼(홍삼농축액), 천마 등 복합추출물(HX106)
긴장 완화	스트레스로 인한 긴장 완화에 도움	L-테아닌, 아쉬아간다 추출물, 유단백가수분해물, 돌외잎추출물
눈 건강	눈의 피로도 개선에 도움	빌베리추출물, 헤마토코쿠스추출물
	건조한 눈을 개선하여 눈 건강에 도움	루테인/지아잔틴복합추출물, 루테인복합물, 마리골드 추출물(루테인에스테르), EPA 및 DHA 함유 유지
	노화로 인해 감소될 수 있는 황반 색소 밀도를 유지하여 눈 건강에 도움	루테인지아잔틴복합추출물
면역 기능 개선	면역력 증진에 도움	L-글루타민, 게르마늄효모, 금사상황버섯, 당귀혼합추출물, 동충하초 주정추출물, 스피루리나, 클로렐라, 청국장균배양정제물(폴리감마글루탐산칼륨), 표고버섯균사체, 효모베타글루칸, 인삼다당체추출
	과민면역반응 완화에 도움	*Enterococcus faecalis* 가열처리건조분말, 구아바잎추출물등복합물, 다래추출물, 피카오프레토 분말등복합물
배뇨 기능 개선	방광에 의한 배뇨기능 개선에 도움	호박씨추출물등복합물

(계속)

기능성		기능성 원료의 예
수면질 개선	수면의 질 개선에 도움	감태추출물, 쌀겨주정추출물
어린이 성장 발육	어린이 키 성장에 도움	황기추출물등복합물(HT042)
여성 질 건강	유산균 증식을 통한 여성 질 건강에 도움	UREX 프로바이오틱스
월경 전 상태 개선	월경 전 변화에 의한 불편한 상태 개선	감마리놀렌산 함유유지
위 건강/소화 기능	헬리코박터균 증식 억제 및 위 건강에 도움	감초추출물
	위 불편감 개선에 도움	매스틱검
	위 점막을 보호하여 위 건강에 도움	비즈왁스알코올
	담즙 분비를 촉진하여 지방 소화에 도움	아티초크추출물
요로 건강	요로 건강에 도움	크랜베리추출물, 파크랜 크랜베리추출분말
운동 수행 능력	운동 능력 향상에 도움	마카 젤라틴화 분말, 크레아틴, 헛개나무과병추출분말
	지구력 증진에 도움	동충하초 발효 추출물
인지 능력 향상	인지 능력 개선에 도움	*Lactobacillus Helveticus* 발효물, 도라지추출물(DRJ-AD), 참당귀뿌리추출물, 포스파티딜세린
장 건강	장내 유익균 증식 및 유해균 억제에 도움	갈락토올리고당, 구아검가수분해물, 대두올리고당, 라피노스, 난소화성말토덱스트린, 이소말토올리고당, 자일로올리고당, 프락토올리고당
	면역을 조절하여 장 건강에 도움	프로바이오틱스(VSL#3)
	배변 활동 원활에 도움	대두올리고당, 라피노스, 목이버섯, 무화과페이스트, 분말한천, 이소말토올리고당, 자일로올리고당, 커피만노올리고당, 프락토올리고당
전립선 건강	전립선 건강 유지에 도움	쏘팔메토열매추출물
정자 운동성	정자 운동성 개선에 도움	마카젤라틴화분말
체지방 감소	체지방 감소에 도움	*Lactobacillus gasseri* BNR17, 가르시니아캄보지아껍질추출물, 공액리놀렌산, 그린커피빈추출물, 녹차추출물, 보이차추출물, 식물성유지 디글리세라이드, 키토산, 풋사과추출폴리페놀, 히비스커스등복합추출물
치아 건강	충치 발생 위험 감소에 도움	자일리톨
칼슘 흡수 촉진	칼슘 흡수에 도움	폴리감마글루탐산, 프락토올리고당
피로 개선	피로 개선에 도움	발효생성아미노산복합물, 헛개나무과병추출물, 홍경천추출물

(계속)

기능성		기능성 원료의 예
피부 건강	자외선에 의한 피부 손상 피부 건강을 유지하는 데 도움	소나무껍질추출물등복합물, 메론추출물, 포스파티딜세린, 프로바이오틱스HY7714, 핑거루트추출분말, 홍삼·사상자·산수유복합추출물
	피부 보습에 도움	AP콜라겐 효소분해 펩타이드, N-아세틸글루코사민, 곤약감자추출물, 쌀겨추출물, 옥수수배아추출물, 저분자콜라겐펩타이드, 지초추출분말, 포스파티딜세린, 히알루론산, 프로바이오틱스HY7714
항산화	항산화에 도움	녹차추출물, 대나무잎추출물, 메론추출물, 복분자추출물(분말), 비즈왁스알코올, 유비퀴놀, 코엔자임Q10, 토마토추출물, 포도종자추출물, 홍삼(홍삼농축액)
혈당 조절	식후 혈당 상승 억제에 도움	계피추출분말, 구아바잎추출물, 난소화성말토덱스트린, 동결건조누에분말, 마주정추출물, 바나바잎추출물, 실크단백질 효소가수분해물, 인삼가수분해 농축액, 탈지달맞이꽃종자추출물
혈압 조절	높은 혈압 감소에 도움	L-글루타민산유래 GABA함유분말, 나토균배양분말, 연어 펩타이드, 올리브잎추출물, 정어리펩타이드, 카세인가수분해물, 코엔자임Q10
혈중 중성지방 개선	혈중 중성지방 개선에 도움	DHA농축유지, 난소화성말토덱스트린, 대나무잎추출물, 식물성유지 디글리세라이드, 정어리정제어유
혈중 콜레스테롤 개선	혈중 콜레스테롤 개선에 도움	녹차추출물, 보리베타글루칸추출물, 보이차추출물, 사탕수수왁스알코올, 스피루리나, 아마인, 알로에추출물, 적포도발효농축액, 클로렐라
혈행 개선	혈행 개선에 도움	DHA농축유지, L-아르기닌, 나토배양물, 은행잎추출물, 정어리정제어유, 카카오분말, 홍삼(홍삼농축액)

5) 일반식품의 기능성 표시

건강기능식품에 관한 법률에서 기능성 원료가 함유된 일반식품에서는 생리 활성과 관련된 표시를 금지하고 있으나, 일정한 조건을 충족한 경우에는 일반식품에도 기능성을 표시할 수 있는 일명 기능성표시식품 제도가 2021년도부터 시행되었다. 이는 오랜 논의 과정을 거쳐 식품산업 활성화를 위해 관련 규정이 제정되었고, 특별한 3가지 조건을 충족하는 29개의 기능성 원료에 대해서만 허가되었다.

그러나 일반식품에 기능성 표시가 허용되나 광고와 제품에 반드시 "본 제품은 건강기능식품이 아닙니다."를 표시해야 하는 것이 건강기능식품과 다른 점이다.

표 5-19 일반식품의 기능성 표시(기능성표시식품) 기준

기준	내용
기능성표시식품의 제조 기준	기능성 원재료 또는 성분은 GMP 시설에서 제조 및 가공되어야 하며, 기능성표시식품은 HACCP 인증 시설에서 제조 및 가공되어야 한다.
기능성표시식품의 성분 함량 기준	제품에 함유된 기능성 원재료 또는 성분의 함량은 1일 섭취기준량의 30% 이상을 충족해야 한다.
기능 성분의 함량 유지	기능성을 나타내는 원재료 또는 성분의 함량은 유통기한까지 유지되어야 한다.

홍삼
면역력 증진에 도움

이눌린·치커리 추출물
배변 활동 원활에 도움

홍국
혈중 콜레스테롤 개선에 도움

그림 5-86 기능성표시식품 사례

표 5-20 일반식품에 기능성을 표시할 수 있는 원료 또는 성분

기능성 원료 또는 성분	기능성 내용
인삼	면역력 증진, 피로 개선, 뼈 건강 개선에 도움을 줄 수 있음
홍삼	면역력 증진, 피로 개선, 혈소판 응집 억제를 통한 혈액 흐름, 항산화, 갱년기 여성의 건강에 도움을 줄 수 있음
클로렐라	피부 건강, 항산화, 면역력 증진, 혈중 콜레스테롤 개선에 도움을 줄 수 있음
스피루리나	피부 건강, 항산화, 혈중 콜레스테롤 개선에 도움을 줄 수 있음
프로폴리스 추출물	항산화, 구강에서의 항균작용에 도움을 줄 수 있음 ※구강 항균작용은 구강에 직접 접촉할 수 있는 형태
구아바잎 추출물	식후 혈당 상승 억제에 도움을 줄 수 있음
바나바잎 추출물	식후 혈당 상승 억제에 도움을 줄 수 있음
EPA 및 DHA 함유 유지	혈중 중성지질 개선, 혈행 개선, 건조한 눈을 개선하여 눈 건강에 도움을 줄 수 있음

(계속)

기능성 원료 또는 성분	기능성 내용
매실추출물	피로 개선에 도움을 줄 수 있음
구아검/구아검가수분해물	혈중 콜레스테롤 개선, 식후 혈당 상승 억제, 장내 유익균 증식, 배변활동 원활에 도움을 줄 수 있음
난소화성말토덱스트린	식후 혈당 상승 억제, 혈중 중성지질 개선, 배변활동 원활에 도움을 줄 수 있음
대두식이섬유	혈중 콜레스테롤 개선, 식후 혈당 상승 억제, 배변활동 원활에 도움을 줄 수 있음
목이버섯식이섬유	배변활동 원활에 도움을 줄 수 있음
밀식이섬유	식후 혈당 상승 억제, 배변활동 원활에 도움을 줄 수 있음
보리식이섬유	배변활동 원활에 도움을 줄 수 있음
옥수수겨식이섬유	혈중 콜레스테를 개선, 식후 혈당 상승 억제에 도움을 줄 수 있음
이눌린/치커리추출물	혈중 콜레스테롤 개선, 식후 혈당 상승 억제, 배변활동 원활에 도움을 줄 수 있음
차전자피식이섬유	혈중 콜레스테를 개선, 배변활동 원활에 도움을 줄 수 있음
호로파종자식이섬유	식후 혈당 상승 억제에 도움을 줄 수 있음
알로에 겔	피부 건강, 장 건강, 면역력 증진에 도움을 줄 수 있음
프락토올리고당	장내 유익균 증식 및 배변활동 원활에 도움을 줄 수 있음
프로바이오틱스	유산균 증식 및 유해균 억제, 배변활동 원활, 장 건강에 도움을 줄 수 있음
홍국	혈중 콜레스테롤 개선에 도움을 줄 수 있음
대두단백	혈중 콜레스테롤 개선에 도움을 줄 수 있음
폴리감마글루탐산	체내 칼슘 흡수 촉진에 도움을 줄 수 있음
마늘	혈중 콜레스테롤 개선에 도움을 줄 수 있음
라피노스	장내 유익균의 증식과 유해균의 억제에 도움을 줄 수 있음, 배변활동을 원활히 하는 데 도움을 줄 수 있음
분말한천	배변활동에 도움을 줄 수 있음
유단백가수분해물	스트레스로 인한 긴장 완화에 도움을 줄 수 있음

자료 : 식품의약품안전처

Tip GMP

우수건강기능식품 제조기준(good manufacturing practices, GMP)은 품질이 우수한 건강기능식품을 제조하기 위해서 제조업소가 표준화된 작업 관리와 위생 관리로 품질을 보증할 수 있는 생산 체제를 갖추는 제도이다. 제조 시설에서 건강기능식품의 품질을 확보하기 위해서는 제조 공정이 법적으로 승인된 규격과 기준을 준수하며, 불순물과 이물의 오염과 혼입이 발생하지 않도록 예방 조치하고 작업자의 오류를 최소화할 수 있도록 한다.

6) 건강기능식품의 제조

건강기능식품의 원료는 고시된 비타민·무기질, 식이섬유, 단백질, 필수지방산 등의 영양 성분(28종)과 홍삼, EPA와 DHA, 프락토올리고당, 프로바이오틱스 등의 고시된 기능성 원료(68종), 그리고 개별인정형 원료와 성분(653건)만 사용할 수 있다.

건강기능식품은 인체에 보건 목적의 유용한 효과를 얻기 위한 기능성 원료 또는 성분의 섭취를 목적으로 하므로, 제품의 형태는 정제, 캡슐, 환, 과립, 액상, 분말, 편상, 페이스트상,시럽, 겔, 젤리,바, 필름의 형태로 1회 섭취가 용이하게 제조·가공해야 한다.

또한 일반 식품 또는 식사를 대신할 수 있는 식품 유형의 기능성표시식품은「건강기능식품 기능성 원료 및 기준·규격 인정에 관한 규정」에 따라 식품의약품안전처장의 인정을 받아 제조해야 한다.

건강기능식품의 제조 및 품질 관리를 위하여「우수건강기능식품 제조기준」(식품의약품안전처 고시)을 제정하고, 건강기능식품 제조업자가 법률에 적합한 제조 시설 요건을 충족하면 우수건강기능식품 제조기준(good manufacturing practices, GMP) 적용 업소로 지정하고, 여기에서 제조한 제품에 인증마크를 표시할 수 있다.

건강기능식품은「건강기능식품에 관한 법률」에 따라 일정 절차를 거쳐 만들어지는 제품으로서 "건강기능식품"이라는 문구 또는 인증마크가 있으며, 인정된 원료의 "기능성"을 표시한다. 건강기능식품의 기능성 표시와 광고는「식품 등의 표시·광고에 관한 법률」에 근거하여 심의·허가를 받아야 하며, 이 경우 표시·광고사전심의필 인증마크를 표시할 수 있다.

건강기능식품 이력추적관리를 등록한 제조자는 정보시스템에 제조·품질검사·출고 등에 관한 정보를 제공하고, 소비자는 해당 정보를 식품이력관리시스템 홈페이지(www.tfood.go.kr)에서 확인할 수 있다.

그림 5-87 건강기능식품에 표시되는 인증마크 사례

Tip 건강기능식품 표시와 광고

「식품 등의 표시·광고에 관한 법률」에 따라 건강기능식품 표시나 광고를 위해서는 한국건강기능식품협의회 건강기능식품 표시나 광고 자율심의기구의 심의를 받아야 한다.

2021년 인쇄 매체 25,803건, 방송 매체 5,640건을 심의하였으며, 매년 방송 매체를 통한 광고를 진행하기 위한 심의가 증가하고 있다.

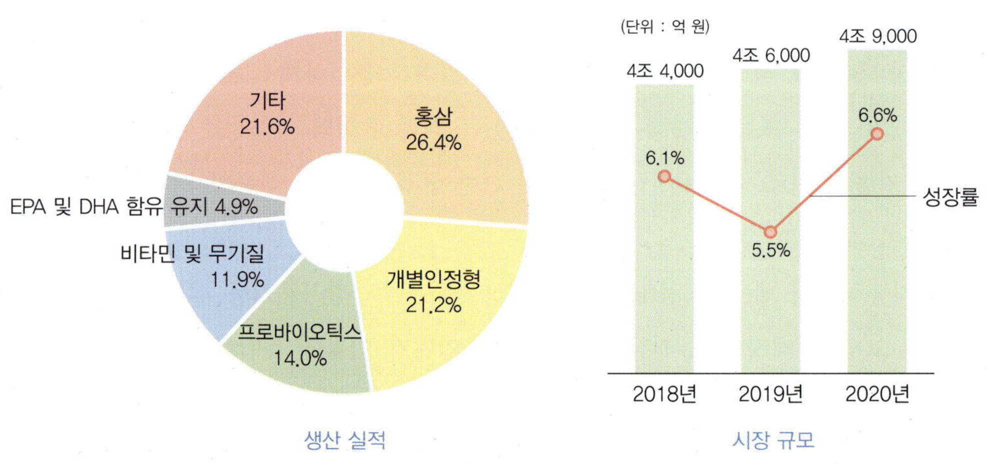

그림 5-88 건강기능식품 생산 실적과 시장 규모

자료 : 식품의약품안전처, 2021; 한국건강기능식품협회

단원정리

- 곡류 가공식품은 쌀, 밀, 옥수수 등 곡류를 주원료로 하여 제조·가공하거나 이에 식품 또는 식품첨가물을 가하여 가공한 것이다.
- 곡류는 겨층, 배아, 배유의 세 부분으로 되어 있으며, 배유는 탄수화물이 주성분이고 단백질도 많아 주식으로 적합하며, 1차 가공만으로도 식품으로 사용할 수 있고, 2차 가공으로 다양한 제품을 만들 수 있다.
- 곡류의 1차 가공인 도정은 곡물을 둘러싸고 있는 겨(bran)를 제거해 배유를 얻는 것이다. 곡물을 식용하기 쉽고, 소화되기 쉬운 상태로 만들기 위한 것으로 도정 및 제분 공정이 이에 해당한다.
- 곡류의 2차 가공은 1차 가공물을 활용하여 제조되며, 전곡립 식품, 무균포장밥, 냉동 떡, 시리얼, 제과, 제빵, 제면, 전분 및 전분당 및 효소식품 등이 있다.
- 곡류의 2차 가공 중 가장 많이 사용되는 원료는 밀가루이며, 밀가루는 단백질의 함량에 따라 강력분, 중력분, 박력분으로 나뉜다. 단백질 함량에 따라 물성에 차이가 있으며 밀가루의 종류에 따라 용도가 다르다.
- -45°C로 급속동결된 전분질 식품은 해동 후 품질이 유지되는 특성이 있어 냉동 떡 및 빵의 냉동반죽 제조에 활용된다.
- 대두 가공식품은 두부, 두유, 식용유, 장류 외에도 다양하며, 낫토, 템페 등 외국에도 여러 가지 제품이 있다.
- 대두의 단백질 함량은 약 40%이며 유지를 추출한 후 물로 수용성 단백질을 용출시킨 다음 pH 4.5로 조정하여 단백질을 응고시켜 한다. 단백질의 함량에 따라 농축대두단백, 분리대두단백을 제조하고, 이로부터 대체육과 단백 강화 제품을 제조한다.
- 플라보노이드, 올리고당 등 대두의 기능성 성분을 이용한 제품의 생산도 활발하며, 향후 대두 시장은 세계적으로 크게 성장할 전망이다.
- 과일과 채소 가공품으로는 음료, 잼·젤리, 건조품, 통조림, 냉동품, 절임 제품, 발효 제품 등 다양하며, 최근에는 신선편이 제품, 밀키트 등 신선한 형태의 제품 비율이 증가하고 있다.
- 천연과일주스에는 혼탁 주스와 청징 주스가 있으며, 최근에는 신선하게 착즙하여 저온 살균한 주스와 비농축 주스의 소비가 증가하고, 탄산과 혼합한 음료 등 다양한 형태로 제품화되고 있다.
- 최소 가공이란 신선 과채류를 세척, 선별, 박피 및 절단 등 최소한의 가공을 통해 즉시 소비할 수 있는 제품의 형태로 가공하는 기술이며, 이들 제품의 품질을 유지하기 위해서는 허들

기술이 필요하다.

- 밀키트는 식사를 위해 미리 준비된 세트로 조리하면 되는 제품이며, HMR은 기본 조리까지 마친 상태로 데우기만 하면 먹을 수 있는 제품이다.
- 햄(ham)은 돼지고기의 햄(허벅지 살) 부위를 염지, 훈연한 고기로 뼈가 있는 채로 만드는 본인햄, 뼈를 빼고 원통형으로 말아 만든 본리스햄과 프레스햄이 있다.
- 더메스틱 소세지는 훈연 후 건조하지 않고 가열하여 바로 먹게 한 것으로 수분 함량이 50% 이상이며, 드라이 소시지는 케이싱에 다져 넣고 그대로 건조하거나 저온건조 후 훈연하여 수분 함량이 30% 이하이다.
- 달걀은 대부분은 신선한 식란(위생란)으로 소비되나 대량 생산 시는 1차 가공품인 액상란, 건조란, 동결란 등으로 가공되어 다시 2차 가공품인 제과, 제빵 등의 원료로 사용된다.
- 우유는 원유를 균질, 살균(또는 멸균), 냉각 과정을 거쳐서 제조되며, 가공유는 원유를 표준화시킨 후 강화제 및 첨가물을 혼합하여 균질, 살균, 냉각 과정으로 제조한다.
- 연유는 우유의 수분을 증발시켜 고형분 함량을 많게 농축한 유제품으로 단백질과 지방을 2~2.5배로 농축시킨 것이며, 분유는 우유의 수분을 대부분 제거하여 수분 함량 5% 이하로 건조시킨 제품이다.
- 버터는 원유의 유지방을 분리하여 교반, 연압한 것으로 유지방(80% 이상)에 물(20% 이하)이 분산되도록 유화시킨 유중수적형(water in oil, W/O) 타입의 에멀션이다.
- 치즈는 우유를 응유효소인 레닛(rennet)이나 젖산으로 응고시킨 후 세균이나 곰팡이 등으로 발효·숙성한 것이다.
- 아이스크림(ice cream)은 우유 또는 유제품에 설탕, 향료, 색소, 유화제 및 안정제 등을 가하여 교반하면서 동결시킨 제품이다.
- 발효유란 포유동물의 젖(대표적인 것이 우유)을 원료로 젖산균과 효모로 유당을 유산으로 발효시켜 단백질의 커드를 형성하고, 여기에 음용하기 적합한 첨가물을 넣어 제조한 것이다.
- 수산물 통조림식품은 어패류를 전처리하여 금속 용기에 살쟁임, 탈기, 밀봉, 살균 및 냉각 공정을 거친 제품으로 상온에서 장기 저장되고 섭취가 용이하다.
- 연육은 원료를 고기갈이하여 수용성 물질과 지방을 제거한 뒤 동결변성 방지제를 혼합하여 동결한 것으로 연제품의 중간 소재이다. 연육을 이용한 연제품에는 어묵, 게맛살, 어육소시지 등이 있다.
- 수산발효식품은 어패류의 육, 내장, 생식소에 소금을 가해 부패를 억제하면서 자가소화효소와 미생물 작용을 이용하여 단백질을 아미노산으로 분해한 제품으로 젓갈, 액젓, 식해 등이 있다.

- 해조 가공품에는 마른 김, 마른미역, 마른 다시마, 염장 미역, 조미김 등이 있고, 해조 성분인 아이오딘, 만니톨, 한천, 알긴산 등의 제품과 해조 스낵 형태의 제품이 있다.
- 고체 식용유지에는 버터, 마가린, 쇼트닝이 있다. 버터는 유지방으로, 마가린과 쇼트닝은 식물성 경화유로 제조한 유지 가공 제품이다. 마가린은 버터의 대용품으로, 쇼트닝은 라드(돈지)의 대용품이며 제과와 제빵에 이용된다.
- 분말유지는 단백질 또는 탄수화물 수용액과 유화액상을 분무건조하여 얻은 분말의 고체 유지이다. 식품산업에서 제과와 제빵 제품의 생산 시 계량 용이, 저장성 증가를 위해서 개발되었다.
- 크림은 원료에 따라 생크림(유크림), 컴파운드 크림(가공 유크림), 식물성 크림이 있다. 크림은 지방 함량이 높아 저장 및 유통 시 냉장 또는 냉동으로 보관해야 한다.
- 아이스크림은 『식품공전』에서 빙과류의 하위 품목으로 원유, 유가공품을 원료로 하여 다른 식품 또는 식품첨가물을 가한 다음 냉동 및 경화한 제품이다. 『식품공전』에서는 아이스크림, 저지방 아이스크림, 아이스밀크, 셔벗, 비유지방 아이스크림으로 분류하고, 제품은 바, 펜슬, 콘, 샌드, 홈, 컵 형태가 있다.
- 코코아 가공품류는 코코아메스, 코코아버터, 코코아분말 등이 있으며, 이러한 코코아 가공품류에 식품 또는 식품첨가물을 가하여 가공한 제품을 초콜릿이라고 한다. 코코아 고형분, 코코아버터, 무지방 코코아 고형분 등의 함량에 따라 초콜릿, 밀크초콜릿, 화이트초콜릿, 준초콜릿, 초콜릿 가공품으로 분류한다.
- 차는 형태에 따라 침출차, 액상차, 고형차 등으로 분류되며, 찻잎의 가공 방법 따라 비발효차, 반발효차, 발효차로 분류한다. 대표적인 비발효차는 녹차이며, 반발효차는 우롱차, 발효차는 홍차와 보이차가 있다.
- 녹차는 제조 방법에 따라 덖음차(배건차)와 찐차(증건차)로 구분하며, 증건차의 제조 공정은 증열, 조유, 유념, 중유, 정유, 건조 단계로 구성된다. 홍차는 녹차와 달리 비비기 조작을 통해 인위적으로 상처를 주어 찻잎 성분의 산화를 유도한다.
- 커피는 커피나무 열매의 씨를 이용하는 음료로 아라비카, 로부스타, 라이베리아 종을 이용한다. 커피는 볶음(roasting) 정도에 따라 색, 향, 모양, 무게 등이 달라지며 우리나라는 연한 볶음, 중간 볶음, 강한 볶음 세 가지로 분류한다.
- 소프트드링크는 알코올이 함유되어 있지 않거나 알코올 함량이 1% 미만인 음료이다. 술 이외에 모든 음료가 여기에 속하나 일반적으로 소프트드링크는 탄산음료를 의미한다.
- 특수식품에는 전투식량, 비상식량, 우주식품, 레저식품, 고령친화식품 등이 있으며, 미래식품에는 식물성 대체육, 배양육, 곤충식품, 3D 프린팅 식품이 있다.
- 전투식량은 군인들이 간편하게 지니고 다니거나 먹을 수 있도록 만든 식품이며, 통조림이나

미리 조리하여 포장된 형태, 동결건조, 음료혼합가루, 농축음식 등으로 되어 있다.

- 비상식량은 비상 상황이나 재난 시에 사용되며, 생존을 위한 영양소 공급이 목적이다. 많은 용량을 쉽게 운반하여 배급할 수 있고, 저장과 보존이 긴 특징이 있다.

- 우주식품은 무중력이나 저중력 같은 환경에서 먹을 수 있게 만들어진 식품이며, 부피나 무게가 작고, 비산을 방지하는 밀봉 기술과 장기간의 저장 기간 동안 변패가 발생하지 않도록 하는 포장 기술이 적용되어 제조된다.

- 레저식품은 여가와 함께 편하게 섭취할 수 있는 식품으로 주로 젊은 층이 이용하며 맛이 풍부하고 포장디자인이 우수하고, 가격에 대한 민감도가 상대적으로 낮은 특징이 있다.

- 고령친화식품은 저작, 연하, 소화 등 섭취 능력이 저하된 고령자가 쉽게 먹을 수 있도록 특별히 제조, 가공, 조리된 식품 또는 고령자에게 부족하기 쉬운 영양소를 함유한 식품이다.

- 식물성 대체육은 식물에서 추출한 단백질을 육류의 조직감과 유사하게 물리학적인 변화를 유도하여 조직감을 부여한 다음 색, 맛 등의 관능적 특성이 유사하도록 제조한 제품이다.

- 배양육은 소, 돼지, 양, 닭 등의 근육 줄기세포를 추출해 사람이 먹을 수 있는 수준까지 무균 배양하여 만든 것으로 실제 육류와 가장 유사한 대체육이다.

- 곤충식품은 단백질이 풍부하고, 불포화지방산과 칼슘, 철 등 무기질의 영양적 가치가 높은 육류 대체식품으로 경제적이고 친환경적인 장점이 있으며, 국내에서는 10종류의 식용 곤충이 식품 원료로 인정을 받았다.

- 3D 프린팅 식품은 기존 식품의 형태와 질감 등을 자유롭게 디자인하여 개인의 취향과 목적에 맞는 다양한 맞춤형 식품 제공이 가능하며, 전투식량, 우주식품, 유동식, 노인식, 환자식, 유아식 등 여러 분야에서 개발되고 있다.

- 미생물이 유익한 물질을 생산하면 발효라고 하고, 유해물질을 생산하면 부패라고 한다. 이러한 미생물에 의한 발효와 부패는 식품산업에서 모두 중요하다.

- 식품산업에서 세균, 곰팡이, 효모가 중요한 미생물이며, 세균은 김치, 요구르트, 치즈와 같은 식품에, 곰팡이는 간장과 된장에, 효모는 술, 빵 등의 발효식품 제조에 사용된다.

- 미생물 발효식품은 원료에 따라 곡류로 막걸리, 맥주, 소주, 발효 빵을, 콩류로 간장, 된장, 청국장을, 채소와 과일류로 김치, 식초, 포도주를, 우유로 발효유, 치즈를, 어패류로 젓갈, 액젓을 제조한다.

- 주류는 효모로 에탄올 발효한 발효주(양조주)와 발효 후 증류하여 에탄올 도수를 높인 증류주로 분류된다.

- 발효주는 원료와 발효 방법에 따라 과일을 발효한 과실주(와인)와 곡류 전분을 당화하여 발효한 맥주와 탁주(막걸리) 등이 있다.

- 우리나라의 대표적인 증류주는 증류식 소주(안동식 소주)와 희석식 소주(일반적인 소주)이며, 세계적인 증류주에는 브랜디, 위스키, 고량주, 보드카, 백주 등이 있다.
- 미생물 발효로 식품 감미료와 사료 첨가물로 사용되는 아미노산과 핵산을 생산할 수 있다.
- 곡물 또는 과일로 술(에탄올)을 만든 후 초산 발효하면 식초가 된다.
- 건강기능식품은 건강 유지에 도움을 주는 식품으로 동물 실험, 인체 적용 실험 등 과학적 근거를 제시한 원료와 제품에 대해 식품의약품안전처가 건강기능식품에 관한 법률에 근거하여 평가·인정한 것이다.
- 건강기능식품으로 인정받기 위해서는 제조 과정의 표준화, 기능성 원료의 안전성 그리고 기능성 원료의 기능성의 3가지 항목에서 엄격한 심사 과정을 통과해야 한다.
- 고시형 건강기능식품은 식품의약품안전처장이 품목별로 기준과 규격을 고시하는 건강기능식품으로 추가로 안전성 및 기능성의 평가가 필요하지 않다.
- 개별인정형 건강기능식품은 『건강기능식품공전』에 고시되어 있지 않은 식품의 기준과 규격에 대하여, 제조업자 혹은 수입업자가 해당 식품의 기준과 규격, 안전성 및 기능성에 대한 자료를 식품의약품안전처에 제출 후 심사 과정을 거쳐 인정받아 사용한다.

연습문제

1. 건식 도정과 습식 도정에 대해 설명하시오.

2. 밀의 겨와 배유를 효율적으로 분리하기 위해 밀에 수분을 고루 분산시키는 것으로 이 공정으로 밀가루에 밀기울이 섞이는 것을 방지할 수 있는 공정은?

3. 무균포장밥 제조 공정에서 클린룸은 class 100 이하로 매우 청결하고 엄격하게 유지된다. 이때 클린룸이 높은 수준의 청결도를 유지해야 하는 이유는 무엇인가?

4. 습식 제분한 쌀가루가 건식 제분한 쌀가루보다 품질이 우수한 이유는 무엇인가?

5. 대두의 식품학적 특성을 설명하시오.

6. 대두단백질의 특성과 분리대두단백을 설명하시오.

7. 다음 중 대두의 기능성 성분과 관련이 <u>없는</u> 것은?
   ① Genistein ② Oligosugar ③ Lecithin
   ④ Ginsenoside ⑤ Saponin

8. 세계의 콩 가공식품 중 우리나라의 청국장과 유사한 일본의 대두가공품과 곰팡이로 발효시킨 인도네시아의 대두가공품의 명칭을 각각 쓰시오.

9. 과일과 채소의 식품학적 특성을 서술하시오.

10. 데치기의 뜻과 목적을 서술하시오.

11. 다음 성분 중 과일과 채소의 성분과 관련이 없는 것을 고르시오.
① fructose ② ascorbic acid ③ flavonoid
④ lycopene ⑤ alginic acid

12. 밀키트와 HMR을 설명하시오.

13. 소시지와 햄의 중간 형태로 햄이나 베이컨의 잔육이나 다른 축육을 섞어 압력을 가하여 제조한 육 함량이 75% 이상인 것은?

14. 훈연 후 건조하지 않고 가열하여 바로 먹는 것으로 수분 함량 55% 이상으로 부드럽고 맛이 좋지만 장기 저장이 어려운 단점이 있는 소시지는?

15. 마요네즈 제조에 대부분 사용되는 액상란 1차 가공품은?

16. 원유의 성분 함량이 서로 다르기 때문에 원유끼리 혼합하거나 과잉의 유지방을 제거하는 공정은?

17. 우유에서 수분과 유지방을 제거한 나머지를 무엇이라고 하는가?

18. 연육이란 무엇이고 연육을 이용하여 제조할 수 있는 제품들은 어떤 것들이 있는지 서술하시오.

19. 저염 젓갈을 제조할 때 소금 이외에 사용하는 부재료들은 무엇이 있는가?

20. 다음 중 수산물을 훈연하면서 건조한 제품이 무엇인지 고르시오.
① 소건품 ② 훈건품 ③ 배건품 ④ 동건품

21. 수산물에 소금, 전분질 및 향신료를 혼합하여 젖산 발효시킨 식품이 무엇인지 고르시오.
① 새우젓 ② 멸치액젓 ③ 까나리액젓 ④ 가자미식해

22. 버터, 마가린, 쇼트닝을 비교하시오.

23. 아이스크림류 중 유지방분 6% 이상, 유고형분 16% 이상의 제품은 무엇인가?

24. 초콜릿과 준초콜릿의 차이점을 설명하시오.

25. 분말유지를 제조하기 위해서 사용하는 방법 3가지를 열거하시오.

26. 다음 중 초콜릿류에 속하는 것을 고르시오.
① 밀크초콜릿 ② 코코아메스 ③ 코코아버터 ④ 코코아분말

27. 분말유지를 제조할 때 사용되는 단백질의 종류를 고르시오.
① 포도당 ② 덱스트린 ③ 카세인나트륨 ④ 아라비아검

28. 아이스크림류 중 조지방 2% 이하이고 무지유고형분 10% 이상인 것은?
① 아이스크림 ② 저지방 아이스크림
③ 아이스밀크 ④ 샤베트셔벗

29. 차를 발효 정도에 따라 분류하시오.

30. 무카페인 커피(decaffeinated coffee) 제조 방법을 쓰시오.

31. 탄산수의 정의를 쓰고, 제조할 때 주의해야 할 사항을 설명하시오.

32. 요구르트의 제조 공정을 간단히 설명하시오.

33. 다음 보기 중에서 가장 널리 이용되는 커피 품종을 고르시오.

① 카네포라 ② 라이베리아 ③ 로부스타 ④ 아라비카

34. 다음 보기 중에 탄산음료 제조에 사용되는 기체를 고르시오.

① 산소 ② 이산화탄소 ③ 이산화질소 ④ 과불화탄소

35. 다음 중 특수식품에 해당하지 <u>않는</u> 것은?

① 전투식량 ② 비상식량 ③ 대체육 ④ 우주식품

36. 무중력이나 저중력의 환경에서 필요한 영양소를 섭취할 수 있게 만들어진 식품으로 특별한 밀봉 기술과 포장 기술이 적용되어 제조된 식품은?

① 전투식량 ② 비상식량 ③ 대체육 ④ 우주식품

37. 주로 젊은 층이 이용하며 맛이 풍부하고 포장디자인이 우수하고, 가격에 대한 민감도가 상대적으로 낮은 특징이 있으며 레저나 여가를 즐길 때 사용하는 식품은?

① 전투식량 ② 레저식품 ③ 대체육 ④ 우주식품

38. 식물에서 추출한 단백질을 이용하여 육류의 조직감과 유사하게 물리학적인 변화를 유도하여 조직감을 부여한 다음 색, 맛 등의 관능적 특성이 유사하도록 제조한 것은?

① 식물성 대체육 ② 배양육 ③ 곤충식품 ④ 3D 프린팅 식품

39. 소, 돼지, 양, 닭 등의 근육 줄기세포를 추출해 무균 배양하여 만든 것은?

① 식물성 대체육 ② 배양육 ③ 곤충식품 ④ 3D 프린팅 식품

40. 곤충식품의 특징이 <u>아닌</u> 것은?

① 단백질 풍부 ② 포화지방산 많음

③ 경제적 ④ 친환경적

41. 3D 프린팅 식품의 장점은 무엇인가?

42. 장류 제조 시 대두 단백질이 분해되어 생성되는 저분자 맛 물질은 무엇인가?

① 아미노산 ② 포도당 ③ 지방산 ④ 캐러멜

43. 발효 빵과 술 발효 시 사용되는 효모의 이름은 무엇인가?

① *Aspergillus oryzae* ② *Bacillus subtilis*
③ *Saccharomyces cerevisiae* ④ *Leuconostoc mesenteroides*

44. 발효유를 만들 때 종균으로 사용되는 미생물이 아닌 것은?

① *Lactobacillus* ② *Bacillus*
③ *Streptococcus* ④ *Bifidobacterium*

45. 재래식(한식) 메주와 개량 메주의 제조 방법의 차이는 무엇인가?

46. 간장이나 젓갈 제조 시 소금을 많이 사용하는 이유는 무엇인가?

47. 다음 중 증류주에 해당하지 않는 것은?

① 주정 ② 소주 ③ 보드카
④ 청주 ⑤ 고량주

48. 다음 중 효모의 에탄올 발효에 해당하지 않는 것은?

① 포도당 한 분자가 두 분자의 에탄올로 전환되는 과정이다.
② 에탄올 한 분자당 이산화탄소 한 분자가 생성된다.
③ 산소가 필요한 호기적인 대사 과정이다.
④ 20% 당질을 함유한 포도를 완전히 발효하면 에탄올 10%의 와인이 된다.
⑤ 전분질 원료는 발효할 수 없다.

49. 다음 중 발효 원료가 가장 다른 주류는?

① 전통식 청주 ② 고량주 ③ 맥주
④ 스카치위스키 ⑤ 코냑

50. 다음 핵산의 제조 공정에서 RNA 가수분해효소를 처리하는 단계는?

① 원료 살균 ② 효모 발효 ③ 균체 회수
④ 추출 ⑤ 분리

51. 다음 중 식품공전에서 명시된 현미 식초의 총산 함량 기준은?

① 3% 이상 ② 4% 이상 ③ 5% 이상
④ 3~4% ⑤ 95%

52. 식품의 기능을 1, 2, 3차 기능으로 나누고 특징을 설명하시오.

53. 국내에서 건강기능식품으로 인정을 받기 위한 주요한 3가지 평가 항목을 설명하시오.

54. 국내의 건강기능식품 형태 중, 개별사업자가 자료를 제출하고 식품의약품안전처의 허가를 받는 분류의 건강기능식품은 무엇인가?

정답

1. 건식 도정은 곡류 자체의 보유 수분 상태에서 입식 도정이나 제분을 하는 것이고, 습식 도정은 곡류를 물에 침지시킨 다음 마쇄하여 전분 등을 제조는 것이다. **2.** 템퍼링 공성 **3.** 부패 미생물의 오염을 차단하기 위해 클린룸에서 취반 후 포장(or 실링 작업) 작업을 한다. **4.** 물에 침지되어 수분 함량이 조절된 쌀은 분쇄할 때 미세하게 분쇄되며 전분의 손상이 적다. **5.** 대두는 지방 20%, 단백질

40% 외에도 대두올리고당, 제니스테인 등 플라보노이드, 레시친, 토코페롤, 트립신인히비터 등 다양한 파이토케미컬을 함유하고 있다. **6.** 대두의 단백질 함량은 약 40%이며 유지를 추출한 탈지대두단백에 물로 단백질을 용출시킨 후 pH 4.5로 조정하여 단백질을 응고시켜 분리하여 얻는다. 단백질 함량이 90% 이상인 것을 분리대두단백이라 하며, 대체육과 단백 강화 제품 등에 이용한다. **7.** ④ **8.** 낫토, 템페 **9.** 과일과 채소는 단백질과 지방 함량이 적고, 비타민, 무기질 및 식이섬유의 함량이 많으며, 카로티노이드(carotenoid), 안토시아닌(anthocyan), 플라보노이드(flavonoid) 등 다양한 기능성 파이토케미컬이 함유되어 있다. **10.** 뜨거운 물에 침지하거나 수증기로 처리하는 열처리 공정이며, 변색, 변질 등의 원인이 되는 산화 효소의 불활성화를 위한 것이다. **11.** ⑤ **12.** 밀키트는 식사를 위해 미리 준비된 세트로 조리만 하면 되는 제품이며, HMR은 기본 조리까지 마친 상태로 데우기만 하면 먹을 수 있는 제품이다. **13.** 프레스햄(혼합햄) **14.** 더메스틱 소시지 **15.** 난황액 **16.** 표준화 공정 **17.** 무지유고형분 **18.** 연육은 원료를 고기갈이를 실시하여 수용성 물질과 지방을 제거한 뒤 동결변성 방지제를 혼합하여 동결한 것으로 연제품의 중간 소재로 이용된다. 연육을 이용한 연제품으로는 어묵류, 게맛살, 어육소시지 등이 있다. **19.** 소금 외에 조미료를 이용하여 맛을 부여한 젓갈로 젖산, 소비톨, 에탄올 등 첨가 **20.** ② **21.** ④ **22.** 버터는 우유 지방인 크림으로 만든 유제품이면서 유지가공 제품이다. 마가린은 식물성 기름을 수소화시켜서 만든 제품으로 버터보다 가격이 싸기 때문에 제빵, 제과 산업에서 버터 대용품으로 이용된다. 쇼트닝은 라드 대용품인 식물성 경화유지 가공식품이다. **23.** 아이스크림 **24.** 초콜릿은 코코아 고형분 함량 30% 이상(코코아버터 18% 이상, 무지방 코코아 고형분 12% 이상)인 것이며, 준초콜릿은 코코아 고형분 함량 7% 이상인 것이다. **25.** 분무건조, 진공건조, 동결건조 **26.** ① **27.** ③ **28.** ② **29.** 비발효차는 녹차이며, 반발효차는 우롱차, 발효차는 홍차와 보이차가 있다. 이 중 홍차는 자체 효소를 이용한 효소 발효차이며, 우롱차는 미생물을 이용한 미생물 발효차이다. **30.** 용매 추출법, 물 추출법, 초임계 이산화탄소 추출법 **31.** 탄산수는 천연적으로 탄산가스를 함유한 물이거나 먹는 물에 탄산가스를 가한 것을 말하며, 일반적으로 무향 탄산수를 지칭한다. 탄산수의 탄산가스 압은 1.0 kg/cm^2 이상이어야 하며, 어떠한 보존료도 검출되어서는 안 된다. **32.** 원료를 배합, 균질, 열처리하고 냉각한 다음 스타터를 첨가하고, 배양, 교반, 냉각 과정을 거치고 과일이나 향료를 첨가하여 제조한다. **33.** ④ **34.** ② **35.** ③ **36.** ④ **37.** ② **38.** ① **39.** ② **40.** ② **41.** 식품의 형태와 질감을 자유롭게 디자인하여 개인의 취향과 목적 맞는 다양한 맞춤형 식품 제작이 가능하다. **42.** ① **43.** ③ **44.** ② **45.** 재래식 메주는 환경에서 유래된 다양한 미생물이 콩의 발효에 관여하지만, 개량 메주는 황국균 등 소수의 미생물을 선별하여 종균을 접종한다. 개량 메주는 단기간에 발효가 이루어져 잡균의 번식이 억제되므로 생산이 비교적 쉽다. **46.** 발효 중 유해 미생물의 생육을 억제하여 저장성을 높이기 위한 목적이다. **47.** ④ **48.** ③ **49.** ⑤ **50.** ④ **51.** ② **52.** 1차 기능은 영양소 기능, 2차 기능은 기호성, 3차 기능은 생체 조절 기능 **53.** 표준화, 안전성, 기능성 **54.** 개별인정형 건강기능식품

참고문헌

고령친화산업지원센터, 고령친화우수식품, 2021 (https://www.seniorfood.kr/bestPrd)

농촌진흥청, 난백실이 풍부한 풀무치 식용곤충 인정, 이달의 농업기술, 2021 (https://www.nongsaro.go.kr/portal/ps/psv/psvr/psvre/curationDtl.ps?menuId=PS03352&srchCurationNo=1709&totalSearchYn=Y)

김기숙, 한과류에 관한 연구 동향과 산업화를 위한 과제, 한국식품영양과학회 학술대회발표집, pp.88~100, 1999

김동연·양희천·김우정·이영춘·김성곤, **농산가공학**, 영지문화사, 2006

김민정 외, 식품 3D 프린팅 기술과 3D 프린팅 식품 소재, **청정기술**, **26**:109-115, 2020

김상효 외, 고령친화식품시장 현황 및 활성화 방안, 한국농촌경제연구원 기본연구보고서

김성곤·강종옥·김철현·문광덕·박양균·은종방, **신제 식품가공학**, 향문사, 2010

김성곤·김준태·문광덕·박양균·윤석후·은종방·이동언, **신고 식품가공학**, 향문사, 2019

김성수 외, 우주식품의 개발 현황과 전망, **식품과학과 산업**, 41:63-82, 2008

김윤아, **식품과학과 산업**, 12월호, 270-277, 2018

김진수, 스낵의 제조기술과 전망, **식품기술** 제10권 13호, pp.39~49, 1997

김진수·강산인, **실무를 위한 수산가공학**, 수학사, 2021

김진수·허민수·김혜숙·하진환, **수산가공학의 기초와 응용**, 도서출판 효일, 2007

노봉수 외, **실무를 위한 식품가공저장학**, 수학사, 2015

농림식품기술기획평가원, 메디푸드 및 고령친화식품 동향보고서, 식품R&D 이슈보고서2, 2021

다구치 마모루, **다구치 마모루 커피대전**, 광문각, 2013

대외경제정책연구원, 징동다오쟈로 보는 중국 레저식품 소비 트렌드, 2021 (https://csf.kiep.go.kr/consultingInfoView.es?article_id=43529&mid=a20400000000)

박건영 외, 된장 제조 방법의 표준화 연구 1. 문헌에 의한 된장 제조 방법의 표준화, **한국식품영양과학회지**, 31(2), 343-350, 2002

박영호·장독성·김선봉, **수산가공이용학**, 형설출판사, 1994

박원종 외, **기초가 탄탄한 식품가공학**, 수학사, 2015

박현진 외, 세계 3D 식품 프린팅 기술 및 산업 동향과 미래 전망, **세계농업**, **202**:1-16, 2017

변명우 외, 미래형 특수식품 연구개발에서 방사선기술 이용, *Journal of Radiation Industry*, 4:95-105, 2010

서진호 외, **생물공학의 기초**, 수학사, 2018

세계김치연구소, **김치 속에 숨은 과학과 문화 똑똑한 김치를 찾아서**, 동아에스앤씨, 2020

송경빈 외, **생각이 필요한 식품학개론**, 수학사, 2017

식품의약품안전처, 식품공전, 2018

신동화, **넓게 보는 식품과학기술 개론**, 한미의학, 2018

신성균·이석원·이수정·주난영·최남순, **식품가공저장학**, 파워북, 2017

오혜민 외, 배양육 기술개발 현황 및 안전에 대한 문제, **축산식품과학과 산업**, 10:80-85, 2021

윤석후·최은옥·오찬호·송영옥·정문웅·홍순택·정판식·이재환·김현정, **생각이 필요한 식용유지학**, 수학사, 2020

윤성용 외, 대체육, KISTEP 기술동향브리프, 2021

윤은영 외, 곤충식품 개발 현황 및 전망, **식품과학과 산업**, 49:31-39, 2016

윤형선 외, 3D 프린팅 기술과 미래식품산업의 응용, **식품과학과 산업**, 49:55-60, 2016

이경애·김미정·윤혜현·송효남, **식품가공저장학**, 교문사, 2004

이부용, **식품기술**, 13(4), 117-130, 2000

이삼빈 외, **발효식품학**, 도서출판 효일, 2019

이삼빈·고경희·양지영·오성훈·김재근, **발효식품학**, 도서출판 효일, 2001

이성준·김대옥·김영석·신한승·심순미·어중혁·유상호·윤현근·이주훈·이홍진·임현정·하태열·허호진, **식품기능성론**, 수학사, 2015

이정근, 세계 라면산업 동향과 우리나라의 라면산업, 한국농촌경제연구원, 2016

이종기 외, **증류주 개론**, 광문각, 2015

이주운 외, 방사선 기술이용 우주식품 개발, 한국원자력연구원 보고서, 2008

이현순 외, 고령친화식품의 정책 및 산업기술 동향, **식품과학과 산업**, 53:435-443, 2020

이현유, 쌀 가공식품과 밥의 산업화, **식품기술** 제23권 4호, pp.456~474, 2010

이현정 외, 세계 대체육류 개발 동향. **세계농업**, 3:1-17, 2019

이형주·장해동·이기원·이홍진·강남주·김서영·양희, **기능성식품학**, 수학사, 2019

장판식·노봉수·유상호·김묘정·김영완, **이해하기 쉬운 식품효소공학**, 수학사, 2018

정아현 외, 대체육 생산 기술, **축산식품과학과 산업**, 10:54-60, 2021

정종영·조철훈, 식육 및 육가공 산업에서의 육류 대체식품 및 소재의 활용, **축산식품과학과 산업**, 5:2-11, 2018

최문희 외, 배양육의 최신 연구 현황과 공학적 과제, **한국생물공학회지**, 34:127-134, 2019

최순남·정남용, **식품가공저장학**, 도서출판 효일, 2018

최정석, 세포배양육 생산을 위해 우리가 해결해야 할 과제, **축산식품과학과 산업**, 9:2-10, 2020

한국농수산식품유통공사, 가공식품 세분 시장 현황-식용유, 2017

한국농수산식품유통공사, 가공식품 세분 시장 현황-아이스크림 시장, 2017

한국농수산식품유통공사, 가공식품 세분 시장 현황-인삼·홍삼 음료, 2014

한국농수산식품유통공사, 가공식품 세분 시장 현황-초콜릿류, 2016

한국농수산식품유통공사, 가공식품 세분 시장 현황-탄산수, 2016

한기동, 원리를 생각하는 축산식품가공학, 석학당, 2017

황태영·문광덕, 신선편이 농산식품 산업의 기술동향 및 전망. **식품과학과 산업**, 38(4), 120-130, 2005

KOTRA, 중국 레저식품 산업, 2020 (https://dream.kotra.or.kr/kotranews/cms/news/actionKotraBoardDetail.do?SITE_NO=3&MENU_ID=200&CONTENTS_NO=1&bbsSn=403&pNttSn=186506)

Zer01ne, 미래의 음식, 곤충이 식탁에 오르는 미래가 온다, 2020 (https://zer01ne.zone/archives/bugs-are-coming-soon-to-your-dinner-table/)

菅原 龍幸, 宮尾 茂雄, 川嶋 浩二, 北嶋 悟, 津久井 学, 中島 肇, 松本 憲一, 三訂食品加工学, 建帛社, 2015

Margaret McWilliams, *Foods: Experimental Perspectives*, Pearson, 2016

Hui, Y.H. *Handbook of fruits and fruit processing*. Blackwell, Iowa, USA, 2006

Lanier, T.C. & Lee, C.M. *Surimi technology*. New York: Marcel Dekker, 1992

Park, J.W. & Lin, T.J. Surimi: manufacturing and evaluation. *Surimi and surimi seafood*, 33-106. 2005

Madigan, M, Martinko, J, Bender, K, Buckley, D. & Stahl, D. *Brock biology of microorganisms*. Upper Saddle River, NJ: Prentice Hall/Pearson Education, 2017

Hong, S.B, Lee, M, Kim, D.H, Varga, J, Frisvad, J.C, et al. *Aspergillus luchuensis*, an industrially important black *Aspergillus* in East Asia. *PLOS ONE* 8(5): e63769. 2013 (https://doi.org/10.1371/journal.pone.0063769)

Shin, M, Kim, J.W, Gu, B, Kim, S, Kim, H, Kim, W.C, Lee, M.R, Kim, S.R. Comparative Metabolite Profiling of Traditional and Commercial Vinegars in Korea. *Metabolites* 2021, 11(8), 478. (https://doi.org/10.3390/metabo11080478)

http://www.bing.co.kr

http://www.haitaiic.com

http://www.orionworld.com

http://www.samkwangfood.com

https://crisco.com/product

https://lottesweetmall.com

https://www.foodsafetykorea.go.kr

https://www.haagendazs.co.kr

https://www.lottefoods.co.kr

https://www.maeil.com

https://www.nutella.com/kr/ko/products/nutella

https://www.ottogimall.co.kr

https://www.seoulmilk.co.kr

https://www.thehersheycompany.com/ko_kr/brands/hersheys/bars.html

CHAPTER 6

식품의 유통, 푸드테크와 스타트업

1. 식품의 유통 시스템
2. 식품 유통산업의 트렌드
3. 푸드테크, 창업 그리고 기업가 정신

상품이 생산자로부터 소비자 또는 최종 수요자의 손에 이르기까지 거치게 되는 과정을 유통 경로라 한다. 전통적 관점에서 유통 경로는 제조업자, 도매상, 소매상, 소비자로 이어지는 수직적 연계를 설계하고 관리하는 과정이었으나 최근 고객에 대한 서비스 개념의 변화로 다양한 유통 경로가 나타나고 있다. 인공지능, 사물 인터넷, 빅 데이터, 가상현실, 증강현실 등의 4차 산업 혁명 시대의 유통은 상품·서비스의 거래 중개에서 소비에 대한 지식과 정보로 전환되고 있다.

푸드테크(food tech)는 식품산업에 첨단 기술을 접목하여 새로운 산업을 창출하거나 기존 산업의 부가가치를 높이는 새로운 식품산업 트렌드이다. 4차 산업 혁명 시대에서 가장 주목받고 있는 신산업은 푸드테크이다. 식품공학 분야는 기업가 정신의 활용으로 스타트업 창업의 기회가 타 학문 분야에 비해 더 많다.

1. 식품의 유통 시스템

식품산업은 협의로는 식음료 제조 중심의 2차 산업이며, 광의로는 외식업과 식품 유통업의 3차 산업도 포함된다. 2018년 전체 식품산업의 규모는 약 491조 원이며, 이 가운데 식음료 제조가 92조 원, 외식업이 138조 원, 식품 유통이 261조 원으로서 식품 유통의 규모가 매우 큼을 알 수 있다.

그림 6-1 식품산업의 구조와 규모(2018년 기준)

자료 : FIS 식품산업통계연보, 2018

이와 같이 유통은 식품산업에서 필수 불가결하며 중요성이 더욱 커지는 분야이다. 학생들의 취업 선호도에서도 식품 제조업보다 식품 유통 회사들의 선호도가 점점 더 커지고 있다.

1) 유통의 정의

유통(流通, distribution)은 마케팅 활동의 일환으로 자사의 제품이나 서비스를 어떤 경로를 통해 시장이나 고객에게 제공할 것인가를 결정하고, 새로운 시장 기회와 고객 가치를 창출하는 일련의 활동이다. 또한 유통은 생산과 소비를 잇는 경제 활동으로 공급업체로부터 최종 소비자에게 제품이나 서비스가 흘러가는 단순한 경로가 아니라 새로운 가치와 소비를 창출하는 토대가 된다.

상품이 생산자로부터 소비자 또는 최종 수요자의 손에 이르기까지의 과정을 유통 경로라고 하며, 유통 경로의 기능은 다음과 같다.

첫째, 교환 과정의 촉진으로 중계 조직 혹은 중계 기관의 개입을 통하여 교환 과정을 단순화할 수 있으며 많은 거래를 효율적으로 이루어 낼 수 있다.

둘째, 유통 경로는 생산자와 최종 수요자 사이에서 욕구 차이로 발생하는 제품의 생산량 및 구매량의 불일치를 완화하는 기능을 가진다.

셋째, 제조업자는 중계 조직 혹은 중계 기관을 이용하여 적은 비용으로 더 많은 잠재 고객을 확보할 수 있고, 소비자들의 탐색 비용도 절약시켜 준다.

넷째, 유통 경로가 제조업자를 대신하여 소비자에게 다양한 서비스(제품의 배달, 설치, 사용 방법 교육, 에프터 서비스)를 제공하기도 한다.

전통적 관점에서 유통 경로란 '제조업자 → 도매상 → 소매상 → 소비자'로 이어지는 수직적 연계를 설계하고 관리하는 과정을 일컬었으나 최근 고객에 대한 서비스 개념의 변화로 다양한 유통 경로가 나타나고 있다.

유통의 핵심은 적절한 제품을 적절한 시기에 적절한 장소에서 적절한 가격으로 공급하는 것이다. 이를 위해서는 시장의 변화 흐름에 대한 정보 수집이 필요하며, 판매 예측과 신속한 공급, 재고 관리에 대한 객관적이며 타당한 자료가 필요하다. 최근 유통 관리에서는 4차 산업 혁명 기술의 적극적인 도입으로 시장 흐름에 대한 보다 신속하고 정확한 정보를 수집하고 비용을 절감하고자 노력하고 있다.

2) 유통의 발전

(1) 유통의 기원

유통의 기원이 언제부터였는지 정확히 아는 것은 어렵지만 현재 증명된 기원은 구석기 시대로 거슬러 올라간다. 인류는 구석기 시대부터 품질 좋은 물건을 확보하기 위해 노력하였고, 다양한 경로를 통해 물품을 널리 유통하였다.

기원전 500년경에 건설된 로마의 도로를 통하여 그 시대의 로마인들도 유통의 중요성을 깨달았다는 것을 확인할 수 있다. 로마의 도로는 사람뿐 아니라 가축과 마차도 지나다닐 수 있도록 잘 정비되어 있었으며, 그 폭과 용도를 법으로 규정하였다. 이는 로마를 교역의 중심지로 만들었을 뿐 아니라 물자 보급과 군사 이동도 수월하게 하였다. 15세기 초부터 유럽의 나라들은 세계를 돌아다니며 항로를 개척하고 탐험과 무역을 시작하였다. 바스코 다 가마(Vasco da Gama)는 포르투갈 출신 탐험가로서 유럽인 최초로 유럽-인도 직항로를 발견하였으며, 이후 유럽의 아시아에 대한 식민 정책의 첫걸음을 주도하였다. 또한 1493년 크리스토퍼 콜럼버스(Cristoforo Colombo)의 2차 항해 이후 옥수수, 밀, 커피, 차 같은 작물이 대륙을 오가면서 농업과 노동시장에 혁명이 발생하였고, 페루와 멕시코에서 은 광산이 발견되면서 세계적 통화 체계가 구축되었다. 단순한 상품 교류의 성격을 띠던 무역은 19세기 중엽에 효용 가치와 생산 요소, 자본을 교류하는 근대 무역으로 점차 변화되었다.

제2차 세계 대전 전후로 전 세계의 물류 기술은 비약적으로 발전하였다. 당시 미국에서는 병참 보급을 위한 연구까지 이뤄졌으며, 전쟁이 끝나면서 기업에서는 이를 산업 분야로 도입하였다. 운송 수단, 보관 매체, 유통 프로세스 등 유통과 관련된 여러 분야의 기술이 발달하면서 현대의 물류가 탄생하였다. 군대의 승리와 패배를 좌우하는 요인이었던 물류가 기업의 성공과 실패를 결정짓는 요인이 된 것이다. 당시 대량 생산과 대량 소비가 이루어지면서 슈퍼마켓으로 대표되는 새로운 유통 경로가 탄생했는데 이것이 일명 유통 혁명이다.

미국의 경영학자 피터 드러커(Peter F. Drucker)는 1993년 월스트리트 저널에 기고한 '유통 혁명'이라는 글을 통해 제조업이나 금융업보다 유통업이 먼저 새로운 혁명을 일으키고 있다고 분석하고, 새로운 유통 시대에는 백화점이나 쇼핑센터 슈퍼마켓보다 개성 있는 새로운 소매상들이 시장을 주도할 것으로 예측하였다. 그는 서서히 부상하고 있는 소매상들은 고객에 대한 서비스의 개념을 기존 유통업자들과는 다르게 하고 있다고 지적하고 앞으로는 '상점 없는 쇼핑' 시대가 첨단 과학 기술의 발달과 더불어 등장할 것으로 전망하였다.

(2) 국내 유통시장의 발전

① 1900년대

국내 유통시장은 1990년대 이전에는 재래시장과 슈퍼마켓이 대부분을 차지하고, 대형 유통으로는 백화점이 유일한 것이었다. 슈퍼마켓도 작은 규모의 동네 슈퍼마켓이 대부분이었다. 이때까지는 제조업이 유통업을 능가하는 힘을 발휘했는데 상품의 공급이 수요를 따라가지 못하였기 때문이다. 또한 매출에 따른 수수료 거래이거나 임대차 거래 방식이었기 때문에 점포의 수가 늘어나더라도 일정 규모 이상의 경제를 이루기에는 한계가 있었다.

이러한 흐름이 뒤집힌 것은 1990년대 초 할인점 사업이 시작되고, 킴스클럽, 이마트 등이 등장하면서 유통의 대형화 시대가 열리기 시작하면서였다. 경제 발전에 따라 차량을 구매할 수 있는 가구가 증가하여 차를 가지고 다니면서 쇼핑을 하였고, 대량 구매, 대량 판매로 가격을 낮출 수 있었던 할인점은 큰 인기를 얻었다. 여기에 롯데마트, 홈플러스까지 가세하며 엄청나게 성장하였다. 그 결과 소비자들은 쾌적한 환경에서 싼 가격으로 상품을 구매할 수 있었지만, 1990년대 이전 국내 유통의 대다수를 차지하던 재래시장과 동네 슈퍼는 설 자리를 잃었다.

이후 기업형 슈퍼마켓(super super market, SSM)까지 가세하면서 대형 유통업체들은 대량 매입을 통하여 가격 경쟁력을 높이게 되었다. 제조업체로부터 상품을 매입하여 직접 판매하는 직매입 거래 방법으로 제조업체에 대한 협상력을 크게 높일 수 있었다.

② 2000년대

1990년대 후반에 도입된 TV 홈쇼핑은 할인점, SSM과 함께 2000년대 들어 매년 엄청난 성장을 하며 국내 유통시장을 잠식하였다. 이러한 트렌드가 지속되던 2000년대 중후반까지만 해도 베이비부머 세대가 주력 소비층이었으며 한국 경제의 호황이 유지되는 시기였다. 이 시기에 한국 유통업은 매년 막대한 성장을 지속하며 기업형 신유통 매출 비중이 60~70% 수준까지 다다르며 선진국 수준인 80%에 도달하게 되었다.

할인점, SSM, 홈쇼핑, 백화점 등 오프라인 유통의 강자들의 엄청난 성장에 제동이 걸리고 한국 오프라인 유통이 정체기에 들어간 것은 전 세계적인 금융위기를 불러온 미국 리먼브라더스 사태를 거친 2010년부터이다. 이전까지만 해도 대형 유통업체들은 매년 5~10%씩 고성장을 하였으나, 2010년 이후부터 한국의 경제 성장률 둔화, 인구 증가율 정체, 인구 고령화에 따른 구매력 저하, 정부의 대형 유통업체 출점, 영업시간, 그리고 수수료 규제 등에 따라 할인점, SSM, 백화점, 홈쇼핑 등 거의 모든 유통업체에서 신규 출점 여력 감소와 함께 성장률이 급격히 감소하였다.

2000년대 중반에는 지금은 사라진 삼성몰, 한솔CSN 등 종합쇼핑몰이 초창기 인터넷 쇼핑 시장을 주도하였고, 뒤이어 새로운 포맷의 옥션이 인터넷 쇼핑 시장의 강자로 부상하였다. 2000년대 후반에는 G마켓이 시장의 선두주자로 자리매김하게 되었다. 이러한 소매 유통시장 환경 변화 속에 온라인 쇼핑은 대형마트, 백화점, 면세점, 슈퍼마켓, 편의점, 방문 다단계를 합계한 시장보다 큰 시장으로 성장하였다.

이는 IT 기술 발달, 카드 보급 확대, 인터넷망 확대, 핸드폰 보급 확대, 택배 기술 발전, 업체 간 치열한 경쟁 등으로 인터넷 쇼핑의 장애 요소들이 사라졌기 때문이다. 이처럼 인터넷망 보급 확대 등 사업을 전개할 수 있는 인프라가 구축되면서 초기 투자비용이 상대적으로 적은 온라인 쇼핑 사업에 중소사업자와 개인사업자뿐만 아니라 자본력을 갖춘 대기업이 진입하였다. 이때의 인터넷 쇼핑은 지금처럼 모바일 기반이 아닌 PC 기반의 쇼핑몰로서 현재의 모바일 쇼핑과는 성격이 많이 달랐다.

③ 2020년 이후

2020년 12월말 공정거래위원회 조사에 의하면 95만 8495개 통신판매업체의 사업자가 온라인을 통해 국민 경제에 기여하고 있다. 또한 과거에는 PC 기반 쇼핑이었지만, 현재는 스마트폰 보급 확대로 장년층 유입이 확대되면서 모바일 쇼핑이 급성장하고 있다.

2. 식품 유통산업의 트렌드

4차 산업 혁명으로 인공지능, 사물 인터넷, 빅 데이터, 로봇 등 다양한 기술이 적용되면서 산업 패러다임의 근본적인 변화를 가져왔다. 아마존은 빅 데이터와 클라우드 등 정보기술(IT)과 물류센터에 대규모로 투자를 하고 있다. 소비자들의 식품 소비 패턴은 온라인 유통과 비대면 소비로 급속히 변화되었으며, 온라인과 오프라인이 융합된 형태도 있다. 미국의 아마존, 중국의 알리바바와 징둥닷컴, 영국의 테스코, 한국의 네이버, 쿠팡, 옥션, G마켓 등의 온라인 유통이 있다.

1) 온라인 유통

신종 코로나바이러스감염증(코로나19)의 확산으로 2021년 3월 세계보건기구(WHO)가 팬데믹(pandemic)을 선포한 이후 전 세계적으로 제조업, 서비스업 등 대부분의 분야에서 경기가 침체되었다. 이를 극복하기 위하여 각국의 온라인 유통시장은 비대면 서비스를 확대하기 위한 다양한 노력을 하였다.

코로나19 발생 이후 각국은 확산 방지를 위한 조치로 봉쇄 및 사회적 거리두기 방침을 세웠으며, 이로 인하여 소비자들의 외식 및 식품 소비 패턴이 온라인 유통과 비대면 소비로 급속히 변화되었다. 우리나라도 온라인 쇼핑 거래액이 코로나19 이후에 급격히 증가하였고, 전 산업 분야 중 식품 및 음식 서비스 분야가 온라인 쇼핑 거래 규모의 성장을 주도하였다(그림 6-2).

식품은 소비자가 직접 눈으로 확인하고 선택하는 경향이 강하여 초창기 인터넷 쇼핑 시장에서는 큰 비중을 차지하지 못한 것이 사실이다. 통계청에서 조사한 온라인 쇼핑 동향 자료에 따르면 2009년 3월 온라인을 통하여 거래된 제품 중 음·식료품이 차지하는 비율은 약 8.85%에 그쳤지만 2021년 3월 12.5%로 식품 관련 품목의 비중이 가장 높았다. 특히 모바일 거래액이 타 분야보다 높은 상황으로 향후 식품·외식산업의 유통·소비 채널의 성장이 기대된다.

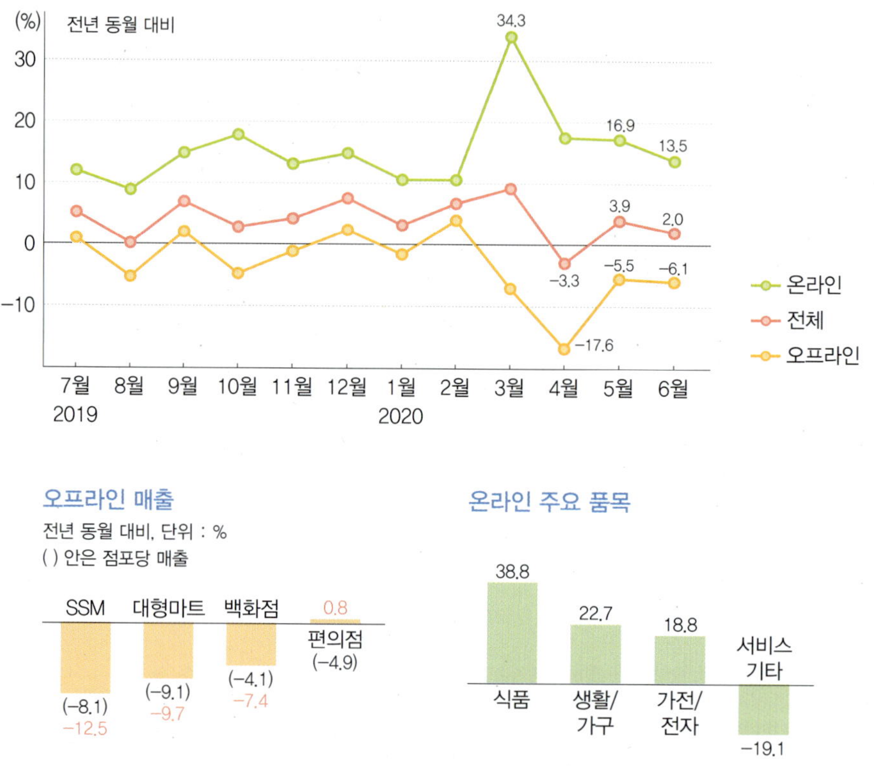

그림 6-2 주요 유통업체 매출 증감률

자료 : 산업통상자원부

2) 식품 유통 시스템의 트렌드 및 전망

4차 산업 혁명 시대의 유통산업 특징은 융합에 따른 업태 간 경계 붕괴이다. 이는 크게 O2O(online to offline) 서비스, 옴니채널화, 유통·물류의 융합으로 나타나고 있다. 초고속 성장을 이룬 대부분 업체는 온라인과 오프라인이 융합되는 O2O 형태 서비스를 제공한다. 배달의민족, 카카오택시, 야놀자 등 O2O 업체들은 온라인의 고객을 오프라인으로 연결해 주는 기능을 한다. 이는 온라인 기반 기업이 가지고 있는 태생적 한계를 극복하기 위해 오프라인으로 사업 영역을 확대하는 새로운 비즈니스 플랫폼이다.

기존의 오프라인 기업은 온라인 채널을, 온라인 기업은 오프라인 채널을 확장하고 있으며, 대표적인 예는 미국의 아마존(Amazon)이다. 아마존은 2015년 오프라인 아마존북스를 오픈하고 2018년 무인 시스템 점포인 아마존 고(Amazon Go)를 오픈하였다. 스마트폰에 애플리케이션을 설치하고 QR 코드로 체크인을 한 뒤 매장에 입장해 필요한 물건을 가지고 나오면 자동 결제가 이뤄지는 시스템이다.

운영 효율성 제고 및 고객 만족도 극대화를 위해 소비자가 온라인, 오프라인, 모바일 등 다양한 경로를 넘나들며 상품을 검색하고 구매할 수 있도록 한 옴니채널(Omni-Channel) 구축도 가속화되고 있다. 이케아(IKEA) 증강현실 앱과 인쇄 카탈로그를 통해 고객이 가구를 놓을 장소에 인쇄 카탈로그를 놓고 앱 스크린을 통해 보는 방식으로 집에 가구를 들여놓았을 때의 모습을 미리 살펴볼 수 있는 서비스를 하고 있다.

또한 가격 경쟁의 한계 극복 및 배송 서비스를 통한 비교 우위 확보를 위해 유통업체들의 자체 물류 시스템 구축이 확장되고 있으며, 가장 대표적인 예는 미국의 아마존과 중국의 알리바바(Alibaba)이다.

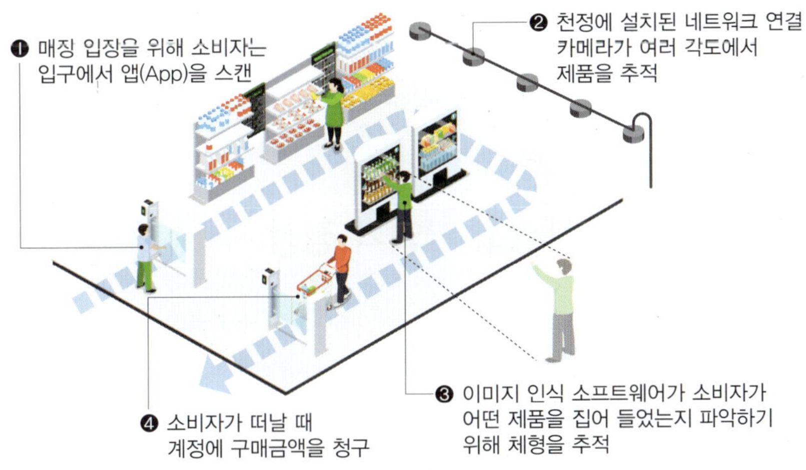

그림 6-3 아마존 고 무인상점

그림 6-4 이케아 카탈로그 앱

자료 : 이케아 홈페이지

한편, 4차 산업 혁명 기술의 발전으로 가치 창출 원천이 상품·서비스의 거래 중개에서 소비에 대한 지식과 정보로 전환되고 있다. 무노력 쇼핑(zero-effort shopping)은 사물 인터넷과 빅 데이터를 통해 고객의 소비 행동 예측에 기반을 두어 자동으로 상품 추천과 구매가 되는 기술로 가치 창출 원천의 근본적 전환의 대표적인 예이다. 머지않은 미래에는 냉장고에 있는 식자재가 떨어질 것을 사전에 예측하고 사용자의 취향에 맞는 식품을 주문하는 시대가 곧 다가올 것이다.

비트코인과 같은 가상화폐의 활성화로 인한 거래 장벽 완화, 물류 시스템의 발전 등으로 국경 간 전자상거래(EC) 규모도 급성장하고 있으며, 글로벌 e-커머스 기업들의 해외 매출 증가로 국내외 시장이 통합되고 있다.

요약하면, 4차 산업 혁명 시대의 유통은 단순히 생산자로부터 소비자 또는 최종 수요자에게 상품과 서비스 거래를 중개하는 역할에서 벗어나 생산과 소비에 대한 정보를 공유할 수 있는 가치 창출의 공간으로 부상하고 있다.

3. 푸드테크, 창업 그리고 기업가 정신

'식품공학' 전공은 영문으로 'Food Science and Technology'로 불리고 있다. 일부 공과대학에 속한 식품공학 전공은 'Food Engineering'을 쓰지만 사이언스와 테크놀로지로 불리게 된 것은 미국 MIT(Massachusetts Institute of Technology) 대학이 1940년대에 개설한 'Food Technology' 전공과 밀접한 관련이 있다. 사실 MIT의 식품 전공은 1930년대에 이미 시작되었으며, 당시 식품기술은 첨단 학문이므로 당연히 테크놀로지라는 전공 명칭을 갖게 된 것으로 이해된다.

푸드테크(food tech)는 식품이라는 큰 산업적 소재와 기술이 혼합된 새로운 용어로 식품과 관련된 생산, 보관, 유통, 판매 전 분야의 기술적 발전을 의미한다. 즉, 음식이나 식품산업에 첨단 기술을 접목하여 새로운 산업을 창출하거나 기존 산업의 부가가치를 높이는 새로운 식품산업 트렌드이다. 기존의 식품공학이 가진 생산과 가공의 개념에 유통, 판매 등 식품이 가진 사회적 파급 효과를 모두 망라한 개념이라고 생각하면 된다. 최근 대체식품, 스마트팜, O2O 서비스, 스마트키친 등이 포함된다고 할 수 있다.

1) 푸드테크

푸드테크는 21세기 이후 사용되다가 4차 산업 혁명의 최대 수혜 기업인 아마존, 구글, 쿠팡 등과 어우러져 대중화되었다. 기업의 업무, 제품, 유통, 이윤 창출 방법을 비즈니스 모델(business model)이라고 하는데 이러한 비즈니스 모델이 4차 산업 혁명 시대를 맞이하여 급변하면서 가장 주목받는 분야가 푸드테크가 되었다. 아울러 코로나 팬데믹 사태로 더욱 주목받는 산업이 되었다. 즉, 가공식품의 유통이 오프라인에서 온라인으로 전환되고 조리식품이 개별 레스토랑이 아닌 온라인 배달 시스템으로 배송되면서 가장 주목받게 된 것이다.

푸드테크는 식품의 주문, 배달, 검색, 추천 등과 관련된 서비스 기술의 발전 외에 기능성 식품, 대체식품 개발, 바이오에너지(bio energy), 생체재료(bio material) 등도 포함하고 있다. 또한 식생활과 관련하여 농업과 정보통신기술을 접목한 지능화된 농장을 의미하는 스마트팜(smart farm), IOT와 주방이 접목된 스마트키친(smart kitchen) 등이 포함되기도 한다.

대체식품은 배양육, 대체우유, 곤충식품, 인공달걀 등이 해당되며, 탄소 저감 트렌드와 함께 주목받고 있다. 스마트팜은 ICT 기반 기술을 통해 농·축·수산물의 생육 환경을 적정하게 유지·관리하여 생산의 효율성과 편리성을 극대화하는 기술이다.

O2O 서비스는 음식배달 플랫폼, 빅 데이터 기반 맛집 추천, 음식점 예약 서비스 등이 포함되는 것으로 이미 우리 생활에 깊숙이 자리 잡고 있다. 코로나를 계기로 거래액은 1년 만에 6조 원 이상 증가한 것으로 조사되었다. 스마트키친은 AI, 사물 인터넷 등을

그림 6-5 푸드테크의 여러 카테고리

활용해 주방 설비를 최첨단화하는 셰프 로봇 등이 해당된다.

이렇듯 대체식품 등 푸드테크의 발전은 비약적으로 계속될 것이며, 이에 대한 식품안전 정책 방향과 관리 방안을 마련하여 적극적 대응이 필요하다.

2014년부터 전 세계 스타트업(start-up) 투자 규모가 큰 폭으로 증가하였는데 이 중 푸드테크 스타트업에 대한 투자가 3배 이상 증가하여 산업군으로서의 푸드테크의 위상을 알 수 있다.

식품의 주요 소재인 농산물 재배 공간을 효율적으로 이용하고 수경 재배 시설을 도입하여 도심에서 농업 생산이 가능하게 되었다. 이를 통해 효율적인 농산물 생산과 안정적인 공급도 할 수 있게 되었다. '에어로팜(AeroFarms)'이라는 회사는 도심의 아파트 형태의 수직농장(vertical farms)을 운영 중인데 일반 재배보다 30배 이상의 생산 효율 증대를 이루었다. 단순히 공간적 차이뿐 아니라 태양광이 아닌 LED 조명을 활용하고, 센서와 수경 재배를 도입하여 도심 농업을 현실화하였다.

식용곤충은 현재 1,900여 종으로 추정되며 곤충의 영양적 가치와 함께 탄소 배출 감소 등의 이유로 대안 식량으로 대두되고 있다. 최근 5년 사이 미국에서 25개 이상의 식용곤충 관련 스타트업이 생겨났으며 판매량도 급증하고 있다. 대표적인 회사로는 엑소(Exo), 식스푸드(Six Foods), 차플(Chapul) 등이 있다. 곤충에 대한 거부감 해소를 위해 식용곤충은 가루, 쿠키, 바 등의 형태로 제품화하고 있다.

최근 가장 주목받고 있는 대체육류 시장은 식물성 원료로 햄버거 패티와 인공치즈를 개발한 '임파서블 푸드'와 소고기의 질감과 맛을 콩과 채소를 이용하여 제조한 '비욘드 미트'가 대표적 회사이다. 현재 세계 대체육 시장 규모는 2018년 190억 달러를 상회하고 있다. 임파서블 푸드는 2011년 미국 캘리포니아에서 패트릭 브라운이 창업하였는데 현재 기업 가치는 100억 달러를 상회하고 있다. 미국 햄버거 프랜차이즈 2위인 버거킹과 손잡고 미국 7천여 개 점포와 전 세계 매장에서 '임파서블 와퍼' 햄버거를 판매하고 있다.

비욘드 미트는 역시 미국 캘리포니아에서 이선 브라운이 2009년에 창업하였는데 현재 시가 총액은 93억 달러 정도이다. 완두콩에서 추출한 단백질로 제조한 햄버거 패티를 사용하는 식당은 현재 미국에서만 1만 2천여 곳을 상회한다.

동물세포 배양을 통해 미트볼을 만드는 '멤피스 미트'와 '모사 미트'는 2015년 창업하여 대규모 투자를 성공시켰다. 식물로 만든 참치를 상용화한 '오션허거 푸드'와 녹두로 만든 달걀로 유명한 '잇 저스트'라는 회사도 대체식품의 세계적 유명 기업이다.

위치 기반과 리뷰 등을 통한 음식, 음식점 추천 및 검색 서비스가 편리함을 추구하는 소비자의 다양한 요구와 부합되어 O2O 주문 및 배달 서비스를 중심으로 급속히 발전하고 있다.

자동차와 자전거 등을 활용한 배송 및 배달 서비스는 드론과 로봇 등의 배달 서비스 시범사업으로 확대 진보 중이다. 향후 인공지능과 자율주행 기술이 가세하여 주문 데이터를 포함한 데이터 분석을 통해 고객의 성향에 맞는 추천, 예약 등의 서비스도 더욱 정교하게 제공될 것으로 기대된다.

국내에서는 배달 어플리케이션 사업으로 2011년 김봉진 대표가 설립한 '우아한형제들'이 대표적이다. 배달 주문 앱 '배달의민족'을 출시하여 국내 배달 앱 1위로 압도적인 시장 우위를 유지하고 있으며, 최근 연평균 70% 이상의 높은 매출 성장을 보였다.

또한 과학적 요리법이 재조명되고 식품의 안전도 검사를 위한 기술 개발, 그리고 편의성 향상을 위한 주방기기의 스마트화와 로봇 쉐프 개발 등 푸드테크는 식생활의 변화를 주도하고 있다. 안전한 식생활에 관한 관심이 높아지면서 식재료 및 음식의 안전도 검사기기나 요리 과정의 효율성을 높이는 기기도 개발되고 있다. 과학적인 접근을 통해 새로운 형태의 음식을 만드는 분자요리학이 재조명되고 있고, 3-D 푸드 프린터를 통해 다양하고 새로운 음식을 제공하려는 시도 등이 진행되고 있다.

2) 푸드테크 스타트업 및 창업

스타트업 컴퍼니 또는 이를 줄인 말인 스타트업은 설립한 지 오래되지 않은 신생 벤처기업으로, 미국 실리콘밸리에서 생겨난 용어이다. 혁신적 기술과 아이디어를 보유한 신생 창업기업을 의미하며, 자체적인 비즈니스 모델을 가지고 있는 회사를 말한다.

가공을 중심으로 한 식품 생산은 지난 20세기 동안 눈부신 발전을 거듭하여 인류의 배고픔을 해결하였다. 이러한 생산은 대기업을 중심으로 발전하면서 자동화가 도입되어 매출에서는 큰 성장이 있었으나 고용 창출에서는 한계를 드러내고 있다. 특히 식품공학 전공자에게는 너 이상 기업 취업이 학문의 목표가 되어서는 안 되는 시기를 맞이하고 있다. 취업이 아닌 창업의 시대가 도래한 것이다. 더욱이 식품공학 분야는 푸드테크로의 변화기에 있는 만큼 창업의 기회가 타 학문 분야에 비해 더 많이 주어지고 있다. 기술 창업의 시대에 식품공학 전공자의 창업 진출이 유리하나 아직까지는 타 전공자의 푸드테크 창업이 더 많은 실정이다.

3) 기업가 정신

앙트레플래너십(entrepreneurship)이라 불리는 기업가 정신은 창업을 원하는 사람뿐만 아니라 21세기를 살아가는 모든 인류가 공부해야 하는 필수 항목이 되었다.

기업가 정신은 4가지 키워드를 잘 이해해야 한다. 첫째는 환경으로, 각자에게 주어진 환경을 잘 살피고, 둘째, 새로운 사업 기회를 잘 포착해야 한다. 예를 들어 코로나 팬데믹 상황에서 엄청난 배달량을 고려할 때 포장 쓰레기가 너무 많다는 환경과 기회를 동시에 파악해야 한다.

셋째, 도전과 혁신적 마인드가 확보된 기회를 해결해야 한다는 점이다. 이 점에서 식품공학을 전공한 우리 학생들의 기술력이 매우 중요한 핵심이다.

넷째, 가치 창조이다. 단순히 이윤을 추구하는 기업과는 달리 그러한 이윤이 최종적으로는 인류에게 새로운 가치가 되어야 한다는 점이다.

이미 서구에서는 1990년대부터 이러한 기업가 정신을 초등교육부터 적용하고 있으며, 이를 토대로 미국 스탠포드대학교는 동문들이 매년 2조 7천억 달러의 매출을 올리고 있다. 이는 세계 5~6위권인 프랑스의 GDP와 맞먹는 수준이다. 전통적 농업국가인 미국이 컴퓨터와 자동차 산업으로 세계 일류가 되더니 구글, 아마존, 마이크로소프트, 애플 등 소프트 산업으로 최고의 기업을 일군 것은 기업가 정신의 공로가 크다.

우리나라에서는 창업 교육보다는 초기 창업가를 양성하는 보육 개념이 먼저 소개된 관계로 선진국보다는 늦었지만 최근 10년간 기업가 정신 교육 프로그램이 대학 교육에서 일반화되고 있다. 하지만 유아 교육을 비롯한 초중등 교육에서부터 기업가 정신 교육을 강화해야 한다는 전문가들의 목소리가 높다.

한국 식품산업의 역사는 일제강점기 일본 식품산업의 역사에 뿌리를 두고 있다. 진로 등 일부 기업이 1920년대에 설립되었으나 주로 일본 맥주 회사 등이 식품산업의 근간이 되었다. 해방 후 해태제과가 순수 민족자본으로 세워진 첫 식품회사로 창업되었고 본격적인 대규모 식품 생산은 제일제당이 설립된 1953년부터이다.

순수한 식품 창업이 러시를 이룬 것은 1969년으로 오뚜기, 동원산업, 매일유업 그리고 한국야쿠르트가 창업하였다. 이후 눈부신 발전을 거듭하여 내수뿐만 아니라 수출에서도 중요 산업군에 포함되었다.

푸드테크 산업의 발전과 더불어 기계 장치에 국한된 가공 생산의 식품 창업은 앞에서 설명한 푸드테크의 여러 분야로 확대되고 있다.

4) 4차 산업 혁명

모두가 주지하다시피 산업 혁명은 철저히 서구 유럽에서 시작되고 독점되었다. 1780년대 증기기관을 중심으로 한 1차 산업 혁명과 1870년대 전기 에너지를 중심으로 한 2차 산업 혁명이 모두 유럽과 미국을 중심으로 발전되고 이를 독점하였기 때문에 아시아에서는 서구 열강과 연합하고 있던 일본을 제외하고는 어떤 국가도 참여하지 못하였다. 그 결과 100여 년 동안 철저히 이들 국가의 산업이 전 세계 산업을 주도하였고 나머지 국가들은 변방에 머무르게 되었다.

우리나라 또한 변방 국가 중 하나로 나라를 빼앗기고 전쟁의 아픔을 겪을 수밖에 없었다. 우리의 기술이 없었고 기술이 없으니 힘이 없었다. 기술을 진흥해야 할 리더십이 없었고 인력이 부족하였다. 다행히 전자산업과 컴퓨터 산업의 3차 산업 혁명에는 막차로 승차할 수 있었고 현재의 경제적 부흥을 획득할 수 있었다. 이렇듯 우리 민족과 국가는 새롭게 도래한 4차 산업 혁명 열차에 필사적으로 탑승하는 기회를 붙잡아야 하는 상황이다.

기존의 1~3차 산업 혁명이 '물질'과 '우리'를 중시하는 사회 네트워크 중심이었다면 4차 산업 혁명은 '나'를 우선으로 하는 자기표현과 자아실현에 핵심 가치를 두고 있다. 기술의 혁신이 인간의 욕구와 공존하면서 공명(resonance)하는 4차 산업 혁명 시대에는 여러 신산업이 창조되고 있다. 그중에서도 푸드테크 분야가 가장 주목받고 있다.

5) 푸드테크 스타트업

그림 6-6은 푸드테크의 중요성을 나타낸 것으로 커피의 향기 성분을 수치로 표시하였다. 그린빈으로 존재할 때 향기 성분은 주로 풀 냄새를 내는 알코올과 알데하이드류

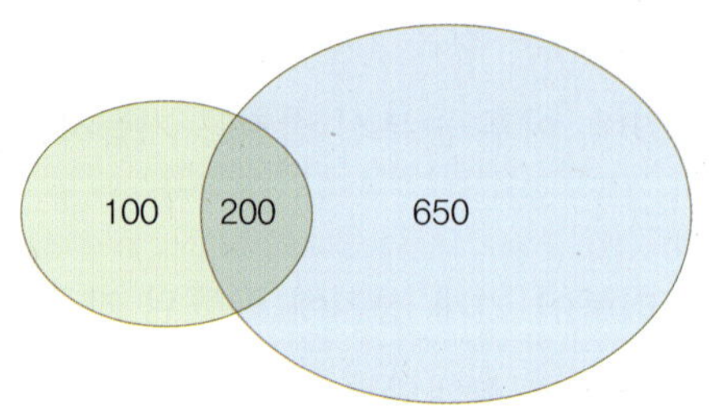

그림 6-6 커피빈의 향기 성분

가 주종을 이루는데 그 종류는 300종이 채 안 된다. 하지만 로스팅을 거치면 무려 850여 종류의 향기 성분이 검출된다. 전 산업에 걸쳐 이같이 획기적 변화를 주는 산업은 푸드테크가 유일하다고 할 수 있다. 커피 외에도 여러 농식품 재료와 소재들이 식품공학자들의 손길을 기다리고 있다.

그림 6-7은 식품에 적용 가능한 여러 기술을 나타내고 있다. 현재 알려진 거의 모든 IT, B, 자율주행 기술들이 푸드테크와 접목이 가능할 것으로 판단된다.

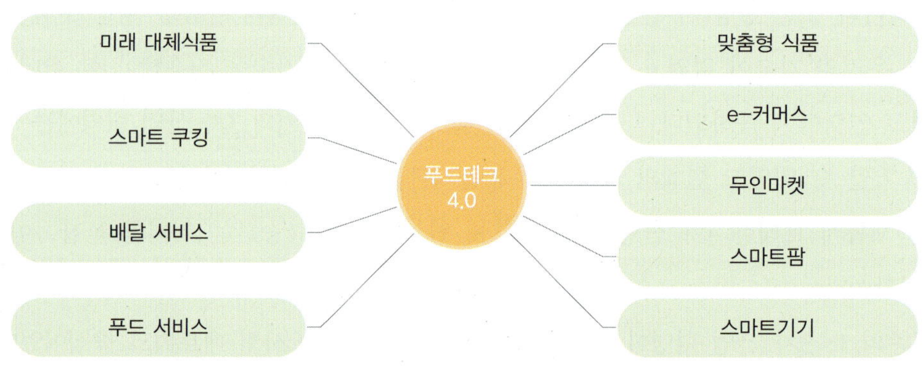

그림 6-7 식품에 적용 가능한 IT 기술

단원정리

- 유통의 핵심은 적절한 제품을 적절한 시기에 적절한 장소에서 적절한 가격으로 공급하는 것이다.
- 현재 유통의 특징은 스마트폰 보급 확대로 모바일 쇼핑이 급성장하고 있다는 점이다.
- 4차 산업 혁명의 본질은 이러한 기술 진보만이 아니라 산업 패러다임의 근본적인 변화에 있고, 유통 측면에서는 온라인과 오프라인이 융합되는 O2O(online to offline)에 있다.
- 푸드테크(food tech)는 음식이나 식품산업에 첨단 기술을 접목하여 새로운 산업을 창출하거나 기존 산업의 부가가치를 높이는 새로운 식품산업 트렌드이다.
- 식품공학 분야는 기업가 정신의 활용으로 창업의 기회가 타 학문 분야에 비해 더 많다.

연습문제

1. 식품유통의 핵심 사항과 현행 유통의 특징을 쓰시오.

2. 기업가 정신이란 무엇인지 정의하시오.

3. 푸드테크의 정의와 응용 분야를 서술하시오.

4. 현재 식품공학 전공자가 왜 창업의 기회가 많은지 이유를 서술하시오.

정답

1. 식품유통의 핵심은 적절한 소비와 제조, 공급을 연결하는 데 의의가 있고, 현재 유통은 모바일을 기초로 한 융합적 유통이 주를 이루고 있다. **2.** 기업가 정신은 각자에게 주어진 환경을 잘 살피고 기회를 포착하여, 도전과 혁신적 마인드를 가지고 새로운 가치를 창조하려는 기업인의 의지를 말한다. **3.** 푸드테크는 음식이나 식품산업에 첨단 기술을 접목하여 새로운 산업을 창출하거나 기존 산업의 부가가치를 높이는 새로운 식품산업 트렌드이다. 식품의 주문/배달/검색/추천 등과 관련된 서비스의 기술적 발전 외에 기능성 식품, 대체식품 개발, 바이오에너지(bioenergy), 생체재료(biomaterial) 등도 포함된다. **4.** 식품공학은 푸드테크로 변혁되고 있고 푸드테크의 여러 분야들이 전공자들에게 적합한 것이 많아 창업의 기회가 많다.

참고문헌

성창수, **세상을 바꾸는 기술창업전략**, 청람, 2017

조병찬, **한국시상사**, 동국대학교 출판부, 2004

한국농촌경제연구원, 식품산업의 푸드테크 적용 실태와 과제, 2019

aT FIS 식품산업통계정보 (https://www.atfis.or.kr/home/index.do)

CHAPTER 7

식품을 관리하는 국가기관과 법률

1. 식품을 관리하는 국가기관
2. 식품위생 관련 법률

식품위생과 안전을 관리하는 핵심 정부 부처는 식품의약품안전처이며, 이밖에도 농림축산식품부, 해양수산부, 보건복지부, 법무부 등이 관련되어 있다. 광역시도와 지방자치단체에도 관련 기관과 행정 부처가 있으며 인허가와 위생 안전 현장 업무를 담당한다.

식품의 제조와 공급 및 소비자 보호를 위한 법률은 「식품위생법」이 가장 중심에 있으며, 「식품안전기본법」, 「농수산물품질관리법」, 「축산물위생관리법」, 「건강기능식품에 관한 법률」, 「식품산업진흥법」, 「보건범죄단속에 관한 특별 조치법」 등이 있다. 식품산업 육성과 소비자 보호를 위해 국가기관과 법률은 상호 보완적으로 구성되어 있다.

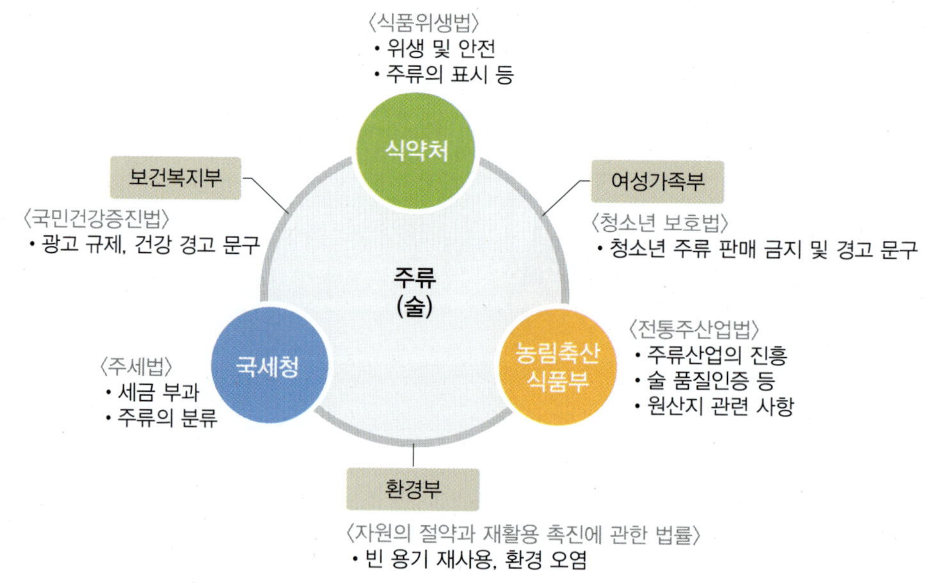

그림 7-1 주류 식품과 관련된 국가기관과 관련 법률 사례

1. 식품을 관리하는 국가기관

식품위생과 안전을 관리하는 핵심 정부 부처는 식품의약품안전처이며, 그 밖에도 농림축산식품부, 해양수산부, 보건복지부, 법무부 등이 관련되어 있다. 광역시도와 지방자치단체에도 관련 기관과 행정 부처가 있으며, 인허가와 위생 안전 현장 업무를 담당한다.

1) 식품의약품안전처

안전한 식품 관리의 지침을 수립하여 국민의 생활과 매우 밀접한 식품의 생산 및 출하 과정, 가공 과정, 유통 과정을 거쳐 소비자에 이르기까지의 전 과정에 대해 철저한 식품위생과 품질 관리의 규정을 마련해 관련업체에 사전 홍보와 적극적인 참여를 유도하고 있다. 또한 소비자 단체를 포함해 소비자에게도 이와 같은 규정에 근거한 구체적인 실천 방안을 적극 홍보하여 소비자도 안심하고 식품을 다룰 수 있도록 한다. 즉, 식품의 보관(실온, 냉장, 냉동) 상태에서의 변질이나 오염 가능성 등을 이해하고 소비자 스스로 기본적인 수칙을 지킬 수 있도록 하고 있다.

식품의약품안전처(Ministry of Food and Drug Safety, MFDS : 약칭 식약처)는 식품·건강기능식품·의약품·화장품·의료기기 등의 안전에 관한 사무를 관장하는 공무원 600명 정도 규모의 중앙 행정기관이다. 소속기관인 식품의약품안전평가원 식품위해평가부에서는 식품과 식품첨가물의 위해 평가, 건강기능식품의 안전성 강화, 부정불량식품의 신속 분석 및 대응, 유전자재조합식품과 미래식품 안전 관리 연구 등의 업무를 한다. 그리고 소속기관인 지방식품의약품안전청이 서울, 부산, 경인, 대구, 광주, 대전에 있으며, 수입식품검사소를 인천항, 인천국제공항, 부산, 목포, 군산, 제주 등의 지역에서 운영하고 있다. 식약처 산하 공공기관인 한국식품안전관리인증원에서는 식품과 축산물의 안전관리인증으로 HACCP 관련 업무를 하며, 식품안전정보원에서는 식품이력추적관리 업무와 식품 사고의 신속한 원인 규명과 해당 식품의 회수·폐기 등을 위한 정보 제공 등의 업무를 한다.

각 나라마다 식품안전을 관리하는 국가기관이 있으며, 미국은 식품의약국(FDA), 영국은 의약품건강관리제품규제청(MHRA), 일본은 후생노동성 의약식품국 등이 있다.

식품의약품안전처와 그 소속기관 직제 법령에는 식품의약품안전처의 식품 관련 조직에 식품안전정책국, 수입식품안전정책국, 식품소비안전국, 소비자위해예방국, 위해사범중앙조사단, 사이버조사단 등의 하부조직과 직무를 규정하고 있다.

표 7-1 식품의약품안전처 조직 및 업무

조직		업무
식품의약품안전처	위해사범중앙조사단 사이버조사단	위해사범 정보수집 및 수사, 특별사법경찰관 지휘 온라인 불법광고 차단, 적발 및 조치
	소비자위해예방국	위해예방정책과, 위해정보과, 통합식품데이터기획과, 시험검사정책과, 위생용품정책과
	식품안전정책국	식품안전정책과, 식품관리총괄과, 식품안전인증과, 건강기능식품정책과, 식품표시광고정책과
	식품기준기획관	식품기준과, 유해물질기준과, 첨가물기준과
	수입식품안전정책국	수입식품정책과, 현지실사과, 수입검사관리과, 수입유통안전과, 디지털수입안전기획과
	식품소비안전국	식생활영양안전정책과, 축산물안전정책과, 농수산물안전정책과, 식중독예방과
	기획조정관, 의약품안전국, 바이오생약국, 의료기기안전국	의약품, 한의약, 의료기기 관리업무
식품의약품안전평가원	식품위해평가부	식품위해평가과, 잔류물질과, 오염물질과, 미생물과, 첨가물포장과, 영양기능연구과, 신종유해물질과, 신소재식품과
	의약품심사부, 바이오생약심사부, 의료기기심사부, 의료제품연구부, 독성평가연구부, 첨단분석센터	의약품, 한의약, 의료기기 관리업무
지방청	서울지방식품의약품안전청	식품안전관리과, 농축수산물안전과, 의약품안전관리과, 식품기준분석과, 수입관리과, 유해물질분석과, 의료기기안전관리과, 강릉수입식품검사소
	부산지방식품의약품안전청 경인지방식품의약품안전청 대구지방식품의약품안전청 광주지방식품의약품안전청 대전지방식품의약품안전청	서울지방청과 유사 업무

1998~2010년

2010~2013년

2013~2016년

현재

그림 7-2 식품의약품안전처 명칭과 CI 변경 역사

2) 농수산물품질관리원

국립농산물품질관리원과 국립수산물품질관리원에서는 농수산물 및 그 가공품의 원산지 표시, 지리적 표시, 유선자변형농산물의 표시, 농수산물의 저장 단계 및 출하되어 거래되기 전단계의 안전성 조사 등의 업무를 한다.

3) 보건환경연구원

광역시도 자치단체에는 보건환경연구원이 있으며, 관내 유통 식품 검사 강화로 안전한 먹거리 제공, 유통되는 건강기능식품 검사, 식품별 유해물질 오염도 조사, 식중독 예방, 먹는 물 및 지하수 검사 등의 업무를 한다. 소속기관인 농산물검사소는 경매 전 및 유통 농산물 잔류 농약 검사, 급식 관련 농산물 검사, 식약처 및 시군구청에서 의뢰한 농산물의 검사 업무를 한다.

그 밖에 광역시도 자치단체와 지방자치단체 행정기관의 식품위생과(계)에서 식품 관련 인허가와 위생 안전 업무를 한다.

4) 한국소비자원

소비자의 권익을 증진하고 소비생활의 향상을 도모하며 국민경제의 발전에 이바지하기 위하여 「소비자기본법」에 근거하여 국가에서 설립한 전문기관이다. 일상생활에서 발생하는 소비자 위해 사례를 모니터링하고 제품의 품질과 안전성 검사를 통해 국민이 안심할 수 있는 안전한 소비 환경을 만들고, 현명한 소비를 위해 실용적이고 신뢰할 수 있는 다양한 정보를 제공하며, 소비자 불만을 해소하고 피해를 구제하기 위해 상담, 피해 구제, 분쟁 조정 제도를 운영한다.

또한 식품의 성분, 조성, 구조, 함량, 특성 등을 확인하기 위해 분석기기 등을 활용하여 분석 계획 수립, 시료 채취, 전처리, 분석, 데이터 해석, 결과 보고서 작성 등의 분석 업무를 수행하고, 식품 유해물질에 대한 검사와 해당 물질이 인체와 생태계에 미치는 영향을 평가하기 위해 분석 자료, 문헌 자료 및 데이터베이스 검색 등을 통해 물리·화학적 특성 확인, 인체 및 생태계에 대한 유해성과 노출 평가, 위해도 결정 등의 정보를 체계적으로 검토하고 평가하는 업무를 한다.

2. 식품위생 관련 법률

식품산업의 급속한 발달로 다양한 고품질 식품이 우리 식생활을 크게 향상되게 하였으나 식품안전 문제는 계속 발생하고 있다. 이러한 식품의 위해를 방지하고 식품 영양의 질적 향상을 도모하여 국민 보건 증진에 기여하기 위해서 「식품위생법」이 제정되어 최소한의 필요한 사항들을 규제하고 있다.

식품위생의 범위는 식품의 원료인 농수축산물의 생산에서부터 사람에게 섭취되기까지의 과정 모두가 포함되며, 농수축산물이 출하·거래되는 단계부터 제조·가공, 수입, 유통, 판매, 조리 등에 이르기까지의 위생 관리를 규율하고 있다.

법률은 법제처 국가법령정보센터 홈페이지에서, 기타 고시는 식품의약품안전처 홈페이지에서 상세한 내용을 검색해 볼 수 있다.

1) 식품위생법(식품의약품안전처)

이 법은 식품으로 인하여 생기는 위생상의 위해를 방지하고 식품 영양의 질적 향상을 도모하며, 식품에 관한 올바른 정보를 제공하여 국민 보건의 증진에 이바지함을 목적으로 1962년에 제정되었다.

「식품위생법」은 식품에 이물질의 혼입이나 병원 요인 물질의 함유 또는 병원균의 오염 등에 이르기까지 식품 등으로 인한 위생상의 위해 방지를 위해 필요하다. 이 법에는 식품의 위생적 취급 의무를 누구든지 판매를 목적으로 식품 또는 식품첨가물을 채취·제조·가공·사용·조리·저장·소분·운반 또는 진열할 때에는 깨끗하고 위생적으로 해야 하고, 영업에 사용하는 기구 및 용기·포장은 깨끗하고 위생적으로 다루어야 한다고 되어 있다.

위반 시 제재는 식품의약품안전처장, 특별시장·광역시장·특별자치시장·도지사·특별자치도지사 또는 시장·군수·구청장은 식품 등의 위생적 취급에 관한 기준에 맞지 않게 영업하는 자와 「식품위생법」을 지키지 않는 자에게는 필요한 시정을 명해야 한다고 되어 있다.

표 7-2 식품의약품안전처 식품위생법 체계도

구분	법령명
법률	식품위생법
대통령령	식품위생법 시행령
총리령	식품위생법 시행규칙 식품위생분야 종사자 등의 건강진단 규칙
고시	건강위해가능 영양성분 관리 주관기관 지정 및 운영에 관한 규정 검사명령 대상 식품 등에 대한 규정 기구 및 용기 · 포장의 기준 및 규격 나트륨 함량 비교 표시 기준 및 방법 보고 대상 이물의 범위와 조사 · 절차 등에 관한 규정 부정 · 불량 식품 및 건강기능식품 등의 신고포상금 지급에 관한 규정 소비자 위생점검에 관한 기준 소비자식품위생감시원 운영 규정 수출 식품등의 영문증명 신청 등에 관한 규정 식품 등 영업자 등에 대한 위생교육기관지정 식품 등 이력추적관리기준 식품 및 축산물 안전관리인증기준 식품 및 축산물 표시 · 광고 인증 · 보증기관의 신뢰성 인정에 관한 규정 식품 · 식품첨가물 · 축산물 및 건강기능식품의 유통기한 설정기준 식품등의 기준 및 규격 재평가 방법 및 절차에 관한 규정 식품등의 자가품질 검사항목 지정 식품등의 표시기준 식품등의 한시적 기준 및 규격 인정 기준 식품의 기준 및 규격 식품첨가물의 기준 및 규격 위해평가 방법 및 절차 등에 관한 규정5 유전자변형생물체의 국가간 이동 등에 관한 통합고시 유전자변형식품등의 안전성 심사 등에 관한 규정 유전자변형식품등의 표시기준 음식점 위생등급 지정 및 운영관리 규정 의약품 및 의약외품제조시설의 식품제조 · 가공시설 이용 기준 조리사 및 영양사 교육에 관한 규정 특수용도식품 표시 및 광고 심의기준
훈령	HACCP 발전협의회 운영 규정 식중독 대책협의기구 운영 규정 식품등의 표시기준에 관한 자문협의체 운영 규정 식품이력추적관리제도 발전 협의체 운영규정 식품진흥기금 운용에 따른 사무처리규정 이력추적관리 협의체 운영규정
예규	모범업소 지정 및 운영관리 규정 식품관련 영업자 등에 대한 식품위생교육규정

2) 식품 등의 표시·광고에 관한 법률(식약처 식품표시광고정책과)

이 법은 식품 등에 대하여 올바른 표시·광고를 하도록 하여 소비자의 알 권리를 보장하고 건전한 거래 질서를 확립함으로써 소비자 보호에 이바지함을 목적으로 한다. 식품의 표시 기준, 부당한 표시 또는 광고 행위의 금지, 소비자 교육 및 홍보, 위해 식품의 회수 및 폐기 처분, 품목 등의 제조 정지, 행정 제재 처분, 영업 정지 및 과징금 부과, 위반 사실 공표 등의 업무를 담고 있다.

식품위생법에 의한 한글표시사항

제 품 명 :
식품의유형 : 인스턴트커피
제 조 사 : Cohel Coffee Corp.
원 산 지 : 베트남
수입판매원 :
서울 광진 00
유 통 기 한 : 제품 옆면하단 표시일까지(일.월.년)
중 량 : 10g (2g x15봉)
원재료및함량 : 볶은커피 100%
포 장 재 질 : 폴리에틸렌 /내포장-LDPE
반품및교환처
보 관 방 법 : 건조 서늘한곳에보관
*부정, 불량식품신고는 국번없이1399

Tip 식품 등의 표시 기준

1. 식품, 식품첨가물 또는 축산물
   가. 제품명, 내용량 및 원재료명
   나. 영업소 명칭 및 소재지
   다. 소비자 안전을 위한 주의사항
   라. 제조연월일, 소비기한 또는 품질유지기한
   마. 그 밖에 필요한 사항

2. 기구 또는 용기·포장
   가. 재질
   나. 영업소 명칭 및 소재지
   다. 소비자 안전을 위한 주의사항
   라. 그 밖에 필요한 사항

3. 건강기능식품
   가. 제품명, 내용량 및 원료명
   나. 영업소 명칭 및 소재지
   다. 소비기한 및 보관 방법
   라. 섭취량, 섭취 방법 및 섭취 시 주의사항
   마. 건강기능식품이라는 문자 또는 도안
   바. 질병의 예방 및 치료를 위한 의약품이 아니라는 내용의 표현
   사. 기능성에 관한 정보 및 원료 중에 해당 기능성을 나타내는 성분 등의 함유량
   아. 그 밖에 필요한 사항

3) 건강기능식품에 관한 법률(식약처 건강기능식품정책과)

이 법은 건강기능식품의 안전성 확보 및 품질 향상과 건전한 유통·판매를 도모함으로써 국민의 건강 증진과 소비자 보호에 이바지함을 목적으로 한다. 국가와 지방자치단체는 모든 국민이 품질 좋은 건강기능식품과 이에 관한 올바른 정보를 제공받을 수 있도록 합리적인 정책을 마련하고, 건강기능식품을 제조·가공·수입·판매하는 영업자를 지도·관리하도록 하고, 영업자는 관계 법령에서 정하는 바에 따라 품질 좋은 건강기능식품을 안전하고 건전하게 공급하여야 함을 정하고 있다.

이 법에는 건강기능식품에 대한 영업자의 시설 기준, 허가 및 신고 사항, 품질 관리인, 제품의 기준 및 규격, 기능성 평가, 기능성 표시·광고, 우수건강기능식품제조기준(GMP) 등을 담고 있다.

Tip 우수건강기능식품 제조기준(Good Manufacturing Practice, GMP)

우수한 품질의 식품·의약품을 제조하기 위한 여러 요건을 구체화한 것으로 원료의 입고에서부터 제품의 출고에 이르기까지 품질 관리의 전반에 지켜야 할 규범이다. 현대화·자동화된 제조 시설과 엄격한 공정 관리로 식품·의약품 제조 공정상 발생할 수 있는 인위적인 착오를 없애고 오염을 최소화함으로써 안정성이 높은 고품질의 식품·의약품을 제조하는 데 목적이 있다.

4) 농수산물품질관리법(식약처 농수산물안전과, 농림축산식품부 식생활소비정책과, 해양수산부 어촌양식정책과)

이 법은 농수산물의 적절한 품질 관리를 통하여 농수산물의 안전성을 확보하고 상품성을 향상하며 공정하고 투명한 거래를 유도함으로써 농어업인의 소득 증대와 소비자 보호에 이바지하는 것을 목적으로 한다. 이 법은 농수산물 및 그 가공품의 원산지 표시, 지리적 표시, 유전자변형농산물의 표시, 농수산물의 저장 단계 및 출하되어 거래되기 전단계의 안전성 조사 등을 담고 있다. 관련 업무는 국립농산물품질관리원과 국립수산물품질관리원에서 한다.

Tip 농산물우수관리제도(Good Agricultural Practices, GAP)

우수 농산물을 체계적으로 관리하고 농산물의 안전성을 확보하기 위해 만든 제도이다. 농업인이나 생산자 단체는 국립농산물품질관리원이 지정한 서류를 제출하면 심사를 거쳐 GAP 인증을 받을 수 있다. 농산물 생산에서 수확·포장·판매하는 단계까지 생산·유통 관련 정보를 기록·관리한다. 용수와 토양 등 농업 환경과 농산물에 남을 수 있는 농약, 중금속, 유해 미생물 등 위해요소도 안전하게 관리한다. 기록한 정보를 활용하면 농산물에 안전성 관련 문제가 발생했을 때, 원인을 추적해 규명하고 필요한 조치를 할 수 있다.

그림 7-3 국립농 · 수산물품질관리원 인증 표시 사례

5) 축산물위생관리법(식약처 축산물안전정책과)

이 법은 축산물의 위생적인 관리와 품질 향상을 도모하기 위하여 가축의 사육·도살·처리와 축산물의 가공·유통 및 검사에 필요한 사항을 정함으로써 축산업의 건전한 발전과 공중위생의 향상에 이바지함을 목적으로 한다. 이 법에서는 가축의 도축, 집유, 축산물가공업, 식용란 선별포장업, 식육포장처리업, 식육 즉석판매 가공업 등의 영업과 시설 기준을 담고 있다. 또한 축산물가공품이력추적관리를 위한 정보시스템을 운영하고, 위해 평가, 시설 개선 명령, 판매 금지 사항을 담고 있다.

6) 먹는물관리법(환경부 물이용기획과)

이 법은 먹는 물의 수질과 위생을 합리적으로 관리하여 국민 건강 증진에 이바지하는 것을 목적으로 한다. 먹는 물을 판매할 목적으로 채취, 제조, 수입, 저장, 운반 또는 진열하여 영업하는 기준을 담고 있으며, 정수기와 냉온수기 설치 및 관리 기준, 수질 관리, 먹는 샘물제품 등의 허가, 수거·검사, 행정 처분 등을 규정하고 있다.

7) 전통주 등의 산업진흥에 관한 법률(농림축산식품부 식품산업진흥과)

이 법은 전통주 등의 품질 향상과 산업진흥에 필요한 사항을 정하여 경쟁력을 강화하고 농업의 부가가치를 높여 농업인의 소득 증대와 국가 경제 발전에 이바지함을 목적으로 한다. 전통주 산업 기반 조성, 연구 개발, 산업 활성화 촉진, 품질 인증 등을 담고 있다.

8) 인삼산업법(농림축산식품부 원예산업과)

이 법은 인삼 및 인삼류의 경작·제조·검사 등에 필요한 사항을 규정함으로써 인삼을 특산물로 보호·육성하고 인삼산업의 건전한 발전에 이바지함을 목적으로 한다. 인삼류를 제조하는 자는 홍삼, 태극삼, 백삼 또는 그 밖의 인삼을 연근별로 구분하여 제조하고 해당 제품이나 그 용기·포장 등에 해당 연근 및 원산지를 표시해야 한다. 그러나 인삼·홍삼을 가공한 인삼제품에 대하여는 「식품위생법」에서 관리한다.

9) 보건범죄단속에 관한 특별 조치법(법무부 형사법제과)

이 법은 부정식품 및 첨가물, 부정의약품 및 부정유독물의 제조나 무면허 의료 행위 등의 범죄에 대하여 가중 처벌 등을 함으로써 국민 보건 향상에 이바지함을 목적으로 한다. 「식품위생법」과 「건강기능식품에 관한 법률」에 따른 허가·신고·등록을 하지 않고 제조·가공한 자나, 그 사실을 알고도 판매하거나 판매하려는 자를 처벌하도록 한다.

10) 수입식품안전관리 특별법(식약처 수입식품정책과)

이 법은 수입식품 등의 안전성을 확보하고 품질 향상을 도모하며 올바른 정보를 제공함으로써 건전한 거래 질서 및 국민의 건강 증진에 이바지함을 목적으로 한다.

수입식품이란 해외에서 국내로 수입되는 「식품위생법」에 따른 식품, 식품첨가물, 기구, 용기·포장과 「건강기능식품에 관한 법률」에 따른 건강기능식품 및 「축산물 위생관리법」에 따른 축산물을 말한다.

수입식품의 유통이력추적관리는 수입부터 판매까지 단계별로 정보를 기록·관리하여 안전성 등에 문제가 발생할 경우 추적하여 원인을 규명하고 필요한 조치를 할 수 있도록 관리한다.

11) 소금산업 진흥법(해양수산부 유통정책과)

이 법은 소금산업의 진흥과 소금의 품질 관리에 필요한 사항을 정하여 국민에게 품질 좋은 소금 및 소금가공품을 공급함으로써 국가 경제 발전과 국민의 삶의 질 향상에 이바지함을 목적으로 한다. 천일염의 생산, 품질 관리, 우수천일염 인증 등을 담고 있으며, 소금제품의 기준 및 규격은 『식품공전』 제5. 식품별 기준 및 규격, 13. 조미식품, 16-6 식염에 천일염, 재제소금, 태움·용융소금, 정제소금, 가공소금의 품질 기준과 규격을 정하고 있다.

12) 식품산업진흥법(농림축산식품부 식품산업정책과, 식품산업진흥과, 식생활소비급식진흥과, 해양수산부 수출가공진흥과)

이 법은 식품산업과 농업 간의 연계 강화를 통하여 식품산업의 건전한 발전을 도모하고 식품산업의 경쟁력을 제고하여 다양하고 품질 좋은 식품을 안정적으로 공급함으로써 국민의 삶의 질 향상과 국가 경제 발전에 이바지하는 것을 목적으로 한다. 식품산업 진흥 기본 계획의 수립, 식품산업 전문 인력 양성, 국가식품클러스터의 지원·육성, 한국식품산업클러스터진흥원의 설립, 대한민국식품명인의 지정 및 지원, 전통식품과 식생활 문화의 세계화, 식품 수출 지원기관 지원, 전통식품의 품질 인증, 우수식품의 인증에 관한 사항 등을 담고 있다.

13) 한국식품안전관리인증원의 설립 및 운영에 관한 법률(식약처 식품소비안전과)

이 법은 한국식품안전관리인증원을 설립하여 식품·축산물의 안전관리인증 및 식품·건강기능식품·축산물·수입식품의 안전 관리 지원에 관한 사업을 전문적·체계적으로 수행하도록 함으로써 국민 보건 증진에 이바지함을 목적으로 한다. 「식품위생법」과 「축산물위생관리법」에 따른 인증 사업과, 「수입식품안전관리 특별법」에 따른 해외 제조업소의 현지 실사 업무를 한다.

14) 소비자기본법(공정거래위원회 소비자정책과)

이 법은 소비자의 권익을 증진하기 위하여 소비자의 권리와 책무, 국가·지방자치단체 및 사업자의 책무, 소비자 단체의 역할 및 자유시장경제에서 소비자와 사업자 사이의 관계를 규정함과 아울러 소비자 정책의 종합적 추진을 위한 기본적인 사항을 규정함으로써 소비생활의 향상과 국민경제의 발전에 이바지함을 목적으로 한다.

15) 보건환경연구원법(질병관리청 감염병진단관리총괄과)

이 법은 보건환경연구원을 설치하여 보건·환경에 관한 검사 및 연구 업무를 합리적으로 운영함으로써 국민 보건의 증진과 환경 보전에 이바지함을 목적으로 한다. 보건환경연구원은 특별시·광역시·특별자치시·도 및 특별자치도에 설치하고, 연구원의 설치에 필요한 사항은 해당 지방자치단체의 조례로 정한다.

「식품위생법」에 따른 식품·식품첨가물·기구·용기·포장 및 농산물의 농약잔류량 검사, 「건강기능식품에 관한 법률」에 따른 건강기능식품, 「축산물위생관리법」에 따른 검사를 받아 유통되는 식육, 「먹는물관리법」에 따른 먹는 물에 대한 검사·시험·조사 등의 업무를 한다.

16) 기타

「식품위생법」과 「건강기능식품에 관한 법률」에 근거하여 각각의 법률에서 다루는 식품 등의 기준과 규격을 정하고, 품질을 확인하기 위한 시험법 등의 기준을 정리한 것에는 『식품공전』, 『식품첨가물공전』, 『기구 및 용기·포장 공전』, 『건강기능식품공전』이 있다.

(1) 식품공전(식약처 식품기준과)

이 고시는 「식품위생법」에 근거하여 판매를 목적으로 하는 식품의 제조·가공·사용·보존 방법에 관한 기준과 성분에 관한 규격을 정한 것이다. 내용은 「식품위생법」에 따른 식품의 원료에 관한 기준, 식품의 제조·가공·사용·조리 및 보존 방법에 관한 기준, 식품의 성분에 관한 규격과 기준·규격에 대한 시험법, 「식품 등의 표시·광고에 관한 법률」에 따른 식품·식품첨가물 또는 축산물과 기구 또는 용기·포장, 「식품위생법」에 따른 유전자변형식품등의 표시 기준, 그리고 「축산물위생관리법」에 따른 축산물의 가공·포장·보존 및 유통의 방법에 관한 기준, 축산물의 성분에 관한 규격, 축산물의 위생 등급에 관한 기준을 정한 것이다.

가공식품을 식품군(대분류), 식품종(중분류), 식품유형(소분류)으로 분류하고, 각각의 식품의 기준 및 규격과 시험법을 담고 있다. 예를 들면, 『식품공전』 제5. 식품별 기준 및 규격에는 식품군을 대분류하여 과자류, 음료류, 즉석식품류 등 24류가 있고, 식품종 분류는 식품군 음료류에서 분류하고 있는 다류, 커피, 과일·채소류음료 등이 있고, 식품유형 분류는 과일·채소음료에서 분류하고 있는 농축과·채즙, 과·채주스, 과·채음료의 사례와 같이 분류되어 있다.

(2) 식품첨가물공전(식약처 첨가물기준과)

이 고시는 「식품위생법」에 따른 식품첨가물의 제조·가공·사용·보존 방법에 관한 기준과 성분에 관한 규격을 정함으로써 식품첨가물의 안전한 품질을 확보하고, 식품에 안전하게 사용하도록 하여 국민 보건에 이바지함을 목적으로 한다. 식품첨가물은 식품의 제조가공에 사용되는 감미료, 밀가루 개량제, 발색제, 착색제, 살균제, 산화방지제, 유화제, 응고제, 향미증진제, 향료 등이다.

식품첨가물의 품목별 제조 기준, 사용 기준, 보존 및 유통 기준 등을 정한 것이며, 식품첨가물의 적·부는 총칙, 제조 기준, 일반사용기준, 품목별 기준 및 규격, 일반시험법의 규정에 따라 판정한다.

(3) 기구 및 용기·포장 공전(식약처 첨가물기준과)

이 기준 및 규격은 식품 또는 식품첨가물에 직접 닿아 사용되는 기구 및 용기·포장에서 식품으로 이행될 수 있는 위해 우려 물질에 대한 규격 등을 정함으로써 안전한 기구 및 용기·포장의 유통을 도모하고, 국민 보건상 위해를 방지하여 소비자의 안전 확보에 이바지함을 목적으로 한다.

기구 및 용기·포장의 제조·가공에 사용되는 기계·기구류와 부대시설물은 항상 위생적으로 유지·관리하여야 한다. 기구 및 용기·포장의 제조·가공 시에는 유독·유해물질 등이 오염되지 않도록 하여야 한다. 재질별 규격은 기구 및 용기·포장의 재질을 합성수지제, 가공셀룰로스제, 고무제, 종이제, 금속제, 목재류, 유리제, 도자기제 등으로 구분하여 재질별로 정의, 잔류 규격, 용출 규격, 시험법을 담고 있다.

(4) 건강기능식품공전(식약처 식품기준과)

이 고시는 판매를 목적으로 하는 건강기능식품의 제조·가공, 생산, 수입, 유통 및 보존 등에 관한 기준 및 규격을 정하기 위한 것이다(「건강기능식품의 기준 및 규격」). 건강기능식품에 사용되는 원료와 제품의 기준 및 규격을 정함으로써 표준화된 건강기능식품의 유통을 도모하여 소비자 안전을 확보하고, 또한 관계 공무원에게 건강기능식품의 관리 지침을 제공하여 국내 건강기능식품 관리를 체계적이고 과학적으로 구축하고자 한 것이다. 이 고시는 총칙, 공통 기준 및 규격, 개별 기준 및 규격, 시험법을 담고 있다.

단원정리

- 식품위생과 안전을 관리하는 핵심 정부 부처는 식품의약품안전처이다.
- 식품의약품안전처는 안전한 식품 관리의 지침을 수립하여 식품의 생산, 가공, 유통 과정을 거쳐 소비자에 이르기까지 전 과정에서 식품위생과 품질 관리의 법률 규정에 따라 식품을 관리한다.
- 식품의약품안전평가원 식품위해평가부에서는 식품과 식품첨가물의 위해 평가, 건강기능식품의 안전성 강화, 부정불량식품의 신속 분석 및 대응, 유전자재조합식품과 미래식품 안전 관리 연구 등의 업무를 한다.
- 지방식품의약품안전청이 서울, 부산, 경인, 대구, 광주, 대전에 있으며, 수입식품검사소를 인천항, 인천국제공항, 부산, 목포, 군산, 제주 등의 지역에서 운영하고 있다.
- 한국식품안전관리인증원에서는 식품과 축산물의 안전관리인증으로 HACCP 관련 업무를 하며, 식품안전정보원에서는 식품이력추적관리 업무와 식품 사고의 신속한 원인 규명과 해당 식품의 회수·폐기 등을 위한 정보 제공 등의 업무를 한다.
- 안전한 식품의 제조와 공급 및 소비자 보호를 위한 법률은 「식품위생법」이 가장 중심에 있으며, 「식품안전기본법」, 「농수산물품질관리법」, 「축산물위생관리법」, 「건강기능식품에 관한 법률」, 「식품산업진흥법」, 「보건범죄단속에 관한 특별 조치법」 등이 있다.
- 「식품위생법」에는 식품의 위생적 취급 의무를 누구든지 판매를 목적으로 식품 또는 식품첨가물을 채취·제조·가공·사용·조리·저장·소분·운반 또는 진열할 때에는 깨끗하고 위생적으로 해야 하고, 영업에 사용하는 기구 및 용기·포장은 깨끗하고 위생적으로 다루어야 한다고 되어 있다.
- 「식품산업진흥법」에는 식품산업 진흥 기본 계획의 수립, 식품산업 전문 인력 양성, 국가식품클러스터의 지원·육성, 한국식품산업클러스터진흥원의 설립, 대한민국식품명인의 지정 및 지원, 전통식품과 식생활 문화의 세계화, 식품 수출 지원기관 지원, 전통식품의 품질 인증, 우수식품의 인증에 관한 사항 등을 담고 있다.
- 식품의 제조·가공·사용·보존 방법에 관한 기준과 성분에 관한 규격을 정해 놓은 것에는 『식품공전』, 『식품첨가물공전』, 『기구 및 용기·포장 공전』, 『건강기능식품공전』이 있다.

연습문제

1. **식품의약품안전처의 식품 관련 인증표시가 아닌 것은?**

① HACCP　② GAP　③ GMP　④ 이력 추적

2. **식품을 관리하는 국가 및 관련 기관 중 관련성이 가장 적은 기관은?**

① 식품의약품안전처　② 한국소비자원
③ 전라남도보건환경연구원　④ 보건복지부

3. **식품을 관리하는 관련 법률이 아닌 것은?**

① 소비자기본법　② 공중위생관리법
③ 보건환경연구원법　④ 식품위생법

정답

1. ② GAP는 농림축산식품부 국립농산물품질관리원의 농산물우수관리제도(Good Agricultural Practices)이다. **2.** ④ 보건복지부의 업무는 의료·보건·복지 업무이다. **3.** ② 보건복지부 법령이다.

참고문헌

법제처 국가법령정보센터 (https://www.law.go.kr)
식품안전나라 (https://www.foodsafetykorea.go.kr)

CHAPTER 8

식품의 소비

1. 식품 소비 트렌드
2. 식품 정보 해석
3. 식품안전
4. 소비자 클레임

식품공장에서 대량 생산된 가공식품은 유통 과정을 거쳐 구매자를 통해 소비된다. 소비자는 식품을 선택·구매할 때 안전에 가장 우선순위를 두며, 품목별로 고려하는 중요 요소는 차이가 있다. 편리성을 추구하면서도 고품질을 선호하는 소비 트렌드로의 변화가 가속화되면서 집에서 간편하게 즐길 수 있는 가정간편식이 급성장하고 있으며, 특히 1인 가구의 수요를 중심으로 다양하고 소량화된 제품이 증가하고 있다. 사회적 환경 변화와 물류 유통 혁신으로 온라인 구매가 증가하고, 식품 표시와 인증마크는 소비자에게 중요한 정보를 주어 선택·구매에 중요하게 작용한다.

소비자의 식품안전에 대한 이해와 건강한 식생활을 위해 식중독의 분류와 관리 방안, 가공식품의 안전사고 사례를 살펴보고, 소비자 불만 사례 중 가장 큰 비중을 차지하는 이물 클레임 해결 절차를 소개함으로써 건강을 위한 현명한 식품 소비문화에 도움을 주고자 한다.

1. 식품 소비 트렌드

식품 소비자는 안전성을 가장 중요시하며, 맛, 편의성, 건강 지향을 고려한다. 사회적 환경 변화와 물류 유통 혁신으로 온라인 구매가 증가하고 해외 직구도 하며, 한류 문화와 연계되어 K-food 한국식품의 해외 소비도 급증하고 있다. 세대별 성향과 가치관의 차이로 소비 형태도 차이가 있으며, 가정간편식, 밀키트, 육류 대체식품, 건강기능식품, 고령친화식품의 소비도 증가하고 있다.

1) 식품의 소비 형태 변화

소비자들은 식품을 구매할 때 안전성·편의성·기호성·영양성·경제성 등을 중요하게 생각한다. 그중에서 가장 중요한 것은 안전성(safety)이며, 그래서 식품을 구매할 때 원산지를 보고 유기농인지 잔류 농약이 있는지 등을 염려한다. 가공식품에서 유통기한, 원산지, 보존제·인공색소 등의 식품첨가물 유무, 소금이나 설탕의 함량, 용량, 영양소·열량 등을 확인해 종합적으로 안전성을 보장받고자 한다.

국내뿐 아니라 세계적 식품 소비 경향도 안전에 가장 우선순위를 두고 있다. 식재료 생산자도 친환경적이고 지속 가능한 농산물 생산 방식을 선택하고 있으며, 가공식품에서도 클린라벨(clean label)로 무첨가물, 자연친화적 가공을 지향하고 있다.

소비자가 식품을 구매할 때 고려하는 중요 요소(key buying factor, KBF)는 품목별로 차이가 있다. 육류와 알가공품, 조미와 건조 수산가공품, 과일·채소가공품, 김치류와 절임류 등은 가공도가 비교적 낮고 식재료가 많이 쓰이는 품목으로 원산지가 구매의 중요한 요소이다. 제품의 브랜드가 중요 요소인 품목은 즉석식품, 면류, 유지류, 유가공품, 드레싱, 소스류, 장류, 전분, 당류, 조미식품 등이다. 소비자들이 브랜드와 함께 가격을 더 중요시하는 제품은 빵, 떡, 만두, 과자, 코코아 제품과 커피, 차, 비알코올음료, 알코올음료 등이다. 반면에 영양 성분과 건강기능성, 품질 인증 마크 등이 주요 요소인 제품은 건강기능식품으로 조사되었다.

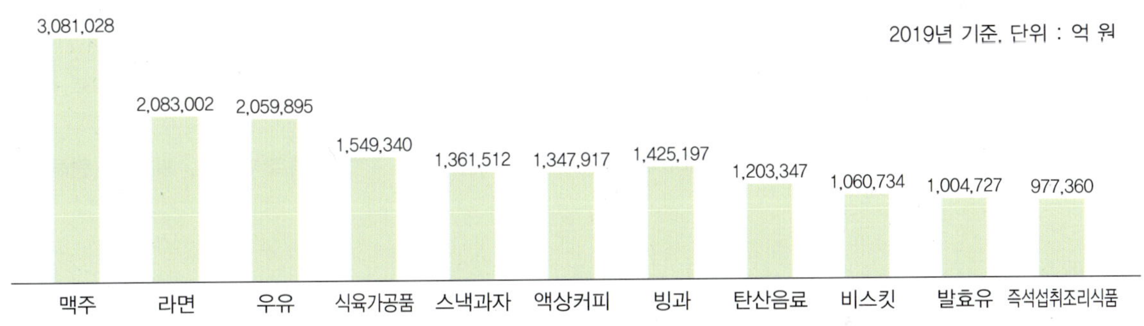

그림 8-1 가공식품 품목별 소매점 매출액

자료 : FIS 식품산업통계정보

최근에는 코로나19로 인한 집합금지와 비대면 사회 환경 변화로 가정간편식(home meal replacement, HMR), 편의식품, 건강기능식품, 면역증강식품의 소비가 확대되는 등 가정과 개인 중심으로의 식생활 변화가 크다. 편리성을 추구하면서도 고품질을 선호하는 소비 트렌드로의 변화가 가속화되면서 집에서 간편하게 즐길 수 있는 가정간편식이 급성장하고 있으며, 특히 1인 가구의 수요를 중심으로 다양하고 소량화된 제품이 증가하고 있다.

진화한 가정간편식이라고 불리는 밀키트(meal kit)는 식재료를 전처리해 가공하지 않은 상태로 배송하는 제품으로 편의성과 조리하는 재미를 함께 즐길 수 있다. 2017년부터 새벽배송 등 더욱 빨라진 유통채널을 통해 밀키트 제품의 소재가 육류와 수산물로 확대되었다. 특히 소비자의 인식 변화로 배달음식이나 가정간편식보다는 신선 식재료로 준비된 밀키트 제품으로 자신이 직접 음식을 만들기 원하는, 건강에 관심이 많은 소비자들이 선호하고 있다.

식품의약품안전처에서는 급증하는 밀키트 제품의 관리를 위해 『식품공전』의 즉석섭취·편의식품류에 식품 유형으로 간편조리세트를 신설하였다. 그러나 이러한 편리성에 수반되는 대량의 포장재 폐기물은 2050 탄소중립의 세계적인 기후 변화 대응 전략과 상충되어 많은 고민이 필요하다.

표 8-1 HMR(가정간편식)의 분류

분류	특징	해당 제품군
즉석섭취식품 (ready to eat)	조리 과정 없이 바로 먹을 수 있는 제품	도시락, 김밥, 샌드위치 등
즉석조리식품 (ready to heat)	데우기만 하면 먹을 수 있는 제품	즉석밥, 냉동만두, 레토르트 식품
간편조리세트 (ready to cook)	간편 조리 후 먹을 수 있는 제품	밀키트(찌개류 · 볶음류 · 탕류 등)

Tip 레스토랑 간편식

프리미엄 밀키트인 레스토랑 간편식(restaurant meal replacement, RMR)은 기존의 밀키트가 한식과 레시피 중심인 것과는 다르게 유명 맛집과 특급호텔이 외식 브랜드와 함께 개발한 제품으로 외식이나 배달음식을 대체할 수 있는 휴일의 홈 파티 음식이 되고 있다.

농림축산식품부와 한국농촌경제연구원이 조사한(2021년) 가공식품 소비자 태도 조사에 의하면 가공식품을 매일 구매하는 가구는 1.5%, 주 2~3회는 23.7%, 주 1회는 43.2%, 2주에 1회는 22.1% 등으로 주 1회 이상 구매하는 가구는 68.4%이었다(그림 8-2).

가공식품을 구매하는 곳은 35.1%가 대형마트, 26.8%가 동네 슈퍼마켓, 13.2%가 대기업 운영 중소형 슈퍼마켓, 9.9%가 전통시장, 9.6%가 온라인 쇼핑몰 순이었다. 온라인 구매에서 산 적이 있다가 57.7%이며, 주 1회 이상 가공식품 구매가 25.2%이었다.

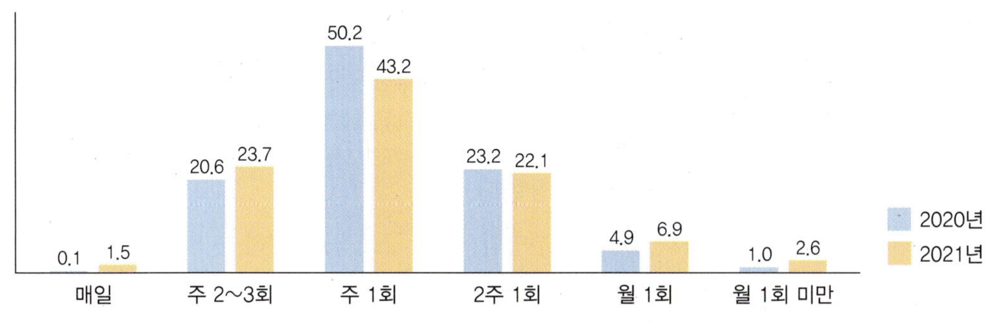

그림 8-2 가공식품 구입 빈도

자료 : 한국농촌경제연구원

2) 세대별 식품 소비 형태

세대별 성향과 가치관의 차이는 식품 구매와 소비 형태에도 차이가 있다(그림 8-3). MZ(10~40대) 세대는 맛을 경험하려는 욕구가 강하여 새로운 맛을 찾으려는 호기심으로 이어지면서 가격, 맛, 편리성이 구매의 주요 요소이다. 나이 많은 X세대는 품질이, 상대적으로 여유가 있으면서 품질을 확인할 능력이 있는 오팔(Old People with Active Life, OPAL) 세대는 식품의 신선도, 위생·안전, 재료·원료, 영양(건강) 지향적 소비 형태를 보인다.

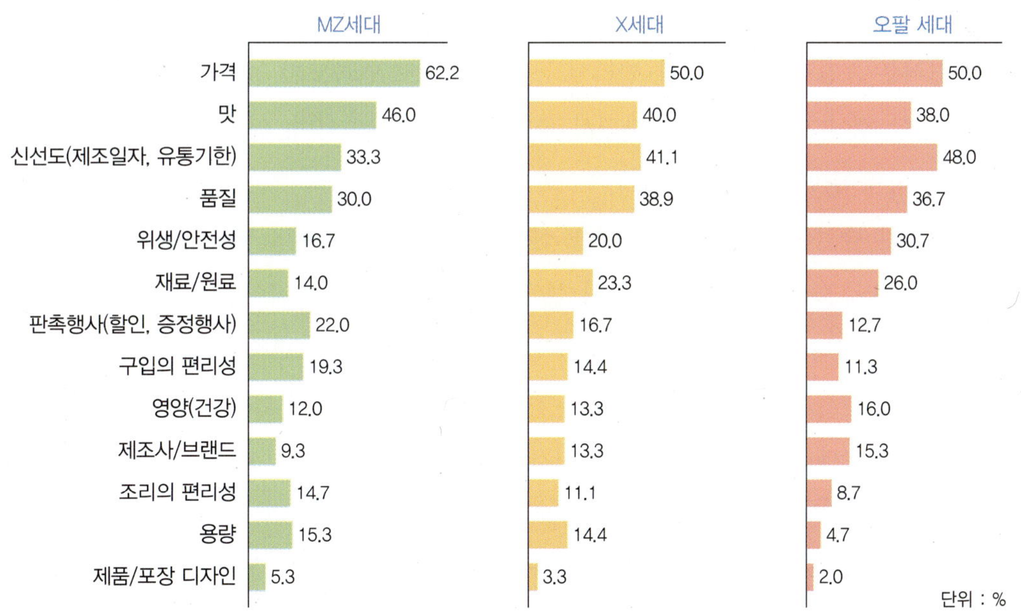

그림 8-3 세대별 식품 구입 시 중요 요소

자료 : FIS 식품산업통계정보, 2021.11

MZ 세대는 사회적 가치나 특별한 메시지를 담은 제품을 구매하여 자신의 신념을 표출하는 미닝아웃(meaning out)을 추구하며, 육류 대용품의 세계적인 관심과 대체식품에 관심이 높아서 지구 환경도 지키고, 식량도 효율적으로 사용하며, 맛도 좋고 건강한 단백질이라는 인식으로 선한 소비를 지향한다.

MZ 세대는 환경 보호, 사회적 책임, 투명한 지배 구조를 의미하는 ESG(environment, social, governance) 같은 사회적 가치를 중요시하는 경영 전략의 식품회사 제품에 관심을 가지면서 식품포장에 친환경 소재가 사용되고, 라벨 없는 포장의 제품이나, 비건과 식물대체육 제품에 관심을 가진다.

오팔 세대는 인터넷, 모바일 쇼핑에도 익숙하고 트렌드 변화에도 민감하게 반응하고 경제력도 커서 소비시장의 변화를 주도한다. 레저와 건강에 관심도 높으며, 간단히 조리해서 집밥처럼 먹는 가정간편식 소비를 주도하고 있다.

3) 품목별 소비 형태

가공식품 직접 구매 상위 품목은 면류(16.3%), 육류가공품(15.1%), 유가공품(14.4%), 간편식(13.1%) 순이며, 온라인 구매는 간편식(16.6%), 육류가공품(14.1%), 면류(14.0%), 음료류(8.9%), 유가공품(6.4%) 순으로 조사되었다.

간편식은 품질·영양·다양성·편리성 등 전반적으로 만족도가 높아 향후 간편식 소비가 증가할 것이다. 최근 1년간 간편식 구매 비율은 86.1%이며, 면류(98.3%), 만두·피자류(98.2%), 육류(94.5%)로 나타났다.

간편식인 즉석섭취·편의식품류에는 신선편의식품(신선편의채소, 신선편의과일), 즉석섭취식품(샐러드, 도시락, 김밥류, 샌드위치·햄버거류, 반찬류), 즉석조리식품(밥류, 면류, 국류, 찌개·탕류, 죽·스프류, 육류, 수산물, 만두·피자류, 소스류, 양념류), 간편조리세트(찌개류, 볶음류, 탕류)가 있다.

간편식을 구매하는 이유로는 '조리하기 번거롭고 귀찮아서(20.3%)', '재료를 사서 조리하는 것보다 비용이 적게 들어서(17.6%)', '간편식이 맛있어서(16.4%)' 순이었다.

20대 1인 가구는 빵류, 라면, 우유, 맥주, 김밥류(즉석섭취식품), 과자, 탄산음료 등 구매 후 조리 없이 간편하게 먹거나 간식용 식품의 구매가 많았다. 또 60대 이상 1인 가구는 젊은 층에 비해 두부, 식용유, 간장, 밀가루, 국수, 설탕 등의 식재료 구매가 상대적으로 높았다.

가공식품 품목별 최근 3개월 내 구매한 것은 빵류, 라면, 우유, 두부류, 어육가공품 등의 순이었다. 가구 구성별로는 1인 가구는 구매 후 바로 섭취하거나 단순 가열 등을 거쳐 먹을 수 있는 김밥류(즉석섭취식품), 면류(즉석조리식품) 비율이 상대적으로 높았다. 1세대 가구는 국수, 간장, 소주 등이 높았고, 2세대 가구는 간식, 음료, 식사류(빵류, 떡, 탄산, 과일 채소음료, 생수, 맥주 등)와 간편식(김밥, 면류, 만두, 피자류 등), 식재료(식육가공품, 간장, 드레싱 등)가 골고루 높고, 3세대 이상 가구는 식재료 구매 비율이 높았다.

사회 환경의 변화로 외식보다는 집밥이 부활하면서 음식에 맛과 향을 더하는 조미료, 향신료, 소스류, 유지류의 소비가 증가하였다. 조미료(요리술), 향신료(후추, 와사비·겨자, 허브류), 소스류(샐러드드레싱, 굴소스), 유지류(올리브유)의 소비가 증가하고, 소비자의 요구에 따라 다양한 신제품이 출시되고 있다. 또 소비자의 1회 구매액이 증가하는 시장인 조미료(소금, 식초, 감칠맛 조미료), 향신료(계피, 시나몬), 소스류(케첩, 마요네즈, 머스터드, 스테이크 소스), 유지류(들기름) 등은 소비자들이 까다롭게 고가격 제품을 선택·구매하고 있으므로 제품은 더욱 다양해질 것이다.

그러나 구매액과 구매 빈도가 감소하는 제품은 감미료(설탕, 요리당), 유지류(일반 식용유, 참기름) 등이다.

라면의 국내 시장 점유율(그림 8-4)과 수출 현황을 통해 소비량과 주요 소비 국가를 알 수 있다. 관세청 수출 통계(2021년)에 따르면 라면의 총수출액은 6억 달러이며, 국가별 수출액은 중국이 가장 많고, 미국, 일본, 대만, 필리핀의 순이다. 농심·팔도 등이 해

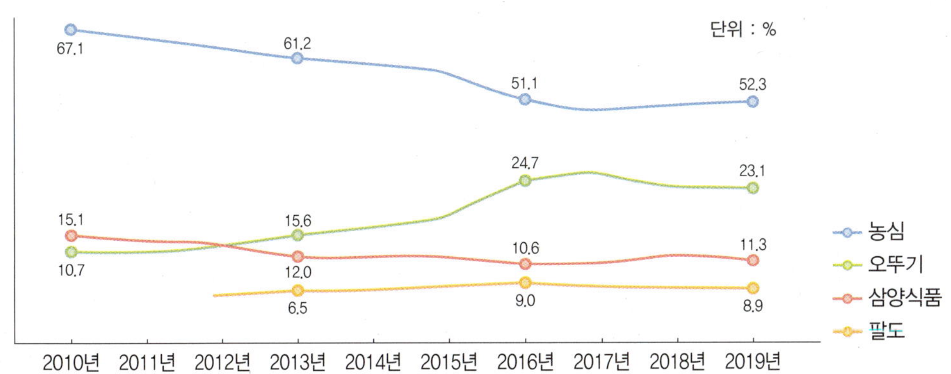

그림 8-4 국내 라면 시장 점유율

자료 : 시장조사 전문업체 유로모니터

외 공장에서 직접 생산·판매하는 것까지 고려하면 한국 라면의 전 세계 판매·소비액은 수출의 2배 이상이 될 것이다.

4) 건강식품 소비 형태

건강에 관한 관심이 소비로 이어지면서 건강기능식품 시장이 계속 성장하고 있으며, 건강기능식품을 소분화하여 개인 맞춤형으로 할 수 있도록 개편되었다. 일반식품 또한 맞춤형·특수 식품과 기능성 표시 식품 등으로 다양화되면서 개인의 건강과 기호에 따라 다양한 선택이 가능하게 되었다. 앞으로는 개인의 유전체 정보와 마이크로바이옴(microbiome)의 빅데이터가 맞춤형 건강기능식품 제조에 활용될 것이다.

건강기능식품 시장(2020년)은 4.9조 원으로 70% 이상의 소비자들이 1회 이상 구매한 경험이 있다고 한다(그림 8-5). 시장 규모는 홍삼, 프로바이오틱스, 비타민, 오메가3의 순이며, 특히 장 건강을 위한 프로바이오틱스 규모가 커지고 있다. 자신과 가족 건강에 관심이 높아지면서 구매하는 셀프메디케이션 트렌드의 확산으로 단백질보충제와 체지방 감소 제품 등 개인 맞춤형 건강기능식품 수요도 증가하였다. 소비자들은 건강기능식품 마크와 표시 사항을 확인하고 허위 과대광고에 주의하여 제품을 선택해야 한다.

그림 8-5 건강기능식품 소비 증가 현황

자료 : 한국건강기능식품협회; 식품업계

5) 특수식품의 소비 형태

인구구조의 변화는 식품 소비 트렌드의 혁신을 이끈다. 최근 국내뿐만 아니라 전 세계적으로 가장 두드러진 인구구조의 변화는 급격한 고령화와 1인 가구의 증가이다(그림 8-6).

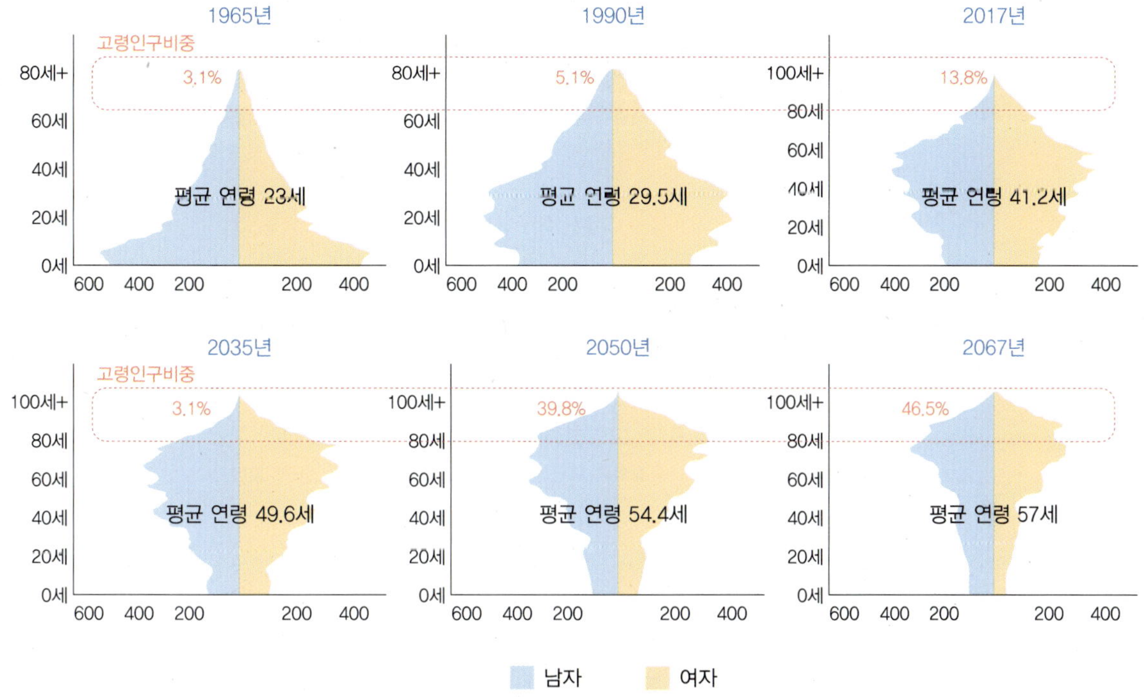

주 : 장래 인구 특별추계(2017~2067), 2035년부터는 예측치임

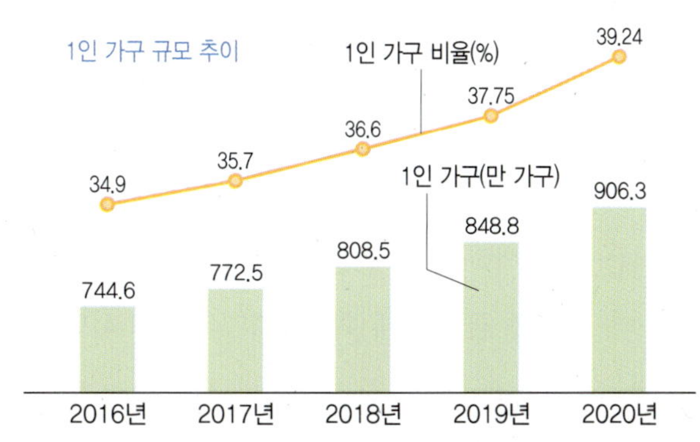

그림 8-6 고령화 및 1인 가구 증가로 대표되는 인구구조의 변화
자료 : 통계청; 행정안전부 주민등록 인구통계

맞춤형 식품(메디푸드)은 『식품공전』에 특수의료용도식품으로 분류되어 있으며, 이와 관련 밀키드 형태의 식단형 식사관리식품이 허용되었다. 특수용도식품을 표준형, 맞춤형, 식단형 제품으로 분류하고 질환별로 세분화하여 소비자 수요와 질환별 맞춤형 제품 관리가 가능하게 되었다. 당뇨와 같은 만성질환자의 경우 식품이 제한적이고 영양 관리

가 어려워 가정에서 간편하게 먹을 수 있도록 식단형 식사관리식품의 식품 유형이 신설되었다. 또한 고령친화식품(실버푸드)의 수요 증가로 제품 개발이 가속화되면서 고령친화식품 인증제(KS)가 도입되었으며, 관련 기준 규격을 구체화함으로써 소비자들의 선택을 돕고 있다.

그림 8-7 고령친화식품의 품질 기준 표준마크

자료 : 산업표준심의회 고령친화식품(KS H 4897) 표준 원문, 2019

Tip 맞춤형 · 특수 식품

정부에서 식품산업 활력 제고 대책(2019년)으로 맞춤형·특수 식품, 기능성 식품, 간편식품, 친환경 식품, 수출 식품을 5대 집중 육성 목표로 선정하였다. 맞춤형·특수 식품(메디푸드, 고령친화식품, 대체식품, 펫푸드) 관련 산업 규모와 일자리가 증가할 것으로 기대하고 있다. 특수식품은 기능성 식품과 달리 일반 식품으로 분류되며, 신산업 분야로 2021년 처음 출시된 기능성이 표시된 일반식품도 특수식품에 속한다.

2. 식품 정보 해석

소비자가 식품을 선택하는 기준은 건강과 안전이다. 식품의 원재료, 영양 성분, 첨가물, 기능성 등의 정보를 꼼꼼하게 확인하고 식품을 선택하는 스마슈머(smart consumer)와 체크슈머(check consumer)가 증가하면서 식품표시 및 인증마크의 중요성이 대두되고 있다. 또한 식품업체는 제품의 차별성을 수치화하는 등 식품표시를 효과적으로 활용해 제품 구매의 홍보 효과를 얻고자 한다.

1) 식품의 표시 기준

일반 소비자는 고단백질, 저칼로리 등으로 식품을 평가하지만, 현대의 체크슈머는 다른 제품 대비 20% 칼로리가 적다 등 구체적인 정보에 민감하다. 이는 온라인 쇼핑이 활성화되면서 상품을 직접 보지 못하는 대신 상품 설명에 있는 영양 성분이나 원·부재료, 식품첨가물 정보를 꼼꼼하게 보는 것으로 판단된다. 또한 스마트폰 앱에서 QR코드 스캔으로 상세 정보를 파악하여 제품의 가치를 제대로 알고 구매하며, 이때 가격이 상대적으로 비싸도 신뢰하고 구매하기도 한다.

「식품 등의 표시·광고에 관한 법률」의 식품 등의 표시 기준에 식품, 식품첨가물, 용기·포장의 표시 기준과 영양 표시 기준을 정하여 소비자에게 정확한 정보를 전달하도록 규정하고 있다. 특히 소비자에게 판매되는 최소 단위의 용기·포장에는 지정된 글자 크기로 주표시면, 일괄표시면, 기타표시면에 표시해야 하는 내용이 있다. 단, 자연산물(농·임·수산물)을 자르거나 씻는 등 원래의 상태에서 큰 변화 없이 단순 가공한 식품은 제품명, 내용량, 제조연월일, 업소명, 보관 및 취급 방법 등만 표시할 수 있다.

그림 8-8 식품의 표시 기준

2) 식품의 영양표시

건강에 대한 소비자의 관심이 높아 식품의 영양 성분 표시는 매우 중요하다. 소비자는 영양 성분 함량을 확인하여 자신의 건강에 맞는 제품을 선택할 수 있게 된다. 의무적으로 표시하는 영양 성분은 열량을 포함해 나트륨, 탄수화물, 당류, 지방, 트랜스지방, 포화지방, 콜레스테롤, 단백질의 순서로 9가지이다. 탄수화물, 지방, 단백질은 3대 영양소이며, 나트륨, 당류, 트랜스지방, 포화지방, 콜레스테롤은 과잉 섭취하기 쉬운 영양소이다. 추가로 부족하기 쉬운 영양소를 표시하기도 하며, 칼슘, 철분, 비타민 등의 필수영양소가 강화된 가공식품에도 표시한다.

소비자의 관심과 만성질환 등의 국민보건상의 중요성에 따라 영양 성분 표시 순서가 결정되며, 현재는 우리나라 국민들이 평균적으로 많이 섭취하고 있는 나트륨의 함량이 가장 먼저 표시된다. 나트륨은 장기 과량 섭취로 신장질환과 혈압 상승 등의 심혈관계 질환을 유발할 수 있다. 세계보건기구(WHO)가 권장하는 하루 나트륨 섭취량은 2,000 mg이나, 우리나라 국민들의 평균 나트륨 섭취량은 3,274 mg(2018년)으로 감소 추세지만 여전히 WHO 권장량의 1.5배 이상이다.

영양정보		총 내용량 66 g 30 g당 167 kcal	
30 g당	1일 영양성분 기준치에 대한 비율	총 내용량당	
나트륨 115 mg	6 %	250 mg	13 %
탄수화물 15 g	5 %	34 g	10 %
당류 0.4 g	0 %	1 g미만	1 %
지방 11 g	20 %	25 g	46 %
트랜스지방 0 g		0 g	
포화지방 4.3 g	29 %	10 g	67 %
콜레스테롤 0 mg	0 %	0 mg	0 %
단백질 2 g	4 %	4 g	7 %
1일 영양성분 기준치에 대한 비율(%)은 2,000 kcal 기준이므로 개인의 필요 열량에 따라 다를 수 있습니다.			

그림 8-9 영양표시의 예

영양표시는 총내용량(1포장)당 함량이 표시되지만, 한 번에 먹기 어려운 대용량 제품은 타제품과 비교를 위해 100 g당 또는 100 mL당 함량으로 표시되므로 주의해야 한다. 영양 성분의 함량 옆에는 1일 영양 성분 기준치에 대한 비율을 함께 표시하며, 소비자가 하루의 식사 중 해당 식품이 차지하는 영양적 가치를 쉽게 이해하고 다른 식품과 비교할 수 있도록 하였다(그림 8-9). 영양표시와 별개로 영양 성분 강조 표시를 추가할 수 있으며, 예를 들면 "저지방" 또는 "고칼슘" 등의 강조 표시를 통해 특정 영양 성분의 함량에 대한 광고가 가능하다. 소비자들은 영양표시를 통해 강조 영양 성분의 실제 함량을 확인함으로써 더 정확한 정보를 얻을 수 있다.

식품의약품안전처에서 가공식품의 나트륨 함량을 소비자들이 쉽게 이해할 수 있도록 나트륨 함량 비교 표시 제도를 신설하였다. 특히 조미식품이 포함된 면류 중 유탕면(기름에 튀긴 면), 국수 또는 냉면과 즉석섭취식품 중 햄버거, 샌드위치가 표시 대상 식품이다. 동일하거나 유사한 식품에 대하여 나트륨 함량을 시각적으로 비교 표시하여 소비자가 구매하는 식품의 나트륨 함량 정보를 쉽게 알 수 있다. 구체적으로는 나트륨 함량 구간을 총 1~8단계로 구분하고, 단계가 높을수록 나트륨 함량이 높은 것을 의미한다(그림 8-10). 제품 포장 면적이 작은 경우 QR 코드로 표시된다.

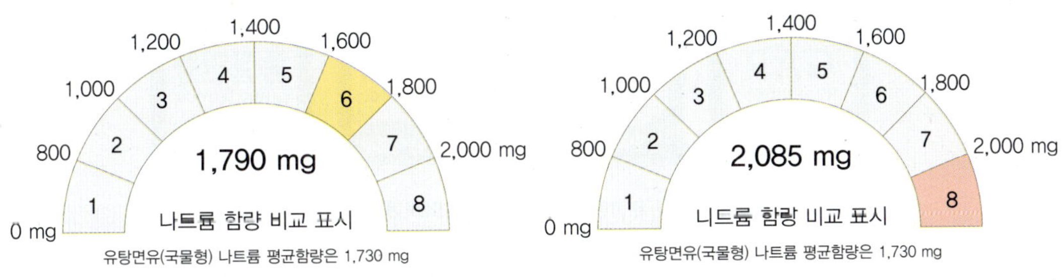

그림 8-10 나트륨 함량 비교 표시의 예

3) 식품의 인증표시

친환경 농축산물은 종류와 생산 과정에 따라 유기 농산물(임산물 포함), 유기 축산물, 무농약 농산물, 무항생제 축산물이 있다. 유기 농축산물은 유기농(organic) 표시를 함께 사용하며, 무농약 농산물은 무농약(non pesticide), 무항생제 축산물은 무항생제(non antibiotic) 표시를 사용한다. 친환경 수산물 인증은 해양수산부에서 하며, 유기 수산물, 무항생제 수산물, 활성처리제 비사용 수산물의 인증표시를 사용한다.

농산물우수관리제도(good agricultural practices, GAP)는 농산물의 생산에서 수확·포장·판매하는 단계까지 용수와 토양 등 농업 환경과 농산물에 남을 수 있는 농약·중금속·유해 미생물 등 위해요소도 안전하게 관리한 식품에 인증표시할 수 있도록 한다. 전통식품의 품질 관리 기준과 유기가공식품 제조 기준에 적합한 식품이라는 인증표시이다.

식품의약품안전처의 HACCP 인증표시는 식품의 위생적 생산과 관리가 된 식품임을 의미하며, 건강기능식품 인증표시는 건강기능성이 입증된 식품임을 의미한다. 우수건강기능식품 제조기준(good manufacturing practice, GMP)은 현대화·자동화된 제조시설과 엄격한 공정관리로 식품·의약품 제조공정상 발생할 수 있는 인위적인 착오를 없애고 오염

그림 8-11 농축수산 식품의 인증표시

을 최소화함으로써 안정성이 높은 고품질의 식품·의약품을 제조함을 인증한 표시이다.

미국의 USDA Organic 인증표시는 유기농 식품이며, ISO 22000 인증표시는 국제적인 식품 제조와 안전 관리 기준에 적합하다는 것이다.

코셔(Kosher) 인증은 유대교 율법에 따른 식품 인증으로 원재료와 제조 과정 전반에 대한 포괄적인 인증 제도이며, 코셔 식품은 글로벌 식품시장에서 깨끗하고 안전한 식품이라고 인식되어 유대인뿐만 아니라 무슬림, 채식주의자, 웰빙 소비자들이 선택하고 있

그림 8-12 식품의약품안전처의 인증표시와 국제적인 인증표시 사례

다. 이슬람 종교인은 율법에 따라 돼지고기를 먹지 않으며, 율법에 적합한 식품 재료, 제조 방법과 시설 등으로 제조한 식품임을 인증받아 할랄 표시를 할 수 있다.

4) 기타 품질표시 용어

「식품위생법」에서 정한 표시 이외에도 식품에는 다양한 표시가 되어 있다. 과일의 주 생산지가 아니면 대부분 과일주스는 농축액으로 만든 환원주스이며, 이에 반해 직접 착즙하여 제조한 것은 NFC(not from concentrate) 주스라고 한다. 락토 프리(lactose free) 우유는 유당을 제거해 몸속 유당분해효소 감소로 우유 섭취 후 복통, 설사 등의 증상을 보이는 유당불내증의 사람도 걱정 없이 마실 수 있는 제품이며, 우유 제품의 ESL(extended shelf life system) 표시는 좋은 원료, 살균, 무균포장으로 유통기간을 연장한 안전하고 위생적인 식품을 의미한다.

Non GMO(genetically modified organism) 표시는 콩, 옥수수, 카놀라 등 유전자변형 농산물 재료를 함유하지 않는다는 GMO 프리(GMO free) 식품이다. FD(freeze dried) 식품은 냉동건조 식품을 의미하며, 냉동건조 딸기 등 과일, 마늘 등 채소 제품과 우주식품인 FD 아이스크림이 있다.

그밖에 글루텐 프리(gluten free)는 원료로 밀가루를 사용하지 않은 제품, 팻 프리(fat free)는 동물성 포화지방을 사용하지 않은 제품, 노 슈거(no sugar)는 설탕을 사용하지 않고 대체 감미료를 사용한 제품, no MSG는 조미료 MSG를 직접 첨가하지 않은 제품, 무첨가(no additive)는 식품첨가물을 첨가하지 않은 제품을 의미한다. 그러나 모든 식품은 「식품위생법」에 적합해야 하므로 해당 성분들은 모두 식품첨가물로 인정받은 것들이다. 다만, 소비자가 선택할 수 있도록 정보를 제공하는 것이므로 구매 주요 요소로 판단하면 된다.

No MSG

Non GMO

글루텐 프리

락토 프리

무첨가

그림 8-13 식품포장에 사용되는 표시 사례

Tip 유전자 변형 식품의 표시

유전자 변형(GMO) 식품의 표시는 우리나라에서 사용 승인된 대두, 옥수수, 카놀라 등의 GM 종자에 한하며, 유전자 변형 DNA 또는 단백질이 남아 있는 경우이다. 수입된 GM 농산물은 간장, 전분당, 식용유 등으로 가공되나 DNA 또는 단백질이 남아 있지 않기 때문에 표시 대상이 아니다. 반면 Non-GM 농산물은 두부, 콩나물, 된장, 전분, 팝콘 등으로 가공된다.

5) 식품표시봇

식품표시는 식품의 유형과 포장 용기에 따라 다르므로 식품의약품안전처에서 '식품표시봇' 프로그램을 개발하여, 식품안전나라 홈페이지에서 식품 영업자가 표시 방법을 쉽고 편리하게 확인해 제작할 수 있도록 하였다. 식품표시봇은 식품 유형별 의무 표시 항목, 표시 방법 등을 제공하고 항목별 필수 정보를 입력하면 표시 도안 이미지(시뮬레이션)를 받아볼 수 있는 온라인 플랫폼이다. 이러한 가이드라인을 제공함으로써 회사별, 제품별 식품표시가 일관되어 소비자가 쉽게 식품 정보를 해석할 수 있게 하였다.

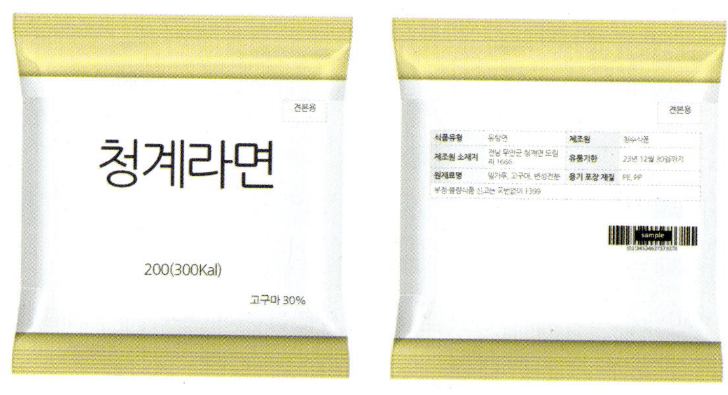

그림 8-14 식품표시봇 출력 화면

자료 : 식품안전나라

3. 식품안전

식품안전은 국민의 건강과 관련되므로 식품 분야에 국한된 일이 아니라 국가적 안보와 직결되는 문제로 인식되고 있다. 크고 작은 식품안전 사건·사고들을 계기로 2013년 새롭게 발족된 식품의약품안전처는 식품안전관리인증기준(HACC)과 같은 과학적이고 예방적 차원의 식품안전관리제도를 마련하는 등 식품안전 확보를 위해 노력하고 있다.

그럼에도 불구하고 식중독균 검출, 식품첨가물 위반, 잔류 농약 검출, 포장 결함, 식품 알레르기 등 다양한 형태의 식품안전사고가 사회적 이슈로 대두되고 있으므로 식품의 원재료부터 제조, 가공, 보존, 유통, 조리 단계를 거쳐 최종 소비자가 섭취하기 전까지의 모든 단계에서 더욱 철저한 위생 관리와 관리 감독이 요구되고 있다.

따라서 가공식품의 안전에 대한 이해와 건강한 식생활의 실천을 돕기 위해 앞에서 소개된 식품공장의 위생 관리와 식품 관리 법률 관련 내용에 더하여 식중독의 분류와 관리 방안, 가공식품의 식품안전사고 사례 및 소비자 클레임에 대해 소개하고자 한다.

1) 식중독의 분류와 위해요소

「식품위생법」에 식중독은 식품의 섭취로 인하여 인체에 유해한 미생물 또는 유독물질에 의하여 발생하였거나 발생한 것으로 판단되는 감염성 또는 독소형 질환으로 정의되어 있다. 흔히 단체급식소와 프랜차이즈 매장을 통해 발생하는 집단 식중독은 2명 이상의 사람이 동일 식품을 섭취한 것과 관련되어 유사한 식중독 양상을 나타내는 것으로 정의되어 있다.

식중독은 복통, 구토, 설사, 발열, 두통 등의 증세 중 한 가지 이상을 보이며, 증상의 정도는 오염원의 종류와 양 그리고 오염원에 노출된 사람의 건강 상태에 따라 다양하게 나타난다.

식중독의 종류는 식중독 유발에 직접적인 원인으로 작용한 위해요소의 종류에 따라 분류하며, 크게 미생물성 식중독과 화학성 식중독으로 나눈다. 미생물성 식중독은 세균과 바이러스 등의 미생물학적 위해요소에 의해 유발되는 식중독을 말하며, 연중 발생하는 식중독의 대부분을 차지하고 있다(그림 8-15). 화학성 식중독은 동식물성 식품원료에 포함된 자연독, 잔류 농약, 제조·가공·저장 중에 생성되는 유해물질 등의 화학적 위해요소에 의해 유발되는 식중독을 말하며, 이상에서 설명한 위해요소에 따른 식중독의 분류는 표 8-2와 같다.

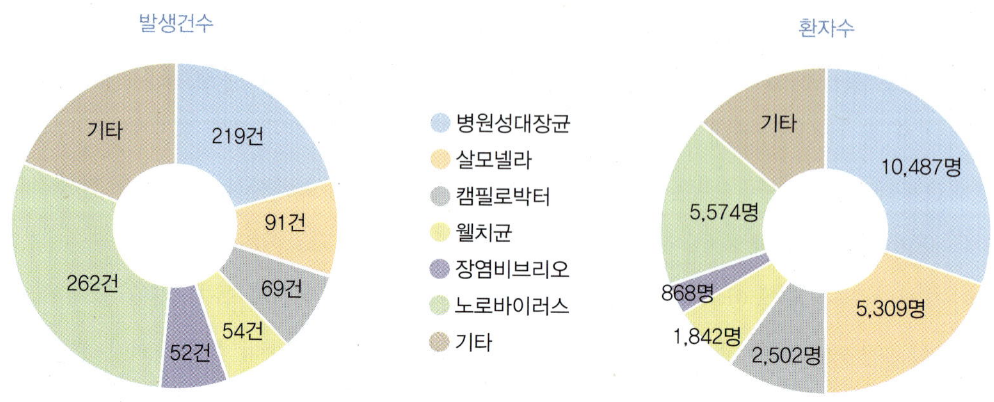

그림 8-15 최근 5년간(2015~2019년) 원인 물질별 식중독 발생 현황

자료 : 식품의약품안전처

표 8-2 위해요소에 따른 식중독의 분류

구분	식중독 종류		위해요소
미생물성 식중독	세균성 식중독	감염형 식중독	병원성 대장균, 살모넬라 등
		독소형 식중독	황색포도상구균, 바실러스 세레우스(구토형) 등
		중간형(독소 매개 감염형)	바실러스 세레우스(설사형), 웰치균 등
	바이러스성 식중독		노로바이러스, 로타바이러스 등
화학성 식중독	자연독 식중독	식물성 독소 식중독	솔라닌(감자싹), 아마니타톡신(독버섯류) 등
		동물성 독소 식중독	테트로도톡신(복어), 삭시톡신(조개류) 등
		곰팡이 독소 식중독	아플라톡신, 오크라톡신, 파툴린 등
		식품 알레르기	땅콩, 우유, 달걀, 밀, 생선, 새우 등
	화학적 독소 식중독		식품첨가물, 잔류 농약, 유해 중금속, 지질 과산화물, 니트로소아민, 벤조피렌 등

(1) 미생물성 식중독

세균성의 살모넬라(*Salmonella* spp.) 식중독은 식품에 증식된 균에 의해 건강장애가 발생하는 감염형 식중독이고, 황색포도상구균(*Staphylococcus aureus*) 식중독은 균의 증식과 함께 생성된 독소에 의해 유발되는 독소형 식중독이다. 또한 웰치균(*Clostridium perfringens*) 식중독은 감염형과 독소형의 성격을 모두 가지고 있는 중간형 또는 독소 매개 감염형도 세균성 식중독이다.

바이러스성 식중독은 음용수 및 굴과 같은 생수산물 섭취에 따른 발병이 보고되었으며, 특히 계절에 상관없이 연중 발생하고 그 발생빈도 또한 증가하고 있다. 바이러스(virus)는 식품에서 증식은 못하지만 오염된 식품에서 다른 식품으로, 오염된 작업자에서 식품으로 또는 오염된 물에서 식품으로 전파될 수 있다. 또한 사람을 매개로 하여 전파될 수 있어 집단 식중독을 일으킬 수 있다는 점이 세균성 식중독과 구별되는 대표적인 차이점이다.

(2) 화학성 식중독

화학성 식중독은 복어 독, 독미나리 독과 같이 동식물의 성장 과정 중 자연적으로 생성되는 유독물질에 의해 발생하는 자연독 식중독이 있고, 유해 화학물질(잔류 농약, 중금속, 유해 첨가물 등) 또는 조리가공 중에 생성되는 유해물질(니트로사민, 벤조피렌, 아크릴아마이드 등)에 의해 유발되는 화학적 독소 식중독이 있다.

관련 사례로는 '멜라민 이유식' 사건(2008년)과 '살충제 달걀' 파동(2017년) 등이 있으며, 이들 사건을 계기로 정부는 '식품안전개선 TF'를 통해 식품 관리 체계 전반에 걸친 안전장치를 점검하고 보완하였다.

(3) 식품 알레르기

식품 알레르기(food allergy)는 식품 섭취로 인한 유해 반응 중 면역학적 기전에 의해 발생하는 질환으로 식품 속 성분이 항원으로 작용하여 비정상적 혹은 부적절한 과민반응을 유발하는 것이다.

식품 알레르기 증상은 혀와 입 주변의 두드러기 또는 부종과 함께 구토, 설사, 복통 등이 있으며, 심할 경우 호흡곤란, 가슴의 압박감, 빈맥, 현기증, 의식소실 등이 발생한다. 이와 같은 증상은 음식물 섭취 후 5분 이내에 발생할 수 있으며, 특히 심한 경우 아나필락시스 쇼크(anaphylaxis shock)라는 생명을 위협할 수도 있는 알레르기 반응이 발생할 수도 있어 각별한 주의가 필요하다.

식품의약품안전처는 식품 알레르기 유발 식품으로 22종(식품첨가물 1종 포함)을 지정하고 있으며, 이 중 8가지 식품(땅콩, 견과류, 달걀, 우유, 생선, 조개, 밀, 간장)이 전체 식품 알레르기의 약 90%를 차지하는 것으로 알려져 있다.

Tip 교차반응에 의한 식품 알레르기란?

교차반응이란 알레르기 유발 성분과 분자구조가 유사한 다른 성분에 대해서도 알레르기 반응이 일어나는 것을 말한다. 즉, 알레르기 유발 식품과 같은 과(科)나 속(屬)에 속하는 다른 식품과도 교차반응을 보일 수 있으므로 이들도 함께 회피하는 것이 안전하다. 예로 호두와 그 외 견과류가 약 35%, 새우와 그 외 갑각류가 약 75%의 교차반응성이 있다.

식품 알레르기를 피하기 위한 최선의 방법은 자신에게 알레르기를 유발하는 식품을 정확히 알고 이들 식품을 멀리하는 것이다. 따라서 국내의 경우 위 22종의 식품에 대해서는 함량과 관계없이 반드시 제품 포장지에 원재료명과 별도로 알레르기 표시란을 두어 표시하도록 하고 있다. 또한 알레르기 유발 물질을 사용하는 제품과 같은 제조 공정(작업 기구, 생산 라인, 원재료 보관 등)을 통해 생산하여 혼입 가능성 있는 제품에 대해서도 주의사항 문구를 반드시 표시하게 되어 있으며(그림 8-16), 학교 급식의 경우는 알레르기 유발 식품을 식단표에 표시해 학생에게 사전에 인지시키도록 하고 있다.

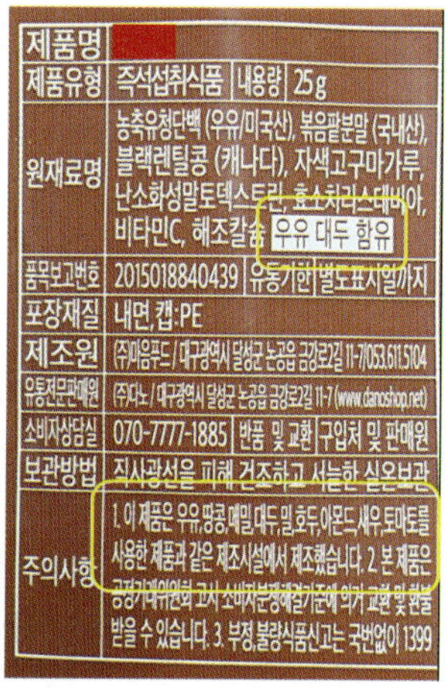

그림 8-16 식품 알레르기 유발 원재료 및 혼입 가능성 원료 표시의 예

Tip 유당불내증의 경우 유당도 식품 알레르기의 원인 성분인가?

유당불내증은 유당을 분해하는 효소가 부족하거나 정상적으로 작용하지 못해 생기는 설사나 복통 등의 소화기계 증상을 말하며, 이는 면역 반응을 일으키지 않기 때문에 식품 알레르기와는 차이가 있다.

2) 식품안전사고

식품의 안전 확보를 위해 관리 대상을 제조 공정으로 한정할 수 있으나 실제로는 원재료의 생산 및 저장, 제품의 유통 그리고 최종 소비까지의 모든 단계에 걸친 포괄적인 관리가 필요하다. 따라서 현재 HACCP에 기초한 안전관리인증제를 통해 식품, 축산물,

수산물 및 농산물의 안전을 철저하고 세심하게 관리하고 있다.

대표적인 식품안전사고는 우지라면(1989년), 고름우유(1995년), 생쥐머리 새우깡(2008년), 멜라민 분유(2008년), 식중독균 웨하스(2014년), 미세플라스틱 생수(2018년) 등이 있다.

또한 국가 간 자유무역협정(FTA) 체결 확대로 다양한 식품이 수입되면서 국내 제품뿐만 아니라 수입 식품들에서도 식품안전사고가 발생하고 있으며, 이에 따라 국가별 식품안전기준 관련 규정이 강화되고 있어 수출입 식품에 대한 통관 거부나 리콜 사례가 증가하는 실정이다. 특히 식품첨가물의 경우 국가별로 지정된 첨가물의 양과 기준치가 다르고 규제도 빠르게 변하고 있어 수출품의 경우 철저한 위생 관리와 더불어 해당 국가별 적용 기준을 꼼꼼히 확인하는 것 또한 식품안전사고를 줄일 수 있는 중요한 사항이다.

표 8-3 원인별 주요국 식품안전사고 사례(2016~2018년)

발생 원인	주요 리콜 또는 통관 거부 사례	
	국내 사례	해외 사례
식품 내 성분	• 유럽 수출용 버섯 제품에서 리스테리아균 검출 • 일본 수출용 가공식품(어묵, 갈비탕, 김치 등)에서 대장균 검출 • 중국 수출용 음료 및 캔디류의 식품첨가물(적양배추색소) 규격 위반	• 프랑스산 치즈 및 미국산 유기농 냉동체리에서 리스테리아균 검출 • 일본산 감자샐러드를 비롯한 각종 반찬류에서 O157 대장균 검출 • 중국산 홍차에서 비허용 식용색소 검출
농약	• 수출용 농산물(녹차, 곶감, 참외)의 잔류 농약 기준치 초과 • 국내 유통 달걀에서 살충제 성분 검출	• 벨기에산 달걀에서 살충제 성분 검출 • 브라질산 오렌지주스에서 잔류 농약 과다 검출 • 일본산 시금치와 중국산 냉동리치에서 잔류 농약 과다 검출
포장	• 수출용 김치의 포장 결함(팽창) • 수출용 파우치 제품(녹용 차)에서 보툴리늄 독소 발생	• 유럽의 다양한 가공식품(오렌지주스, 소스, 햄 등)에서 포장 결함(팽창) • 미국산 콩통조림 겉면 파손으로 인한 세균 증식
알레르기	• 수출용 콩 함유 제품(두유, 소스, 된장 등)의 알레르기 유발 성분 미표시	• 독일산 시리얼바의 우유 성분 미표시 • 영국산 초콜릿의 땅콩 함유 미표시

자료 : 농림축산식품부; 한국농수산식품유통공사

한편, 식품안전을 지키기 위해서는 제도적인 보완이나 개선도 중요하지만 그 위험을 감소시키기 위한 사회 구성원의 역할과 책임도 중요한 요소이다. 예로 정부는 지속적인 제도 정비를 통한 적절한 관리와 규제 조치에 관한 책임이 있으며, 식품기업들은 제조 공정 전반에 걸쳐 위해요소를 없애기 위한 철저한 관리와 검사를 수행해야 한다.

이와 함께 소비자들의 적극적이고 적절한 대응 또한 요구되고 있는데, 소비 과정에서 식품을 적절히 취급하는 것뿐만 아니라 식품안전에 대한 정확한 이해를 통해 균형 잡힌 판단이나 행동을 해야 할 필요가 있다. 즉, 여론에 따른 소비자의 섣부른 행동과 주장은 자칫 식품안전에 대한 혼란과 불신을 가중시키는 원인이 될 수 있으므로 식품안전에 있어 정부나 식품기업의 역할 못지않게 소비자의 사회적 역할과 책임에 대한 요구 또한 높아지고 있다.

Tip 가공식품의 리콜(recall)

기준치 초과의 식중독균 검출 등과 같이 소비자의 안전에 현저한 위해를 끼칠 우려가 있는 제품의 경우 정부가 사업자에 대해 강제적 리콜 명령을 통해 해당 제품을 즉각 판매 중단시키고 전량 회수·폐기 조치할 수 있다. 또한 해당 제품을 구매한 소비자는 판매 또는 구입처에 반품을 요구할 수 있다.

4. 소비자 클레임

식품을 포함한 모든 소비재는 소비자가 요구하는 품질을 만족해야 하며, 이를 위해 생산자와 유통판매업자는 계획적이고 체계적인 품질 관리 및 품질 보증에 책임져야 한다. 이러한 관리가 체계적이지 못하여 제품에 대한 구매자 만족도가 떨어질 때 클레임이 발생하게 된다.

소비자 클레임은 회사의 상품이나 서비스를 이용한 소비자가 해당 회사에 시정해 주기를 바라는 요구나 주장이다. 즉, 구매자가 계약 조건 또는 상품 표시 내용과 일치하지 않는 사항에 대하여 제기하는 이의로서 상품 거래 시 상대방이 품질 불량, 품질 상이, 수량 부족, 손상, 그 밖의 계약 위반 등을 하였을 때 손해 배상의 청구나 이의를 제기하는 것이다.

한국소비자원에 따르면 식품 관련 불만 사례가 지속적인 증가 추세에 있으며, 이들 중 심각한 위해를 겪은 사례가 약 35%에 이를 정도로 식품안전 관련 클레임의 중요성이 그 어느 때보다 강조되고 있다. 따라서 식품과 관련된 소비자 불만 사례 중 가장 큰 비중을 차지하는 이물과 관련된 클레임을 대상으로 신고 현황 및 발생 원인을 살펴보고, 이에 대한 해결 절차를 간단히 소개함으로써 식품 관련 소비자 클레임에 관한 이해를 돕고자 한다.

1) 식품 관련 클레임 유형

식품 관련 클레임은 품질 불량, 변질·부패, 부작용, 표시 내용의 불일치, 유통기한 위반, 이물 혼입 등이 대표적인 유형이다. 소비자 불만 사례 분석 결과 이물 관련 클레임이 절반 이상으로 많은 것으로 확인되고 있다.

2) 소비자의 클레임 신고 방법 및 관계 기관

이물 발견 등의 식품 관련 클레임 발생 시 소비자의 신고 방법 및 관계 기관에 관한 정보는 아래와 같다.

- 전화 : 식품안전정보원(1399), 정부민원안내콜센터(110), 한국소비자원(1372)
- 인터넷(식품안전나라) 및 모바일 앱(내손안 식품안전정보)
- 방문 및 우편 접수 : 관할 식약청 및 시·군·구 위생과

Tip 식품에서 이물 발견 시 소비자 행동 요령

① 이물 발견 시 즉시 해당 이물과 제품의 정보가 잘 보이도록 사진을 찍은 후 신고한다.
② 이물과 해당 제품이 훼손되지 않도록 주의하여 조사기관에 인계한다.
* 밀폐용기에 넣어 보관하거나 부패 가능성이 있는 이물은 냉장 보관하는 것이 좋다.

3) 이물 보고 및 조사 체계

식품 영업자는 식별 가능한 이물(유리, 금속, 돌, 동물 사체 또는 그 배설물, 곤충 등)을 발견했다는 소비자의 신고가 들어오게 되면 해당 행정기관(시·군·구)에 보고할 의무가 있으며, 관할 행정기관(시·군·구)은 소비·유통·제조 단계 전반에 걸쳐 원인 조사를 수행하여 영업자와 소비자에게 그 결과를 회신하게 된다. 이와 함께 해당 행정기관은 식품의약품안전처에 결과를 통보하게 되며, 식품의약품안전처에서는 필요한 경우 추가적인 원인 조사를 수행한 후 그 결과를 영업자와 소비자에게 회신하는 총괄 관리를 한다.

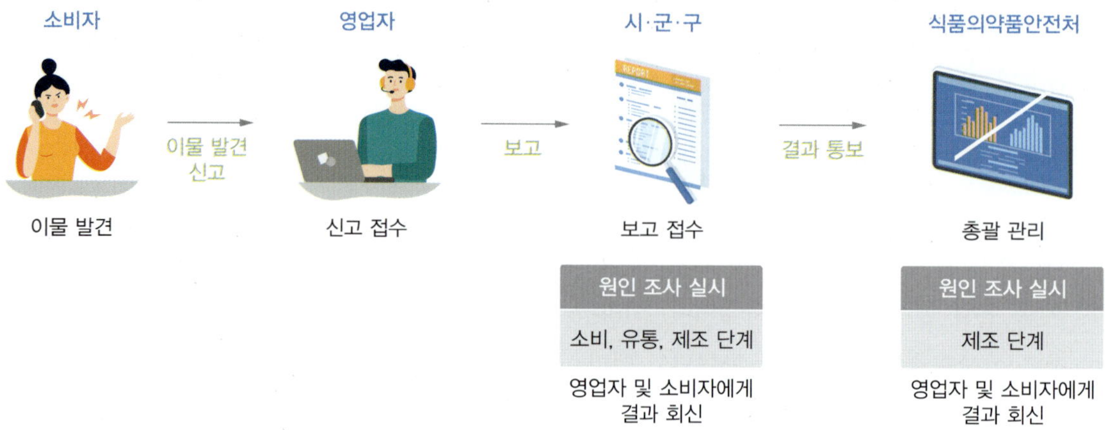

그림 8-17 이물 발견 신고 시 보고 체계

자료 : 식품의약품안전처

4) 소비자 클레임의 수습 및 종결

소비자 클레임이 발생하게 되면 동일 제품 전체를 불량품으로 오인하거나 더 나아가 해당 업체가 생산하는 전체 제품까지도 신뢰하지 못하는 결과를 초래할 수도 있다. 따라서 클레임의 대응과 처리에 성의를 다하는 것은 회사의 신용을 높여 주고 고객과의 관계를 효과적으로 유지하는 중요한 대고객 업무 중 하나이다.

(1) 수습 절차

소비자 클레임을 처리한 회사의 주관 부서는 클레임 처리가 완료되어 고객의 불만이 해소되면 처리 내용을 바탕으로 고객 불만 접수 대장 및 조치 보고서를 작성한 후 대표이사에게 보고하고 사후 관리를 수행한다.

(2) 클레임 처리 결과 보고 및 사후 관리

클레임을 처리한 주관 부서는 제품의 품질 향상뿐만 아니라 회사의 신뢰성 회복을 위해 클레임 처리 결과에 대해 철저히 분석하고 주요 문제점을 적극적으로 개선하여 소비자 불만의 근원적 요인을 제거할 수 있도록 노력해야 한다. 즉, 작성한 보고서를 관련 부서에 배포하고 해당 부서들의 협조 하에 공정 개선, 정기 점검, 직원 교육 등을 통해 유사한 클레임이 발생하지 않도록 예방 조치하고 지속적인 사후 관리에 힘써야 한다.

단원정리

- 소비자들은 식품을 구매할 때 안전성·편의성·기호성·영양성·경제성 등을 중요하게 생각한다.
- 사회 환경 변화로 가정간편식과 건강기능식품의 소비가 확대되는 등 가정과 개인 중심으로의 식생활 변화가 크다.
- 세대별 성향과 가치관의 차이는 식품 구매와 소비 형태에도 차이가 있다. MZ(10대~40대) 세대는 가격, 맛, 편리성이, 나이 많은 X세대는 품질이, 상대적으로 여유가 있으면서 품질을 확인할 능력이 있는 오팔(OPAL) 세대는 식품의 신선도, 위생·안전, 재료·원료, 영양, 건강 지향적 소비 형태를 보인다.
- 인구의 고령화와 1인 가구 증가로 식품 소비 트렌드가 건강과 다양성을 추구하는 방향으로 변화하고 있다.
- 가공식품의 주표시면에는 제품명, 내용량(열량)을, 일괄표시면에는 식품의 유형, 제조연월일, 소비기한, 원재료명 및 함량을, 주표시면과 일괄표시면을 포함하는 기타표시면에는 업소명 및 소재지, 영양 성분, 주의사항 등을 표시해야 한다.
- 가공식품의 영양표시에는 탄수화물, 지방, 단백질 등 3대 영양소와 과잉 섭취가 우려되는 영양소를 그 중요성에 따라 열량, 나트륨, 탄수화물, 당류, 지방, 트랜스지방, 포화지방, 콜레스테롤, 단백질 함량의 순서로 표기한다.
- 식품 매개 질환인 식중독은 '식품의 섭취로 인하여 인체에 유해한 미생물 또는 유독물질에 의하여 발생하였거나 발생한 것으로 판단되는 감염성 또는 독소형 질환'으로 정의된다.
- 식중독은 직접적인 원인으로 작용한 위해요소의 종류에 따라 미생물성 식중독과 화학성 식중독으로 나누며, 세균과 바이러스에 의해 유발되는 미생물성 식중독의 경우 연중 발생하는 국내 식중독의 대부분을 차지하고 있다.
- 화학성 식중독은 동식물성 식품 원료에 포함된 자연독, 잔류 농약, 제조·가공·저장 중에 생성되는 유해물질 등의 화학적 위해요소에 의해 유발되는 식중독을 말한다.
- 식품 알레르기는 식품 섭취 뒤에 나타날 수 있는 유해 반응 중 면역학적 기전에 의해 발생하는 식품 매개 질환을 말하며, 식품 구성 성분에 의해 발생하는 과민성 반응이다.
- 식약처는 알레르기 유발 식품으로 총 22종을 지정하고 있으며, 이 중 8가지(땅콩, 견과류, 달걀, 우유, 생선, 조개, 밀, 간장)가 전체 식품 알레르기의 약 90%를 차지한다.
- 알레르기 표시 대상 원재료가 포함되었거나 혼입 가능성이 있는 제품의 경우 제품 포장지에 반드시 표시하게 되어 있다.
- 식품안전 확보를 위해서는 원재료의 생산 및 저장, 제품의 유통 그리고 최종 소비까지 모든

단계에 걸친 포괄적인 관리가 필요하며, 정부와 식품기업의 역할과 책임이 필수적이다.

- 여론에 따른 소비자의 섣부른 행동과 주장은 자칫 식품안전에 대한 혼란과 불신을 가중시키는 원인이 될 수 있으므로 소비자의 균형 잡힌 판단이나 행동 또한 중요하다.
- 소비자 클레임은 고객이 상품을 구매하는 과정에서 또는 구매한 상품에 대한 품질, 서비스, 제품 불량 등의 이유로 판매자에게 불만을 제기하는 것이다.
- 소비자 클레임의 대응과 처리에 성의를 다하는 것은 회사의 신용을 높여 주고 고객과의 관계를 효과적으로 유지해 주는 중요한 대고객 업무이므로, 회사는 클레임의 적절한 처리로 소비자 불만의 근원적 요인을 제거함으로써 재발 방지에 노력해야 한다.

연습문제

1. 소비자가 식품을 구매할 때 중요하게 고려하는 요소가 아닌 것은?
① 안전성 ② 편의성 ③ 기호성
④ 경제성 ⑤ 무게

2. 가공식품의 표시를 통해 알 수 없는 정보는 무엇인가?
① 열량 ② 나트륨 함량
③ 콜레스테롤 함량 ④ 1일 영양 성분 기준

3. 식품인증 사항이 아닌 것은?
① ESL ② 코셔 ③ 전통식품
④ 유기식품 ⑤ HACCP

4. 식품의 표시 기준에 해당하지 않는 것은?
① 제품명 ② 특수 성분 함량 ③ 내용량(열량)
④ 식품의 유형 ⑤ 소비기한

5. 유대교 율법에 따른 식품인증으로 글로벌 식품시장에서 깨끗하고 안전한 식품으로 인식되는 것은?
① No Additive ② USDA Organic ③ Kosher
④ Halal ⑤ ISO 22000

6. 일반적인 식중독균 중에는 아직 '슈퍼 박테리아'는 없다.
① O ② X

7. 다음 중 식중독균이 아닌 것은?
① 황색포도상구균 ② 일반세균
③ 리스테리아균 ④ 장염비브리오균

8. 식중독 예방 3대 요령은?

9. 유당불내증도 식품 알레르기의 하나이다.

① O ② X

10. 유기농 농산물은 식품 알레르기를 유발하지 않는다.

① O ② X

11. 식품 중에 위해요소가 있더라도 정부가 정한 기준치 이하로 관리되어 위해를 일으키지 않는 식품은 안전한 식품이다.

① O ② X

12. 축·수산물에 기생하는 기생충의 경우 제조·가공 과정에서 사멸되어 인체의 건강을 해칠 우려가 없더라도 육안으로 식별이 가능할 경우 이물로 본다.

① O ② X

13. 악성 민원을 고의적, 상습적으로 제기하는 소비자를 뜻하는 말은?

정답

1. ⑤ **2.** ④ 1일 영양 성분 기준치에 대한 비율만 알 수 있다. **3.** ① 인증표시는 아니며, 안전하고 위생적인 식품의 의미 **4.** ② **5.** ③ 코셔(Kosher) **6.** ① **7.** ② **8.** 손 씻기, 익혀 먹기, 끓여 먹기 **9.** ② **10.** ② **11.** ① **12.** ② **13.** 블랙 컨슈머(black consumer)

참고문헌

국립농업과학원, 가공식품 소비트렌드 분석 및 농산물종합가공센터 운영 활성화 연구, 연구보고서, 2020

농촌진흥청, 2020 농식품 소비트렌드 발표대회, 식품외식경제 (http://www.foodbank.co.kr)

박경진·김중범·정현정·심원보, **식품위생학**, 창지사, 2017

식품등의 표시기준 가이드라인, 식품의약품안전처, 2012

식품안전정책위원회, 2018~2020 제4차 식품안전관리 기본계획, 2018

식품의약품안전처, 2020 식품의약품통계연보 제22호, 2021

식품의약품안전처, 식품 이물관리 업무매뉴얼, 2019

식품의약품안전처, 식품등의 표시기준(식품의약품안전처고시 제2021-7호), 2021

오세욱·김건희·방우석·윤요한·최창순·이선영, **재미있는 식품위생학**, 수학사, 2016

정덕화·강진순, **HACCP 원리에 기초한 식품위생안전성학**, JMK, 2013

통계청, 가공식품소비자태도조사, 통계정보보고서, 2020

한국농촌경제연구원, 2020년 가공식품 소비자 태도 조사 보고서, 2021

한눈에 보는 영양표시 가이드라인, 식품의약품안전처, 2020

aT 한국농수산물유통공사, 2020 농식품 해외인증 등록정보 종합가이드

더바이어(The Buyer) (http://www.withbuyer.com)

식품공전 (https://various.foodsafetykorea.go.kr/fsd/#/ext/Document/FC)

식품안전나라 (http://www.foodsafetykorea.go.kr)

aT FIS 식품산업통계정보 (https://www.atfis.or.kr/home/index.do)

사진 출처

2장

표 2-4

품질관리 및 미생물학 : https://www.newhope.com/health-and-nutrition-research/good-food-institute-offers-grants-plant-based-and-clean-meat-research

식품공정공학 : https://www.crbgroup.com/insights/fsma-food-safety

4장

그림 4-5 침지세척과 분무세척

농촌진흥청, 고품질 '냉동딸기' 맛있고 안전하게 드세요.

http://www.rda.go.kr/board/boardfarminfo.do?mode=view&prgId=day_farmprmninfoEntry&dataNo=100000468495&CONTENT1=

그림 4-11

https://www.alfalaval.kr

표 4-3

절단성형 제품 : By jamieanne, CC BY-ND 2.0, https://www.flickr.com/photos/jamieanne/4517328780

표 4-4

pp : https://www.flickr.com/photos/30478819@N08/50504000297

ps : https://commons.wikimedia.org/wiki/File:TLC_plates_box_2.jpg

pvc : https://world.openproductsfacts.org/product/3554983014532/film-etirable-alimentaire

표 4-5

자동용기포장 : 오른쪽 https://world.openfoodfacts.org

채소전용삼면포장 : https://world.openfoodfacts.org

진공포장 :

왼쪽 By Erikoinentunnus, CC BY-SA 3.0, https://commons.wikimedia.org/wiki/File:Vacuum_Packaging_Machine_sous_vide_chuck_roll.jpg

가운데 By Vouliagmeni, CC BY-SA 4.0, https://commons.wikimedia.org/wiki/File:Vacuum_packed_slices_of_Carmarthen_Ham.jpg

오른쪽 https://world.openfoodfacts.org

자동 스파우트 포장: https://world.openfoodfacts.org

표 4-19 다양한 시간-온도지시계(Type, Brand name, Company)

고분자형(Polymerization-based) : Fresh-Check®, LifeLines

광 변색 반응형(Photocromic reaction-based) : OnVu®™, BASF

산화-환원 반응형(Redox reaction-based) : Printed-ARCzyme®, 한국지능형포장산업㈜

효소형(Enzymatic-based) : CheckPoint®, Vitsab / ARCzyme®, 한국지능형포장산업㈜

미생물형(Microbial-based) : TOPCRYO®, Cryolog

확산형(Diffusion-based) : 3M MonitorMark®, 3M / sTTI, 티티아이사

그림 4-23

켈달 조단백 분석 장치 : Buchi사 KjelMaster K-375
http://www.hwashin.net/goods/view.asp?idx=49&category=36&search_type=0&search_word=&page_size=24&category_2=&category_3=&category_4=&page=1

속슬렛 조지방 분석 장치 : Hanon사, Sox406
http://www.labtech.or.kr/sub2_1_detail.html?cateid1=&cateid2=&cateid3=&goodsid=53

분광 분석기 : Avantor, UV-6300pc
https://in.vwr.com/store/product/10577061/uv-visible-spectrophotometer-uv-6300pc

마이크로플레이트 리더 : Biotek사, 800 TS absorbance reader
https://www.fishersci.se/se/en/brands/IFXWZWB2/bio-tek-instruments.html

고압 액체 크로마토그래피 : Agilent, Agilent HPLC System
http://mederalpharmaceuticals.com/product/agilent-hplc-system-for-laboratory-use

기체 크로마토그래피 : Waters사, SYNAPT XS
https://www.waters.com/waters/en_US/Waters-Atmospheric-Pressure-Gas-Chromatography-%28APGC%29/nav.htm?cid=10100362&locale=en_US

유도결합 프라즈마 원자 방출 분광기 : Perkin elmer사, NexION 2000
https://rfc.donga.ac.kr/rfc/10035/subview.do

조직감 분석기 : Lamy사, TX-700
https://labsystem.co.kr/shop/item.php?it_id=1538726518

금속 검출기 : 상보코퍼레이션, 자동 금속 검출기
https://industry.daara.co.kr/798

전자코 : Alpha Mos사, Heracles electronic tongue

https://www.yumda.com/en/products/1130015/electronic-nose-for-objective-aroma-profiles-of-foods-and-beverages.html

전자혀 : Alpha Mos사, Astree electronic tongue

https://www.ingredientsnetwork.com/astree-electronic-tongue-prod1267710.html

5장

그림 5-23

1차 알가공품 : 오른쪽 https://www.judeesfromscratch.com/

그림 5-52

CC BY-SA 4.0, https://ko.wikipedia.org/wiki/%EC%A0%84%ED%88%AC%EC%8B%9D%EB%9F%89

http://glob.egloos.com/2615128

http://glob.egloos.com/2615128

그림 5-53

C 레이션 : CC BY 2.0, https://ko.wikipedia.org/wiki/%EC%A0%84%ED%88%AC%EC%8B%9D%EB%9F%89

그림 5-54

왼쪽 : 대한민국 정책브리핑, 쌀밥·김치·라면, 우주 식탁에 오른다.

https://www.korea.kr/news/policyBriefingView.do?newsId=148648743#policyBriefing

오른쪽 : 한국원자력연구원, 한국형 우주식품 4종 추가 인증 획득

https://www.kaeri.re.kr/rbrc/board/view?pageNum=104&rowCnt=10&no1=84&linkId=5623&menuId=MENU00326&schType=0&schText=&boardStyle=Image&categoryId=&continent=&country=&schYear=

그림 5-56

왼쪽 https://www.impossiblefoods.com/

가운데·오른쪽 https://www.beyondmeat.com/

그림 5-57

모사 미트의 햄버거 패티 https://mosameat.com/

멤피스 미트의 닭고기 https://upsidefoods.com/

잇 저스트의 닭고기 https://www.ju.st/

그림 5-58

왼쪽 https://www.facebook.com/ediblebug

가운데 https://www.jiminis.com

오른쪽 https://modnilove.com

그림 5-59

푸디니 https://www.aniwaa.com/product/3d-printers/natural-machines-foodini/

보쿠치니 https://xyzist.com/issue/%EC%97%AC%EB%9F%AC%EB%B6%84%EC%9D%98-3d%ED%94%84%EB%A6%B0%ED%84%B0%EB%8F%84-%ED%91%B8%EB%93%9C%ED%94%84%EB%A6%B0%ED%84%B0%EB%A1%9C-%EC%82%AC%EC%9A%A9%ED%95%A0-%EC%88%98-%EC%9E%88%EC%96%B4%EC%9A%94/

푸드봇 https://foodprintist.imweb.me/

쉐프젯 https://thespoon.tech/its-alive-maybe-a-sign-the-chefjet-3d-food-printer-project-isnt-dead-yet/

그림 5-82

잉그레디(Ingredi) 구연산 용액 https://ingredi.com/citric-acid-50-solution-555-lbs-drum/

사과산(DL-Malic Acid) http://www.yci.co.kr/index.php

제품 사진 자료 협조

남양유업 http://company.namyangi.com/

농심 http://brand.nongshim.com/shop/index

농심켈로그(주) https://kellogg.co.kr/Index

동서식품 https://www.dongsuh.com/kor/

롯데제과 https://www.lotteconf.co.kr/

롯데칠성음료 https://company.lottechilsung.co.kr/kor/brand/cantata/contentsid/624/index.do

롯데푸드 https://www.lottefoods.co.kr/ko/main

매일유업 https://www.maeil.com/

빙그레 http://www.bing.co.kr/

사조대림 http://dr.sajo.co.kr/index.asp

사조산업 http://ind.sajo.co.kr/index.asp

사조오양 http://oy.sajo.co.kr/

삼양사 큐원 https://www.qone.co.kr/

샘표식품 http://www.sempio.com/home
http://www.sempio.com/market/fontana/122

아워홈 https://mall.ourhome.co.kr/mall/main.do

오뚜기 http://www.ottogi.co.kr/main/main.asp
오설록 https://www.osulloc.com/
풀무원 https://www.pulmuone.co.kr/pulmuone/main/Index.do
CJ제일제당 https://www.cj.co.kr/kr/index
spc삼립 https://spcsamlip.co.kr/brand/samlip/

찾아보기

ㅇ

ㅈ

ㅊ

ㅋ

저자 소개

박양균
현재 목포대학교 식품공학과 교수
전남대학교 식품공학과 학사
전남대학교 식품공학과 박사
미국 코넬대학교& 플로리다대학교 방문교수

김상오
현재 상명대학교 식물식품공학과 조교수
서울대학교 식품공학과 학사
서울대학교 식품생명공학전공 박사
LG전자 어플라이언스연구소 수석연구원

김수린
현재 경북대학교 식품공학부 부교수
고려대학교 식품공학과 학사
미국 일리노이주립대, 어바나샴페인 식품공학 박사
미국 일리노이주립대, 어바나샴페인 박사후연구원

김지현
현재 한국식품산업클러스터진흥원 경영기획실장
단국대학교 식품영양학과 학사
일본 오사카부립대학교 농학박사
CJ 제일제당, CJ 푸드빌 근무

문광덕
현재 경북대학교 식품공학부 교수
경북대학교 식품공학과 학사
경북대학교 식품공학과 박사
미국 코넬대학교 & 캐나다 태평양농식품연구센터 방문교수

박윤제
현재 공주대학교 식품공학과 교수
서울대학교 농생물학과 학사
서울대학교 농생물학과 박사
대한제당 수석연구원, 차의과학대학 바이오공학과 교수

서동호
현재 전북대학교 식품공학과 교수
경희대학교 식품생명공학과 학사
경희대학교 생명공학원 박사
한국식품연구원 선임연구원

어중혁
현재 중앙대학교 식품공학부 교수
서울대학교 식품공학과 학사
서울대학교 식품공학과 박사
삼양제넥스 책임연구원, UC Davis Post Doc.

은종방
현재 전남대학교 식품공학과 교수
전남대학교 식품가공학과 학사
미국 미시시피주립대학교 식품공학과 박사
한국식품과학회 회장, IUFoST IAFoST Fellow

이광근
현재 동국대학교 식품생명공학과 교수
서울대학교 식품공학과 학사
미국 캘리포니아-데이비스 대학(UC Davis) 박사
전국식품공학교수협의회 회장

이승욱
현재 계명대학교 식품가공학과 교수
계명대학교 식품가공학과 학사
계명대학교 식품가공학과 박사
미국 텍사스 A&M 대학교 조교수

이혜성
현재 이화여자대학교 식품생명공학과 교수
이화여자대학교 식품영양학과 학사
미국 캘리포니아-데이비스 대학(UC Davis) 박사
네덜란드 유니레버 글로벌연구소 연구원

이혜영
현재 동의대학교 식품공학전공 조교수
서울대학교 식품공학과 학사
미국 캘리포니아-데이비스 대학(UC Davis) 박사
삼양제넥스(주) 식품연구소

천지연
현재 제주대학교 식품생명공학과 부교수
건국대학교 영양자원학 학사
건국대학교 축산식품생명공학과 박사
호주 퀸즐랜드대학교 박사후연구원

재미있는 식품공학의 세

2024년 8월 20일 초판 2쇄 발행
2023년 2월 20일 초판 1쇄 발행

지은이 박양균 · 김상오 · 김수린 · 김지현 · 문광덕
박윤제 · 서동호 · 어중혁 · 은종방 · 이광근
이승욱 · 이혜성 · 이혜영 · 천지연

발행인 이 영 호
발행처 **수 학 사**
10881 경기도 파주시 회동길 56 기한재 1층
출판등록 1953년 7월 23일 제2020-000143호
전화번호 031) 946-4642(代) 팩스 031) 944-1457
http://www.soohaksa.co.kr
디자인 북큐브
 Printed in Korea

정가 26,000원

ISBN 978-89-7140-742-4 (93570)